Colin Goldner

Tiergefängnis Zoo

Colin Goldner

Tiergefängnis Zoo

Ein Schwarzbuch

Mit einem Vorwort von Robert Marc Lehmann

Alibri Verlag

2023

Bildnachweis: Die Bilder entstammen durchwegs dem Archiv des *Great Ape Project*. Die Urheberschaft konnte indes nicht in allen Fällen eindeutig geklärt werden. Sollte jemand Urheberrechte an einer der Abbildungen geltend machen wollen, möge er (oder sie) sich mit dem entsprechenden Nachweis bitte an den Verlag wenden.

Alibri Verlag
www.alibri.de
Aschaffenburg
Mitglied in der Assoziation Linker Verlage (aLiVe)

Erste Auflage 2023

Umschlaggestaltung: Claus Sterneck
unter Verwendung einer Photographie von Druschba, Werbetechnik, Straubing
Druck und Verarbeitung: Interpress, Budapest

ISBN 978-3-86569-382-2

Inhalt

Der vorliegende Sammelband führt rund 150 zookritische Artikel und Meldungen zusammen, wie sie in den letzten Jahren im Quartalsmagazin *Tierbefreiung* erschienen sind. Die einzelnen Artikel wurden teils stark überarbeitet und aktualisiert bzw. mit aktualisierenden Nachträgen versehen.

Die beschriebenen Zoos wurden über längere Zeiträume hinweg jeweils mehrfach besucht. Die dargestellten Verhältnisse entsprechen dem, was ein „normaler Zoobesucher" dabei zu sehen bekam. Die Angaben zur Anzahl der angetroffenen Tiere entsprechen dem jeweils letzten Besuch; sie können insofern von den offiziellen Angaben bzw. den tatsächlichen Beständen abweichen, da einzelne Tiere möglicherweise außerhalb der für normale Besucher einsehbaren Gehege verwahrt wurden (Kinderstube, Quarantäne, Krankenstation o.ä.) oder in andere Zoos ausgelagert bzw. zu Nachzuchtzwecken „verliehen" waren.

Die Angaben zur Größe von Käfigen und Gehegen sind Schätzwerte, ggf. außerhalb der Schauanlagen vorgehaltene Nutzflächen – Schlafboxen, Management- oder Quarantäneräume etc. – sind insofern nicht einbezogen. Einzelne Zoos waren bereits während der Recherchearbeiten bzw. sind seither mit Um-, Aus- oder Neubaumaßnahmen zugange, die beschriebenen Haltungsverhältnisse können sich inzwischen also verändert, ggf. sogar verbessert haben. Im Einzelfall sind aktuelle Nachträge angehängt.

Das N.-Wort

In vielen Zoos hierzulande wurden bis herauf in die 1930er sogenannte „Völkerschauen" veranstaltet, für die „wilde Menschen" aus allen Teilen der Welt, bevorzugt aus Äthiopien, Somalia, dem Sudan, Birma, Ceylon und anderen als „rückständig" geltenden Ländern und Kulturen, nach Europa verschifft und in entwürdigender Weise zur Schau gestellt wurden.

In kritischer Auseinandersetzung mit dem Umstand, dass nicht wenige dieser Zoos bis heute nicht ernsthaft damit begonnen haben, sich mit diesem besonders unseligen Teil der eigenen Geschichte zu befassen – vielerorts werden, bewusst oder nicht, bis heute kolonial-rassistische Stereotype und Klischees reproduziert –, finden sich in vorliegender Studie vereinzelt auch rassistisch und/oder kulturchauvinistisch aufgeladene Begriffe (z.B. „Neger- oder Hottentottenschauen"), wie sie, in struktureller Abwertung der zur Schau gestellten Menschen, in Zoos üblich waren. Es gilt, diese Stereotype, Klischees und eben auch Begriffe unkaschiert zu benennen, gerade um sie reflektieren und damit dekonstruieren zu können.

Vorwort

Robert Marc Lehmann

Das jahrhundertealte Konzept Zoo hat ausgedient. Es ist schon lange nicht mehr zeitgemäß. Vielleicht war es das auch nie. Wilde Tiere einsperren, sie zur Schau stellen, zum Vergnügen. War das jemals zeitgemäß? Zum Glück realisieren immer mehr Menschen, weltweit, was Zoos, Delfinarien und Aquarien wirklich sind. Orte des Vergnügens. Orte der Entspannung. Orte zum Zeitvertreib. Orte, wo man gern am Wochenende mit den Kindern hingeht. Orte mit Spielplätzen, Currywurst mit Pommes und Geschenkelädchen am Ausgang. Im Prinzip: Freizeitparks, die gern „Artenschutz“ an ihre Mauern, Gitter und Glaswände schreiben. In Grün selbstverständlich.

Die Lügen der Zoos und Aquarien zu enttarnen, ist relativ einfach. Dieses Buch wird Ihnen eine gute Grundlage in der Argumentation geben. Stellen Sie ruhig mal ein paar unbequeme Fragen unter den Zoo-Posts und Videos auf Social Media, in den Internet-Bewertungen, den Pro-Zoo-Foren oder bei der Zooführung mit der Schulklasse. Gern auch im freundlichen Diskurs mit Zoo-Befürwortern. Selbige kommen ganz schnell ins Schlingern und gehen in Abwehrhaltung oder geben die immer gleichen leeren Phrasen über Bildung und Artenschutz zum Besten: ein sicheres Zeichen, dass Sie einen Nerv getroffen haben.

Hier ein paar Vorschläge:

- Welchen nachweisbaren Beitrag leisten Zoos/Aquarien zum Artenschutz?
- Wo kommen die Tiere her, die im Zoo/Aquarium ausgestellt werden?
- Wie viele wilde Tiere wurden/werden gefangen und wie viele ausgewildert?
- Darf man die Eingangs-/Abgangsbücher einsehen, wenn Nein, warum nicht?
- Welche der in Zoos/Aquarien vorhandenen Tierarten sind vom Aussterben bedroht? Warum sind Tierarten eingesperrt, die gar nicht bedroht sind?
- Welche Tierarten wurden nachweislich durch Zoos/Aquarien vor dem Aussterben bewahrt? Weltweit? Von allen Zoos, seit den Tagen ihrer Gründung? Rechtfertigt das Millionen von Wildtieren hinter Gittern, Glas und auf Beton? Gab/gibt es keine andere Möglichkeit?
- Welche und wie viele „überzählige“ Tiere wurden im letzten Jahr getötet? Aus Platzgründen oder weil sie für Zuchtprogramme nicht brauchbar waren? Oder weil ihre Haltung zu aufwändig/teuer gewesen wäre?
- Wer hat die jeweilige Studie zum Thema „Tierwohl“ in Zoos finanziert? Wer hat

sie durchgeführt? Kann man diese Studie lesen oder ist sie nur intern zugänglich?

- Wie viele Papers wurden durch wissenschaftlich geführte Zoos/Aquarien veröffentlicht und welchen Effekt haben diese für die Tiere in Freiheit?
- Welchen nachweisbaren Effekt hat der Besuch eines Zoos/Aquariums auf die Bildung von Kindern?
- Wie viel Geld wird in internationale Artenschutzprogramme direkt vor Ort gesteckt?
- Wenn Zoos/Aquarien Arten schützen, ist dann auch das Essen im Zoo/Aquarium vegan oder wenigstens vegetarisch?
- Was ist „artgerecht"? Wer entscheidet auf welcher Basis, was „artgerechte Haltung" ist?
- Wenn es den Tieren im Zoo/Aquarium gut geht, warum zeigen sich besonders bei Säugern so viele Verhaltensstörungen?
- Warum attackieren Zoos/Aquarien ihre Kritiker immer nur persönlich, anstatt auf ihre Argumente einzugehen?
- Warum geht man als Zoo/Aquarium nicht einen zeitgemäßen Weg, z. B. den Wandel in ein Sanctuary, eine Parkanlage, ein digitales Lernerlebnis o.ä.
- Warum sind alle ernstzunehmenden Tierschutz-/Tierrechtsorganisationen *gegen* Zoos/Aquarien? Wieso arbeiten sie nicht mit ihnen?
- Wenn Kinder nur durch das „live" Erleben von Tieren diese verstehen lernen und schützen wollen, warum lieben dann alle Kinder Dinosaurier?
- Wie viele Menschen gehen nachweislich aus einem Zoo/Aquarium und werden Umweltschützer, Tierschützer, Klimaschützer?
- Warum fliegen Vögel wie Pelikane und Flamingos nicht einfach weg?
- So ziemlich jeder ist gegen die Haltung von Orcas in Pools, was aber ist der Unterschied zu einem Erdmännchen oder einem Hai in Gefangenschaft?
- Wären Wildparks/Haustierparks mit einheimischen Tieren unter einheimischen klimatischen Bedingungen und riesigen Auslaufflächen eine Alternative? Was ist mit Auffangstationen für verletzte Wildtiere mit Besucherprogrammen? Könnten das nicht auch Zoos leisten? Und weshalb tun sie's nicht?

Am Ende aber bricht es sich auf wenige ethische Fragen herunter:

- Ist das Tier freiwillig im Zoo/Aquarium?
- Ist es in Ordnung, wilde Tiere zum Vergnügen des Menschen einzusperren?
- Kann sich das Tier frei und artgerecht im Zoo/Aquarium entfalten?
- Wie geht es dem einzelnen Tier im Zoo/ Aquarium?
- Wie würde es Ihnen gehen ...?
- Sind Zoos/Aquarien für die Tiere da oder vielmehr für die Menschen?

Nach jahrelanger Beschäftigung mit dem Thema und nach fast sieben Jahren im Zoo- bzw. Aquarienbusiness (vierinhalb Jahre Wissenschaftsaquarium, ein Jahr Zoo, ein Jahr Großaquarium) komme ich zu einem vernichtenden

Ergebnis im Bezug auf Zoos, Delfinarien und Aquarien. Sie bringen fast gar nichts für den Artenschutz und für die eingesperrten wilden Individuen (die ich früher selbst für solche Einrichtungen gefangen habe) sind sie fast immer fatale, grausame, langweilige Gefängnisse ohne Entkommen ...

Ich bin froh, dass es Menschen wie Colin Goldner gibt, die den Mut aufbringen, sich den Lügen und Falschinformationen der „Captivity Industry", im Namen der Wildtiere, entgegenzustellen. Trotz aller Beschimpfung und persönlichen Anfeindung, die sie zu ertragen haben.

Bei mir melden sich immer mehr Menschen, die es eigentlich gut meinen mit ihren „Schützlingen": (Ehemalige) Tierpfleger, Aquarienleiterinnen, Tierfänger, die die Wahrheit erkannt haben ... über ihr Schaffen und über sich selbst, und die sich nun verändern möchten. Das tut weh und ist unbequem. Ich spreche aus Erfahrung. Aber es ist der richtige Weg, für die Tiere, und um morgens noch in den Spiegel schauen zu können.

Neben mir entscheiden sich immer mehr Menschen, einen anderen Weg zu gehen. Raus aus einer Industrie voller Leid und Ausbeutung. Ein Weg, weg von der Zookasse, der Currywurst und dem Kuschelpanda am Ausgang, hin zur Schmetterlingswiese, Waldführung und Beobachtung *freier* Wildtiere in ihrer *natürlichen* Umgebung und mit ihrem natürlichen Verhalten. Hier lernt man wirklich etwas über Tiere und die großen Zusammenhänge. Auf der Wiese, im Wald, in der Natur. Gehen Sie raus. Erleben sie Tiere in Freiheit. Dabei spielt es keine Rolle, ob Tagfalter, Blindschleiche oder Elefant. Jedes Tier hat eine Seele, und die ist immer gleich schwer und somit gleich viel wert. Ihr Kind, ihr Partner, ihre Freunde, sie alle werden letztendlich eines verstehen:

Wirklich „artgerecht" ist immer nur die Freiheit.

Oder?

6. Mai 2023
Robert Marc Lehmann

Einführung

Zoos in der Kritik

Während Zoos sich seit ihren Gründertagen in der ersten Hälfte des 19. Jahrhunderts in einem von Kritik weitgehend unangetasteten Freiraum bewegen konnten, gerieten sie Mitte der 1970er unter massiven Rechtfertigungsdruck: Im Zuge des *Washingtoner Artenschutzübereinkommens* (CITES) von 1973, das den bis dahin völlig unkontrollierten Handel mit vom Aussterben bedrohten Tierarten erheblich einschränkte, trat erstmalig ins öffentliche Bewusstsein, welch enormen Anteil die für Zoos getätigten Wildfänge daran hatten, dass viele dieser Tierarten überhaupt erst an den Rand des Aussterbens gebracht worden waren.

Eine unabhängige Untersuchung, vorgelegt 1974 von dem italienischen TV-Journalisten Emilio Sanna, verursachte größte Aufregung unter den Zoobetreibern: Zum ersten Mal in ihrer fast 150-jährigen Geschichte sahen sie sich mit die Institution selbst in Frage stellender Kritik konfrontiert. Unter dem Titel *Lo zoo folle* hatte Sanna, zusammen mit dem Regisseur Riccardo Fellini, einen Dokumentarfilm gedreht, der in drastischen Bildern die katastrophalen Verhältnisse in den italienischen Zoos zeigte. In einer pointierten Streitschrift gleichen Titels, die er 1977 nachschob, formulierte Sanna zudem eine grundsätzliche Kritik an der „Institution Zoo". Detailliert beschrieb er die grausame und verlustreiche Praxis der Gefangennahme freilebender Wildtiere und ihres Transportes in irgendwelche europäischen oder US-amerikanischen Zoos und schildert die verheerenden Auswirkungen, die die Gefangenhaltung der Tiere auf ihr körperliches und psychisches Befinden haben.

In Italien bildete sich durch den wiederholt auf RAI ausgestrahlten Film und das Buch Sannas eine unerwartet breite Front an Zoogegnern, die argumentative Unterstützung fand in dem 1975 erschienenen Grundlagenbuch *Animal Liberation* von Peter Singer. Mitgetragen von den wichtigsten Medien des Landes erhoben zahlreiche Intellektuelle und Kulturschaffende ihre Stimme gegen die „Kulturschande Zoo", darunter Franco Zefirelli, Sophia Loren oder Adriano Celentano. Selbst alteingesessene Zoos wie die von Turin oder Mailand gerieten derart unter medialen Beschuss, dass sie sich gezwungen sahen, ihren Betrieb einzustellen; auch viele kleinere Provinzzoos mussten schließen.

Trotz aller Erfolge der italienischen Anti-Zoo-Bewegung sprang der Funke nicht auf die anderen europäischen Länder über, am wenigsten auf Deutschland. Vereinzelte Beschwerden, wie etwa der Filmemacher Horst Stern oder die Schriftstellerin Elke Heidenreich sie vortrugen, verhallten ungehört.

Erst 1987 erschien Sannas Streitschrift auf deutsch (*Affenliebe – Affenschande: Wie wir die Tiere zu Irren hinter Gittern machen*), erzielte hierzulande aber nicht ansatzweise die Wirkung wie in Italien. Nur in England, dem Mutterland des Bürgerzoos, wurde das Thema aufgegriffen: 1984 begründeten die Tierrechtsaktivisten Virginia McKenna und Bill Travers die Initiative *Zoo Check* (umbenannt später in *Born Free Foundation*), die Missstände in britischen Zoos aufdeckte. Letztlich war es eine von McKenna und Travers im Jahr 1993 veröffentlichte Studie, über die Zookritik auch im deutschsprachigen Raum ankam (genauer gesagt handelte es sich um die deutsche Ausgabe ihrer im Original bereits 1987 erschienenen Studie *Beyond the Bars*, in der sie massiv gegen die Institution Zoo vorgegangen waren und damit eine breite öffentliche Diskussion in Gang gesetzt hatten: Die Besucherzahlen in den britischen Zoos waren im Zuge dieser Debatte deutlich zurückgegangen; letztlich mußten mehrere der Zoos geschlossen werden. Die unter dem Titel *Gefangen im Zoo* vorgelegte Studie ließ in den Chefetagen auch der hiesigen Zoos beträchtliche Nervosität aufkommen. Vor allem der Umstand, dass der deutschsprachigen Ausgabe eine Reihe erschütternder Bilder aus dem Alltag *deutscher* Zoos vorangestellt war – wodurch die Studie nicht als „nur auf britische Verhältnisse bezogen" abgetan werden konnte –, machte den Verantwortlichen besonders zu schaffen. Während sie gegen die McKenna-/Travers-Studie allerdings nichts zu unternehmen wussten, zogen sie im Jahr darauf in konzertierter Aktion gegen einen von der Tierrechtsgruppe *Panthera* vorgelegten Bildband *Der Zoo: Fotografien von Tieren in Gefangenschaft* zu Felde: Mit einer vor dem LG Hamburg angestrengten Unterlassungsklage suchten sie, die Verbreitung des Buches zu verhindern. Die Klage wurde jedoch abgewiesen.

Verschärft wurde die Nervosität in den deutschen Zoos durch das 1993 erschienene Manifest des *Great Ape Project*, das von namhaften Philosophen und Wissenschaftlern aus aller Welt unterzeichnet worden war, und das, festgemacht an den Großen Menschenaffen, die Haltung von Wildtieren in Zoos grundsätzlich in Frage stellte. Letztlich veröffentlichte der Tierschützer Stefan Austermühle im Jahre 1996 eine Studie, die unter dem Titel *„...und hinter tausend Stäben keine Welt!"* die Institution Zoo in sämtliche Einzelteile zerlegte. Zeitgleich mit dem Erscheinen des Austermühle-Buches gab es erste konzertierte Protestaktionen vor und in Zoos. Und selbst das bürgerliche Feuilleton befasste sich mit der Frage, ob Zoos in der heutigen Zeit überhaupt noch eine Legitimation hätten, und wenn ja, welche: In der *Zeit* beispielsweise erschien dazu Anfang 1996 ein erstaunlich fundiertes Dossier des Philosophen Richard David Precht, dem im Jahr darauf unter dem Titel *Noahs Erbe* ein eigenes Buch folgte.

Vor dem Hintergrund der anhaltenden Kritik und insofern drohender bzw. sich bereits abzeichnender Besucherrückgänge nahm die Nervosität in den deutschen Zoos nachgerade panische Züge an. Die für Zoos desaströse Entwicklung in Italien und England vor Augen suchte man mit hektisch in Angriff genommenen Um- und Neubaumaßnahmen die eklatantesten Missstände zu beseitigen bzw. zu übertünchen. Wie schon bei früheren Instandhaltungs- oder Umbaumaßnahmen spielten die Interessen der Tiere dabei nur eine nachrangige Rolle, das Augenmerk lag – und liegt bis heute – auf den *Interessen der Besucher*, sprich:

auf der Vermarktbarkeit des Produktes Zoo, die am Publikum ausgerichtet sein muss.

Parallel zur Umgestaltung der Zoos – seit Mitte der 1990er wurden, größtenteils aus Steuermitteln, hunderte von Millionen verbaut – wurde eine kollektive Abwehrstrategie gegen Kritik von außen entwickelt. Unter Rückgriff auf einen von dem schweizerischen Zoodirektor Heini Hediger formulierten Aufgabenkatalog des modernen Zoos verständigte man sich darauf, Zoos hinfort als auf vier Säulen stehend zu präsentieren: 1. Bildung, 2. Forschung, 3. Artenschutz, 4. Erholung. Zur Verankerung der neukonstruierten Selbstlegitimation in den Köpfen der Menschen wurde eine gigantische Propagandaoffensive gestartet, die bis heute fortdauert und wesentlich dazu beigetragen hat, dass Zoos in weiten Teilen der Bevölkerung immer noch als „normal", „richtig" und sogar „notwendig" angesehen werden.

Gegen die propagandistische Dauerpräsenz der Zoos in den Medien vermochte die Tierrechtsbewegung bislang nur wenig auszurichten, zumal Zookritik bis vor wenigen Jahren nicht eben an vorderster Stelle ihrer Agenda stand. Abgesehen von einer seit 2002 privat betriebenen Website, die unter dem Signet „Zooschweinereien" über Missstände in Zoos berichtete, gab es (zumindest im deutschsprachigen Raum) kaum zookritische Aktivitäten. Ein 2006 unter dem Titel *Der Zoowahnsinn von A-Z* erschienener Band der Tierrechtler Erich Goschler und Francesca Orso konnte insofern nur konstatieren, dass sich für die in Zoos gefangengehaltenen Tiere, bis auf wenige Ausnahmen, *nichts* zum Besseren gewandt hatte.

Die Bestandsaufnahme des Goschler/Orso-Buches, die die Notwendigkeit entschiedenen Einsatzes gegen die moralische Unrechtsinstitution Zoo erneut und in aller Drastik vor Augen führte, rückte das Thema „Zootierhaltung" etwas mehr in den Vordergrund tierrechtlichen Bewusstseins und Engagements: Zahlreiche Organisationen (*ARIWA, die tierbefreier, PeTA, Pro Wildlife,* auch der Bundesverband *Menschen für Tierrechte*) setzten sich in der Folge verstärkt damit auseinander. Seit 2012 informieren verschiedene Facebook- und Websites über das tägliche Unrecht, das nichtmenschlichen Tieren in der Zoo-Gefangenschaft widerfährt. Nicht zuletzt wurde auch das *Great Ape Project* wiederbelebt, das mithin im Quartalsmagazin *Tierbefreiung* regelmäßig über Missstände in deutschen Zoos berichtet.

Dass trotz der nach wie vor hohen gesellschaftlichen Akzeptanz der Zoos auch hierzulande etwas bewegt werden kann, zeigt das Beispiel des Zoos Lübeck: Über nachhaltige Öffentlichkeitsarbeit verschiedener Tierrechtsorganisationen konnte so viel Druck auf die örtlichen Behörden aufgebaut werden, dass die Einrichtung im Jahr 2010 geschlossen wurde. Im gleichen Jahr wurde auch der völlig heruntergekommene Tierpark Kalletal dicht gemacht. Ebenfalls 2010 konnte ein im Straubinger Tiergarten seit Jahren isoliert einsitzender Schimpanse an einen besseren Platz verbracht werden. 2011 ging der übel beleumundete Zoo-Park Metelen bei Münster pleite, und selbst in der zähen Auseinandersetzung um die Schimpansenhaltung des Welzheimer Schwabenparks ging etwas voran: 2012 wurden auf

Druck mehrerer Tierrechtsorganisationen den Parkbetreibern erhebliche Auflagen – insbesondere mit Blick auf die entwürdigenden „Affenshows" – erteilt. #80/2013

▶ Allein seit 2010 gingen in Deutschland dutzende Zoos und zooähnliche Einrichtungen pleite, in der Regel mangels Besucherzuspruch, vielfach aber auch aufgrund eklatanten Missmanagements. Nicht wenige Zoos wurden aufgrund indiskutabler Verhältnisse in der Tierhaltung auch von Amts wegen geschlossen, wobei die zuständigen Behörden *in jedem einzelnen Fall* erst durch massiven öffentlichen Druck zu einem solchen Schritt bewogen werden konnten. Selbst Zoos, die über Jahrzehnte Bestand gehabt hatten, waren davon betroffen. Im Übrigen wurde seit der Jahrtausendwende kein einziger Zoo mehr neu eingerichtet. Von langer Hand geplante (Groß-)Zoos wie etwa in Sasbachwalden im Schwarzwald, im südhessischen Pfungstadt oder im niederbayerischen Kirchham nahe Passau wurden nie realisiert. Auch ein für das mittelhessische Amöneburg vorgesehener Affenzoo kam nie über die Planungsphase hinaus.

Zu den seit 2010 nicht mehr existierenden Zoos und zooähnlichen Einrichtungen in Deutschland zählen die folgenden Tiersammlungen (die Liste erhebt keinen Anspruch auf Vollständigkeit, in Klammern das Jahr der dauerhaften Schließung): Bad Griesbach (2014) / Bieberheim (2013) / Bodenmais (2015) / Böhl-Iggelheim (2017) / Bremen-Huchtig (2016) / Burg Stagard (2015) / Coburg (2011) / Darmstadt (2014) / Deinig-Großfalterbach (2018) / Elsterheide (2014) / Frauenau (2014) / Hemer (2010) / Hitzacker (2018) / Kamitz (2011) / Kevelaer-Twisteden (2010) / Kirchberg im Wald (2015) / Kirchberg-Sinningen (2015) / Langeoog (2013) / Lenggries (2017) / Lübeck (2010) / Ludwigslust (2010) / Mansbach (2017) / Meckenbeuren (2017) / Meißen (2021) / Metelen (2011) / Mettlach-Orscholz (2011) / Möser-Lostau (2010) / Nauen/Havelland (2021) / Neumarkt/Opf. (2019) / Nordhausen (2014) / Oesterwurth (2011) / Oppach (2015) / Pfungstadt (2010) / Regensburg (2014) / Rettenberg (2012) / Schalkholz (2015) / Seeg-Hack (2014) / Sinsheim-Eschelbach (2012) / Sögel-Eisten (2010) / Stadland (2012) / Weißenhäuser Strand (2012) / Weißewarte-Tangerhütte (2022) / Westerhude (2012) / Wustermark-Elstal (2016) / Zuzenhausen (2016).

Weiteren Zoos wurde die Haltung bestimmter Tierarten (Bären, Großkatzen, Menschenaffen... etc.) veterinäramtlich untersagt – einzelne Tiere und Tiergruppen mussten insofern abgegeben werden –, oder aber es wurden den Betreibern so strenge Haltungsauflagen erteilt, dass sie die betroffenen Tierarten „von selbst" abgaben bzw. verkauften (nicht selten an Privathalter).

Grundsätzliches

Quantensprung im Verhältnis Mensch-Tier

Wie ein Lauffeuer verbreitete sich kurz vor Jahresende 2014 über die Netzwerke der internationalen Tierrechts- und Tierbefreiungsbewegung eine Meldung, deren ungeheuere Tragweite selbst langjährigen Aktiven wohl nur allmählich ins Bewusstsein getreten sein dürfte: Ein argentinisches Gericht hatte – erstmalig in der Geschichte der Menschheit – ein nicht-menschliches Tier, konkret: einen im Zoo von Buenos Aires einsitzenden Orang Utan als Rechtssubjekt anerkannt. Erst als die Meldung in den etablierten Medien bestätigt wurde – der *Spiegel* etwa titelte am 22. Dezember 2014: „Nach 20 Jahren Gefangenschaft: Freiheit für Orang-Utan SANDRA" – wurde es zur Gewissheit, dass in Südamerika Rechtsgeschichte geschrieben worden war. Es war eingetreten, worauf Tierrechtler:innen weltweit seit Jahrzehnten hingearbeitet hatten, nämlich: die Anerkennung eines Nicht-Menschen als Rechtsperson.

Im Mittelpunkt des Geschehens stand und steht SANDRA, ein 1986 im Zoo von Rostock geborener weiblicher Orang Utan, der, im September 1994 an den Zoo von Buenos Aires veräußert, seit Jahren ein einsames Dasein in einer für Orang Utans völlig ungeeigneten Umgebung zuzubringen genötigt war. Eingesperrt hinter Eisengitter und Panzerglas war SANDRA der einzige Orang Utan, den der Zoo Buenos Aires vorhielt. Der Orang Utan-Mann, mit dem sie die erste Zeit zusammengelebt hatte, war lange schon verstorben, ein Kind, das sie von ihm zur Welt gebracht hatte, war ihr weggenommen und an einen anderen Zoo abgegeben worden. Sie hatte seither niemanden ihresgleichen mehr gesehen.

Historische Entscheidung

2014 nahm sich die *Association of Officials and Lawyers for Animal Rights* (Afada) des Falles an. Nach mehreren vergeblichen Anläufen beantragte *Afada* im November des Jahres eine richterliche Verfügung, analog zur gesetzlich vorgeschriebenen Haftprüfung bei Menschen eine Prüfung der Haftbedingungen SANDRAs anzuordnen. Die zugrundegelegte Rechtsnorm des sogenannten „Writ of Habeas Corpus" stellt die Mindestrechte eines Gefangenen sicher, wie etwa das Recht, von einem ordentlichen Gericht angehört zu werden; sieht das Gericht keinen hinreichenden Grund für die Fortdauer einer Gefangenhaltung, kann und muss es die sofortige Freilassung des Gefangenen verfügen. Während das angerufene Appellationsgericht den Entscheid zu solcher Haftprüfung an das nachrangige Gericht zurückverwies, das den Antrag in einem ersten Rechtszug abgewiesen hatte, findet sich in der Begründung hierfür der revolutionäre Satz: „Ausgehend von einer dynamischen, nicht statischen Justiz ist es

20 Jahre in Gefangenschaft

angemessen, dem Tier [also SANDRA] die Eigenschaft eines juristischen Subjekts zuzugestehen". In weniger verklausulierter Formulierung: Orang Utan SANDRA ist, wie jeder Mensch, Rechtssubjekt. Pablo Buompadre, Vorsitzender von *Afada*, kommentierte die Verfügung des Appellationsgerichts so: „Dies ist eine historische Entscheidung. Ein Schlag gegen die Säulen einer Rechtsordnung, deren zivilrechtliche Normen Tiere als Sachen bezeichnen. Sie öffnet neue Wege nicht nur für die Menschenaffen, sondern für alle fühlenden Wesen, die sich ungerechter- und willkürlicherweise der Freiheit beraubt in Zoos, Zirkussen, Aquaparks oder Versuchslabors befinden." Für SANDRA selbst bedeute der Entscheid, dass nachrangige Gerichte keine andere Möglichkeit mehr haben dürften, als ihre Freilassung, sprich: ihren Transfer in ein entsprechendes Refugium, anzuordnen. In der Tat wurde kurz darauf dem Habeas Corpus-Antrag der *Afada* entsprochen: Am 28.1.2015 wurde verfügt, dass SANDRA in ein anerkanntes Refugium überstellt werden müsse. Der Zoo wurde angewiesen, sie „innerhalb der nächsten Monate" entweder in das *Great Primate Sanctuary* im brasilianischen Bundesstaat Sao Paulo oder in das *Center for Great Apes Sanctuary* in Wauchula, Florida, USA, zu verbringen. #86/2015

Freiheit für Orang Utan SANDRA

Die Entscheidung fiel letztlich für das Refugium in Florida, wo bereits mehrere Orang Utans aus der Entertainmentindustrie leben. Da allerdings die Stadtverwaltung von Buenos Aires kurz darauf ankündigte, den kommunalen Zoo binnen eines Jahres aufzulösen und die verbleibenden rund 2500 Tiere entweder auszuwildern oder in eigens einzurichtende Reservate umzusiedeln, verblieb SANDRA zunächst auf dem Zoogelände. Die rund fünfzig nicht auswilder- oder umsetzbaren Tiere, darunter sie selbst, sollten unter verbesserten Bedingungen auf dem Gelände verbleiben dürfen, würden aber nicht mehr zur Schau gestellt.

In der Tat begann die Stadt relativ zügig mit der Auswilderung bzw. Umsiedelung ganzer Tiergruppen sowie der schrittweisen Umwandlung des knapp 18 Hektar umfassenden Zooareals in einen Ökopark. Für SANDRA tat sich allerdings wenig, sie wurde weiterhin, wenngleich nicht mehr in öffentlichem Schaubetrieb, in dem ursprünglichen Gehege gehalten. *Afada*-Anwälte zogen deshalb erneut vor Gericht und erreichten einen Beschluss, dass

SANDRA in (relativer) Freiheit

CECILIA hinter Gittern

SANDRA umgehend in einem größeren Gehege untergebracht werden müsse. Da die Stadtverwaltung Buenos Aires diesem Beschluss nicht nachkommen wollte oder konnte, wurde der sofortige Transfer SANDRAs in das *Center for Great Apes* in Florida verfügt. Am 26.9.2019 reiste SANDRA per Direktflug in die USA aus (wenngleich nicht im Passagier- sondern im Frachtraum).

Ihre verbleibende Lebenszeit kann SANDRA nun unter ihresgleichen und in für sie größtmöglicher Freiheit und Selbstbestimmung verbringen. Ein weiterer Meilenstein auf dem Weg der Tierbefreiung. #105/2019

Freiheit für CECILIA

In einer bahnbrechenden Entscheidung vom 3. November 2016 erklärte die argentinische Richterin María Alejandra Mauricio, eine im Zoo der Provinzhauptstadt Mendoza lebende Schimpansin namens CECILIA sei keine Sache,

die der Zoo besitzen könne, sondern Rechtssubjekt, sprich: eine nicht-menschliche Person, die ebendeshalb umgehend aus der Gefangenhaltung zu entlassen sei.

Hintergrund der höchstrichterlichen Entscheidung ist eine Klage, die vor zwei Jahren durch die argentinische Tierrechtsorganisation *Association of Officials and Lawyers for Animal Rights* (Afada) eingereicht wurde. In Zusammenwirken mit dem internationalen *Great Ape Project* argumentierte *Afada*, die Umstände der Haltung CECILIAs im Zoo – die etwa 35-jährige Schimpansin lebt seit dem Tod ihrer beiden Artgenossen CHARLIE und XUXA alleine – seien nicht nur gesetzeswidrig, sondern auch Ursache ihres sich rapide verschlechternden Gesundheitszustandes .

Afada hatte bereits Ende 2015 Grundrechte für die im Zoo von Buenos Aires einsitzende Orang Utan-Dame SANDRA erstritten. Die aktuelle Entscheidung in Sachen CECILIA reicht noch weit darüber hinaus: Richterin Mauricio betonte, auch nicht-menschliche Tiere besäßen abgestufte Rechte: „Wir sprechen dabei nicht über Bürgerrechte, wie sie im Bürgerlichen Gesetzbuch niedergelegt sind, sondern über die der jeweiligen Spezies zukommenden Rechte auf Selbstentfaltung und auf Leben in ihrem natürlichen Lebensumfeld." Sie verfügte die sofortige Freilassung der Schimpansin, die, in Absprache mit den zuständigen Umweltministerien, in das drei Flugstunden entfernte Menschenaffenrefugium des *Great Ape Project* im brasilianischen Sorocaba umziehen soll. Eine Auswilderung in ihre natürliche Heimat ist ausgeschlossen: Auf sich gestellt könnte sie nach Jahrzehnten Zoogefangenschaft nicht überleben.

Interessanterweise umfasste das Urteil auch eine Aufforderung an die Behörden der Provinzhauptstadt Mendoza, notwendige Maßnahmen zu ergreifen, die Lebensbedingungen all jener Tiere nachhaltig zu verbessern, die nach dem Wegzug CECILIAs im örtlichen Zoo verbleiben müssten. Im Schlusswort ihres Urteils zitierte Richterin Mauricio den deutschen Philosophen Immanuel Kant: „Wir können das Herz eines Menschen danach beurteilen, wie er Tiere behandelt." #94/2017

Grundrechte für Menschenaffen

Die Forderung, den Großen Menschenaffen – Orang Utans, Gorillas, Schimpansen und Bonobos – bestimmte Grundrechte zu verschaffen, die bislang ausschließlich für den Menschen gelten, geht zurück auf eine Initiative der italienischen Philosophin Paola Cavalieri und des australische Bioethikers Peter Singer.

In dem von ihnen zusammen mit einer Reihe weiterer Wissenschaftler aus aller Welt, darunter Richard Dawkins oder Jane Goodall, im Jahre 1993 begründeten *Great Ape Project* forderten sie, den Menschenaffen das Recht auf Leben, auf Freiheit und auf körperliche wie psychische Unversehrtheit zuzuerkennen. Die tradierte Ungleichbehandlung von Menschen und Großen Menschenaffen sei im Lichte wissenschaftlicher Erkenntnis nicht länger haltbar – die Erbgutunterschied etwa zwischen Schimpansen und Menschen bewegen sich je nach Messmethode im minimalen Prozent- oder gar nur im Promillebereich – und damit moralisch zu verwerfen. „Bildlich ausgedrückt", so der Primatologe Volker Sommer, „sind Menschen, Schimpansen und Bonobos Geschwister, Gorillas sind ihre gemeinsamen Cousins, und Orang Utans sind etwas weiter entfernte Großcousins. Letztlich gebe es kein vernünftiges Argument, den Großen Menschenaffen solche Grundrechte zu verweigern.

Die Forderung nach elementarer Gleichstellung der Großen Menschenaffen, so der Grundgedanke des *Great Ape Project*, setzt einen menschheitsgeschichtlichen Entwicklungsverlauf fort. Der historische Moment sei gekommen, um nach Nationalismus, Rassismus, Ethnozentrismus und Sexismus auch die Schranke des Speziesismus zu überwinden, der die Diskriminierung von Lebewesen allein aufgrund ihrer Artzugehörigkeit rechtfertigt. Wie im Falle „unmündiger" Menschen, die nicht für sich selbst sprechen und ihre Rechte nicht selbst zu formulieren in der Lage sind, sollten Rechtsansprüche von Menschenaffen durch Sachwalter vertreten werden können.

Bezugnehmend auf die Forderungen des *Great Ape Project* stellte Neuseeland 1999 per Gesetz die Großen Menschenaffen unter besonderen Rechtsschutz, gefolgt wenig später von der Inselgruppe der Balearen, die als autonome Gebietskörperschaft Spaniens einen noch weiter gefassten Rechtsschutz verfügten. Nach diesen ersten Erfolgen aber verlor das *Great Ape Project* im Jahre 2008 fast schlagartig sein bis dahin aufgebautes Momentum. Der Grund dafür lag in der frustrierenden Entwicklung, die das Projekt in Spanien genommen hatte: Eine parlamentarische Initiative mit dem Ziel, den besonderen Status der Großen Menschenaffen für das ganze Land legislativ anzuerkennen, war unmittelbar vor ihrem Durchbruch noch auf ganzer Linie gescheitert. Die spanische Regierung, die vom Parlament aufgefordert worden war, ein entsprechendes Gesetz auf den Weg zu bringen, war letztlich vor der katholischen Kirche des Landes eingeknickt, die in einer beispiellosen Hetzkampagne dagegen zu Felde gezogen war. Die Rede war von einer „Rebellion gegen die Wurzeln Europas, gegen die christliche Anthropologie, gegen Vernunft und Natur". Die spanischen Medien übernahmen flächendeckend die Position des Klerus: Die mit so großen Hoffnungen für die Affen verbundene Sache war vom Tisch. Auch im deutschsprachigen Raum zählt die katholische Kirche seit je zu den erbittertsten Gegnern des *Great Ape Project*: 2003 etwa erschien im kircheneigenen Bonifatius-Verlag eine flammende Theologenschrift, in der unter Verweis auf die Gottebenbildlichkeit des Menschen eine Einbeziehung von Nicht-Menschen in die Gemeinschaft der Gleichen kategorisch ausgeschlossen wurde.

„Was sind *wir* dann noch?"

Selbstredend sprachen und sprechen sich auch Zoobetreiber und sonstige Profiteure der Gefangenhaltung von Wildtieren entschieden gegen die Forderungen des *Great Ape Project* aus. Jörg Adler etwa, bis 2015 Direktor des Zoos in Münster und Kurator eines örtlichen Instituts für Theologische Zoologie: „Grundrechte für Menschenaffen einzufordern bedeutet, Menschenaffen zu Menschen zu machen. Was sind *wir* dann noch?" In ausdrücklich theologischer Diktion weist auch Bernhard Blaszkiewitz, langjähriger Direktor des Berliner Zoos, auf den grundlegenden „Wertigkeitsunterschied" zwischen Mensch und Tier hin: „Der Mensch hat den Schöpfungsauftrag bekommen, die Natur und die Tiere zu bewahren, sie aber auch zu benutzen. Insofern ist das, was heute von Tierrechten geredet wird, Unsinn. Es gibt Menschenrechte, keine Tierrechte."

Tatsächlich stünde eine rechtliche (Teil-) Gleichstellung von Menschen und Menschenaffen in unauflösbarem Widerspruch nicht nur zum zentralen Diktum der katholischen und jeder sonstigen Kirche, sondern auch zu dem der Institution Zoo, das da – hier in den Ausführungen des Münchner Tierparks Hellabrunn – lautet: „Sein Selbstverständnis zieht der Mensch aus der Abgrenzung zum Tier. Der Mensch erfährt sich als Mensch, indem er sich im Unterschied zum Tier sieht, sich von ihm abgrenzt." Nirgendwo werde diese Grenze erfahrbarer als gerade im Zoo: „Auf der einen Seite Zoobesucher, auf der anderen Seite, in Gehegen eingeschlossen, Tiere, deren Anderssein den Besuchern vor Augen geführt wird. Zoos spiegeln das Verhältnis von Mensch und Tier."

Dass Zoos dieses Verhältnis keineswegs nur „spiegeln" sondern als Anschauungsorte einer als unverzichtbar definierten Grenzziehung zwischen Mensch und Tier auf Dauer fortschreiben – und in klassischem Zirkelschluss ebendaraus ihre Existenzberechtigung herleiten –, bleibt unerwähnt. Der ethologische wie auch evolutionsbiologische Erkenntnisgewinn der zurückliegenden dreißig und mehr Jahre scheint an Zoodirektoren ebenso spurlos vorübergegangen zu sein, wie der im gleichen Zeitraum immens vorangeschrittene tierethische Diskurs.

HIASL

Etwa zeitgleich mit der Gesetzesinitiative in Spanien unternahm der österreichische *Verein gegen Tierfabriken* (VgT) den Versuch, einem im Wiener Tierschutzhaus untergebrachten Schimpansen namens HIASL auf gerichtlichem Wege Personenrechte zu verschaffen. Der Schimpanse war 1982 im Alter von zehn Monaten von einem Tierhändler im westafrikanischen Sierra Leone eingefangen und nach Österreich verbracht worden. Zusammen mit einem weiteren Schimpansenbaby – ein Mädchen, das später den Namen ROSI erhielt –, war HIASL an das österreichische Pharmalabor *Immuno* verkauft worden, das ihn in der Hepatitis- und AIDS-Forschung einzusetzen beabsichtigte. Just am Tag vor Ankunft der Tiere in Wien am 28.4.1982 unterzeichnete die Republik Österreich allerdings das *Washingtoner Artenschutzübereinkommen* (CITES), so dass die Einfuhr der Schimpansen, für die die erforderlichen Papiere nicht vorgelegt werden konnten, illegal wurde. Vom Zoll beschlagnahmt wurden HIASL und ROSI auf Vermittlung des Wiener Tierschutzvereins an eine private Pflegestelle in Wien verbracht, wo sie in Gesellschaft menschlicher Kleinkinder aufwuchsen.

Es folgten jahrelange Rechtsstreitigkeiten um die Eigentumsverhältnisse an HIASL und ROSI. *Immuno* klagte auf Herausgabe und bekam letztlich recht: Die beiden Schimpansen, inzwischen sechs Jahre alt, sollten dem Labor zurückgegeben werden. Laut *Österreichischem Allgemeinen Gesetzbuch*, so die Begründung des Gerichts, gälten sie als „Sachen", die insofern keine eigenen Interessen haben könnten. Einen Widerspruch des Wiener Tierschutzvereins lehnte das Gericht im September 1989 zwar ab, es wurde aber nichts unternommen, die Tiere zu beschlagnahmen und an *Immuno* auszuhändigen: Sie verblieben auf ihrer privaten Pflegestelle.

Mit Übernahme der Firma *Immuno* durch den US-Pharmakonzern *Baxter* im Jahre 1999 wurden die Schimpansenexperimente eingestellt. Die Eigentumsrechte an HIASL und ROSI wurden offiziell dem Wiener Tierschutzverein übertragen, der die Tiere in einem eigens für sie eingerichteten 400qm-Gehege im Wiener Tierschutzhaus unterbrachte.

2007 aber geriet auch der Tierschutzverein in finanzielle Schieflage. HIASL und ROSI liefen Gefahr, in einem drohenden Konkursverfahren als Vereinsvermögen gewertet und meistbietend verkauft oder versteigert zu werden. Mit Hilfe eines Rechtswissenschaftlers der Universität Wien wurde beim zuständigen Bezirksgericht beantragt, für HIASL eine formale Sachwalterschaft zu bestellen. Schimpansen, so die Argumentation, müssten aufgrund ihrer engen Verwandtschaft mit dem Homo sapiens und ihrer hohen kognitiven Fähigkeiten bereits nach geltendem Recht als Personen eingestuft werden bzw. zumindest im Analogieschluss grundlegende Rechte zugesprochen bekommen. Dem Schimpansen HIASL – im Verfahren mit Vor- und Zuname als MATTHIAS PAN bezeichnet – müsse das Recht auf Leben, auf Freiheit und Unversehrtheit zugestanden werden.

Offenbar heillos überfordert zog sich das Bezirksgericht auf die Behauptung zurück, es könne den Antrag nicht behandeln, da erst Geburtsurkunde, Staatsbürgerschaftsnachweis und Meldezettel des Matthias Pan vorzulegen seien. Die Frage, ob er eine Person sei oder nicht, sei unbestritten von akademischem Interesse, müsse insofern aber nicht beantwortet werden. Im Ergebnis eines aufwändigen Berufungsverfahrens beschied das übergeordnete Landesgericht, dass eine Berufung im vorliegenden Fall gar nicht möglich sei, wogegen ein sogenannter Revisionsrekurs an den Obersten Gerichtshof (OGH), das Höchstgericht für Zivil- und Strafsachen in Österreich, eingelegt wurde. Mit Hilfe verfahrenstechnischer Winkelzüge um Parteistellung und Rechtsmittellegitimation wurde letztlich auch vom OGH ein Berufungsrecht abgelehnt. Auch eine daraufhin vor dem Europäischen Gerichtshof für Menschenrechte (EGMR) erhobene Klage führte nicht zum gewünschten Erfolg: Die Straßburger Richter lehnten es im April 2010 letztinstanzlich ab, sich inhaltlich mit dem Fall zu befassen: HIASL, so ihre formale Begründung, könne sich nicht ausweisen und äußern, letztlich seien auch die Antragsteller nicht legitimiert, für einen Schimpansen, der vor dem Gesetz als Sache gelte, Rechte zu erstreiten.

HERCULES und LEO

Eine dem HIASL-Vorstoß vergleichbare Rechtsinitiative wurde Ende 2013 in den USA auf den Weg gebracht: Die Tierrechtsorganisation *Nonhuman Rights Project* (NhRP) erhob vor dem State Supreme Court im US-Bundesstaat New York Klage auf Anerkennung zweier in einem Versuchslabor der *State University at Stony Brook* gehaltenen Schimpansen als Rechtspersonen. Gründer und Hauptaktivist des *NhRP* ist der Bostoner Rechtsprofessor Steven M. Wise, der, zusammen mit einer Gruppe an Anwälten, seit mehr als dreißig Jahren gegen die untragbaren Zustände in der US-Massentierhaltung kämpft. Wise und seine Mitstreiter bezogen sich in ihrer Klage auf das oben erwähnte „Writ of Habeas Corpus", ein auch im US-amerikanischen Rechtssystem verankertes Instrument zur Freisetzung einer Person aus ungerechtfertigter Haft. Das Writ [=Gerichtsverfügung] geht zurück auf einen Fall aus dem Jahre 1772: Ein in England entflohener schwarzer Sklave namens James Somerset war wieder eingefangen worden und sollte auf einem Schiff nach Jamaika deportiert werden. Britische Sklavereigegner verfassten eine Petition an den Obersten Gerichtshof in London, die Deportation auszusetzen; sie argumentierten, es habe gemäß der seit 1679 rechtsgültigen Habeas-Corpus-Akte jede inhaftierte Person das Recht auf unverzügliche Haftprüfung vor einem ordentlichen Gericht.

Der Oberste Gerichtshof folgte der Petition, womit er stillschweigend den Personenstatus Somersets anerkannte, den dieser als Sklave bis dahin nicht hatte. Somerset kam letztlich frei, sein Fall trug wesentlich zur Beendigung der Sklaverei im angelsächsischen Raum bei.

Das *NhRP* nimmt ausdrücklich Bezug auf die Abschaffung der Sklaverei in den USA im Jahre 1865: „Es ist nicht lange her", so Wise, „dass die Meinung vorherrschte, menschliche Sklaven seien keine Rechtspersonen, sie seien einfach Besitz ihrer Eigentümer." Es sei an der Zeit, nunmehr den nächsten Schritt zu tun und anzuerkennen, dass auch die Großen Menschenaffen nicht länger als Eigentum menschlicher Besitzer gelten und von ihnen ausgebeutet werden dürften. Die Tiere seien „keine Sachen, die jemandem gehören können, sondern kognitive, komplexe und autonome Rechtspersönlichkeiten." Die Schimpansen HERCULES und LEO, an denen die auf mehrere eigenständige Verfahren verteilte Klage festgemacht war, hätten im Erfolgsfalle beschlagnahmt und in ein Reservat für Menschenaffen verbracht werden können.

Während die *NhRP*-Anläufe regelmäßig von den angerufenen Gerichten abgeblockt wurden, erzielte ein im März 2015 erneut gestarteter Versuch einen wegbereitenden Erfolg: Mit höchstrichterlicher Anordnung *(Order to Show Cause)* wurde *Stony Brook* verpflichtet, rechtlich ausreichende Gründe vorzulegen, die eine weitere Gefangenhaltung der Schimpansen und damit eine fortdauernde Einschränkung ihrer körperlichen Autonomie rechtfertigen. Im Zuge der gerichtlichen Anhörung teilte *Stony Brook* mit, die beiden 9-jährigen Schimpansen nicht weiter für biomedizinische oder sonstige Experimente verwenden zu wollen: Eine laufende Versuchsreihe sei ohnehin gerade beendet worden. Eine Überstellung der Tiere in das Primatenschutzzentrum *Save the Chimps* in Fort Pierce, Florida, wurde jedoch gezielt unterlaufen: HERCULES und LEO wurden in das *New Iberia Research Center* im Bundesstaat Lousiana verbracht, in dessen formalem Besitz sie stehen – *Stony Brook* hatte sie angeblich nur „ausgeliehen –, so dass sie der New Yorker Gerichtsbarkeit entzogen waren.

Auch wenn die Bemühungen um HERCULES und LEO – desgleichen um zwei weitere privat gehaltene Schimpansen namens TOMMY und KIKO – zu keinem greifbaren Erfolg führten, kam den *NhRP*-Aktivitäten doch enorme Signalwirkung zu. Niemals zuvor in der Geschichte der USA wurde die Frage nach dem Verhältnis des Menschen zu seinen engsten Verwandten derart breit diskutiert. Selbst das Verwaltungsrecht wurde überarbeitet: Am 14. September 2015 traten neue und unerwartet restriktive Regularien des zuständigen *U.S. Fish and Wildlife Service* in Kraft, die invasive biomedizinische Forschung an Großen Menschenaffen hinfort praktisch verunmöglichen.

Grundgesetzinitiative

Einen etwas anderen Weg als das *NhRP* beschreitet das im Jahre 2011 von der in Oberwesel am Rhein ansässigen *Giordano-Bruno-Stiftung* (gbs) wiederbelebte *Great Ape Project*. Die *gbs*, ein Zusammenschluss von Philosophen, Wissenschaftlern und Künstlern im Leitbild von evolutionärem Humanismus und Aufklärung, brachte 2012 eine Grundgesetzinitiative auf den Weg, die auf folgenden Überlegungen beruhte: Nach Artikel 2 des Grundgesetzes für die Bundesrepublik Deutschland genießen Menschen das Recht auf freie Entfaltung ihrer Persönlichkeit sowie das Recht auf Leben und körperliche Unversehrtheit. Ein Tier kann bisher nicht Träger dieser Grundrechte sein. Nach Artikel 20a des Grundgesetzes schützt der Staat allerdings im Rahmen der verfassungsmäßigen Ordnung die natürlichen Lebensgrundlagen und die Tiere. Der Tierschutz ist damit als Rechtsprinzip in der Verfassung verankert. Die staatliche Schutzpflicht bezieht sich dabei vor allem auf höher entwickelte Tiere, deren Leidens- und Empfindungsfähigkeiten einen verantwortungsvollen Umgang mit ihnen erfordern. Insofern gilt für den Tierschutz als Staatsziel ein abgestuftes Schutzniveau, das sich an der jeweiligen Bewusstseinsfähigkeit orientiert. Die wissenschaftliche Forschung hat in den letzten Jahrzehnten hohe genetische Übereinstimmungen von Großen Menschenaffen und Menschen belegt. Für alle Großen Menschenaffen gilt, dass sie ähnlich empfindungs- und leidensfähig sind wie der Mensch. Sie besitzen Selbstbewusstsein, sind zu vorausschauendem Denken und intelligentem sowie altruistischem Handeln befähigt. Folglich müssen sie einen Rechtsstatus erhalten, der der „Menschenwürde" nahe kommt und durch Gesetze mit Verfassungsrang geschützt werden. Die gbs-Initiative forderte deshalb eine Grundgesetzänderung, die dem Entwicklungs- und Personenstatus der Menschenaffen gerecht wird. Das Grundgesetz solle in Artikel 20a durch einen zweiten Absatz mit folgendem Wortlaut ergänzt werden: „Das Recht der Großen Menschenaffen auf persönliche Freiheit, auf Leben und körperliche Unversehrtheit wird geschützt." In Zusammenhang mit dieser Grundgesetzänderung müsse auch das Tierschutzgesetz überarbeitet werden. So solle § 8 des Tierschutzgesetzes eine klarstellende Regelung enthalten: „Tierversuche an Menschenaffen sind verboten."Am 23.4.2014 reichte die gbs einen entsprechenden Antrag beim Petitionsausschuss des Deutschen Bundestages ein, der Anfang Juli 2015 – erwartungsgemäß – abgelehnt wurde. Desungeachtet vermochte die *gbs*-Initiative die gesellschaftliche Debatte über Tierethik stark voranzutreiben.

Türöffner

Zur viel und kontrovers diskutierten Frage, was den Einsatz gerade für Menschenaffen (bzw. nicht-menschliche Primaten in weiterem Sinne) rechtfertigt, durch deren allfälligen Einbeziehung in die Rechtsgemeinschaft der Menschen sich nur die Grenzlinie verschöbe und nun Menschen und Menschenaffen auf der einen von allen anderen Tieren auf der anderen Seite trennte, woraus letztere keinerlei Nutzen bezögen, ist in aller Pragmatik zu sagen: Irgendwo muss man anfangen. Zudem – und das ist das Entscheidende – stellen Menschenaffen den Dreh- und Angelpunkt des Verhältnisses Mensch-Natur dar, sie definieren wie nichts und niemand sonst die sakrosankte Grenzlinie zwischen Mensch und Tier: Sind sie festgeschrieben „auf der anderen Seite“, sind das alle anderen Tiere mit ihnen. Würde die Grenze durchlässig, könnte das ein „Türöffner“ sein, der letztlich allen Tieren zugute käme: Ist erst einmal Bewusstsein dafür geschaffen, dass den Menschenaffen bestimmte Grundrechte zustehen, können auch die Interessen anderer Tiere nicht mehr übergangen werden. Es wäre dies ein revolutionärer erster Schritt hin zu einem radikalen Wandel des gesellschaftlichen Konsenses über das Verhältnis des Menschen zu nicht-menschlichen Tieren. #86/2015

Quarantänetruck des WAMS

Wales Ape & Monkey Sanctuary

Das WAMS, gelegen am Rande des Brecon Beacons National Park im Süden des Landes, nimmt seit mehr als 20 Jahren alte, kranke, behinderte und verhaltensgestörte Primaten auf. Derzeit leben rund 120 Tiere dort. Bei Bedarf werden Tierrettungsaktionen quer durch Europa durchgeführt, das WAMS verfügt insofern über einen international als Quarantänefahrzeug zugelassenen Großraumtruck.

Viele der aufgenommenen Tiere kommen aus maroden oder pleitegegangenen Zoos (aus ganz Europa, auch aus Deutschland). Andere stammen aus Zirkussen, die die Tiere abgeben, da sie mit mitgeführten Primaten keine Auftrittsmöglichkeiten mehr bekommen oder von Privathaltern, die mit den Tieren überfordert oder ihrer überdrüssig geworden sind (oder denen die Tierarztkosten über den Kopf wachsen). Die meisten der kleineren Affen kommen aus Pharmalaboren, von denen sie aussortiert wurden, da an ihnen nicht mehr experimentiert werden kann. Ein großer Teil der Tiere stammt aus veterinäramtlichen Beschlagnahmungen.

In Sanctuaries wie dem WAMS werden mühsam die Scherben tierlicher Existenzen wieder zusammengefügt, die in Zoos, Zirkussen, Pharmalaboren und in unfähiger Privathaltung zerbrochen wurden. Die aufgenommenen Tiere sind in der Regel schwer traumatisiert und benötigen daher besonders zeit- und kostenaufwändige Betreuung. Allein die Kosten der tierärztlichen Versorgung und Medikation machen die Hälfte des monatlichen Budgets aus. Finanziert wird das Sanctuary in erster Linie über Spenden und Patenschaften.

Gleichwohl in Großbritannien staatlich anerkannt, erhält es keinerlei staatliche Unterstützung.

„Ein Sanctuary kann nur relative Freiheit bedeuten"

Auch in einem Sanctuary leben die Tiere in Gefangenschaft und „hinter Gittern", eine Rückverbringung in ihre natürlichen Heimaten ist unmöglich: Sie könnten dort nicht eigenständig überleben. Wirkliche Freiheit kann ihnen daher nicht zurückgegeben werden, die wurde ihnen durch die teils jahrzehntelange Gefangen- und Qualhaltung in Zoos, Zirkussen, Pharmalaboren und in Privathand auf Lebenszeit gestohlen. Ein Sanctuary kann nur den Versuch machen, ihnen – mit den in der Regel beschränkten Möglichkeiten, die zur Verfügung stehen – ein einigermaßen art- und tiergerechtes Leben zurückzugeben.

Ohne das WAMS würde keines der dort aufgenommenen Tiere heute noch leben. Sie wären von ihren vorherigen Haltern ausgesetzt oder längst eingeschläfert worden. Das WAMS vermittelt – im Gegensatz zu anderen Primatensanctuaries in Europa – aufgenommene Tiere grundsätzlich nicht an Zoos oder andere Tierhalter zurück. Selbstverständlich wird nicht „gezüchtet", was nur eine Fortsetzung der Haltung von Wildtieren in Gefangenschaft bedeuten würde. #110/2021

Fotografieren im Zoo / Bildrechte

Viele Zoos suchen zu verhindern, dass von Besucher:innen gefertigte Fotos, die das Elend der zur Schau gestellten Tiere zeigen, öffentlich Verbreitung finden. Sie weisen darauf hin, dass Fotos grundsätzlich nur für den privaten Gebrauch gemacht werden dürfen und drohen mit rechtlichen Schritten, sollten sie auch zu anderen Zwecken verwendet werden. Tatsächlich ist die Rechtslage insofern eindeutig: Im Jahre 1993 war im Göttinger Echo-Verlag ein Bildband erschienen mit erschütternden Fotografien in Zoos gefangengehaltener Tiere.[1] Drei deutsche Zoos – Hamburg, Heidelberg und Augsburg – suchten die Verbreitung des Bandes über eine vor dem Landgericht Hamburg angestrengte Unterlassungsklage zu verhindern mit dem Argument, das darin enthaltene Bildmaterial sei unerlaubt entstanden. Mit Urteil vom 7.7.1995 wurde die Klage rechtskräftig abgewiesen. Das Gericht stellte fest, dass auch unerlaubt und verdeckt entstandene Aufnahmen hinsichtlich einer „die Öffentlichkeit wesentlich berührenden Frage", nämlich „ob die Haltung von Tieren im Zoo (...) zu befürworten oder aber grundsätzlich aus Tierschutzgründen abzulehnen ist", zulässig und begründet sind. Es sei in Anbetracht des öffentlichen Interesses auch an einer kritischen Zoo-Berichterstattung ein Verwertungsverbot der Fotos zu verneinen.[2]

Anmerkungen

1 Reinhard, v. Clarissa/Austermühle, Stefan/Thomsen, Lars (Panthera Projektgruppe): Der Zoo: Fotografien von Tieren in Gefangenschaft

2 LG Hamburg: Geschäfts-Nr.: 324 O 116/95 (Hagenbeck) / 324 O 0140/95 (Heidelberg) / 324 O 139/95 (Augsburg). #103/2019

Zoos und Zirkusse haben Akzeptanzproblem

Die Gefangenhaltung und Zurschaustellung von Tieren in Zoos und Zirkussen ist gesellschaftlich keineswegs in dem Maße akzeptiert, wie die Betreiber derartiger Einrichtungen immer behaupten. Wie eine repräsentative Erhebung des *YouGov*-Marktforschungsinstituts von Dezember 2015 ergab, ist für knapp die Hälfte der deutschen Bevölkerung (49%) die Zurschaustellung exotischer Tiere im Zoo moralisch nicht in Ordnung.

Nur ein gutes Drittel (37%) sieht dies anders, der Rest (14%) hat dazu keine Meinung. Die Zurschaustellung einheimischer Tiere im Zoo wird hingegen von mehr als zwei Dritteln der Deutschen (69%) als moralisch vertretbar angesehen, für immerhin ein Fünftel (21%) ist allerdings auch dies moralisch inakzeptabel; der Rest (10%) hat auch dazu keine Meinung.

Die Haltung exotischer Tiere im Zirkus ist für knapp zwei Drittel der Deutschen (65%) moralisch nicht akzeptabel, nur ein Fünftel der Befragten (21%) hat damit keine Probleme; der Rest (13%) hat dazu keine Meinung. Mit Blick auf die Haltung einheimischer Tiere im Zirkus halten sich Befürworter (45%) und Kritiker (43%) fast die Waage; der Rest (12%) ist ohne Meinung. 41% der Befragten gaben im Übrigen an, Tiere im Programm seien für sie ein Grund, nicht in den Zirkus zu gehen. Etwa halb so viele Befragte (19%) gaben das genaue Gegenteil an. Der Rest (40%) war insofern unentschieden.[1] #90/2016

Anmerkung

1 https://yougov.de/topics/politics/articles-reports/2015/12/16/tiere-fur-viele-ein-grund-nicht-den-zirkus-zu-gehe

Zoos sind Minderheitenbespaßung

Vor dem Hintergrund der o.a. *YouGov*-Erhebung von 2015 gab der *Verband der Zoologischen Gärten e.V.* (VdZ), Dachorganisation der 54 größeren Zoos hierzulande, über *FORSA* eine eigene Befragung in Auftrag. Wie der *VdZ* in einer eigenen Pressekonferenz Anfang Juli 2020 verlautbarte, habe diese Befragung ergeben, dass 82% der Deutschen Zoos grundsätzlich befürworten. Die zur „Studie" aufgeblasene Online-Befragung dokumentiere die „hohe Beliebtheit" der Zoos in der Bevölkerung. „Diese Ergebnisse erfüllen uns mit Stolz", so *VdZ*-Präsident Jörg Junhold, zeigten sie doch „neben der hohen Akzeptanz, dass es unseren Zoos gelingt, als Brücke zwischen urbaner Lebenswelt und den Anliegen des Natur- und Artenschutzes zu fungieren".

Konterkariert wird die *Forsa*-Umfrage durch eine schon Anfang 2020 (also vor Corona!) vorgelegte repräsentative *YouGov*-Untersuchung, die zeigte, dass knapp ein Drittel der Deutschen (31%) in den letzten fünf Jahren *kein einziges Mal* einen Zoo besucht hatte: 53% brachten es auf 1-4 Zoobesuche (in fünf Jahren), 9% auf 5-9 Zoobesuche, 3% auf 10-14. Nur 1% der Deutschen hatte in den letzten fünf Jahren 15 oder mehr Zoobesuche absolviert.[1]

Im Klartext: Nur 4% der Deutschen haben zwischen 2015 und 2020 mehr als zehnmal einen Zoo besucht, waren also zweimal oder öfter pro Jahr in einem Zoo. Auch wenn vielleicht eine Mehrheit der Deutschen Zoos grundsätzlich befürwortet, geht doch nur eine verschwindend kleine Minderheit in nennenswertem Ausmaß dorthin: Zoos sind Minderheitenbespaßung auf Kosten lebenslang eingesperrter und zur Schau gestellter Wildtiere. Und: auf Kosten des allgemeinen Steueraufkommens. #108/2020

Anmerkung

1 https://yougov.de/news/2020/05/18/zoo-offnungen-einer-von-funf-deutschen-halt-besuch/?fbclid=IwAR11zr5eYdSG7OtAAW5nJyZcQ6_xlWzTT0O6fmi40T3Ti6fnen6bSbnfUT8

Die Mehrheit der Deutschen ist gegen Affenhaltung in Zoos, Zirkussen und Laboren

Wie eine Mitte Juni 2022 veröffentlichte – und erneut repräsentativ angelegte – *YouGov*-Untersuchung zeigte, lehnen 52 Prozent der Deutschen die Haltung von Menschenaffen (Schimpansen, Gorillas, Orang Utans u. a.) sowie sonstiger Affen (Makaken, Paviane, Meerkatzen u. a.) in Zoos ab, nur 28 Prozent sind dafür (20 Prozent hatten keine Meinung dazu bzw. machten keine Angaben). Besonders groß ist die Ablehnung in der jüngeren Generation: Berücksichtigt man nur diejenigen, die eine klare Haltung zum Thema haben, sprechen sich über 75 Prozent (!) der 18- bis 34-Jährigen gegen die Haltung von Menschenaffen und sonstigen Affen in Zoos aus.[1]

Der Haltung von Affen als „Haustiere" können nur sieben Prozent der Befragten etwas abgewinnen, 82 Prozent lehnen das ab (11 Prozent weiß nicht/keine Angabe). Ähnliches gilt für den Einsatz von Affen in Zirkussen: 10 Prozent sehen das positiv, 75 Prozent negativ (15 Prozent weiß nicht/keine Angabe). Die Verwendung von Affen in der Pharmaindustrie wird nur von 5 Prozent befürwortet, 81 Prozent lehnen das ab (14 Prozent weiß nicht/keine Angaben).

Interessant sind die Verteilungen: So belegen die Daten der repräsentativen Untersuchung, dass Konfessionsfreie Affenhaltung (egal zu welchem Zweck) signifikant stärker ablehnen als Gläubige, und dass Frauen für das Leid von Affen, die ihr Leben in Gefangenschaft verbringen müssen, eher empfänglich sind als Männer. Wähler:innen der Partei Die Linke und von B90/Die Grünen sehen Affenhaltung eher negativ, während Wähler:innen von SPD, CDU/CSU und AfD sie überdurchschnittlich positiv sehen. Der wichtigste Unterschied aber zeigt sich in den Altersgruppen: Je jünger, desto höher die Ablehnung der Haltung von Affen in Gefangenschaft. #116/2022

Anmerkung

1 Forschungsgruppe Weltanschauungen in Deutschland (fowid): https://fowid.de/meldung/affenhaltung-zoos?

Zoos manipulieren Besucherzahlen

Kaum ein Zoo des deutschsprachigen Raumes wirtschaftet kostendeckend. Dass die einzelnen Einrichtungen für ihren Fortbestand auf Sponsorengelder wie auch auf Dauersubvention aus Steuermitteln angewiesen sind, ist insofern bekannt. Es nimmt deshalb nicht wunder, dass sie, um ihre gesellschaftliche Bedeutung zu dokumentieren, mit geschönten, um nicht zu sagen: vorsätzlich gefälschten Besucherzahlen operieren.

Der in der Szene wortführende *Verband der Zoologischen Gärten e.V.*(VdZ) – bis Juni 2014 bekannt als *Verband Deutscher Zoodirektoren* (VDZ) – behauptet fortgesetzt, allein die deutschen Zoos zögen Jahr für Jahr rund 65 Millionen Besucher an; besonders eifrige Zoobefürworter sprechen gar von „bis zu 80 Millionen“, was bedeute, dass „fast jeder Deutsche jedes Jahr einmal in den Zoo geht“.

Die VdZ-Berechnungen haben einen geflissentlich übersehenen Haken: Viele Menschen besuchen ein und denselben Zoo per Dauerkarte mehrfach pro Jahr, manche kommen regelmäßig jede Woche (oder gar täglich!) oder suchen reihum verschiedene Zoos auf, so dass die Zahl zoobesuchender Menschen tatsächlich nur einen Bruchteil der Zahl registrierter Zoobesuche ausmacht: Statten von den behaupteten 65 Millionen Besuchern pro Jahr nur fünf Prozent monatlich einen Zoobesuch ab – eine konservative Schätzung –, verringert sich die Zahl der Menschen, die jährlich Zoos besuchen, schlagartig um mehr als die Hälfte. (Tatsächlich erwerben durchschnittlich acht Prozent der Besucher Jahreskarten für mehrfachen Besuch ein und desselben Zoos.)

Dass an den Besucherzahlen der einzelnen Zoos gnadenlos herummanipuliert wird, stellte der VdZ-Mitgliedszoo Zürich – unfreiwillig – unter Beweis. (Dem VdZ gehören Zoos des gesamten deutschsprachigen Raumes an, insofern auch der Zoo Zürich.) Im Jahresbericht des Zoos für 2013 wurde der neugestaltete Eingangsbereich samt elektronischem Zugangssystem hervorgehoben, das die Zahl der Zoobesucher exakt zu erfassen erlaubt. Bis dahin waren die Zahlen aus den verkauften Tages- und Jahrestickets über einen vom VdZ vorgegebenen Multiplikationsfaktor hochgerechnet worden. Nach dieser dubiosen, seit Jahren aber in VdZ-Zoos üblichen Berechnung hätte der Zoo Zürich im Geschäftsjahr 2013 genau 2.003.043 Besucher ausgewiesen, was in ebendieser Höhe und weiter nicht hinterfragt in die VdZ-Statistik eingeflossen wäre. Tatsächlich aber zählte das elektronische Zugangssystem nur 1.079.919 Besucher, knapp 55 Prozent der hochgerechneten Zahl. Der VdZ, der bis heute an dem untauglichen Hochrechnungssystem festhält, hat allein für den Zoo Zürich für das Jahr 2013 fast eine Million (Jahreskarten-)Besucher dazuhalluziniert.

Unabhängig davon, dass der VdZ die Zahlen für die nicht dem Verband zugehörigen Zoos den eigenen einfach als Schätzung zuschlägt, bleiben von den behaupteten 65 Millionen Besuchern bei abgezogenen 45 Prozent Fehlberechnung nur gut 36 Millionen über. Statten wie oben angeführt nur fünf Prozent der Besucher monatlich einen Zoobesuch ab, reduziert sich die Zahl der Zoobesucherinnen und Zoobesucher auf unter 15 Millionen pro Jahr. In anderen Worten: Nicht „fast jeder Deutsche" geht in den Zoo, vielmehr liegt die Zahl der Zoobesucherinnen und Zoobesucher bei weit unter einem Viertel dessen, was der VdZ angibt. Im Übrigen sind, entgegen der Behauptung des VdZ, die Besucher- bzw. Besuchszahlen in den einzelnen Zoos seit Jahren rückläufig.

Die immer wieder vorgetragene Behauptung, Zoos seien wichtige Attraktionsfaktoren für eine Stadt oder Region, die über Umwegrentabilität – Stärkung von Einzelhandel, Hotel- und Gaststättengewerbe – die ihnen zuteil werdende Subventionierung rechtfertigten, ist nachweislich falsch: Aus tourismuspolitischer Sicht machen Zoos, selbst wenn die halluzinierten Besucherzahlen des VdZ zugrunde gelegt werden, keinen Sinn. Gleichwohl werden sie von Kommunal- und Landespolitikern über das Argument der Umwegrentabilität mit Millionenbeträgen aus Steuergeldern gefördert. #87/2015

Zukunftsweisende Schritte

Ein ermutigendes Signal kam Anfang August 2013 aus der zentralamerikanischen Republik Costa Rica: Sämtliche Zoos des Landes, darunter der traditionsreiche Simon-Bolivar-Zoo von San Jose, sollen Anfang 2014 geschlossen bzw. in Botanische Gärten ohne Tierhaltung umgewandelt werden.

Umweltminister René Castro: „Wir wollen keine Tiere mehr in Käfigen sehen." Die bislang in den Zoos vorgehaltenen Tiere sollen nach Möglichkeit ausgewildert, die nicht auswilderbaren in geeigneten Reservaten untergebracht werden. Bereits im Jahre 2002 hatte Costa Rica ein kategorisches Verbot für Zirkusse erlassen, in denen Tiere auftreten; auch Jagd als Freizeitbeschäftigung ist in dem Land (in dem es bezeichnenderweise auch kein Militär gibt) gesetzlich verboten. Auch in Bolivien, Brasilien, Peru, Paraguay und Kolumbien gibt es keine Zirkusse mit Tierdressuren mehr. #80/2013

Repressive Amtsführung

Für die Leitung eines Zoos gibt es keine gesetzlichen Bestimmungen. Grundsätzlich kann ein Zoo, egal welcher Größe und welchen Tierbesatzes, von „jedermann/frau“ geleitet werden. Vielfach, vor allem in kleineren Zoos, verfügt das Führungspersonal noch nicht einmal über die formale Qualifikation eines Fachstudiums oder wenigstens einer Ausbildung zum/zur Zootierpfleger:in. Erschwerend kommt hinzu, dass Zoos in aller Regel extrem hierarchisch strukturiert sind, was den Direktor:innen die Möglichkeit gibt, selbst fachlich unsinnigste und durch nichts zu rechtfertigende Entscheidungen von oben herab durchzusetzen.

Dass die praktisch uneingeschränkten Macht- und Entscheidungsbefugnisse, die in Zoos mit der Position des Direktors bzw. der Direktorin einhergehen, sich vielfach in ausgesprochen autoritärer und repressiver Amtsführung niederschlagen, nimmt nicht wunder. Selbst diktatorischstes Verhalten einzelner Direktor:innen wird von den Untergebenen widerspruchslos hingenommen, die als Zootierpfleger:innen, Zootierärzt:innen, Zoopädagog:innen etc. in der Regel keine anderen beruflichen Möglichkeiten haben, als eben in einem Zoo zu arbeiten, und die sich deshalb mit den Gegebenheiten abfinden bzw. den Druck nach unten hin weitergeben (wobei am Ende der Repressionskette immer die Tiere stehen). Auch wenn es in kleineren Zoos meist etwas „familiärer“ zugeht – viele Zoos sind tatsächlich Familienbetriebe oder werden von Liebhabervereinen unterhalten –, stehen auch sie nahezu durchgängig unter der Leitung eines

autokratisch waltenden Patriarchen, flache Hierarchien oder gar Mitbestimmung der Belegschaft gibt es erkennbar nirgendwo. #118/2023

Grassierende Bauwut

Gesondert zu erwähnen ist die zwanghafte Bauwut, die unter Zooverantwortlichen grassiert und die keineswegs immer, wie behauptet, dem Interesse der vorgehaltenen Tiere dient: Viele Direktoren, zumal die der Großzoos, scheinen getrieben, während ihrer Amtszeit ein untrennbar mit ebendieser verbundenes Prestigeprojekt durchzusetzen – Borgoriwald (Frankfurt, 16 Mio), Menschenaffenhaus (Stuttgart, 22 Mio), Darwineum (Rostock, 29 Mio), Delfinlagune (Nürnberg, 31 Mio), Gondwanaland (Leipzig, 66,8 Mio) etc. –, wobei die Eitelkeit, den jeweiligen Amtsvorgänger oder die Direktoren anderer Zoos ausstechen und übertrumpfen zu wollen, offenbar eine nicht geringe Rolle spielt; letztlich ist es ja nicht ihr Geld, das da verpulvert wird.

Vor allem bei der Übernahme eines vakanten Chefpostens legen die neubestallten Direktoren teils irrwitzig überzogene Um- und Neubaupläne vor, die von den zuständigen Haushaltsgremien – zu größten Teilen werden Steuergelder dafür aufgewandt – in aller Regel bedenkenlos durchgewunken werden. Vielfach ist die Vorlage eines sogenannten „Masterplanes“, der weitreichende Um- und Neubauten vorsieht, gar das wesentliche Kriterium, nach dem ein neuer Direktor angestellt wird. So präsentierte etwa der 2014 auf den Chefsessel von Zoo und Tiergarten Berlin berufene Andreas Knieriem einen „Masterplan“, der ein Kostenvolumen von 92,4 Millionen umfasst; im Zoo Hannover waren zuvor unter seiner Leitung 112 Millionen verbaut worden. Etwas bescheidener der Zoo Karlsruhe, dessen 2015 neuberufener Direktor Matthias Reinschmitt sich die Finanzierung eines „Masterplans“ in Höhe von 52 Millionen genehmigen ließ. Auch der seit Anfang 2016 als Direktor des Zoos Münster firmierende Thomas Wilms phantasiert von einem zigmillionenschweren „Masterplan“, den er in den nächsten Jahren umsetzen wolle. Am groteskesten und zugleich bezeichnendsten aber kommt der Münchner Tierpark Hellabrunn daher, der 2014 als neuen Direktor nicht etwa einen zooerfahrenen Biologen oder Veterinärmediziner berief, wie das in den meisten anderen Zoos der Fall ist, sondern einen gelernten Bauingenieur: Der neubestallte Zoodirektor Rasem Baban legte einen „Masterplan“ vor, zu dessen Umsetzung der Aufsichtsrat, sprich: die Stadt München, 100 bis 125 Millionen Euro genehmigte.

Die in den Zoos verbauten Steuermillionen dienen in erster Linie der Steigerung der Publikumsattraktivität. Orientiert an den Konsum-, Freizeit- und Unterhaltungswünschen der „breiten Masse“ werden die Einrichtungen konsequent disneylandisiert. Gleichwohl werden sich die eingesetzten Gelder niemals amortisieren, am wenigsten angesichts des trotz aller Investitionen teils dramatischen Rückganges der Besucherzahlen, dem man – zirkelschlüssig – mit immer neuen Investitionen entgegenzuwirken sucht. Um eine Verbesserung der Bedingungen, unter denen die Tiere gehalten werden, geht es den Zoos entgegen aller Behauptungen allenfalls nachrangig. #91/2016

Traumberuf Zootierpfleger:in?

Zoos und zooähnliche Einrichtungen suchen gezielt den Eindruck zu erwecken, den zur Schau gestellten Tieren mangle es an nichts, würden sie doch von fachlich hochqualifiziertem Pflegepersonal betreut und versorgt. Bei Lichte besehen stellt sich indes ein ganz anderes Bild dar.

Tatsächlich gibt es erst seit 2003 eine bundesweit geregelte und staatlich anerkannte Ausbildung zum/zur „Tierpfleger/Tierpflegerin – Fachrichtung Zoo", die in einer dreijährigen dualen Lehre – in einem Ausbildungsbetrieb (Zoo) und begleitender Berufsschule – absolviert wird.[1] Bis dahin war die Tätigkeit des „Zootierwärters", wie die Tätigkeit früher hieß, an keinerlei formale Qualifikation gebunden gewesen. Allerdings kann auch eine geregelte dreijährige Ausbildung keine ausreichenden Kenntnisse über einen fachgerechten Umgang mit Tieren hunderter verschiedener Arten vermitteln (wie die ebenfalls dreijährige Ausbildung etwa zum/zur Pferdewirt:in verdeutlicht, die sich, unterteilt in mehrere Spezialisierungen, um eine einzige Tierart dreht). Die Auszubildenden zum/zur Zootierpfleger:in durchlaufen zwar sämtliche „Reviere" ihres Ausbildungszoos, in der Praxis bedeutet dies aber nicht viel mehr, als dass sie für jeweils ein paar Wochen in den verschiedenen Bereichen (Affen, Fische, Huftiere, Katzen, Reptilien, Vögel etc.) Hilfs- und Putzdienste verrichten. Sie erwerben im Zuge ihrer „Ausbildung" im Betrieb allenfalls Grundkenntnisse in Futterzubereitung, Käfigreinigung und ordnungsgemäßer Betätigung von Schiebern. In der Tat sind Zootierpfleger, eigenem Bekunden zufolge, die meiste Zeit des Tages mit „Karottenschnippeln", „Scheißeschippen" und „Umsperren" beschäftigt (allein die Käfig- und Gehegereinigung umfasst 70 bis 80 Prozent des täglichen Arbeitspensums).

Hinzu kommt, dass die nunmehr dual und über drei Jahre hinweg Ausgebildeten erst im dritten Lehrjahr zoospezifischen Berufsschulunterricht erhalten, die beiden ersten Lehrjahre werden sie gemeinsam mit Auszubildenden unterrichtet, die sich im dritten Lehrjahr auf die Tätigkeitsfelder „Forschung und Klinik" sowie „Tierheim und Tierpension" spezialisieren.[2]

Auch wenn die Gehälter „ausgelernter" Zootierpfleger:innen mit einer durchschnittlichen Bruttogrundvergütung zwischen 2800 und 3000 Euro (netto rund 1800 Euro) nicht eben üppig sind (2022), machen die Personalausgaben den mit Abstand größten Anteil in der Betriebskostenrechnung eines Zoos aus. Der Zoo Duisburg beispielsweise wendet eigenen Angaben zufolge 52 Prozent seines jährlichen Budgets für die Gehälter seiner Angestellten auf (90 Festangestellte in Voll- und Teilzeit, davon 43 Tierpfleger:innen, sowie 30 Saisonkräfte); die restlichen 48% verteilen sich auf Abschreibungen und Baurücklagen (13%), Reparaturen an Gehegen und Anlagen (10%), Verwaltung (7%), Wasser (6%), Tierfutter (5%), Energiekosten (4%), Werbung (2%) und Tierarztkosten (1%). Viele Zoos versuchen insofern, an den Personalkosten zu sparen und drücken sowohl den Bestand als auch die Qualifikation des Pflegepersonals bis hart an die Grenze des eben noch Vertretbaren: In vielen Zoos werden an- oder ungelernte Hilfskräfte als „Tierpfleger:innen" beschäftigt, in einigen sogar mehrheitlich.

Unzureichender Pflegeschlüssel

Zoobetriebe sind in aller Regel personell heillos unterbesetzt. Der Pflegeschlüssel, der die jedem Tier pro Tag zugestandene Durchschnittspflegezeit ausweist, bewegt sich in den meisten Zoos im Bereich zwischen 1:90 und 1:150. Im niederbayerischen Tiergarten Straubing etwa werden die rund 2000 vorgehaltenen Tiere (aus 200 Arten) von 17 Pfleger:innen plus 6 Auszubildenden versorgt.[3] Der Pflegeschlüssel liegt insofern (unter der Annahme, dass es sich um 17 Vollzeitstellen handelt und unter Berücksichtigung der Azubis als volle Arbeitskräfte) bei 1:135, was, konservativ berechnet (ohne Krankheits- bzw. sonstige Fehltage), eine durchschnittliche Brutto-Pflegezeit von dreieinhalb Minuten pro Tier und Tag bedeutet – einschließlich Futterzubereitung, Fütterung (teils mehrmals am Tag), Käfig-/Gehegereinigung, Wegezeiten etc. Auch wenn Tiere unterschiedlicher Arten unterschiedliche Pflegeerfordernisse aufweisen und die Mithilfe von Praktikant:innen o.ä. nicht berücksichtigt ist, reicht die für jedes Tier veranschlagte bzw. zur Verfügung stehende Pflegezeit in keinem Falle hin zu einer auch nur ansatzweise tragfähigen Beobachtung, wie sie erforderlich wäre, um Befindlichkeitsstörungen oder sich abzeichnende Krankheiten rechtzeitig zu erkennen.

Allerdings würde auch ein erheblich verbesserter Pflegeschlüssel nicht notwendigerweise zu einer qualifizierteren Beobachtung und damit besseren Betreuung der Tiere führen: Zootierpfleger:innen sind qua Ausbildung zu einer strukturierten Verhaltensbeobachtung schlichtweg nicht befähigt. Am wenigsten sind sie in der Lage, psychische Belastungsstörungen, wie sie in der Haltung von Zootieren allgegenwärtig sind, zu erkennen, geschweige denn: fachlich angemessen damit umzugehen.

Unvergütete Praktika

Es passt ins Bild, dass große Teile der Pflegetätigkeit in den Zoos von Hospitant:innen und Praktikant:innen getragen werden, darunter eine Vielzahl junger Menschen, die ein Freiwilliges Ökologisches Jahr (FÖJ) bzw. ein Berufsfindungs- oder Vorpraktikum absolvieren und dabei eine volle Arbeitskraft stellen. Insbesondere mit sogenannten Vorpraktikant:innen wird ein lukratives Geschäft gemacht: Da das Berufsziel „Zootierpfleger:in" unter Jugendlichen als ausgesprochen attraktiv gilt, werden die Zoos jährlich mit zahllosen Bewerbungen um die raren Ausbildungsplätze überflutet. Im Zoo Gelsenkirchen (=ZOOM Erlebniswelt) beispielsweise werden in der Regel zwei Ausbildungsplätze pro Jahr besetzt. „Um diese beiden Plätze", so der Zoo, „bewerben sich – mit

steigender Tendenz – bis zu 700 Interessenten“, die, um überhaupt ihre Unterlagen einreichen zu dürfen, ein „zwei bis dreiwöchiges Tierpflegepraktikum in der ZOOM Erlebniswelt“ zu absolvieren haben: „Der Eindruck, den die Bewerberin/der Bewerber beim Tierpflegepraktikum hinterlässt, ist von ausschlaggebender Bedeutung, um in die engere Auswahl zu kommen. (...) Das Praktikum wird nicht vergütet; auch können weder Fahrtkosten erstattet noch Unterkunft gewährt werden. Die Arbeitszeiten für Praktikanten/Praktikantinnen sind von Montag bis Freitag von 8.00 bis 16.00 Uhr mit einer Stunde Mittagspause. (...) Dieses Praktikum muss als erstes absolviert werden. Geeignete Kandidatinnen/Kandidaten werden danach (...) zum Wissenstest eingeladen. Erst mit den dann verbliebenen Kandidatinnen/

Kandidaten werden (...) Vorstellungsgespräche geführt und die Endauswahl getroffen."[4] Sollten alle 700 Interessent:innen an den beiden Ausbildungsplätzen solches Praktikum absolvieren – ohne Praktikum keine Bewerbung –, entspricht das jährlich bis zu 70.000 unentgeltlich für den Zoo geleisteten Arbeitsstunden. (In anderen Zoos, Gettorf beispielsweise, müssen Ausbildungswillige gar vier Wochen unbezahlt arbeiten, um eine vage Chance auf ein Vorstellungsgespräch zu erhalten; mancherorts werden von den Praktikant:innen sogar Gebühren erhoben dafür, dass sie ein unvergütetes Praktikum ableisten dürfen.)

Das Auswahlverfahren garantiert zudem, dass letztlich die Angepasstesten unter den Bewerber:innen übrig bleiben, die sich selbst bei unzumutbarsten Arbeitsdingungen, schlechtestem Betriebsklima und miserabelster Bezahlung nicht zur Wehr setzen. Während die *ZOOM Erlebniswelt* von „physischer und psychischer Belastbarkeit" spricht, die neben „Disziplin, Verantwortungsbewusstsein und Zuverlässigkeit" Auswahlkriterien für die Vergabe der Ausbildungsplätze seien, listet der *Berufsverband der Zootierpfleger e.V.* auf, was die Kandidat:innen bei der Ausbildung zum „Tierpfleger – Fachrichtung Zoo" erwartet: „Körperlich schwere Arbeit bei jedem Wetter. Ihr steht mindestens 50 Tage im Jahr für 3-4 Stunden im Regen und versucht volle Schubkarren durch nassen Schlamm, Sand und Dreck zu schieben. Körperliche Fitness ist absolut erforderlich. Auch solltet Ihr mal die Zähne zusammen beißen können. (...) Gestank – von Tieren (Ziegenbock), Kot, Futtertieren (Fisch) genauso wie Staub – von Heu/Stroh, Sägespäne, Sand, Fell, Federn. (...) Ein gewisses Ekelgefühl solltet Ihr unterdrücken können. (...) 98% der Wildtiere werden keinen direkten Kontakt zulassen. Deshalb beschränkt sich unsere Arbeit auf die Pflege der Tiere (Futter, Wasser, Beschäftigung!!!) und Reinigung sowie Instandhaltung der Anlagen mit Schaufel, Besen, Kratze, Schubkarre, Wasser, Schwamm, Lappen, Schrubber etc. Kleinreparaturen werden selbstverständlich ebenfalls von Euch durchgeführt. (...) Zur Ausbildung gehört auch das fachgerechte Abtöten einer Futterratte." Und nach dem Abschluss der Ausbildung: „Spätestens jetzt werdet Ihr in den vollen Schichtbetrieb integriert. Wochenende und Feiertage sind nun Arbeitszeit. Im Sommer kommen häufig Spätschichten dazu (...). So kann es sein, dass die zukünftige Familie Euch weniger zu Gesicht bekommt. (...) Aber habt Ihr es bis hier geschafft, ist es einer der schönsten Jobs der Welt !!!"[5] (Tatsächlich erhalten die Auszubildenden weder in der ZOOM Erlebniswelt noch in einem der sonstigen Ausbildungszoos eine Übernahmegarantie; viele Zoos schließen eine Übernahme von vorneherein aus.)

Totale Fremdbestimmung

Zootierpfleger:innen, die sich ursprünglich vielleicht aus Zuneigung zum Tier diesem Beruf zugewandt hatten, werden schnell auf den Boden der Tatsachen geholt: „Rein emotionale Tierliebe", so die Direktion des Nürnberger Tiergartens, sei in der Zootierpflege „fehl am Platz"; vielmehr sei der Beruf nur für jene geeignet, die den „objektiven Umgang mit Tieren“ [sic!] suchten.[6] Sensibilität und Einfühlungsvermögen werden als unnötige Gefühlsduselei diffamiert und den angehenden Zootierpfleger:innen systematisch ausgetrieben; letzte Reste kommen im Arbeitsalltag abhanden.

Über die strukturelle Gewalt totaler Fremdbestimmung hinaus, die Zootierpfleger:innen über die von ihnen „betreuten“ Tiere ausüben, ist ihr direkter Umgang mit ihnen in aller Regel von eklatanter Missachtung der tierlichen Bedürfnisse gekennzeichnet, nicht selten auch von kaum fassbarer Rohheit. Der Dresdner Cheftierpfleger Jörg Burger beispielsweise züchtigte eine Elefantenkuh in derart brutaler Manier, dass eigentlich eine sofortige Kündigung aus dem Arbeitsverhältnis oder wenigstens eine Abmahnung zu erwarten gewesen wäre. Nichts dergleichen aber geschah, was darauf hindeutet, dass solcher Umgang mit Tieren innerhalb der Zoowelt als völlig „normal“ angesehen wird: Augenzeugenberichten zufolge hatte Burger die Elefantendame GUSTL, die ihn in einen Graben geschubst hatte, einem erbarmungslosen Bestrafungsszenarium unterzogen: „Mit knieenden Hinterbeinen und angewinkelten Vorderbeinen wurde Gustl mit dem Elefantenhaken [=Schlagstock mit Eisenspitze und seitlich angebrachtem spitzem Haken] an ihren empfindlichsten Stellen durch Zufügung von Schmerzen bestraft. In einer minutenlangen Tortur setzte der Elefantenwärter den Haken mehrmals an.“[7] (Dabei sind es die brutalen Unterwerfungs- und Strafmethoden selbst – an den Füßen angekettet werden die Tiere mit besagten Elefantenhaken, mit Eisenstangen oder elektrischen Viehtreiberstöcken an ihren sensibelsten Körperstellen [hinter dem Ohr, am Auge oder an den Geschlechtsteilen] gequält –, die immer wieder, auch zeitversetzt, zu Angriffen führen.)

Hinter den Kulissen

Praktikant:innen, die ein wenig „hinter die Kulissen“ der einzelnen Zoos blicken konnten, sprechen von gänzlich „seelenlosem“ Umgang mit den Tieren, seitens der Pfleger:innen werde ihnen keinerlei erkennbare Sympathie oder Zuneigung entgegengebracht (worüber der aufgesetzt infantilisierende Ton, den manche Pfleger:innen in Anwesenheit von Publikum oder TV-Kameras anschlagen, nicht hinwegzutäuschen vermag). Selbst unzumutbarste und tierquälerischste Verhältnisse erregen nicht ihr Mitgefühl (schließlich wollen sie im Kolleg:innenkreis nicht als „Tierknutscher:innen“ verschrien werden). Eine Lehramtsstudentin, die für einige Zeit als Zoopädagogin tätig gewesen war, berichtet gar von tiefsitzender Abneigung einzelner Tierpfleger:innen gegen die von ihnen betreuten Tiere. Zitierter O-Ton einer Pflegerin: „Kaum hast du ihnen das Gehege hergerichtet, haben sie es schon wieder zugeschissen; ich könnte sie an die Wand nageln.“ Zootierpfleger:innen, so das Fazit der Pädagogin, „sind alles andere als Tierfreunde; sie waren es vielleicht einmal, der Zoo hat aus ihnen das Gegenteil gemacht. Zoologische Experten sind sie erst recht nicht: Viele wissen nicht viel mehr von den Tieren, als was auf den Gehegeschildern steht.“[8]

Wesentlicher Bestandteil der systematischen Desensibilisierung der Zootierpfleger:innen ist die von ihnen geforderte Bereitschaft, eigenhändig sogenannte „Futtertiere" zu töten. Im Zuge ihrer Ausbildung werden sie angeleitet, eigens gezüchteten „Futtertieren" (Mäuse, Ratten, Hamster, Meerschweinchen, Kaninchen etc.) „fachgerecht" den Schädel einzuschlagen bzw. ihnen das Genick zu brechen. (Das Töten eines „Futtertieres" gilt als einem „vernünftigen Grunde" dienend [=der Ernährung eines anderen Tieres] und ist, sofern „fachgerecht" durchgeführt, gemäß § 17 Nr 1 TierSchG statthaft.)

Fachgerechtes Genickbrechen

Die *Tierärztliche Vereinigung für Tierschutz e.V.* empfiehlt in einem eigenen Maßgabepapier, beim „Töten von Kleinsäugern zu Futterzwecken" eines von drei „physikalischen Tötungsverfahren" anzuwenden, nämlich: 1. den „Betäubungsschlag" auf den Kopf, mit einem Hammer o.ä., wobei das Tier unmittelbar anschließend durch Halsschnitt getötet und entblutet werden muss, 2. die „Dekapitation", bei der dem zu tötenden Tier mit einem Messer o. ä. der Kopf abgetrennt wird, und 3. die „Zervikale Dislokation", bei der „der Schädel [des zu tötenden Tieres] durch ein Instrument (z. B. Pinzette, Messerrücken, geschlossene Schere o.ä.) fixiert [wird], indem dieses am Hinterhauptsbein (zwischen 1. Halswirbel und Hinterkopf) angelegt wird. Dann wird das Tier ruckartig an der Schwanzbasis (ansonsten Gefahr des Schwanzabrisses) nach hinten oben (ca. 45 Grad-Winkel) gezogen." Nicht angewandt werden sollten herkömmliche Methoden wie „Schlagen der Tiere über eine Kante oder Werfen auf den Boden", bei denen „Treffsicherheit und damit sicherer Eintritt des Todes nicht gewährleistet" werden könnten.[9] Größere „Futtertiere" wie Schafe oder Ziegen werden wie in der Metzgerei mit einem Bolzenschussapparat betäubt und dann geschlachtet. Größere Zoos verfügen zu diesem Zweck über eigene Schlachthäuser.

Die Fähigkeit, beim Töten von „Futtertieren" zusehen zu können „ohne mit der Wimper zu zucken", ist eines der entscheidenden Kriterien, um in die engere Auswahl für einen der begehrten Ausbildungsplätze zum Zootierpfleger zu kommen. Vielfach wird das „Halslangziehen" (=Genickbrechen) als eine Art „Initiationsritus" inszeniert.

Erinnert sei an dieser Stelle an den ehemaligen Berliner Zoodirektor Bernhard Blaszkiewitz, der vor aller Augen vier Katzen höchstpersönlich das Genick brach. „Gefühle? Was soll ich schon gefühlt haben?", antwortete er seinerzeit auf die Frage eines Journalisten: „Nichts habe ich gefühlt." #117/2022

Anmerkungen

1 www.gesetze-im-internet.de/tierpflausbv_2003/BJNR109300003.html

2 https://berufenet.arbeitsagentur.de/berufenet/faces/index?path=null/kurzbeschreibung/ausbildungsaufbau&dkz=532

3 www.tiergarten-straubing.de/index.cfm?resid=1&res=1024&sid=2&skt=4789&suid=21&pid=0&id=10416

4 www.zoom-erlebniswelt.de/deutsche_Version/Unternehmen/Jobs/Ausbildung_Tierpfleger.asp

5 www.zootierpflege.de/berufsbild.html

6 Tiergarten Nürnberg (Hrsg.): Der Wegweiser durch den Tiergarten Nürnberg (Besucherbroschüre). Nürnberg, 2011, S. 149

7 Der Dresdner Zoo: Zynismus in Reinform oder die Lobpreisung der Schande. in: http://tierbefreiung-dresden.org/wp-content/uploads/2014/08/Zoo-Reader.pdf

8 Die ehemalige Zoopädagogin und heutige Gymnasiallehrerin will aus naheliegenden Gründen namentlich nicht genannt werden; ihre Aussage ist gleichwohl von Autor Goldner verbürgt.

9 www.tierschutz-tvt.de/alle-merkblaetter-und-stellungnahmen/?no_cache=1&download=TVT-Stellungn._T%C3%B6ten_Kleintiere_zu_Futterzwecken__Apr._2011_.pdf&did=97

▶ Die Qualifikation des veterinärmedizinischen Personals in Zoos ist ebenso unzureichend wie die des Pflegepersonals. Die in den 1950ern eingeführte Weiterbildung zum „Fachtierarzt für Zoo-, Gehege- und Wildtiere" erstreckt sich berufsbegleitend über vier Jahre (die je nach Bundesland bei Vorliegen bestimmter Vorqualifikationen und Berufserfahrungen auf zwei Jahre reduziert werden können). In dieser Zeit, in der der angehende Fachtierarzt/die Fachtierärztin bereits eigenverantwortlich in einem Zoo arbeitet – Weiterbildungsvoraussetzung ist eine vierjährige Berufserfahrung –, erwirbt er/sie über den Besuch von Fachkongressen oder Fachfortbildungskursen mit einer Gesamtdauer zwischen 50 (z. B. Bayern[1]) und 160 Stunden (z. B. Sachsen oder Baden-Württemberg[2]) Kenntnisse auf dem Gebiet 1. der tierärztlichen Prophylaxe im Zoo; 2. der medikamentellen Ruhigstellung einschließlich der Handhabung von Injektionswaffen und Injektionssystemen; 3. der Krankheiten und der Behandlung einschließlich der Chirurgie und Geburtshilfe (von: Menschenaffen, Affen, Halbaffen / Klein- und Großraubtieren / Meeressäugern / Elefanten / Einhufern / Paarhufern / Beuteltieren / Vögeln / Amphibien, Reptilien, Fischen) und 4. der Haltung von Zoo-, Gehege- und Wildtieren (Zoologische Grundkenntnisse / Haltung und Haltungsbedingungen / Fortpflanzung und Aufzucht / Ernährungsphysiologie und Fütterung / Tropische Tierkrankheiten). Eine nennenswerte Prüfung gibt es nicht, vielmehr wird lediglich ein Sachkundenachweis für den Umgang mit Narkosegewehren, der Nachweis einer wissenschaftlichen Publikation und gegebenenfalls eine Zusammenstellung einiger Fallberichte verlangt.[3] Im Übrigen ist das Vorliegen einer fachtierärztlichen Qualifikation für veterinärmedizinische Tätigkeit in einem Zoo nicht zwingend erforderlich.

Anmerkungen

1 www.bltk.de/fileadmin/user_upload/Tieraerzte/Weiterbildung/WBO-2003/Anlage_I/40-fta-zootiere.pdf

2 www.ltk-bw.de/files/content/03_Tieraerzte_innen/03-05_Weiterbildung/FTA%20Zoo-%20Gehege-%20und%20Wildtiere%20ab%2001.01.2009.pdf

3 https://daten2.verwaltungsportal.de/dateien/seitengenerator/8f44d27778485ce0e900106b543521 7b214529/34._zoo-_und_gehegetiere_2.pdf

Zoos verstoßen gegen Tierschutzgesetz

Ein halbes Jahr, nachdem die Bundesregierung in ihrer Anwort auf eine Kleine Anfrage der Partei DIE LINKE vom 19.1.2015 verdeutlicht hatte, dass „gemäß § 6 des Tierschutzgesetzes das vollständige oder teilweise Amputieren von Körperteilen (...) eines Wirbeltieres verboten" sei, sprich: das „Flugunfähigmachen von Vögeln (...) gegen das Tierschutzgesetz" verstoße, regt sich was in Kreisen der deutschen Zoobetreiber.

Der Vorsitzende des Zoodirektorenverbandes VdZ und Direktor des Kölner Zoos, Theo Pagel, kündigte nunmehr eine auf zwei Jahre angelegte „wissenschaftliche Untersuchung" an, über die festgestellt werden soll, ob das Flugunfähigmachen von Vögeln (über Amputation oder regelmäßige Beschneidung von Flügelteilen) den Tieren Stress verursache oder nicht.

Tatsächlich ist es in deutschen Zoos und Vogelparks seit je üblich, außerhalb von Käfigen oder Volieren gehaltene flugfähige Vögel wie Flamingos, Pelikane, Wildgänse etc. am Davonfliegen dadruch zu hindern, dass ihnen kurz nach dem Schlüpfen mit einem Glühdraht ein Flügelknochen durchtrennt wird, wahlweise wird das Schultergelenk der frisch geschlüpften Vögel gequetscht, so dass es später versteift. Mancherorts greift man auch zu Skalpell oder Schere und durchtrennt Teile der Flughaut beziehungsweise Sehnen oder Nerven des Brustmuskels. Das gleiche gilt für in Käfigen oder Volieren gehaltene Vögel wie Geier, Adler, Kondore etc., deren Käfige zu klein sind, als dass sie darin herumfliegen könnten; auch sie werden auf eine der beschriebenen Weisen flugunfähig gemacht, so dass sie allenfalls noch ein wenig herumflattern können.

Um das von der Bundesregierung konkretisierte Verbot der dauerhaften Beschädigung oder Zerstörung knöcherner Flügelteile oder sonstigen lebenden Gewebes zu umgehen, behaupten Zoos und Vogelparks neuerdings, sie würden nur noch die Schwungfedern der Vögel herausschneiden. Für die betroffenen Tiere kommt das auf dasselbe heraus: *sie sind flugunfähig gemacht*. Die Argumentation, dass die Federn ja nachwachsen und die Vögel nach der nächsten Mauser theoretisch wieder würden fliegen können, geht fehl, da die nachwachsenden Federn sofort wieder beschnitten werden. Insofern dürfte auch die wiederkehrende Beschneidung der Schwungfedern einen Verstoß gegen das Tierschutzgesetz darstellen. Nach §2 (2) TierSchG darf, wer ein Tier hält, betreut oder zu betreuen hat, „die Möglichkeit des Tieres zu artgemäßer Bewegung nicht so einschränken, dass ihm Schmerzen oder vermeidbare Leiden oder Schäden zugefügt werden". Es kann davon ausgegangen werden, dass die Flugunfähigmachung eines flugfähigen Vogels – egal auf welche Weise – diesem Leid zufügt dadurch, dass sie ihn in seinen artgerechten Bewegungsmöglichkeiten einschränkt. #88/2015

Psychopharmaka im Zoo

Während Zoos landauf, landab mit Vehemenz bestreiten, ihre vorgehaltenen Tiere mit Psychopharmaka zu behandeln – allenfalls bei der Eingewöhnung eines neuangeschafften Tieres in eine bestehende Gruppe würde gelegentlich zu Diazepam [=Valium] gegriffen, vielleicht auch mal zur Appetitanregung bei einem Tier, das zu wenig Nahrung aufnimmt oder bei Transportproblemen –, hat eine wissenschaftliche Untersuchung in hiesigen Zoos den Beweis erbracht, dass Gorillas in der Tat und in erheblichem Umfang Antidepressiva und Tranquilizer verabfolgt werden:[1] „An Psychopharmaka wurden die Antidepressiva Amitriptylin, Citaliopram und Venlafaxin, die Neuroleptika Acepromacin, Haloperidol, Melperon, Perphenazin und Zuclopethixol sowie die Ataraktika Chlorazepat, Diazepam, Lorazepam, Midazolan und Oxazepam verwendet."

Und dies überwiegend zur Stressminimierung: „Der Einsatz oben genannter Seelentröster aus der Neurochemie stand oft im Zusammenhang mit dem Ziel einer Stressreduktion wie zum Beispiel bei vorhandener stressbedingter Unruhe, Nervosität, Erregung, Aggression sowie Angst. Sie wurden verabreicht zum Eindämmen auftretender Trichotillomanie [=Ausreißen der eigenen Haare], Automutilation [=Selbstverletzung] und stereotypen Verhaltensmustern."

Laut einer in der Studie zitierten Umfrage in nordamerikanischen Zoos gälten als Indikationen für den Einsatz von Psychopharmaka bei Gorillas „Aggression, Ängstlichkeit (Anxiety), Automutilation, zur Eingewöhnung an einen anderen Gorilla respektive in eine soziale Gruppe, post operationem, zur Zuchterleichterung sowie zum Transport". Zur „Behavioural Modification Therapy" seien Antidepressiva, Antipsychotika, Anxiolytika sowie ein Betablocker und ein Morphinantagonist verabreicht worden. #109/2020

Anmerkung

1 K. A. Dörnath: Immobilisierungsverfahren sowie medikamentöse Ruhigstellung beim Gorilla. Berlin, 2014 (Veterinärin Dörnath, ausgebildet u.a. am London Zoo, firmiert als ausgewiesene Befürworterin der Haltung von Menschenaffen und anderen Wildtieren in Zoos.)

„Populationsmanagement"

Anfang 2016 verlautbarte Dag Encke, Direktor des Nürnberger Tiergartens, in einem öffentlichen Vortrag, er habe im Vorjahr sechzig „überzählige" Zootiere töten lassen. Es war diese Verlautbarung unschwer als gezielt eingesetzter „Versuchsballon" zu erkennen gewesen, über den die Reaktion der Öffentlichkeit ausgelotet werden sollte.

Da deutsche Zoos gemäß den Bestimmungen des Tierschutzgesetzes keine Tiere töten dürfen – mit Ausnahme eigens gezüchteter „Futtertiere" (Mäuse, Hamster, Kaninchen, Schafe, Ziegen etc., auch größere Huftiere und bestimmte Vögel, die alljährlich in millionenfacher Zahl in den Zoos getötet werden) –, fordern sie seit Jahren über ihren Dachverband

VDZ eine rechtliche Befugnis, „überzählige" Tiere auch anderer Arten nach Bedarf und Gutdünken töten und ggf. auch verfüttern zu dürfen. Da gemäß § 17 Nr. 1 TierSchG das Töten von Tieren nur bei Vorliegen eines „vernünftigen Grundes" erlaubt ist, plädiert der VDZ dafür, die Notwendigkeit des „Populationsmanagements" als ebensolchen Grund für die Tötung von Zootieren nach § 42 Abs. 8 Satz 3 BNatSchG anzuerkennen. Schon zu früherem Zeitpunkt hatte Encke geschrieben: „Im Sinne einer artgemäßen Haltung der Tiere ist die Bereitschaft zur Tötung überzähliger Tiere (...) ein den natürlichen Verhältnissen entsprechender, verantwortungsvoller und damit ethisch-moralisch einwandfreier Weg."

Zeitgleich mit der Tötung des vorgeblich nicht „reinrassigen" bzw. „nicht ins Zuchtprogramm passenden" Giraffenjungbullen MARIUS im Zoo von Kopenhagen im Frühjahr 2014 – in Dänemark ist das Schlachten und Verfüttern von Zootieren prinzipiell erlaubt –, hatte der VDZ seine Forderung nach einer insofern „klareren Auslegung" des TierSchG bekräftigt. Da es seinerzeit aber – auch hierzulande – einen Sturm der Entrüstung gegen die Tötung der 18 Monate alten Giraffe gegeben hatte, war seitens des VDZ nichts weiter zur Sache zu hören gewesen. Erst jetzt, nachdem die öffentliche Empörung um den Tod von MARIUS sich etwas gelegt hatte, suchte Encke – seines Zeichens Vorstandsmitglied des VDZ – erneut auszutesten, auf welche Resonanz die Forderungen seines Verbandes im Jahre 2016 stoßen würden. Es geht Encke und dem VDZ um nichts weniger als den Versuch, das mühsam erkämpfte Tierschutzrecht außer Kraft setzen, um willkürlich nachgezüchtete und irgendwann „überflüssige" Zootiere legal töten zu dürfen. Auch in anderen Zoos – Schwerin etwa oder Dresden – wird die Tötung „überzähliger" Zootiere derzeit öffentlich diskutiert.

Da die Tötung der sechzig Tiere im Nürnberger Tiergarten einen offenkundigen Verstoß gegen geltendes Tierschutzrecht darstellte, erstatteten zwei bundesweit agierende Tierrechtsorganisationen Strafanzeige gegen Encke. (Die staatsanwaltlichen Ermittlungsverfahren wurden erwartungsgemäß eingestellt.)

Rechtskräftig verurteilt

Ganz im Sinne des VDZ, gleichwohl nach geltendem Recht unzulässig, entledigte sich im Jahre 2008 der Zoo Magdeburg dreier „unbrauchbarer" Sibirischer Tiger. Die drei Tiere – Angehörige einer akut vom Aussterben bedrohten Art – wurden getötet, da sie nicht die „genetische Variabilität einer Unterart" aufwiesen, sprich: nicht „reinrassig" und damit zuchtuntauglich waren. Der zuständige Zoodirektor Kai Perret sowie drei seiner Mitarbeiter, darunter der angestellte Zootierarzt, wurden in der Folge auf Grundlage von § 17 Nr 1 TierSchG rechtskräftig verurteilt, da es bei der Tötung der Tiger an einem „vernünftigen Grund" gefehlt habe; diese sei, so das Landgericht Magdeburg (bestätigt vom OLG Naumburg), weder erforderlich noch angemessen gewesen.

Es versteht sich, dass in den Zoos jährlich zigtausende „mysteriöser Todesfälle" auftreten, nach denen, sofern es sich nicht um publikumsattraktive und insofern individuell bekannte Großsäuger handelt, in aller Regel „kein Hahn kräht". Ein Zoo unterscheidet sich insofern nur unwesentlich von einem Schlachthaus. #91/2016

Planspiele zur Tötung von Gorillas

Aus internen Papieren des europäischen Zoodachverbandes EAZA *(European Association of Zoos and Aquaria)* gehen Überlegungen hervor, „überzählige" männliche Junggorillas in den dem Verband angeschlossenen Zoos zu töten: Es sei dies „aus biologischer Sicht" das beste Mittel, die überhandnehmende Population männlicher Tiere zu managen.[1]

In der Tat werden in europäischen Zoos Gorillas in so großer Zahl „nachgezüchtet", dass der zur Verfügung stehende Platz für sie nicht mehr ausreicht. Aktuell leben in den knapp 70 dem Verband zugehörenden Einrichtungen 463 Gorillas, 212 davon sind männlich.

Trotz der innerhalb des Zoowesens längst als problematisch erkannten Überpopulation männlicher Gorillas in europäischen Zoos wird ungehindert weiter drauflos „gezüchtet". Weshalb? Weil Gorillababies garantierte Kassenmagneten sind („ach wie süß"). Kommen sie in die Pubertät, müssen die männlichen Tiere aussortiert werden, da Gorillas in Haremsfamilien (ein männliches und mehrere weibliche Tiere) leben, in denen nur ein erwachsener Mann (Silberrücken) geduldet wird. Was tun mit den nun „überflüssigen" männlichen Jungtieren? Nach Zoobetreiberlogik müssen sie getötet werden, da kein Platz für sie da ist beziehungsweise damit Platz geschaffen wird für neue Babys als neue Kassenmagneten. Und das alles unter dem Fähnchen des „Artenschutzes".

Die intern an die Mitgliedszoos der EAZA übermittelten Überlegungen wurden Ende November 2021 von einem Whistleblower an die britische Tageszeitung *The Guardian* durchgestochen. Sehr zum Missfallen der EAZA, die in ihrem Papier schon die Befürchtung geäußert hatte, das Töten (*culling*) der überzähligen Gorillas, gleichwohl „das angemessenste Werkzeug" (*the most appropriate tool*) für Populationsmanagement, könne womöglich auf öffentlichen Widerstand stoßen (*the decision could be unpopular with the public*).

Und weiter heißt es in dem geleakten EAZA-Papier: „Der hauptsächliche Nachteil dieser Option ist, dass sie in vielen Ländern umstritten ist und in manchen unter bestimmten Umständen sogar illegal. Jede Diskussion über Tötung kann schnell emotional werden, da es leicht ist, sich in Gorillas einzufühlen. Dies trägt ein hohes Risiko in sich, dass eine emotionale Reaktion seitens der Öffentlichkeit und/oder der Zoobelegschaft, vorangetrieben durch social media, den Zoos und Aquarien Schaden zufügen könnte." Eine EAZA-Sprecherin bestätigte dem *Guardian*, die Option „überzählige" Tiere zu töten sei „Teil des Managementplans".

Massive Kritik

Als Tierschützer aus aller Welt massive Kritik an den Planspielen übten, versuchte der europäische Zoodachverband, die Wogen zu glätten.[2] Wortreich ruderte die EAZA zurück und verlautbarte, es gebe regelmäßig „in die Tiefe gehende interne Diskussionen", um für jedwede Eventualitäten vorbereitet zu sein. Notwendigerweise würden dabei auch Sichtweisen und Pläne vorgestellt, die man hoffe, nie umsetzen zu müssen. Die Organisation betonte, es sei bislang kein einziger männlicher Gorilla aus Managementgründen getötet worden, und es gebe auch keine unmittelbaren oder mittelfristigen Pläne, das zu tun. . Vielmehr setze man auf Auswilderung, Kastration und Reduktion der Anzahl weiblicher Tiere in den Haremsgruppen.

Da Auswilderungen aus Zoos heraus praktisch unmöglich sind, greifen die Zoos tatsächlich seit 2011 in erster Linie auf Kastration als Mittel des „Populationsmanagements" zurück. Aber selbst für die kastrierten männlichen Gorillas, die gegebenenfalls über die Pubertät hinaus in ihren Ursprungsfamilien verbleiben können oder als „Schwarzrücken" eigene Junggesellengruppen formen, wird es zu eng in den europäischen Zoos. Mehr Haremsgruppen mit jeweils weniger weiblichen Tieren sind auch keine Lösung. Daher die aktuellen Überlegungen des Verbandes.

Es sei eine absichtliche und böswillige Falschdarstellung dieser Diskussionen, so die EAZA in ihrem Statement, wenn nun behauptet würde, es sei geplant, solche Überlegungen auch in die Tat umzusetzen. Das sei nicht wahr. Auch sei es irreführend, zu behaupten, die EAZA verlange von ihren Mitgliedszoos, die Tiere verpflichtend zu töten (was allerdings auch gar niemand behauptet hatte und zumindest in Deutschland sogar rein rechtlich nicht machbar wäre: In deutschen Zoos ist das Töten von Tieren aus „Managementgründen" [noch] nicht erlaubt).[2] Bislang jedenfalls, so die EAZA, werde den Mitgliedszoos das Töten überzähliger Gorillas nicht empfohlen (*So far, culling is not recommended ...*), und es sei unwahrscheinlich, dass sich das in kurzer oder mittelfristiger Zeit ändere (*...this is unlikely to change over the short to medium term*). Sollten solche Maßnahmen indes irgendwann einmal erforderlich werden, werde man das „transparent und mit Rücksichtnahme auf die öffentliche Meinung" kommunizieren.

Trotz aller Dementis gilt: Das Töten „überzähliger" Zoo-Gorillas bleibt eine Option, die die EAZA für prinzipiell erwägenswert und möglicherweise notwendig hält. Sämtliche deutschen Zoos, in denen Gorillas gefangen gehalten und zur Schau gestellt werden (Leipzig / Frankfurt a.M. / Gelsenkirchen / Rostock / München / Nürnberg / Berlin / Duisburg / Saarbrücken / Stuttgart / Münster / Heidelberg / Hannover / Köln / Wuppertal / Krefeld) sind Vollmitglieder der EAZA, unterliegen also deren Empfehlungen und Maßgaben. #114/2022

Anmerkungen

1 www.eaza.net

2 www.eaza.net/assets/Uploads/2021-11-24-Press-statement-gorillas4.pdf

Ausbruch aus dem Zoogefängnis

Immer wieder gelingt es Zootieren, aus ihren Käfigen und Gehegen auszubrechen. Vor allem Affen sind insofern sehr erfindungsreich. Allein in jüngerer Zeit gab es eine Vielzahl solcher Fälle. Der spektakulärste davon ereignete sich Anfang 2018 im Zoo von Paris, aus dem 52 (!) Paviane entkamen. Davor waren aus dem Zoo Niederfischbach im Westerwald drei Berberaffen entflohen, wenig später aus dem Zoo Schwerin zwei Kapuzineraffen. Mitte des Jahres 2018 entwichen aus dem Zoo von Osnabrück zwei und aus dem von Münster drei Mantelaffen; aus dem Zoo Osnabrück entkam zudem ein Klammeraffe. Das Gros der Tiere wurde wieder eingefangen, einige aber blieben auf Dauer verschwunden. Auch wenn die betroffenen Zoos wortreich beteuerten, von den entflohenen Tieren gehe keine Gefahr für Menschen aus, ist dies keineswegs so: Auch kleinere Affen können Menschen schwere Bissverletzungen zufügen. Im Übrigen laufen die entwichenen Tiere selbst große Gefahr, zu Schaden zu kommen: Kapuzineraffe SEPPL etwa wurde bei seinem Ausbruchsversuch aus dem Zoo Schwerin von einem Auto erfasst und dabei tödlich verletzt. Auch die Polizei ist schnell bei der Hand, aus Zoos entkommene Tiere zu erschießen. Aber selbst wenn die Tiere innerhalb des Zoogeländes verbleiben, sind sie nicht sicher: Zoomitarbeiter machen sich nicht nur mit Fangnetzen und Betäubungsgewehren auf die Suche, sondern auch mit scharfen Waffen, wie jeder Zoo sie für derartige Fälle bereithält.

Anfang 2019 entkamen aus dem Tierpark Berlin die Kapuzineraffen OBI (17) und PHILIPPA (6). Erst nach fünf Tagen konnten sie in der Nachbarschaft des Zoos ausfindig gemacht und – unterkühlt und ausgehungert – wieder eingefangen werden. Weitere Nächte im Freien hätten sie wohl nicht überlebt.

„Tiere haben keine Vorstellung von Freiheit"

Zoobetreiber behaupten fortgesetzt, Tiere hätten „keine abstrakte Vorstellung davon, was Freiheit ist" (Zoodirektor Dag Encke, Nürnberg), insofern würden sie auch nicht darunter leiden, ihr Leben in einem beengten Zookäfig zubringen zu müssen. Ersteres mag richtig sein, zweiteres ist es definitiv nicht.

Auch Menschen entwickeln eine abstrakte Vorstellung von Freiheit allenfalls im Zuge eines philosophischen Proseminars. Hinsichtlich des Empfindens von Unfreiheit kommt es darauf aber gar nicht an. Tatsächlich liegt das zentrale Problem der Gefangenhaltung von Wildtieren in Zoos – gerade jener Tiere, die in freier Wildbahn große Gebiete durchstreifen – im extrem beschränkten Platz, der ihnen zugestanden wird, sprich: in der konkret empfundenen Unfreiheit. Da sie auf dem engen Raum ihren artspezifischen Bewegungsimpulsen nicht oder nicht in ausreichendem Maße nachkommen können, werden sie psychisch krank: Eine Vielzahl der in Zoos zu beobachtenden Verhaltensauffälligkeiten ist allein der räumlichen Enge zuzuschreiben, der die Tiere ausgesetzt sind. Ob sie dabei als gedankliches Gegenmodell eine abstrakte Vorstellung von Freiheit haben oder nicht, ist völlig unerheblich: Sie leiden unter der Unfreiheit, Daher auch ihr Drang, aus den Zookäfigen zu entweichen. #103/2019

Finaler Rettungsschuss?

Allein im Zeitraum Mai bis Juli 2015 brachen in drei bekanntgewordenen Fällen insgesamt sechs Schimpansen aus ihren Zookäfigen aus. Eine zufällige Häufung, wie Zoobetreiber wortreich versicherten, doch kommen derlei Ausbrüche immer wieder vor; und nicht selten enden sie für die Tiere tödlich.

Anfang Mai schafften es die beiden im Safari-Zoo Sa Coma auf Mallorca gefangengehaltenen Schimpansen ADÁN und EVA, aus ihrem Käfig zu entkommen. Während EVA kurzerhand erschossen wurde, gelang es ADÁN, sich unbeschadet aus dem Zoo davonzumachen. Nach drei Tagen hektischer Suche fand man ihn tot in einer Klärgrube unweit des Zoogeländes, angeblich sei er dort ertrunken. Wenig später brachen drei Schimpansen aus dem Oasis-Zoo auf Fuerteventura aus. Auch hier wurde sofort scharf geschossen, obwohl Zoobesucher zu keinem Zeitpunkt in Gefahr waren. Die Schimpansen KING und FELIPA waren auf der Stelle tot, Schimpansin CHEETAH überlebte schwer verletzt.

Glück hatte insofern Schimpansin BANGHI aus dem Bergzoo Halle, die sich Anfang Juli eine Nachlässigkeit des Personals zunutze machte und ins Freie gelangte. Sie wurde „nur" mit einem Narkoseprojektil beschossen, wobei andere Möglichkeiten, sie in den Käfig zurückzulocken, offenbar gar nicht erst in Erwägung gezogen wurden. Eine derartige Betäubung stellt immer eine enorme Belastung für den Organismus dar, vor allem für ältere Tiere wie die 42-jährige BANGHI. Das Hauptaugenmerk des Zoos lag offenkundig nicht auf der Unversehrtheit der Schimpansin, sondern darauf, den Vorfall schnellstmöglich in den Griff zu bekommen. Dem Vernehmen nach wurden auch scharfe Waffen bereitgehalten für den Fall, dass die Betäubung nicht wirken sollte.

Wie in Zusammenhang mit dem Ausbruch von fünf Schimpansen aus einem Außengehege des Erlebniszoos Hannover im Juli 2012 bekannt wurde, verfügt jeder Zoo über einen entsprechenden Notfallplan, der neben der Sicherung der Besucher (Verbringung in nächstgelegene Gehegehäuser) auch den „finalen Rettungsschuss" auf entwichene Tiere vorsieht. In jedem Revier, in dem „gefährliche Tiere" untergebracht sind – Menschenaffen, Großkatzen, Bären etc. –, lagern insofern großkalibrige Waffen samt dazugehöriger letaler Munition. Viele der Wärter und die meisten Kuratoren und Direktoren besitzen einen Jagdschein und dürfen diese Schusswaffen ganz legal einsetzen. #88/2015

Tödliche Angriffe durch Großkatzen

Immer wieder kommt es in Zoos zu Zwischenfällen mit Großkatzen, nicht selten mit tödlichen Folgen (sowohl für das Zoopersonal, als auch für die Tiere selbst). Anfang Mai 2019 wurde ein 24-jähriger Wärter im Serengetipark Hodenhagen von zwei Löwen angegriffen und schwer verletzt. Im Oktober des Vorjahres war ein Praktikant im Tierpark Köthen (Anhalt) von zwei Tigern angefallen und erheblich verletzt worden. Im Tierpark Chemnitz hatte zuvor eine Leopardin einen 56-jährigen Wärter ins Gesicht gebissen und ihm schwerste Verletzungen zugefügt. Im selben Zoo und mit dem gleichen Tier hatte es ein paar Jahre davor schon einmal einen Beißvorfall gegeben: Die angegriffene Tierpflegerin war seinerzeit ihren schweren Verletzungen erlegen. Mehr Glück hatte, ebenfalls im Tierpark Chemnitz, eine Pflegerin, die von einem Löwen angefallen wurde: Sie überlebte die Attacke. Ein Wärter des Allwetterzoos Münster hingegen überlebte einen Tigerangriff im Jahre 2013 nicht, und im Jahr davor war auch im Kölner Zoo eine Tierpflegerin bei einer Tigerattacke zu Tode gekommen.

Großkatzen (und andere Wildtiere) nutzen jede Gelegenheit, aus ihren in der Regel viel zu kleinen Käfigen und Gehegen zu entkommen. Allein seit 2012 Jahren konnten in hiesigen Zoos oder Tierparks wenigstens elfmal Großkatzen aus ihren Gehegen entweichen (wobei nicht alle Ausbrüche gemeldet werden oder an die Öffentlichkeit gelangen). Mitte März 2019 entkamen drei Luchse aus dem Wildpark Knüll (Hessen), zeitgleich konnten zwei Geparden aus ihrem Gehege im Erfurter Zoo ausbrechen. Einige Zeit davor war ein Luchs aus seinem Käfig im Zoo Gelsenkirchen entkommen, im Zoo Leipzig gelang dies 2016 zwei Löwen. Zwei weitere Löwen entkamen aus dem Wildpark Johannismühle (Brandenburg) und im Zoo Wuppertal konnte kürzlich ein Schneeleopard aus seinem Gehege entweichen. Mit wenigen Ausnahmen konnten die Katzen noch auf dem Zoogelände wieder eingefangen und in ihre Käfige zurückgesperrt werden. Wo dies nicht gelang, wie etwa in Leipzig, wurden sie von Zoopersonal erschossen. 103/2019

Extrem fleischlastige Zoorestaurants

Dass es im Zoo um alles andere geht als um Bewusstseinswandel im Interesse von Tier, Natur und Umwelt, wird nirgends deutlicher als auf der Speisekarte der jeweiligen Zoorestaurants. In der Regel entspricht das Angebot in seiner extremen Fleischlastigkeit dem einer unterdurchschnittlichen Werkskantine oder Autobahnraststätte.

Vegetarische Alternativen finden sich nur selten, ausdrücklich vegane Gerichte gibt es praktisch nirgendwo. Neben den üblichen „Currywürsten“ und „Wienerschnitzeln“ fürs Massenpublikum stehen für das gehobenere Portemonnaie aber auch Wildtiergerichte auf der Karte. Im Restaurant des Zoos Nordhorn etwa kann der Gast sich Taubensuppe, Hasenpastetchen, Wildschweinpfeffer, Rehmedaillon oder Hirschsteak schmecken lassen. Im Zoo Gelsenkirchen finden sich gar Wildtierexoten auf dem Teller, wie sie im Gehege ums Eck besichtigt werden können: „Rückenfilet vom afrikanischen Springbock“ etwa, mit Fenchelsamenkrokantkruste und Traubenragout. Das

Speisekarte im Augsburger Zoorestaurant

Restaurant des Zoos Hoyersverda bot noch bis 2017 neben Gerichten aus Straußen- und Antilopenfleisch eine „Massai-Krieger-Platte" an, die mit „gebratenem Fleisch vom Krokodil in grüner Currysauce" aufwartete.

Auf die Idee, die Zoobesucher über entsprechende Information und Aufklärung dazu anzuregen, einen auf ganz persönlicher Ebene erlebbaren Beitrag zu Tier-, Natur- und Umweltschutz zu leisten und wenigstens am Tag des Zoobesuches auf den Verzehr getöteter Tiere oder aus Tierprodukten hergestellter Nahrungsmittel zu verzichten, kommt kein einziger der deutschen Zoos, ganz im Gegenteil. Die

Botschaft an die Zoobesucher: Tiere können im Zoo ebenso bedenkenlos begafft wie im Zoorestaurant verzehrt werden: Es sind ja nur Tiere, die zu ebendiesem Zwecke da sind.

Als Gipfel des Groteske wird Zoobesuchern auf „Infotafeln" angeraten, tunlichst auf Soja zu verzichten. Der Frankfurter Zoodirektor Manfred Niekisch versteigt sich gar zu der Behauptung, dass man „mit dem Kauf von Soja einen Beitrag leistet zur Zerstörung der Regenwälder" und sich insofern, so der Subtext seiner Auslassungen, mitschuldig mache am Aussterben der Großen Menschenaffen. Dass gerade einmal zwei Prozent der Weltsojaernte direkt von Menschen konsumiert, hingegen mehr als achtzig Prozent (!) an „Nutztiere" der Fleisch- und Milchindustrie verfüttert werden (plus 50 % der weltweiten Getreideernte sowie 40% der weltweit gefangenen bzw. gezüchteten Fische), unterschlägt Niekisch wohlweislich; auch über den Umstand, dass allein in Deutschland pro Jahr 3,7 Millionen Rinder, 58 Millionen Schweine und etwa 680 Millionen Hühner, Enten, Puten usw. gemästet, geschlachtet und verzehrt werden, was die Fleisch- und gerade nicht die Sojakonsumenten mitschuldig spricht an der Vernichtung der Regenwälder, verliert er kein Wort. Die verbleibenden Anteile der Sojaernte gehen in die Gewinnung von Öl, das mithin für die Produktion von „Biodiesel" verwendet wird. Auch darüber kein Wort bei Niekisch. #96/2017

Wissenschaft und Forschung?

Viele Zoos beschreiben sich ausdrücklich als wissenschaftsorientierte Forschungseinrichtungen. Für Zoos, die den Dachverbänden *WAZA* und *EAZA* bzw. dem *Verband der Zoologischen Gärten e.V.* (VdZ) angeschlossen sind (bzw. angeschlossen werden wollen), gilt „Wissenschaftlichkeit" gar als konstitutives Element.

Was es mit diesem Anspruch auf sich hat, mit dem Zoos mithin ihre Existenz rechtfertigen, sei exemplarisch anhand des Zoos Bremerhaven untersucht. Laut Selbstdarstellung pflegt der Zoo eine „Zusammenarbeit mit Hochschulen, Universitäten und wissenschaftlichen Instituten", biete er doch nachgerade ideale Bedingungen für Wissenschaft und Forschung. Bei näherer Hinsicht stellt sich freilich heraus: Weder aus dem Bremerhavener noch aus einem der sonstigen Zoos heraus gibt es nennenswerte wissenschaftliche Forschungsergebnisse, ganz abgesehen davon, dass die Zoos in aller Regel gar nicht selbst forschen, sondern studentische Projekt-, Haus- oder Abschlussarbeiten, für die sie allenfalls das Studienobjekt abgeben, als Ausweis eigener Forschungstätigkeit reklamieren.

Die „wichtigen Erkenntnisse zum Wohl der Tiere im Zoo und in freier Wildbahn", die der Bremerhavener Zoo gewonnen haben will, sind sehr überschaubar: Seit seiner Neueröffnung im Jahre 2004 listet er exakt fünf wissenschaftliche Publikationen zu zoobiologischen bzw. zooveterinären Fragestellungen auf. Das Entscheidende an diesen Arbeiten aber ist, dass sie weder von Mitarbeiter:innen des Zoos durchgeführt noch von diesen veröffentlicht wurden – der Zoo stellte lediglich Tiere für Untersuchungen externer Wissenschaftler zur Verfügung –, gleichwohl aber als hauseigene Forschungsbeiträge ausgewiesen werden; das gleiche gilt für zwei Posterpräsentationen, sowie verschiedene Projekte des Leipziger Max Planck-Instituts bzw. des *Europäischen Erhaltungszuchtprogrammes* (EEP), an denen der Bremerhavener Zoo in nicht näher beschriebener Weise beteiligt gewesen sein will. Die zwei einzigen von Zoodirektorin Heike Kück selbst vorgelegten Arbeiten (zum einen über die Eisbärenzucht im Bremerhavener Zoo und zum anderen über das hauseigene „Nordseeaquarium") wurden in Publikumszeitschriften ohne wissenschaftlichen Anspruch (bzw. dem Newsletter des Weltzooverbandes WAZA) veröffentlicht; auch ein 2014 von Kück veröffentlichtes Buch zur *Erfolgsgeschichte der Bremerhavener Eisbärenzucht* kann nur schwerlich als Beitrag zur Wissenschaft gewertet werden.

Von den fünf studentischen Projektarbeiten, die in Kooperation mit dem Zoo durchgeführt wurden, befassten sich zwei mit Fragen des Zoomanagements, die drei anderen waren simple Tierbeobachtungen. Ein ähnliches Bild sowohl bei den fünf vorgelegten Haus- bzw. Semesterarbeiten als auch bei den acht Examens-, Bachelor- und Masterarbeiten, die der Zoo für sich reklamiert: Nur eine einzige Arbeit wies in ihrer Themenstellung über reine Zoobelange hinaus.

Ungeachtet der Frage, ob studentische Projekt-, Haus- oder Semesterarbeiten als wissenschaftliche Arbeiten angesehen werden können – selbst bei Bachelor- und Masterarbeiten ist dies fraglich –, ist der vom „Zoo am Meer" geleistete Beitrag zu Wissenschaft und Forschung nicht eben beeindruckend. Zieht man die Arbeiten ab, die sich selbstreferentiell um zooeigene Fragestellungen drehen, bleibt selbst bei den Abschlussarbeiten kaum etwas übrig. Am wenigsten können derlei bescheidene wissenschaftliche Beiträge als Rechtfertigung für die fortdauernde Gefangenhaltung von Wildtieren gelten. Zur Untermauerung seiner „Wissenschaftlichkeit" führt der Bremerhavener Zoo überdies an, „bereits als idealer Austragungsort wissenschaftlicher Tagungen" gedient zu haben. Tatsächlich gab es in den dreizehn Jahren seit seiner Neueröffnung eine einzige Tagung, die vielleicht als solche gelten kann: nämlich das reihum in je einem anderen Zoo veranstaltete Jahrestreffen von Zootierärzten. Darüber hinaus hat der hauseigene Veterinär drei kleinere Beiträge zu solchen Jahrestreffen in anderen Zoos vorgelegt. Nicht zu vergessen: Es fanden fünf je zweitägige Seminarveranstaltungen für StudentInnen der veterinärmedizinischen Hochschule Hannover im Zoo statt, die allerdings nur schwer als „wissenschaftliche Tagungen" gelten können. Ansonsten gab es in den zurückliegenden dreizehn Jahren (seit 2004) schlichtweg nichts, was die Behauptung stützen könnte, der Bremerhavener Zoo sei „idealer Austragungsort wissenschaftlicher Tagungen" oder habe sonst irgendetwas mit wissenschaftlicher Forschung oder Lehre zu tun.

Die nachgerade zwanghafte Fixation auf das Etikett der „Wissenschaftlichkeit" – selbst Zoos, die noch nie irgendeine wissenschaftliche

Erhebung durchgeführt, geschweige denn: ein wissenschaftliches Papier veröffentlicht haben, beharren darauf, „wissenschaftlich" geleitet zu sein – hat zwei simple Gründe: zum einen verschafft die Behauptung, wissenschaftliche Forschung zu betreiben, den Zoos eine Art Metalegitimierung, die sie gegen Kritik immunisiert, reine Vergnügungsparks auf Kosten eingesperrter Tiere zu sein, und zum anderen bedeutet der Betrieb eines Zoos unter dem Signet der „Wissenschaftlichkeit" die einzige Möglichkeit, Tiere bedrohter Arten aus dem Ausland zu beziehen (bzw. ins Ausland abzugeben): Tiere, die den Regularien des *Washingtoner Artenschutzübereinkommens* (CITES) von 1973 unterliegen – es gelten diese Regularien sowohl für Wildfänge als auch für Gefangenschaftszuchten –, dürfen über Ländergrenzen hinweg nur gehandelt, gemakelt oder von Zoos untereinander ausgetauscht werden, wenn behördliche Aus- und Einfuhrgenehmigungen vorliegen und „kein kommerzielles Interesse" damit verfolgt wird. Nur wenn der Handel „wissenschaftlichen Forschungszwecken" dient, können entsprechende Genehmigungen erteilt werden. „Wissenschaftlich geleitete" Zoos erhalten die erforderlichen CITES-Papiere regelmäßig und für jedes auf dem Markt verfügliche (bzw. zu veräußernde) Tier. #95/2017

Gezielte Manipulation – „Bildungsarbeit im Zoo"

Im Rahmen des Ende November 2021 vorgestellten Koalitionsvertrages der sogenannten „Ampel-Parteien" war unter der wenige Zeilen umfassenden Rubrik „Tierschutz" die Rede davon, man werde in der kommenden Legislaturperiode die „Bildungsarbeit Zoologischer Gärten unterstützen".[1] Die sonstigen Aspekte, mit denen Zoos ihre Existenz rechtfertigen – eigenem Selbstverständnis zufolge trügen sie Entscheidendes zu Artenschutz und Forschung bei und böten überdies einen unverzichtbaren Erholungs- und Freizeitraum für gestresste Großstädter – wurden nicht erwähnt.

In der Tat ist „Bildung" das von Zoos meistgenannte Argument zur Rechtfertigung der eigenen Existenz. Als „größte außerschulische Bildungseinrichtungen", die sie vorgeben zu sein, würden sie jährlich Millionen von Menschen erreichen, die nicht nur wertvolle Tier- und Artenkenntnisse erhielten, sondern über das sinnlich erfahrbare Begreifen der Natur für deren Schutz sensibilisiert würden.

Gemäß § 42 Absatz 3 Ziffer 6 Bundesnaturschutzgesetz (BNatSchG) sind die Zoos auch ausdrücklich dazu verpflichtet, „die Aufklärung und das Bewusstsein der Öffentlichkeit in Bezug auf den Erhalt der biologischen Vielfalt" zu fördern, „insbesondere durch Informationen über die zur Schau gestellten Arten und ihre natürlichen Biotope". Ebendafür werden sie aus öffentlichen Kassen subventioniert. Wie sie dieser Verpflichtung nachkommen, ist ihnen indes völlig selbst überlassen. Es gibt weder

Rahmenrichtlinien noch eine Effizienzkontrolle der jeweiligen Bemühungen.

In Erfüllung ihrer gesetzlichen Verpflichtung bieten die meisten Zoos hierzulande über hauseigene „Zooschulen“ ein thematisch breitgefächertes Sortiment an Führungen, Kursen und Unterrichtseinheiten an. Das Hauptaugenmerk dieser Zooschulen – in einigen Zoos gibt es solche Einrichtungen bereits seit Mitte der 1970er – liegt auf der Arbeit mit Kindern zwischen vier und vierzehn Jahren. Zu vorab vereinbarten Terminen kommen die Kindergarten- oder Schulgruppen zusammen mit ihren Erzieher:innen oder Lehrer:innen in den Zoo und werden dort für die Dauer von ein- bis eineinhalb Stunden (gelegentlich auch länger) von eigens dazu abgestellten Zoopädagog:innen betreut. Der Ablauf ist überall der gleiche: Nach einer Einführung in die Verhaltensregeln im Zoo werden die Kinder durch die Anlage geführt und erhalten Informationen über die jeweils aufgesuchten Tiere; meist darf auch ein Blick „hinter die Kulissen“ (Aufzuchtstation, Betriebshof, Futterküche) geworfen werden. Ältere Kinder werden mit zu bewältigenden Erkundungs- oder Beobachtungsaufgaben betraut und in eigenständigen Kleingruppen durch den Zoo geschickt.

Ein in den meisten Zoos vorgehaltener eigener Zooschulraum erlaubt didaktische Vor- und Nachbereitung, in der Regel stehen dort auch Mikroskope, präparierte Tierteile usw. zur Verfügung. Kleinere Kinder können hier malen oder basteln, größere erhalten Arbeitsblätter, auf denen zoologische Fragen behandelt wie „Was fressen Zootiere?“, „Wer ist Otti Otter?“ oder „Warum haben Pinguine einen Frack an?“ Ethische Fragestellungen kommen nicht vor. Arbeitsmaterialien und zoopädagogische Betreuung sind über einen Aufschlag auf das reguläre Eintrittsgeld zu bezahlen, mancherorts sind sie auch kostenfrei.

Aus dem Shop des Leipziger Zoos

ROLIGALS und NOBOBOS

Aufschlussreich ist ein Blick in den „Kinderzooführer“, den die Wuppertaler Zooschule für Kinder ab 8 Jahren bereithält. In dem 44-seitigen Geheft werden den Kindern bestimmte Aufgaben gestellt, die sie eigenständig lösen müssen. Im Menschenaffenhaus etwa sollen sie die Artennamen der vorzufindenden Tiere „enthexen“: ROLIGALS, NOBOBOS, GARON-NATUS, MEINSCHNAPS.[2] Die vermittelten zoologischen Informationen bewegen sich auf ähn-

lichem Niveau, manche sind auch irreführend oder schlichtweg falsch.

Das Ziel der aufwändig beworbenen Zooschulprogramme liegt angeblich darin, Kindern ein „tieferes Naturverständnis" vermitteln zu wollen. Die Zooschule Bremerhaven beispielsweise steht unter dem Motto: „Der Natur im Zoo begegnen", im Zoo Münster heißt es: „Am lebenden Tier die Natur entdecken und verstehen". Die Neuwieder Zooschule kommt gar theologisch angehaucht daher: „Wichtigstes Anliegen ist uns, beim Erlebnis der originalen Begegnung Verständnis für das Tier als Mitgeschöpf zu wecken". Schon 1980 wurde ein eigener *Verband deutschsprachiger Zoopädagogen e.V.* begründet, in dessen Leitbild die gleichen Begrifflichkeiten vorkommen.

Tatsächlich begegnen die Kinder im Zoo gerade *nicht* der Natur, der wirklichen Tierwelt schon gar nicht. Jeder Dokumentarfilm, wie es sie heute zu jeder in Zoos gehaltenen Tierart in herausragender HD-Qualität gibt, vermittelt mehr Kenntnis und Wissen und weckt mehr Empathie als ein Zoobesuch dies je vermag. Noch nicht einmal das Argument, im Zoo könnten die Kinder den Tieren „mit allen Sinnen" begegnen, sie also nicht nur sehen und hören wie im Film, sondern auch riechen und anfassen, ist tragfähig. Tiere riechen in ihrer natürlichen Umgebung keineswegs so wie sie im Zoo riechen, wo sie Kot und Urin in ihren beengten Käfigen absetzen und sich direkt daneben aufhalten müssen: Zoos vermitteln insofern ein völlig falsches Geruchsbild. Auch die Möglichkeit Tiere zu berühren, ist sehr limitiert: Sie beschränkt sich in der Regel auf die Streichelzooabteilung, in der Schafe, Zwergziegen Minischweine und dergleichen angefasst und gestreichelt werden dürfen. Dass dies für die Tiere oftmals enormen Stress bedeutet, wird den Kindern nicht erklärt; ebensowenig, dass sie nach ihrer meist kurzen Karriere als „Streicheltiere" geschlachtet und an andere Zootiere verfüttert werden beziehungsweise im Zoorestaurant landen.

Freilich geht es der sogenannten Zoopädagogik auch gar nicht um die Vermittlung von Naturverständnis, vielmehr geht es ihr in erster Linie darum, die Kinder möglichst frühzeitig auf die Gegebenheiten des Zoos zu konditionieren, darauf, dass sie es als normal und richtig empfinden, dass Tiere zum Vergnügen des Menschen und um seinen „Forscherdrang" zu befriedigen hinter Isolierglasscheiben, Eisengittern und stromführenden Zäunen eingesperrt sind. Das in Kindern vielfach (noch) vorhandene Mitgefühl mit den in teils absurd winzigen Käfigen zusammengepferchten und offenkundig leidenden Tieren wird ihnen in den Zooschulen systematisch ausgetrieben. Lernziel: Tiere haben es gut im Zoo! (z. B. Arbeitsblatt Kindergarten: „Warum ist es den Zootieren nicht langweilig?"). Zugleich wird den Kindern in den Zooschulen vermittelt, dass es völlig normal und richtig ist, Tiere zu nutzen und zu verwerten. Lernziel: Tiere sind für den Menschen da! (z. B. Arbeitsblatt Primarstufe I: „Was stellt man aus Tieren und ihren Produkten her?") Und nicht zuletzt wird den Kindern die Begründung und Rechtfertigung für die Existenz von Zoos eingetrichtert. Lernziel: Zoos dienen dem Erhalt der Tierwelt (z. B. Arbeitsblatt Sekundarstufe II: „Moderne Zoos und ihre Bedeutung für den Artenschutz").[3]

Zoobesuch macht Spaß!

Zooschulpädagogik ist gezielte Manipulation von Kindern im Interesse der Zoobetreiber (und einer Warengesellschaft, für die Zoos als „Bildungseinrichtungen" unverzichtbar sind, um Tiere als zu verwertende Objekte in den Köpfen junger Menschen zu verankern). Es geht gerade

Biologiedidaktik aus dem Zoo-Shop Leipzig

nicht darum, die Natur verstehen und achten zu lernen, sondern ganz im Gegenteil darum, die groteske Verzerrung und Zurichtung der Natur, wie Zoos sie darbieten, als „Natur" zu begreifen; vor allem aber darum, immun zu werden gegen das Leid der Tiere, die, eingesperrt auf Lebenszeit und jeder Regung ihrer Natur beraubt, zu bejammernswerten Karikaturen ihrer selbst verkommen. Im erfolgreichsten Falle lernen die Kinder: Zoobesuch macht Spaß!, wozu auch die großangelegten Kinderspielplätze (mit Holz- oder Plastiktieren, auf denen man reiten oder herumklettern kann) sowie die zoopädagogisch betreuten Freizeitaktivitäten (Geburtstagsfeiern, Nachtführungen, Malkurse etc.) und Sonderveranstaltungen (an Ostern, Halloween, Nikolaus etc.) im Zoo beitragen. Nicht zuletzt gibt es für jede Altersstufe eine Unzahl zooaffirmativer Bilder- und Vorlesebücher, dazu Spiel-, Bastel- und Malvorlagen jedweder Sorte, seit Geraumem sogar Online-Spiele (*myfreezoo.de* oder *ZooMumba.de*) beziehungsweise einen „Tierparksimulator" für Windows oder „Zoo Tycoon" für Xbox One.

Im Klartext: Es geht den Zooschulen darum, Besuchernachwuchs für die Zoos heranzuziehen. Alles andere ist Farce beziehungsweise diesem Ziel nachgeordnet. Insofern steht auch die Frage nach der pädagogischen Qualifikation der „Zoopädagog:innen" nicht im Vordergrund: Der *Verband deutschsprachiger Zoopädagogen e.V.* fordert lediglich für die Leiter der jeweiligen Zooschule ein Hochschul- beziehungsweise Lehramtsstudium der Fachrichtung Biologie oder eine vergleichbare Ausbildung. Mitarbeiter:innen für die praktische Arbeit mit Kinder- und sonstigen Besuchergruppen sollen, so der Verband, „ihrem Aufgabenbereich entsprechend qualifiziert sein oder werden" – was immer das heißen mag. Vielfach werden Lehramtsstudent:innen für die zoopädagogische Arbeit rekrutiert; nicht selten werden aber auch Mitglieder der Zooördervereine oder auch pensionierte Tierpfleger:innen oder sonstige Zoomitarbeiter:innen als „Zoopädagogen" – mancherorts firmieren sie auch als „Ranger" oder „Scouts" – abgestellt: Keineswegs also kann in jedem Falle von ernstzunehmender pädagogischer Qualifikation die Rede sein.

Groteske Widersprüche

Die didaktische Vorgehensweise ist in allen Zoos die gleiche: Eingebunden in mehr oder minder unterhaltsam vorgetragene Tiergeschichten, Tiermärchen und Tieranekdoten erhalten die Kinder ein paar grundlegende Schulbuchinformationen zu Wesen und Verhalten der jeweils beobachteten Tiere. Da diese Informationen – wie sie in kondensierter Form auch auf den Gehegebeschilderungen zu finden sind – in der Regel Wesen und Verhalten *wildlebender* Tiere beschreiben, stehen sie in teils groteskem Widerspruch zu den tatsächlich hinter Gittern und Panzerglasscheiben vorfindlichen „Exponaten", die allenfalls noch ein Zerrbild ihrer freilebenden Verwandten darstellen. Die Kinder darauf zu konditionieren, derlei Widersprüche konsequent auszublenden, zählt zu den obersten Aufgaben aller Zoopädagogik.

O-Ton einer Zoopädagogin vor Kindern einer 2. Grundschulklasse vor dem Gitter eines Orang Utan-Käfigs, auf dessen nacktem Betonboden zwei ausgewachsene Orang Utans herumhocken: „Orang Utans leben im tropischen Regenwald in Indonesien. Die leben da praktisch nur in den Bäumen. Da bauen sie sich auch ihre Schlafnester. Auf den Boden kommen die so gut wie nie runter." Selbst ansich korrekte Informationen zu Anatomie und Physiologie der Tiere werden zur schieren Groteske: „Die Arme ausgewachsener Orang Utan-Männchen haben eine Spannweite von mehr als zwei Metern. Damit können sie gut von einem Baum zum anderen schwingen." Dass es in dem knapp vier Meter hohen Käfig nichts zum Schwingen gibt, einen Baum schon gar nicht, bleibt unbeachtet.

Insgesamt sollen die Kinder den Zoo als einen Ort erleben, an dem es den Tieren gut geht. Sämtliche Informationen, die sie zu Ernährung, Gesunderhaltung oder Fortpflanzung der Tiere erhalten, sind darauf ausgelegt, den Eindruck zu vermitteln, diese seien optimal versorgt und es mangle ihnen an nichts. Das ins Auge springende Leid der auf engstem Raume und unter widernatürlichsten Verhältnissen gehaltenen Tiere wird überkompensiert in absurdeste Behauptungen über die Vorteile, die es für sie habe, in einem Zoo zu leben. O-Ton einer anderen Zoopädagogin (hier: mit Hauptschülern vor einem Gorilla-Gehege, in dem ein isoliert gehaltener Silberrücken teilnahmslos in einer Ecke sitzt): „Ich wäre gerne Gorilla in unserem Zoo. Die leben hier wie im Fünf-Sterne-Hotel, werden von vorne und hinten bedient und brauchen sich um nichts zu kümmern. Kein Stress mit Nahrungssuche oder um die Weibchen. Die haben's hier viel besser als in freier Wildbahn."

Zoopädagogischer Unterricht dient nicht der Bildung und Aufklärung – bedenkenlos wird auch zoologisch Grundfalsches erzählt –, vielmehr dient er als Vehikel, über das die wirtschaftlichen Interessen des jeweiligen Zoos verfolgt werden: die nämlich, dass die Kinder gerne und oft wiederkommen, auch als spätere Erwachsene mit ihren eigenen Kindern, und diese eines Tages mit den ihren. Zooschulen sind dazu da, generationenübergreifende Publikumsbindungen zu schaffen.

Zu den – mit öffentlichen Geldern geförderten – Aufgaben der Zooschulen zählt neben der schul- und freizeitpädagogischen Arbeit mit Kindergruppen auch und vor allem die Erstellung didaktischer Materialien (Zooführer, Zooquiz, Gehegebeschilderung, Entwicklung audiovisueller bzw. interaktiver Medien usw.). Hinzu kommt als wesentlicher Aufgabenbereich die gezielte Öffentlichkeitsarbeit (Pressemeldungen, Infostände, Publikationen etc.; auch die Konzertierung von Leserbriefkampagnen, Foren- und Facebook-Einträgen, sollte irgendwo ein unliebsamer Artikel oder Fernsehbericht erschienen sein). In vielen Zoos liegt die Außendarstellung komplett in den Händen der jeweiligen Zooschule.

Dixieland und Gottesdienst

Vielfach sind die zoopädagogischen Mitarbeiter auch für Konzeption und Durchführung umsatzfördernder Sonderveranstaltungen zuständig, die den Zoo allenfalls als Kulisse nutzen. Vor allem für Kinder, für die ohnehin großflächige Spielplätze mit Kletter-, Schaukel- und Hüpfburgeinrichtungen vorgehalten werden, vielerorts gar Fahrgeschäfte wie auf der Kirmes (Autoscooter, Karusselle, Parkeisenbahn etc.), werden fortlaufend irgendwelche „Aktionstage" durchgeführt: Neben den bereits erwähnten Oster- und Nikolaus-Events, bei denen Schokoeier gesucht bzw. Weihnachtslieder gesungen werden, gibt es Karnevals- oder St.Martinsumzüge, auch Halloweenpartys, bei denen die Kinder zu „Gruselmonstern" geschminkt werden. Im Winter werden Eislaufflächen und Rodelbahnen angelegt, im Sommer gibt es Micky-Maus-Filmvorführungen und Kinderdisco. Ein wesentlicher Faktor zur Verankerung des Zoos im Bewusstsein der Kinder als Hort von Spiel, Spaß und Vergnügen ist die Ausrichtung von Kindergeburtstagen, die mittlerweile in sämtlichen Zoos zum Standardangebot zählt.

Auch für das gesetztere Publikum gibt es Sonderevents, klassische Konzerte etwa, wahlweise auch Jazz-, Dixieland- oder Tangoabende, Mode-, Kung-Fu- und Sportwagenschauen, Theateraufführungen oder auch kulinarische 5-Gänge-Menüs (bevorzugt im Aquarienhaus, in dem es nicht „riecht"). Sonntägliche Frühschoppen im Zoo werden mit Biergartenmusik angereichert, nachmittags gibt es Caféhausmusik mit Stehgeiger, spätabends ein Feuerwerk. Betriebsfeiern werden ausgerichtet, Jubiläen, Junggesellenabschiedsfeten und Hochzeiten, letztere gerne in Elefanten- oder Großkatzenhäusern, einschließlich eindrucksvoller „Erinnerungsfotos"; selbst Gottesdienste gibt es, in denen vor den eingesperrten Tieren die „Schönheit der Schöpfung" besungen wird. Nichts ist zu abseitig, als dass nicht versucht würde, darüber zahlende Kundschaft anzuziehen. Im Zoo Dortmund beispielsweise gibt es regelmäßige „Star-Wars-Aktionstage" mit „Lichtschwertkämpfen" vor den Tiergehegen, das Elefantenhaus des Zoos Wuppertal wird samt den Elefanten zur Bühne für Modern Dance-Inszenierungen. Im Berliner Zoo gibt es seit 2005 im Vorfeld des alljährlichen Christopher Street Day eine glamouröse *Gay Night at the Zoo*, bei der „Lesben und Schwule unter freiem Himmel zu Swingmusik tanzen" können.

Lärm und Rummel

Dass der vorgebliche Bildungsauftrag des Zoos dabei vollends auf der Strecke bleibt, kümmert niemanden, ebensowenig die Frage, welche Auswirkungen der zusätzliche Lärm und Rummel – für viele der Sonderveranstaltungen werden die Öffnungszeiten in die Abend- und Nachtstunden hinein verlängert – auf die Tiere hat. Diese dienen ohnehin nur als Staffage.

Auch wenn Zoos von sich behaupten, es gebe keinen Lernort, an dem man Natur besser beobachten und verstehen lernen könne, ist doch das genaue Gegenteil der Fall: Zoos eignen sich zu nichts weniger, als einen sinnfälligen Bezug zur Natur herzustellen. Vielmehr werden die Zoobesucher:innen systematisch dazu angeleitet, die in Käfigen und Betonbunkern vorgeführten Zerrbilder, Klischees und Karikaturen von Natur als Natur selbst zu verkennen. Ebendeshalb fällt ihnen auch das Leid der eingesperrten, ihrer Freiheit und Würde beraubten Tiere nicht auf: Sie lernen, das Widernatürliche als das Natürliche zu sehen. Und am Wichtigsten: Sie lernen, dass Tiere zur Verwertung durch den Menschen da sind.

Anmerkungen

1 https://static-assets.rp-online.de/images/news/Ampelvertrag.pdf?fbclid=IwAR3md7myst950latMmFG5jpotwPKE5N_drb1YfyA2gm67e4xPPYD01QQ54 (Punkt 1407)

2 GORILLAS, BONOBOS, ORANG-UTANS, SCHIMPANSEN (2020 wurde die jahrzehntelange Haltung von Schimpansen im Zoo Wuppertal eingestellt.)

3 Die Beispiele stammen aus der Zooschule des Zoos Bremerhaven: www.zoo-am-meer-bremerhaven.de/de/zooschule.html

„Behavioral Enrichment"

Vor dem Hintergrund zunehmender Kritik an den Haltungsbedingungen von Zootieren wurde Ende der 1990er in den USA das Konzept des sogenannten „Behavioral Enrichment" entwickelt, das Ideen vorstellte, wie der Langeweile der Tiere (bzw. dem für Besucher unattraktiven Anblick sich langweilender Tiere) durch „Verhaltensanreicherung" entgegengewirkt werden könne. „Beschäftigung", so der Dachverband der Zoobetreiber (VDZ e.V.), sei „eines der wichtigsten Elemente der modernen tiergerechten Zootierhaltung".

Der Zoo Krefeld hält sich insofern für besonders modern und tiergerecht: Er rühmt sich, „Deutschlands einzige Fachfrau für Tierbeschäftigung" angestellt zu haben. Diese „Fachfrau", eine gelernte medizinisch-technische Assistentin und Hobbymalerin, hat von 2006 bis 2014 mit gerade einmal vier im Krefelder Zoo untergebrachten Orang Utans gelegentliche „Malstunden" veranstaltet, bei denen die Tiere mit Wachsmalkreiden und untoxischen Farben auf Papierbögen oder Leinwand herumklecksen durften. (Die Bilder wurden und werden über eine eigene Agentur gewinnbringend verkauft.) Nachdem die vier Orang Utans verstorben bzw. an andere Zoos verschubt worden waren, schliefen die „Malstunden" im Krefelder Zoo ein. Seither veranstaltet die „Fachfrau" ganztägige Kurse „Tierbeschäftigung im Zoo", bei denen die Teilnehmer:innen Spiel- und Beschäftigungsmaterial für Zootiere basteln (Kursgebühr 180 Euro): „Aufgeschnittene Fußbälle und Papprollen dienen als Versteck für Leckereien wie Datteln, Möhren oder Paprika; Plastikschläuche werden mit Joghurt gefüllt und mit Haselnüssen verschlossen, Leinensäcke werden mit Futter befüllt und mit Knoten zugeschnürt. Das Ziel: den Weg vom Spielzeug zum Futter für das Tier möglichst lang und abwechslungsreich zu gestalten."

Zusätzlicher Schau- und Erlebniswert

Der Begriff des „Behavioral Enrichment" findet sich heute in praktisch jedem Zoo. Tatsächlich aber kommt nur ein minimaler Prozentsatz der vorgehaltenen Tiere – in erster Linie Bären, Elefanten, Großkatzen und Primaten – in den Genuss entsprechender „Anreicherung". In der Praxis geht es um drei (gelegentlich ineinandergreifende) Aspekte:

1. Über Anreicherung ihres physischen Lebensraumes sollen die Tiere zu körperlicher Betätigung angeregt werden. Zu diesem Zweck werden die Käfige und Gehege mit entsprechenden Klettermöglichkeiten ausgestattet (Totholzstämme, Gerüste aus Holz oder Stahlrohr, Wippstangen, erhöhte Podeste, Hängematten, Seile, Feuerwehrschläuche, aufgehängte LKW-Reifen, Plastiktonnen etc.).
2. Über Anreicherung der sozialen Kontaktmöglichkeiten soll das Verhaltensrepertoire der Tiere erweitert werden. Zu diesem Zweck werden Tiere unterschiedlicher Spezies in ein und denselben Käfig gesetzt. Der Vorteil solcher „Vergesellschaftung" von Tieren, deren Lebenswege sich in freier Wildbahn nie kreuzen würden, liegt ausschließlich im Blick der Besucher, die ein „lebendigeres" und damit attraktiveres Bild zu sehen bekommen.
3. Über Anreicherung der Spiel- und Beschäftigungsmöglichkeiten sollen die Tieren kognitiv angeregt werden. Es werden ihnen insofern ausrangierte Decken, Fußbälle, Gummistiefel, etc. zur Verfügung gestellt, auch Plastikflaschen, Obstkartons, leere Margarine- oder Eiscremedosen, Papiertüten, Zeitungen und was sonst die Tierwärter für geeignet halten. Auch die „Malstunden" bei den Krefelder Orang Utans fallen in diese Kategorie.

Vielfach besteht das „Behavioral Enrichment" in nichts anderem, als dass die Wärter das auszureichende Futter schwungvoll im Käfig oder Gehege verteilen, so dass die Tiere es sich vom Boden zusammensammeln müssen. Gelegentlich werden auch „Futterpakete" präpariert oder das Futter wird im Gehege versteckt bzw. an schwer zu erreichenden Stellen aufgehängt, was die Tiere zu verstärkter Aktivität bewegen soll; wobei es augenfällig weniger um sinnvolle Beschäftigung der Tiere geht, als darum, einen zusätzlichen Schau- und Erlebniswert für die Besucher zu erzielen: Die Fütterungszeiten werden in jedem Zoo groß angekündigt und gelten als Fixpunkte jedes Zoobesuchs.

Auch die in vielen Zoos veranstalteten Dressurshows – vor allem marine Säugetiere

(Robben, Seelöwen, Delfine etc.) und Greifvögel (Falken, Adler, Eulen etc.) werden hierzu herangezogen – werden als Beiträge zum körperlichen und kognitiven „Enrichment" der Tiere ausgewiesen. Selbst die mittlerweile standardmäßig durchgeführten „Medical- and Husbandry-Trainings", bei denen Tiere bestimmter Arten (vor allem Menschenaffen, Bären, Seelöwen und Elefanten) über operante Konditionierung („Klickertraining") lernen, auf Kommando am Gehegegitter einzelne Körperteile zu präsentieren (zu Untersuchungs- oder Pflegezwecken bzw. zur Blutabnahme), werden dem „Behavioral Enrichment" zugerechnet, auch wenn das kognitiv wenig anspruchsvolle Training ausschließlich der medizinischen oder sonstig pflegerischen Versorgung der Tiere dient (die insofern nicht bei jeder Maßnahme in Narkose gelegt werden müssen). Die Behauptung, das Klickertraining rege die Tiere „geistig und körperlich an und vermeidet bzw. verringert Stereotypien", ist heillose Übertreibung. #93/2016

Natur- und Klimaschutz im Zoo?

Während Zoo sich bekanntermaßen eine Modell- oder gar Vorbildfunktion hinsichtlich Tier- und Artenschutz zuschreiben, führen sie gerne auch Natur-, Umwelt- und Klimaschutz auf ihren Fahnen. Bei Lichte besehen bleibt indes wenig davon übrig. Man denke an den Zoo Rostock und die Rodung des Barnstorfer Waldes, der dem Bau des zooeigenen „Darwineums" weichen musste; oder an das gigantische Parkhaus für Besucher-PKWs, das der Münchner Tierpark Hellabrunn mitten in ein ausgewiesenes Naturschutzgebiet zu klotzen beabsichtigte (das aber aufgrund massiven öffentlichen Protests nicht gebaut werden konnte).

An jedem Eck und Ende wird der Natur-, Umwelt- und Klimaschutzanspruch der Zoos *ad absurdum* geführt: Nicht nur, dass das Speisenangebot in den meisten Zoorestaurants nach wie vor extrem fleischlastig ist und nach wie vor Einweggeschirre und -becher Verwendung finden; und nicht nur, dass in den Zooshops nach wie vor beschichtete Heliumballons und sonstige Merchandisingprodukte aus Plastik verkauft werden, nein: Der größte und umsatzträchtigste Zoo hierzulande, der Zoo Leipzig, unterhält eine Werbepartnerschaft mit einem der größten Mineralölkonzerne der Welt, dem französischen Ölmulti *Total* (Umsatzvolumen rund 160 Milliarden US-Dollar pro Jahr). Selbst auf dem alljährlich veranstalteten „Kinderfest" des Leipziger Zoos am 7.9.2019 durfte der Energiekonzern Werbung für sich und sein angeblich „klimaneutrales Heizöl" betreiben. An einem eigenen Infostand wurden Werbebroschüren an die Eltern sowie Gummibärchen und „Plüsch-Ollis" (Pinguin-Werbefigur des Konzerns) an die Kinder verteilt. Laut *Schwarzbuch Markenfirmen* ist *Total* nicht nur der viertgrößte Erdölkonzern der Welt, sondern der größte Ölförderer in Afrika. Zusammen mit *ExxonMobil* und *Royal Dutch Shell* bohrt *Total* vor der Küste Angolas Erdöl aus der Tiefsee und bedroht damit das gesamte maritime Ökosystem der Region. *Greenpeace* stellt den Konzern in (Mit-)Verantwortung für die gigantische Ölpest in Westsibirien, die das mit

Abstand größte, ölverseuchte Landgebiet der Erde umfasst Während die ganze Welt von der Notwendigkeit einer radikalen Energiewende spricht – weg von fossilen Energieträgern –, lässt sich der Zoo Leipzig sein „Kinderfest" von einem Erdölkonzern sponsern und einen riesigen Werbe-Pinguin des Konzerns durchs Gelände tapern. Zoodirektor Jörg Junhold höchstselbst taperte in einer Polonaise vorneweg.

Für das Engagement von *Fridays For Future* oder *Extinction Rebellion* haben die Zoos durchwegs nur Spott und (AfD-kompatible) Diffamierung übrig. Das seien allesamt linke

Extremisten und Anarchisten, denen es gar nicht um Klimaschutz gehe, die vielmehr den Zusammenbruch von Demokratie und Volkswirtschaft voranzutreiben suchten. „Wer wirklich etwas gegen das Aussterben und für den Klimaschutz erreichen will", so der selbsternannte Zoolobbyist Philipp Kroiß (*zoos.media*) in einer Mischung aus Wissenschaftsferne und Einfalt, „besucht und unterstützt moderne Zoos und Aquarien und nicht rechtsstaatlich fragwürdige Gruppierungen". #105/2019

Sheridans Zoo-Ranglisten

Seit 2008 jedes Jahr aufs Neue bereist der britische „Zooexperte" Anthony Sheridan die Lande, um seine Bewertungslisten europäischer Zoos vorzustellen.

Diese Listen umfassen ein immer wieder aktualisiertes Ranking von 126 in drei Kategorien (bis 500.000, bis 1 Million und über 1 Million Besucher) eingeteilte europäische Zoos, das nach von Sheridan selbst entwickelten (und in sich wenig überzeugenden) Kriterien sowie gänzlich unüberprüfbaren Selbstauskünften der jeweiligen Zoos erstellt wird.

Die Ranglisten ergeben sich aus der Bewertung der (angeblichen) Besucherzahlen (46,6%), der (angeblichen) Bemühungen um Bildung und Artenschutz (15,9%) sowie Fragen zu Wirtschaft und Organisation (37,6%), d.h. 84,2% (!) der (völlig willkürlich vergebenenen) Bewertungspunkte beziehen sich auf rein ökonomische Aspekte. Hinzu kommen gänzlich irrelevante Kriterien wie etwa die Frage, in welchem Zoo die meisten Tiere der „beliebtesten Tierarten" (Elefant, Giraffe, Löwe, Tiger, Schimpanse…) gezeigt werden. Auf die jeweils vorgehaltenen Tiere selbst bezogene Aspekte (Unterbringung, Gesundheit, Beschäftigung etc.) kommen überhaupt nicht vor.

Der bekennende Zoobefürworter Sheridan, von Zoobetreibern als „internationaler Zooexperte ersten Ranges" angepriesen und hofiert, hat von seiner beruflichen Qualifikation und Erfahrung her nicht einmal entfernt etwas mit dem Zoowesen zu tun: Er hält einen Bachelor of Economics (akademische Grundausbildung in Volkswirtschaftslehre) und war ein Berufsleben lang in der Elektroindustrie tätig. Seine „Zoo-Expertisen" sind Hobbybeschäftigung eines Berufsrentners. Gleichwohl verwenden die Zoos, die in seinen Rankings weit vorne stehen, seine Bewertungen als quasi-offizielle Gütesiegel, mit denen sie überprüfte Qualität in der Haltung und Zurschaustellung ihrer Tiere vorgaukeln. #102/2019

Politiker:innen als bekennende Tiergartenfreunde

Bezeichnenderweise setzen gerade Politiker der christlich-konservativen Ecke sich bevorzugt für Zoos ein. Alt-Kanzlerin Angela Merkel engagiert sich seit je besonders für den Zoo Stralsund (in deren Wahlkreis er sich befindet): Vor ein paar Jahren übernahm sie höchstpersönlich die Patenschaft für zwei (flügelgestutzte) Steinadler. Nach ihrem Vorvorgänger Helmut Kohl soll gar ein Pinguin benannt gewesen sein.

Christian Wulff setzte sich in seinen Zeiten als Ministerpräsident Niedersachsens für die Zoos in Osnabrück und Hannover ein, später dann als Bundespräsident für den „Hauptstadtzoo“ in Berlin; für letzteren hatten sich in ihren jeweiligen Amtszeiten schon Richard von Weizsäcker und Horst Köhler stark gemacht. Auch Norbert Blüm, Wolfgang Schäuble, Norbert Röttgen, Ursula von der Leyen und zahllose andere Unionspolitiker, die ansonsten herzlich wenig für Tiere übrig haben (außer auf dem Teller), gelten als bekennende Tiergartenfreunde.

Vor allem aber in der Kommunal- und Landespolitik gibt es kaum einen Mandatsträger, der sich nicht danach drängte, eine Tierpatenschaft zu übernehmen und so mit dem örtlichen Zoo assoziiert zu werden: Millionen Zoobesucher sind Millionen potentielle Wähler. Erwähnt sei insofern das besondere Engagement des bayerischen Finanz- und Heimatministers Markus Söder für den Tiergarten Nürnberg oder das des früheren saarländischen Ministerpräsidenten Peter Müller für den Zoo Saarbrücken. Der niedersächsische CDU-Landtagsabgeordnete Klaus-Michael Machens beispielsweise wechselte nach seinem Ausscheiden aus der Politik direkt ins Zoogeschäft: 1994 trat er das Amt des Geschäftsführers der Zoo Hannover GmbH an.

Der tiefere Grund für das Faible gerade christlich angehauchter Politiker für Zoos dürfte indes in ihrer christlich geprägten Sicht auf das Verhältnis Mensch-Tier zu suchen sein, die ihrerseits determiniert ist durch den biblischen Unterjochungsauftrag aus dem 1. Buch Moses, in dem Gott selbst den Menschen befiehlt, „zu herrschen über die Fische im Meer und über die Vögel unter dem Himmel und über alles Getier, das auf Erden kriecht“ [1.Mose 1,26]. Wo sonst würde dieser Auftrag gottgefälliger ausgeführt als in einem Zoo? #97/2017

Augsburg

„Tiere erleben wie sie wirklich sind!"

Schon ab 1902 hatte es in Augsburg einen kleinen Tiergarten mit Bären, Affen und ein paar Vögeln gegeben, der als Vorläufer einer im Jahre 1936 angelegten und im Jahr darauf feierlich eröffneten „Hegestätte deutscher Tierwelt" gilt. Die zeitgeistig auch als „Tierhag" bezeichnete Anlage erfuhr ausdrückliche Förderung durch den seinerzeitigen bayerischen Ministerpräsidenten Ludwig Siebert (NSDAP), der den hohen Propagandawert eines „deutschen Tiergartens" erkannte, der ausschließlich mit Wölfen, Bären, Wisenten und sonstig als „deutsch" geltenden Tieren besetzt war. Weiterführende Pläne, auf dem Gelände des Tierhag einen idealisierten „deutschen Bauernhof" zu errichten, in dem „deutsche Haus- und Nutztiere" zu sehen sein würden, wurden nicht mehr umgesetzt. Im Krieg wurden die Gehegeeinrichtungen fast völlig zerstört, kaum eines der Tiere überlebte.

Während große Teile Augsburgs noch in Schutt und Asche lagen, wurde bereits mit dem Wiederaufbau des Tiergartens begonnen. Schon 1946 konnte er wiedereröffnet werden. Anstelle der „deutschen" Tiere wurden nunmehr zootypische Exoten gezeigt, die der Münchner Tierpark Hellabrunn zur Verfügung stellte, der kaum Kriegsschäden davongetragen hatte.

Ab 1952 übernahm die Stadt Augsburg die Leitung des Zoos (wofür später eine eigene gGmbH begründet wurde, die zu 99,7 Prozent in Händen der Stadt liegt und von dieser jährlich mit einem siebenstelligen Betrag subventioniert wird). Die Unterstützung, die der Zoo seit je durch die lokale und regionale Wirtschaft erfährt, wird seit 1995 über einen *Freundeskreis des Augsburger Zoo e.V.* gebündelt. dessen einziges Satzungsziel darin liegt, den „Augsburger Zoo ideell und finanziell zu fördern".

Auf einer Fläche von 22 Hektar hält der Zoo heute etwa 1500 Tiere aus 250 Arten vor; mit angeblich 600.000 Besuchern pro Jahr zählt er, eigener Bewerbung zufolge, zu den „meistbesuchten Ausflugszielen Bayerisch-Schwabens". (Wie in Zoos üblich, werden auch in Augsburg *Besuche* seit je mit *Besuchern* ineinsgesetzt, tatsächlich dürfte der Zoo jährlich von allenfalls 150.000 Menschen, teils mehrfach, besucht werden.) Als Schwerpunkt der Tierhaltung gilt die „Fauna Afrikas".

Für Kinder wird ein großzügig angelegter Abenteuerspielplatz samt eigenem „Zoobähnle" vorgehalten, dazu ein „Streichelgehege" mit Zwergziegen sowie die Möglichkeit, „Ponykutschfahrten" zu unternehmen (bis 2009 konnte man auch auf einem Elefanten durch den Zoo reiten). Selbstredend werden Kindergeburtstage ausgerichtet – Kinder unter 14 Jahren machen das Gros der Zoobesucher aus – und zahlreiche Sonderveranstaltungen angeboten („Am Ostersonntag hoppelt der Osterhase

durch den Zoo und verteilt bunte Ostereier"). Während der Adventszeit wird im Raubkatzenhaus eine „exotische" Weihnachtskrippe aufgebaut, bei der neben Ochs' und Esel auch ein Nashorn, ein Emu sowie ein saurierähnliches Schuppentier um das Jesukindlein herumstehen; über dem Stall schwebt der Weihnachtsengel.

Heruntergekommenes Schimpansenhaus

Im Jahre 2012 feierte der Zoo Augsburg sein 75-jähriges Bestehen. Obgleich im Vorfeld des Jubiläumsjahres eine Menge Geld für Um- und Neubauten in die Hand genommen wurde – mit Millionenaufwand wurden neue Anlagen u. a. für Seehunde, Nashörner, Paviane und Kattas errichtet –, entsprechen viele der Anlagen keineswegs den Vorgaben des neuen Säugetiergutachtens; streckenweise werden noch nicht einmal die Maßgaben der Weltzooorganisation (WAZA) erfüllt, denen der Zoo als ordentliches Mitglied verpflichtet zu sein vorgibt.

Das 1984 errichtete sogenannte „Menschenaffenhaus", in dem derzeit drei Schimpansen untergebracht sind – einer davon als Kleinkind seiner westafrikanischen Heimat entrissen –, wurde offenbar noch nie einer Instandsetzung unterzogen. Die Schimpansen teilen sich den heruntergekommenen Bau mit zwei Elefanten, einigen Plumploris und Rüsselspringern sowie verschiedenen Kröten-, Frosch- und Basiliskenarten. (Bis Ende 2011 waren auf dem extrem beengten Raum sogar vier Elefanten gehalten worden; erst nachdem eines der Tiere einen Pfleger schwer verletzte – in der völlig veralteten Anlage gab und gibt es keine Sicherheitsgitter –, wurden zwei davon an den holländischen Zoo Rhenen abgegeben. Zu erwähnen ist an dieser Stelle, dass im Zoo Augsburg die Elefanten bis heute mit tierquälerischen Elefantenhaken, auch Bullhooks oder Ankusha genannt, unter Kontrolle gehalten werden.)

Gegenüber der zum Besuchergang hin offenen Elefantenabteilung befindet sich das über großflächige Sicherheitsglasscheiben abgetrennte Schimpansengehege. Der bunkerartige Innenraum weist eine Grundfläche von etwa 80qm und eine Höhe von 5 Metern auf. Über zwei vergitterte und verdreckte Oberlichten erhält er etwas Tageslicht, ansonsten ist er durch Neonröhren erhellt. Die Seiten- und Rückwände sind in Felsoptik gehalten, einen Blick ins Freie gibt es nicht. Das Gehege ist mit einem Totholzklettergerüst, einer Hängematte sowie ein paar aufgehängten Seilen und Feuerwehrschläuchen ausgestattet. An Spiel- und Beschäftigungsmaterial stand den Tieren (an mehreren Beobachtungstagen) einmal ein Plastikeimer und ein Rupfensack, ein anderes Mal ein ausrangierter Gummistiefel zur Verfügung; ein aufgestellter Futter- bzw. Labyrinthkasten war zu keinem Zeitpunkt befüllt. Das Gehege macht einen extrem heruntergekommenen, „versifften" Eindruck, die drei Schimpansen hockten (an den Beobachtungstagen) die meiste Zeit apathisch herum. Das vielzitierte Leitmotiv des Augsburger Zoos – „Tiere erleben wie sie wirklich sind!" – erscheint gerade angesichts der Unterbringung der Schimpan-

Augsburger Schimpansenbunker

sen als hochgradig zynisch, zumal im hauseigenen „Zooführer“ auch noch ausdrücklich auf die „enge Verwandtschaft zwischen Mensch und Schimpanse“ hingewiesen wird.

Das etwa 500qm umfassende neue Außengehege der Schimpansen, das sie bei entsprechender Witterung stundenweise aufsuchen dürfen, ist umlaufend mit 6 Meter hohen Panzerglaspaneelen umgeben, nach oben hin ist es offen. Es weist Natur- bzw. Grasboden auf, zentral ist ein hölzernes Klettergerüst installiert. Weitere Spiel- oder Beschäftigungsmöglichkeiten gibt es nicht, ebensowenig Sichtblenden, Rückzugs- oder Versteckmöglichkeiten.

In den offiziellen Verlautbarungen des Zoos wird die NS-Gründungsgeschichte durchgehend verschwiegen (wohingegen buchstäblich jedes exotische Tier ausführlichst erörtert wird, das seit dem ausgehenden Mittelalter in der Handelsstadt Augsburg zu sehen war; auch auf die „Errichtung des ersten Bürgerzoos der deutschen Geschichte“ durch den Augsburger Patrizier Johann Jakob Fugger Mitte des 16. Jahrhunderts wird wortreich verwiesen. Von den Interessen, die die Nationalsozialisten mit der Einrichtung des Augsburger Zoos verfolgten, erfährt man nichts. Auch in der „Jubiläumszeitung“ zum 75-jährigen Bestehen des Zoos ist davon mit keinem Wort die Rede. #86/2015

► Vor dem Hintergrund massiver Kritik von außen verfügte das Veterinäramt Ausgburg im Jahr 2017, der örtliche Zoo müsse seine marode und „nicht einmal mehr ansatzweise die Mindestanforderungen für die Haltung von Menschenaffen“ erfüllende Schimpansenanlage bis Ende 2021 so umzubauen, dass sie den veterinäramtlichen Vorgaben (gemäß dem bundesministeriellen Säugetiergutachten von 2014) genüge. Anderenfalls werde dem Zoo die Haltungserlaubnis entzogen und die Schimpansen müssten abgegeben werden.

Der Zoo betonte fortlaufend, die erforderlichen Geldmittel für eine Generalsanierung nicht aufbringen zu können, lehnte zugleich aber das Angebot des *Wales Ape & Monkey Sanctuary*, die drei in Augsburg vorgehaltenen Schimpansen sofort zu übernehmen, kategorisch ab. Letztlich entschied Zoodirektorin Barbara Jantschke, lediglich das *Außen*gehege der Schimpansen „modernisieren“ zu lassen (das die Tiere nur bei günstiger Witterung und nur stundenweise aufsuchen dürfen), am völlig heruntergekommenen und viel zu beengten, sprich: tierschutzwidrigen *Innen*bunker aber gar nichts zu ändern (da man an dem Betonkasten angeblich nichts ändern könne). In der Tat wurde das Außengehege mit einem Kostenaufwand von 900.000 Euro umgebaut – Inbetriebnahme im Mai 2022 –, wodurch die Gesamtanlage aber keineswegs tierschutzkonform wurde. Gleichwohl billigte die zuständige Veterinärbehörde den Verbleib der drei Schimpansen im Zoo, unter der Bedingung, dass unter den gegenwärtigen Umständen keine weiteren Schimpansen mehr nach Augsburg geholt würden. Einen tierschutzgerechten Umbau bzw. eine Erweiterung des tierschutzwidrigen Innenbunkers wird es zu Lebzeiten der derzeit vorgehaltenen drei Tiere nicht geben.

▶ Nach mehrjähriger Bauzeit wurde Anfang 2020 ein neues Elefantenhaus eröffnet. Kosten: 7,3 Millionen Euro (bezahlt in erster Linie aus Steuergeldern). Die neue Anlage wurde mit zwei aus dem Zoo Berlin übernommenen jüngeren Elefantenkühen besetzt. Die Zusammenführung mit den bislang im „alten" Elefantenhaus untergebrachten Kühen TANGA (67) und BURMA (53) erwies sich – für Elefantenkundige vorhersehbar! – als problematisch, so dass die beiden Seniorinnen weiterhin separat untergebracht werden mussten. Mitte 2021 wurde BURMA aus nicht bekanntgegebenem Grunde „eingeschläfert", TANGA musste den Rest ihrer Lebenszeit in einem abgetrennten Abteil des neuen Hauses zubringen, isoliert und ohne Kontakt zu den beiden neuen Elefanten. Sie starb Ende 2022.

„Tiersegnung"

African Village

Im Jahre 2005 geriet dem Augburger Zoo eine seiner Sonderveranstaltungen zum totalen Desaster: Zoodirektorin Jantschke, seit Kurzem erst im Amt (in Nachfolge eines gewissen Dr. Gorgas, der immer wieder in die Zookasse gegriffen hatte), war auf die Idee gekommen, als Besuchermagnet ein „Afrikanisches Dorf" (African Village) in ihrem Zoo entstehen zu lassen. Vier Tage lang sollten schwarzafrikanische „Silberschmiede, Korbflechter und Zöpfchenflechter" ihre Handwerkskünste präsentieren und zusammen mit „Informationen über die vielfältige afrikanische Kultur und Natur" die Reiselust der Besucher wecken (als Mitveranstalter firmierte ein örtliches Reisebüro).

Allein schon die Ankündigung zeitigte enorme Resonanz, es hagelte Kritik von allen Seiten. Selbst dem Zoo wohlgesonnene Medienvertreter drängten Jantschke, die Veranstaltung abzusagen, die unweigerlich Assoziationen hervorrufe mit jenen finstersten Zeiten, in denen in deutschen Zoos sogenannte „Völkerschauen" veranstaltet wurden. Bekanntlich hatte der Hamburger Tierhändler und Impresario Carl Hagenbeck seit 1874 „wilde Menschen" zur Schau gestellt, auch in seinem 1907 eröffneten Tierpark in Stellingen fanden regelmäßig entsprechende Vorführungen statt, bei denen „originale" Nubier, Somalier oder „Buschmänner aus Deutsch-Ostafrika" präsentiert wurden. Bald hatte es derartige „Völkerschauen" – im Volksmund „Neger-" oder „Hottentottenschauen" genannt – auch in den Zoos von Dresden, Leipzig, Frankfurt, Hannover, Köln und Münster gegeben.

Die *Initiative Schwarze Menschen in Deutschland* (ISD) wandte sich in einem Schreiben an Jantschke entschieden gegen die „Reproduktion kolonialer Blickverhältnisse, in denen schwarze Menschen als exotische Objekte" dargestellt werden. Massive Kritik kam auch vom Nord-Süd-Forum, von *Ecoterra International* und zahlreichen anderen Menschenrechtsorganisationen. Wissenschaftler und Kulturschaffende aus aller Welt überfluteten den Zoo mit Protestmails. Auch die südafrikanische Literaturnobelpreisträgerin Nadine Gordimer drückte ihre tiefe Sorge aus.

Zoodirektorin Jantschke hingegen zeigte sich von der anbrandenden Kritik gänzlich unbeeindruckt: „Man muss doch mal sagen, gut, das ist passiert vor achtzig Jahren, aber jetzt kann man so etwas wieder völlig unbedarft anbieten." Schließlich sei das keine Völkerschau, wie damals bei Hagenbeck: „Da kommen Afrikaner, die können mit den Kindern ganz normal reden." Die Veranstaltung abzusagen komme überhaupt nicht in Frage.

Das „African Village" fand ungeachtet aller Proteste und wie geplant statt. Auch wenn es sich letztlich in nichts von all den Afrikamärkten und Afrikafestivals unterschied, die ständig irgendwo im Lande stattfinden, blieb es doch, wenngleich auf anderer Ebene als befürchtet, Skandal: In der Tat muss die bornierte Ignoranz einer Zoodirektorin als nichts weniger denn skandalös gewertet werden, mit der sie notorisch die Assoziationen übersah oder nicht sehen wollte, die ein solches Projekt bei jedem halbwegs kritischen Menschen freisetzen musste, ebenso wie die blasierte (und zoodirektorentypische) Unbelehrbarkeit, mit der sie sich über jeden kritischen Einwand hinwegsetzte. #86/2015

▶ Frau Dr. Jantschkes Sonderveranstaltung „Afrikanisches Dorf" wurde der wenig imageförderlichen Medienresonanz wegen nicht wiederholt. Stattdessen gibt es seither alljährlich einen groß aufgezogenen Freiluftgottesdienst im Augsburger Zoo, bei dem vor den eingesperrten Tieren die „Schönheit der Schöpfung Gottes" besungen wird. Frau Jantschke hält den Besuch des örtlichen Bischofs samt Weihwasserbesprenkelung der Tiere für einen der Höhepunkte des Zoojahres. Auch in anderen Zoos (Bremerhaven, Dortmund, Frankfurt, Hamburg, Hannover, Nürnberg u.v.a.) finden regelmäßig Gottesdienste vor tierlicher Kulisse statt.

Bad Pyrmont

Im Jahre 1962 richtete sich der Bad Pyrmonter Autohändler Otto Busch auf einem freien Gelände neben seiner Reparaturwerkstatt einen privaten Vogel- und Blumenpark ein, den er gegen Entgelt auch der Öffentlichkeit zugängig machte. Schnell wurde der Park, den Busch 1964 um einige Tiergehege und eine Minigolfanlage erweiterte, zu einer Attraktion der nahe Paderborn gelegenen Kurstadt.

Nach dem Verkauf des Parks Anfang der 1970er und nachfolgend mehreren Pächterwechseln stand die Anlage Anfang der 1980er knapp davor, wegen Unrentabilität geschlossen zu werden. Nach erneuten Pächterwechseln ging es wieder etwas aufwärts, ab 2008 wurde der Park einer Generalinstandsetzung unterzogen. Gleichwohl die Anlage seit je in Privatbesitz steht, wurde und wird sie in nicht unerheblicher Höhe aus Steuergeldern subventioniert.

Auf dem Areal von knapp drei Hektar sind 450 Tiere aus 70 Arten untergebracht, darunter mehrere Löwen, Leoparden, Ozelots und Panther, auch Kragenbären, Gibbons und eine Vielzahl weiterer Exoten. Seit je wurden auch Schimpansen vorgehalten. Für Kinder wurden mehrere Spielplätze (out-/indoor) eingerichtet, auch Autoscooter, eine Parkeisenbahn, ein Streichelzoo sowie ein „Minibauernhof" mit sogenannten Nutztieren. In einer eigenen Zooschule wird Unterricht für Kinder jeder Altersstufe angeboten, selbstredend werden auch Kindergeburtstage und sonstige Feiern ausgerichtet. In einer ständigen Ausstellung – untergebracht in den Räumen der Zooschule – werden ausgestopfte Tiere gezeigt. Der Park ist Mitglied der *Deutschen Tierparkgesellschaft e.V.* (DTG) und Kooperationspartner eines *Vereins für Tier- und Artenschutz Bad Pyrmont e.V.* Laut Angaben der Parkleitung liegen die Besucherzahlen bei knapp 50.000 pro Jahr.

Ursprünglich scheint der Park mit der Pedanterie eines Hobbytüftlers entworfen worden zu sein: Wegeführung, Bepflanzung und Bestückung mit Tierkäfigen erinnern an eine etwas überdimensionierte Modellbauanlage im Zeitgeist der 1960er. Gleichwohl steht das müffelnde Spießertum, das das Areal durchzieht, in merkwürdigem Kontrast zum ungepflegten Zustand, in dem Teile der Käfiganlagen sich befinden; ganz abgesehen von den teils indiskutablen Käfig- und Gehegegrößen, die jeder Haltungsrichtlinie Hohn sprechen. Von den Renovierungsarbeiten, die seit 2008 durchgeführt worden sein sollen, ist wenig zu erkennen (man mag sich nicht vorstellen, wie der Park und die Gehege davor ausgesehen haben).

Die bis 2014 von zwei Tieren bewohnte Schimpansenanlage – dem Vernehmen nach war sie zu Zeiten sogar mit drei Tieren belegt – zählte zu den übelsten ihrer Art in Deutschland. Das in einem heruntergekommenen Betonkasten befindliche „Innengehege", in dem die Tiere die meiste Zeit des Jahres zubrachten, wies eine Grundfläche von gerade einmal 20qm und eine Höhe von etwa 3 Metern auf. Es war nach allen Seiten hin verfliest, die Sichtscheibe – ein Betreten des Gebäudes war für Besucher nicht möglich – war so zerkratzt und verdreckt, dass ein Blick ins Innere (und von innen heraus) kaum möglich war. Eine nennenswerte Einrichtung gab es nicht.

Das angrenzende „Außengehege" bestand aus einem etwa 50qm großen Gitterkäfig, der zur Hälfte mit Plastikwellblech überdacht war. Der Betonboden war besandet und mit ein paar Totholzstämmen bestückt, dazu gab es Kletterseile und eine Hängematte. Außer einem ausrangierten Autoreifen stand den Tieren keinerlei Spiel- oder Beschäftigungsmaterial zur Verfügung.

Die beiden Schimpansen zeigten auffällige Symptome psychischer Störungen. Zudem waren sie heillos übergewichtig, da sie keine ausreichenden Bewegungsmöglichkeiten hatten und ihnen zudem von Besuchern ständig irgendwelche Süßigkeiten zugesteckt wurden. (Vor dem Hintergrund anhaltender Kritik an der Schimpansenhaltung sah die Zooleitung sich bemüßigt, ein Hinweisschild anzubringen, auf dem sie bestätigte, dass die Gehege nach heutigen Maßstäben nicht mehr artgerecht seien, die Tiere aber ihren „Lebensabend darin verbringen dürfen". Nach dem Tod der beiden Schimpansen solle die Menschenaffenhaltung eingestellt werden. Auf die Idee, den Tieren ihr verbleibendes Leben so lebenswert zu gestalten wie nur möglich ist, kam die Zooleitung nicht.)

Der Tierpark Bad Pyrmont versteht sich besonders dem Artenschutz verpflichtet. Die werbewirksam vorgetragene Behauptung, man strebe in Zusammenarbeit mit der *Deutschen Tierparkgesellschaft* „eine langfristige Projektunterstützung an", erweist sich bei Lichte besehen als reine Farce: Außer der simplen Zurschaustellung einiger bedrohter Tierarten – Lisztaffen, Siamangs, Kattas etc. – ist keinerlei artenschützerische Aktivität ersichtlich (ganz abgesehen davon, dass nicht „Arten" ausgestellt werden, sondern leidensfähige Individuen). Auch die Behauptung des aus dem Zoo heraus betriebenen *Vereins für Tier- und Artenschutz Bad Pyrmont e.V.* – offenkundig eine Art Spendensammel- bzw. Gewerbesteuerumgehungsverein, dessen Vorsitzende die Ehefrau des Parkpächters ist –, man plane aus Vereinsmitteln den „Bau von artgerechten Gehegen und Unterbringungsmöglichkeiten", ist angesichts der seit Jahrzehnten unbehobenen Missstände des Zoos als Farce zu werten. (Der Verein wurde bereits 1999 gegründet, in Fortführung eines seit 1984 bestehenden Förderkreises.)

Mitte August 2012 wurden dem derzeitigen Pächter Teile des Zooareals – u. a. der komplette Eingangs- und Klassenbereich – zum 1. Oktober 2013 gekündigt. Ob und wie der Zoo über diesen Zeitpunkt hinaus Bestand haben würde, und was im Falle einer Schließung mit den 450 Tieren geschehen soll, war zunächst völlig offen. #77/2012

Letztlich konnte der Zoo Bad Pyrmont die drohende Schließung im letzten Moment aber noch abwenden. Der Betrieb lief, unbeanstandet vom örtlichen Veterinäramt, wie gewohnt weiter. Erst nach dem Tod des Schimpansen KARLCHEN Ende 2014 wurde veterinäramtlicher Druck auf den Parkpächter ausgeübt – nicht zuletzt aufgrund einer Undercoverre-

cherche von *Team Wallraff* auf RTL –, den verbleibenden Schimpansen CHARLEY abzugeben. Eine Alleinhaltung werde man auf Dauer nicht genehmigen. Eine Schimpansen- oder sonstige Menschenaffenhaltung wird es – mit Ausnahme zweier seit Jahren vorgehaltener Weißhandgibbons – in Bad Pyrmont auf absehbare Zeit nicht mehr geben.

CHARLEYs neues Zuhause

Anfang Juni 2015 konnte Schimpanse CHARLEY (45) aus dem Tierpark Bad Pyrmont in das *Wales Ape & Monkey Sanctuary* nach Südengland umziehen – nach Jahrzehnten in einem wenige Quadratmeter großen Betonbunker samt indiskutablem Freiluftkäfig.

Nachdem KARLCHEN im Dezember 2014 verstorben war, verstieß der Zoo nicht nur der völlig unzulänglichen Gehegegröße und -ausstattung wegen gegen das bundesministerielle Säugetiergutachten, das die Haltung von Wildtieren in Zoos regelt, sondern auch der unzulässigen Alleinhaltung CHARLEYs wegen. Der Zoobetreiber hielt dem massiven öffentlichen Druck, CHARLEY abzugeben, nicht lange stand; zumal ihm der Entzug der Betriebserlaubnis für die gesamte Anlage drohte. Er sah sich letztlich genötigt, nach einem geeigneten Platz für CHARLEY zu suchen. Als einzig realisierbare Möglichkeit bot sich das *Wales Ape & Monkey Sanctuary* an, in dem zahlreiche aus Zoos oder Zirkussen beschlagnahmte oder abgegebene Schimpansen sowie mehr als 80 andere Affen – Gibbons, Paviane, Mandills, Makaken, Meerkatzen usw. – ein sicheres Zuhause gefunden haben.

Die Betreiber des Refugiums holten CHARLEY persönlich in einem entsprechend ausgestatteten und zugelassenen Großraumtransporter ab und brachten ihn 1000km nonstop nach Wales. CHARLEY schloss schnell Freundschaft mit einem gleichaltigen Schimpansen namens TUBMAN, Schritt für Schritt wurde und wird er mit den anderen Schimpansen vertraut gemacht. Mitarbeiter des *Great Ape Pro-*

ject, die ihn Ende August besuchten, trafen einen agilen und vergnügten CHARLEY an, der nichts mehr gemein hatte mit dem apathisch in einer Ecke herumsitzenden Schimpansen aus Bad Pyrmont. CHARLEY wird seine verbleibenden Lebensjahre in einer großen Schimpansenfamilie zubringen dürfen, sicher vor den Nachstellungen gaffender Zoobesucher und profitgieriger Zoobetreiber. #89/2015

Zootiere an Gourmetrestaurants verkauft

Nicht gerne erinnert man sich in Bad Pyrmont an den sogenannten „ Krams-Skandal", der Anfang der 1980er über den Zoo und die Stadt hereingebrochen war. Der seinerzeit völlig abgewirtschaftete Zoo war 1981 von einem gewissen Horst Krams übernommen worden, der zuvor als Hilfsarbeiter in einem Zirkus, dann als Aushilfskraft bei einem Tierhändler tätig gewesen war. Er bekam den Pachtvertrag, ohne dass er eine fachliche Qualifikation hätte vorweisen können, und obgleich bekannt war, dass er kurze Zeit zuvor wegen Zollhinterziehung – er hatte im Kofferraum seines Autos drei Affen über die holländisch-deutsche Grenze zu schmuggeln versucht – rechtskräftig verurteilt worden war. Sofort nach Amtsantritt begann Krams, aus dem Zoo heraus einen schwunghaften Handel mit teils streng artengeschützten Wildtieren aufzuziehen, die er an andere Tierhändler, aber auch an Präparatoren und Gourmetrestaurants verkaufte. Dem Vernehmen nach brachte er einige der Tiere im Futterschuppen des Zoos eigenhändig um. Obgleich sich die Anzeigen gegen Krams häuften, passierte zunächst überhaupt nichts, Stadtverwaltung, Kreisveterinäramt und Untere Naturschutzbehörde schoben einander die Verantwortung im Kreise herum zu. Erst als die lokale *Deister- und Weserzeitung* einen großaufgemachten Artikel über die kriminellen Machenschaften im Bad Pyrmonter Zoo veröffentlichte, wurde Krams festgenommen, der, wie es in einem Folgeartikel hieß, als Zoodirektor völlig unangefochten „schachern und schächten, quälen und verstümmeln" konnte. Krams bekam letztlich Berufsverbot auferlegt und wurde zu einer Geldstrafe verurteilt. Der seinerzeitige Eigner des Zoos, der diesen an Krams verpachtet hatte, wollte nichts von dessen kriminellen Aktivitäten gewusst und mitbekommen haben, obgleich er zusammen mit ihm auf dem Zoogelände im selben Haus wohnte. Eine wirkliche Aufarbeitung des Skandals gab es bis heute nicht. #77/2012

Basel

Neugeborenes Orang Utan-Baby getötet

Anfang Februar 2023 wurde im Baseler Zoo „Zolli" ein vier Tage altes und völlig gesundes Orang Utan-Baby ohne medizinische Indikation oder Notwendigkeit „eingeschläfert". Weshalb? Seine Mutter war kurz nach der Geburt des Babies (dem Vernehmen nach aufgrund einer Gebärmutterentzündung) verstorben.

Eine Handaufzucht des Neugeborenen, wie in vielen anderen Zoos erfolgreich – im Sinne des Rechts auf Leben – praktiziert (z. B. Wilhelma Stuttgart), lehnte Zoodirektor Pagan ab mit dem absurden Argument, es sei eine „Reintegration in die Menschenaffenwelt danach sehr schwierig. Man darf den kurzfristigen Erfolg der Handaufzucht nicht mit dem langfristigen Ziel verwechseln." Insofern wolle der Zoo dem Jungtier „diesen Leidensweg ersparen".[1]

Die Tötung des Neugeborenen erfolgte angeblich „in Absprache mit den Zuchtbuchverantwortlichen sowie verschiedenen Orang-Utan-Experten", wie der Zoo auf Instagram verlautbarte. Welche Orang Utan-Experten das gewesen sein sollen, wurde nicht mitgeteilt. Experten von *Borneo Orang Utan Survival* (BOS) waren es gewiss nicht, einer international renommierten Schutzorganisation, die in den zurückliegenden Jahren hunderte verwaister Orang-Babies handaufgezogen und in mühevoller, in jedem Einzelfall Jahre beanspruchender Rehabilitationsarbeit in geschütztes Freiland zurückentlassen hat. Daniel Merdes, Leiter von BOS Deutschland: „Unsere Babysitterinnen und medizinischen Fachkräfte in den Rettungsstationen haben schon des Öfteren Wunder bewirkt. Wie können Menschen – ohne wirklich alles probiert zu haben – einfach den Daumen runter halten? Da retten wir ohne Unterlass und mit viel Aufwand, Geld und Kreativität jedes noch so hoffnungslose Orang-Utan-Leben in Indonesien, und vor unserer Haustür passiert diese Tragödie."[2] Auch Jane Goodall verurteilt das Vorgehen des Baseler Zoos als „ethisch völlig unverantwortbar" – aber durchaus zootypisch. Sie spricht insofern von „Zoothanasie" – Euthanasie von Zootieren –, der allein in europäischen Zoos jährlich bis zu 5000 „überzählige" oder „nicht mehr benötigte" Tiere zum Opfer fallen: Sie werden nicht getötet, weil sie Schmerzen haben oder an unheilbaren Krankheiten leiden, sondern – wie das Baseler Orang Utan-Baby – ausschließlich aus Managementgründen.[3]

Bedauerlicherweise kann der Baseler Zoo rechtlich nicht belangt werden, das Schweizer Tierschutzgesetz deckt die Tötung eines Jungtieres im Zoo aus „Managementgründen" ab. BOS fordert gleichwohl die sofortige Absetzung der Führungsspitze des Baseler Zoos, wie auch die Nennung der Namen und Professionen jener externen „Experten", die angeblich zur Tötung des Neugeborenen geraten haben. In Deutschland wäre ein solches Vorgehen aufgrund der aktuellen Rechtslage nicht möglich gewesen, der hiesige Zoodachverband VdZ setzt sich gleichwohl seit Jahren dafür ein, „überzählige“ Zootiere auch ohne medizinische Indikation, sprich: nach Gutdünken der Zoobetreiber töten (und an andere Tiere verfüttern) zu dürfen.

Ein ähnlicher Fall ereignete sich 2015 im Zoo Berlin: Die Mutter eines neugeborenen Orang Utan-Babies nahm dieses nicht an. Das Neugeborene wurde – in Absprache mit den EEP-Zuchtbuchverantwortlichen! – in das *Ape Rescue Center Monkey World* im südenglischen Dorset verbracht, wo es, zusammen mit fünf gleichaltrigen Waisenkindern, heute noch lebt. *Monkey World* gilt seit über 20 Jahren als „Kinderkrippe für verwaiste Orang-Utans“ aus europäischen Zoos, zahlreiche Orang-Babies wurden dort bereits „von Hand“ bzw. mit Ammenmüttern aufgezogen.[4] Weshalb der Baseler Zoo diese Möglichkeit nicht in Betracht zog, blieb ungeklärt. Vermutlich einfach deshalb, weil sie mit größerem Aufwand und vor allem: mit höheren Kosten verbunden gewesen wäre. Interessant ist insofern auch, dass der Zoo die Frage nach dem Geschlecht des getöteten Neugeborenen nicht beantwortete: Während weibliche Jungetiere sich relativ problemlos in Zoogruppen integrieren lassen (auch wenn eine solche Haltungsform grundsätzlich nicht zu befürworten ist, da erwachsene Orang Utans, anders als andere Menschenaffen, nicht in Gruppen, sondern semi-solitär leben), sind männliche Jungtiere innerhalb des Zoowesens nur sehr schwer unterzubringen. Es steht daher anzunehmen, dass das Neugeborene das „falsche“ Geschlecht hatte, was womöglich über seine Tötung (mit)entschied. Ungeklärt blieb im Übrigen auch die Frage, weshalb die (angebliche) Gebärmutterentzündung der hochschwangeren Orang Utan-Frau von den sie betreuenden Zooveterinären nicht rechtzeitig entdeckt und insofern auch nicht behandelt wurde. #119/2023

Anmerkungen

1 www.stern.de/panorama/weltgeschehen/schweiz--zoo-laesst-gesundes-orang-utan-baby-einschlaefern--weil-die-mutter-starb-33161090.html?

2 www.orangutan.de/aktuelles/zwei-nachrichten-die-traurig-machen/

3 https://marcbekoff.com/marcs-essays/f/four-day-old-baby-orangutan-needlessly-killed-at-the-basel-zoo

4 www.spiegel.de/panorama/berliner-affe-rieke-zieht-nach-england-a-1019961.html

Berlin

Der Zoo Berlin, eröffnet im Jahre 1844, gilt als „ältester Zoo Deutschlands". Preußenkönig Friedrich Wilhelm IV. hatte die in seiner Privatmenagerie gehaltenen Wildtiere, die ihn nicht länger interessierten, der „Berliner Bevölkerung" als Grundstock für einen zu begründenden Zoo geschenkt.

Nach massiven Anlaufschwierigkeiten, die den als Aktiengesellschaft geführten Zoo mehrfach an den Rand des Konkurses brachten, wurden Ende der 1860er Jahre neue Aktien ausgegeben, wodurch sich die Finanzlage stabilisierte. Es konnten zahlreiche Tierhäuser gebaut werden, deren Baustil an die Herkunftsländer der darin gehaltenen Tiere erinnern sollte. Ab den 1890ern entstanden weitere Gehegegroßbauten, auch Musikpavillons, ein Wiener Caféhaus sowie ein mondänes Terrassenrestaurant. Auch der Tierbestand wurde erheblich erweitert, so dass sich zu Beginn des 20. Jahrhunderts mit einem der artenreichsten Zoos der Welt präsentieren konnte.

Während des Zweiten Weltkrieges wurde der Zoo zu größten Teilen zerstört, weniger als hundert Tiere überlebten die Bombenangriffe auf die Stadt. Schon unmittelbar nach Kriegsende wurde mit der Wiederherstellung der zerstörten Anlagen begonnen, viele der historischen Tierhäuser wurden originalgetreu nachgebaut. Zudem wurde das Zoogelände auf die heutige Fläche von etwa 34 Hektar erweitert.

Mit aktuell knapp 20.000 Tieren aus 1500 Arten – noch vor Kurzem sollen es sogar 25.000 Tiere gewesen sein – rühmt sich der Zoo Berlin, der „tierbestand- und artenreichste Zoo der Welt" zu sein. (Der Durchschnitt deutscher Zoos liegt bei 2500 Tieren in 250 Arten.) Trotz Umsatzerlösen im zweistelligen Millionenbereich und erheblichem Spenden- und Nachlassaufkommen wird der nach wie vor als Aktiengesellschaft firmierende Zoo jährlich mit Millionenbeträgen aus Steuergeldern bezuschusst. Der im Jahre 2014 neuangestellte Direktor des Zoos, Andreas Knieriem, legte einen „Masterplan" zum Um- und Ausbau des Zoos vor, dessen Realisierung vorläufig veranschlagte – und von den entsprechenden Gremien anstandslos durchgewunkene 92 Millionen Euro zu verschlingen drohte; zu bezahlen in erster Linie aus öffentlichen Mitteln. Geplant war und ist eine konsequente Disneylandisierung des Berliner Zoos nach dem Vorbild des Zoos Hannover, in dessen Umgestaltung zum „Erlebniszoo" Knieriem als stellvertretender Direktor satte 107 Millionen Euro versenkt hatte; samt unabsehbaren Folgekosten für massiven Pfusch am Bau, für den erwartungsgemäß niemand die Verantwortung übernahm. Die Investitionen in den „Hauptstadtzoo" werden sich nie amortisieren, am wenigsten angesichts der allenthalben zu beobachtenden rückläufigen Besucherzahlen, die der Zoos mit künstlich nach oben manipulierten Zahlen – die Rede ist rund 2,3 Millionen Besuchern pro Jahr – zu

Historisches „Dickhäuterhaus“ in Gestalt eines südindischen Hindu-Tempels (um 1880)

kaschieren sucht. (Tatsächlich dürfte die Besucherzahl – mehrfachbesucherbereinigt – bei allenfalls 675.000 Menschen pro Jahr liegen.)

„Tiere der Bibel“

An Sonderattraktionen bietet der Zoo einen weitläufigen Kinderspielplatz, den obligaten Streichelzoo sowie eine „Zooschule“. Es gibt Karneval- und Halloweenveranstaltungen, Märchenlesungen sowie Führungen zu „Tieren der Bibel“, bei denen Kindergarten- und Schulgruppen gezielt zu den Käfigen jener rund 130 Tierarten geführt werden – Kamele, Esel, Schafe, Pelikane, Eidechsen, Affen, Schlangen, Leoparden, Heuschrecken usw. –, von denen in der Bibel die Rede ist. Bei jeder Tierart werden die biblischen Referenzstellen verlesen und exegetisch erläutert, dazu werden religionspädagogisch wertvolle Lieder, Gedichte und Gebete vorgetragen. Vor dem Großkatzenkäfig beispielsweise wird die Geschichte des Propheten Daniel erzählt (6,17-25), den man „zur Strafe in eine Löwengrube den Löwen zum Fraß vorwarf. Sein Gott aber, Jahwe, sandte einen Engel, der ihn beschützte.“ Auch auf das Brüllen des Löwen „als Symbol für die Auferweckung der Toten durch Christus“ wird hingewiesen. Vor Aquarien hingegen wird aus dem 1. Buch Mose zitiert: „Gott schuf alle Arten von großen Seetieren und anderen Lebewesen, von denen das Wasser wimmelt“. Die damalige Familienministerin Ursula von der Leyen (CDU), Schirmherrin des Projekts „Tiere der Bibel“, schwadroniert in einem Begleitbuch, wie wichtig es sei, Kindern den Schöpfungsgedanken nahezubringen. Ausführlich wird auch das Fisch-Symbol erörtert, das gläubige Christen gerne auf dem Kofferraumdeckel ihrer Autos spazierenfahren. Selbstredend werden Kindergeburtstage ausgerichtet, einzelne Tierhäuser können auch für Hochzeitsfeiern oder nach Schließung des Parks für Privatparties gemietet werden (z. B. das Flusspferdhaus für 650 Euro/Stunde). Auch Konzerte vor tierischer Kulisse werden veranstaltet. Seit 2005 gibt es im Vorfeld des alljährlichen Christopher Street Day eine „schwul-lesbische Open-Air-Party“, bei der „inmitten von Elefanten, Tigern und Pinguinen gesungen, geswingt, lässig getanzt und ausgelassen gefeiert“ wird. Der zusätzliche Stress, den feiernde Partygäste, egal ob schwul, hetero oder sonstwas, für die Tiere bedeuten, bekümmert offenbar niemanden.

Tierverachtende „Kunst im Zoo"

Auch wenn von vielen der historischen Bauten nur noch Fotos existieren – vor dem Krieg hatte es ein „Straußenhaus" in Gestalt eines ägyptischen Pharaonengrabes gegeben oder eine „Elefantenpagode" im Stil eines südindischen Hindu-Tempels –, so vermitteln die rekonstruierten Tierhäuser doch einen guten Eindruck davon, wie in den Gründerjahren der europäischen Zoos das Unterhaltungsbedürfnis des gutbürgerlichen Publikums bedient wurde: Originalgetreu wiederhergestellt wurde etwa das ursprünglich im Jahre 1872 erbaute und einen orientalischen Sultanspalast aus „1001 Nacht" darstellende „Antilopenhaus". Gesondert zu erwähnen ist eine vor dem Eingang des Gebäudes aufgestellte Brunnenplastik des Berliner Bildhauers Georg Roch aus dem Jahre 1927, die unmissverständlich die pädagogische Kernaussage zoologischer Einrichtungen illustriert: Ein kleiner Junge pisst von einem Felsbrocken auf eine Kröte herab, die vor ihm in einem Wasserbecken sitzt. Was nichts anderes heißen soll als: Tiere stehen prinzipiell unterhalb des Menschen, mit ihnen kann zu persönlichem Gaudium in despektierlichster Weise verfahren werden. Zudem können sie nach Belieben miss- und gebraucht werden: Der pissende Junge steht auf dem Rücken einer Schildkröte und trägt zudem eine Art Helm auf dem Kopf, der aus dem Panzer einer Schildkröte gefertigt ist; in den Händen hält er zwei Babyschildkröten, aus denen er einen Wasserstrahl herausquetscht.

Vollverflieste Betonbunker

Die wiedererstellten „historischen" Prunkbauten können nicht darüber hinwegtäuschen, dass das Gros der im Berliner Zoo vorgehaltenen Tiere – Polar- und Steppenfüchse etwa – bis heute in grotesk kleine Käfige eingesperrt ist. Kaum eines der Innengehege entspricht den Vorgaben, die „moderne" Zoos für sich reklamieren. Das Affenhaus, ein trister Betonkomplex aus den 1950er Jahren, wurde bis herauf in jüngste Zeit unzählige Male umgebaut und erweitert. Es beherbergt, ineinander übergehend, ein sogenanntes „Niederaffenhaus", ein „Tropenhaus" sowie ein „Menschenaffenhaus". Niederaffen- und Tropenhaus weisen zusammen 22 Einzelkäfige auf, von denen sieben weniger als 4qm groß sind. In diesen Kleinkäfigen werden verschiedene Neuweltaffen wie Weißbüscheläffchen, Seidenäffchen, Schwarzrückentamarine usw. gehalten. In etwas größeren, teils verfliesten, teils verklinkerten Käfigen sind Languren, Siamangs, Hulmane, Mandrille, Meerkatzen, Brüllaffen usw. untergebracht.

Auch das Menschenaffenhaus wurde mehrfach umgebaut und modernisiert, dennoch erweckt die Mehrheit der Gehege den Eindruck, als sei seit den 1950ern noch nie etwas an ihnen verändert worden. Nur drei der neun Einzelkäfige erlauben einen Blick ins Freie, ansonsten sind sie von nackten bzw. verfliesten Betonwänden und zum Besuchergang hin von Panzerglasscheiben umgeben. Die derzeit fünf vorgehaltenen Gorillas verfügen über zwei separate Innengehege: Ein kleineres mit einer Grundfläche von etwa 30qm ist, ganz im zoologischen Selbstverständnis der 1950er, vollverfliest und mit Edelstahlklettergerüsten ausgestattet (hier wird Gorilla-Seniorin FATOU, die seit 57 Jahren [!] im Zoo Berlin lebt, in Einzelhaft gehalten); ein 2009 umgestaltetes etwas weiträumigeres Gehege weist gelben Wand- und grünen Bodenanstrich auf, was den Besuchern wohl Urwaldatmosphäre vorgaukeln soll. Für die darin untergebrachte 4-köpfige Gorillafamilie hat sich bis auf die etwas größere Grundfläche, eine kleine Rindenmulchinsel und die Installation von ein paar Totholzstämmen anstelle der Stahlrohrgerüste nicht viel geändert. Nicht anders stellt sich die Unterbringung der Schimpansen und Bonobos dar. Den Orang Utans stehen vier nebeneinanderliegende Käfigeinheiten alten Zuschnitts zur Verfügung: Die rundum verfliesten Käfige weisen nackte Betonböden auf. Weder in den alten noch in den neugestalteten Gehegen gibt es Rückzugs- oder Versteckmöglichkeiten. Die ab 2008 neuangelegten Außengehege – vorher gab es überhaupt nichts dergleichen – entsprechen zooüblichem Minimalstandard. #92/2016

Keine Ehrung für Nazi-Zoodirektor

Für das NS-Regime erfüllten die Zoos eine wichtige Propagandafunktion. Der Berliner Zoo konnte durch eine reich bemessene Geländeschenkung aus preußischem Staatsbesitz – Ministerpräsident Hermann Göring machte sich persönlich dafür stark – angrenzend an die bestehenden Anlagen gar einen eigenständigen „Deutschen Zoo" einrichten. In künstlich ge-

Zoodirektor Lutz Heck (links) und Göring (rechts), 1934

schaffenen Felsgehegen wurden Bären, Wölfe, Luchse und andere „deutsche" Tiere gehalten. An einigen der Gehege wurden zur Verdeutlichung des „Deutschtums" der darin gezeigten Tiere eigens kleine Hakenkreuze angebracht.

Der seit 1931 amtierende Zoodirektor Lutz Heck war überzeugter Nazi: seit 1933 offizielles Fördermitglied der SS und seit 1937 Mitglied der NSDAP. Er stand in engem freundschaftlichem Kontakt zu Göring, mit dem er die Leidenschaft für Großwildjagd teilte. Die pseudowissenschaftlichen Experimente, die Lutz Heck zur „Rückzüchtung" von Auerochsen und Wisenten betrieb (zusammen mit seinem Bruder Heinz Heck, der seit 1928 Direktor des Münchner Tierparks Hellabrunn war), wurden von Göring höchstpersönlich gefördert. 1938 erhielt Lutz Heck anlässlich des „Führergeburtstages" den Titel eines Professors verliehen, zwei Jahre später wurde er, zusätzlich zu seiner Tätigkeit als Zoodirektor, zum Leiter der Obersten NS-Naturschutzbehörde ernannt. Darüber hinaus wurden ihm zahlreiche weitere Ehrungen und Preise des NS-Staates zuteil. Unter seiner Ägide wurden jüdische Aktionäre des Zoos gezwungen, ihre Anteile zu Spottpreisen zu verkaufen; ab 1939 wurde Juden der Zutritt zum Zoo verboten.

Während Heinz Heck nach dem Krieg unbeanstandet weitermachen konnte – er leitete Hellabrunn bis 1969 –, tauchte Lutz Heck unter. Dem Vernehmen nach betätigte er sich zeitweise für die *Catskill Game Farm* bei New York, auf der Wildtiere für den Bedarf amerikanischer und europäischer Zoos gezüchtet wurden. Irgendwann Ende der 1960er kam er nach Deutschland zurück und starb 1983. Im Jahr darauf – gleich zu Beginn der Amtszeit von Eberhard Diepgen (CDU) als Regierender Bürgermeister Berlins – wurde zu Ehren von Lutz Heck eine Bronzebüste im Zoo aufgestellt, an der jeden Tag tausende von Besuchern vorbeidefilierten. (Diepgen hat seit 2010 den Vorsitz einer Förderstiftung des Zoos inne.)

„Offener Brief"

Bei einem Besuch des Zoos im Spätherbst 2015 entdeckten zwei Aktive des *Great Ape Project* die Büste. Sie hielten es für skandalös, dass ein Nazi wie Lutz Heck eine derartige öffentliche Ehrung erfuhr. Über einen „Offenen Brief" an die Direktion des Zoos, der wortgleich auch an den Regierenden Bürgermeister Berlins, den zuständigen Innensenator sowie die Fraktionen von SPD, Bündnis 90/Die Grünen, Piraten, Linke und CDU versandt wurde, dazu an ausgewählte Medien, forderten sie, die Büste entweder zu entfernen oder mit einer Hinweistafel zu versehen, aus der die führende Rolle Lutz Hecks im „Dritten Reich" klar ersichtlich werde. Desgleichen wurde gefordert, dass der mit öffentlichen Mitteln geförderte Zoo Berlin sich entschieden von den Verflechtungen seines ehemaligen Direktors in das verbrecherische NS-Regime distanziert.

Nachdem die Sache von zahlreichen Medien aufgegriffen worden war und über eine Online-Petition Unterstützung namhafter Persönlichkeiten des öffentlichen Berliner Lebens gefunden hatte, beeilte sich die zuständige Senatsverwaltung mitzuteilen, man nehme das Anliegen sehr ernst. Gleichwohl die „im Zoo verortete Büste lediglich der Ehrung von Herrn Professor Dr. Heck in seiner Position als Zoodirektor" diene, sei der Zoo „sehr daran interessiert, die Aufarbeitung der eigenen Geschichte voranzutreiben". Kurze Zeit später ließ Zoodirektor Knieriem wissen, die Büste werde mit einer Informationstafel versehen, die über die „Beziehung zur Ideologie und Führerschaft des Nationalsozialismus von Lutz Heck informiert".

Tatsächlich wurde am 7.12.2015 eine entsprechende Tafel angebracht, auf der nunmehr zu lesen steht, Lutz Heck habe „sich und den Zoologischen Garten Berlin bereitwillig an den Nationalsozialismus" angepasst. Auch seine Mitgliedschaften in SS und NSDAP sind vermerkt. Als „Geste der Wiedergutmachung",

Ankunft der Sara Kaba am 21.4.1931 in Berlin, links Zoodirektor Ludwig Heck

so Knieriem, solle zudem ein „Berlin-Jerusalem-Fellowship" für jüdische Studenten eingerichtet werden. Auch eine Ausstellung zur Geschichte des Zoos solle entstehen, in der die Zeit zwischen 1933 und 1945 beleuchtet werde. Entschädigungszahlungen an Nachkommen zwangsenteigneter jüdischer Aktionäre lehnte Knieriem kategorisch ab. Allenfalls könne er sich vorstellen, jüdischen Nachkommen kostenfreien Eintritt in den Zoo zu gewähren.

Ein Jahr später eröffnete Zoodirektor Andreas Knieriem unter großer Medienaufmerksamkeit eine im Foyer des sogenannten Antilopenhauses eingerichtete Dauerausstellung, die auf rund 130 Quadratmetern „Berliner Zoo-Geschichte(n) in Zeiten von Monarchie, Diktatur und Demokratie" zeigt. Schwerpunktmäßig geht es dabei um die Rolle des Zoos und insbesondere des seinerzeitigen Direktors Lutz Heck während der NS-Zeit.

Ludwig-Heck-Schule, Berlin

Die Dauerausstellung ist unzweifelhaft ein begrüßenswerter erster Schritt, die Verstrickung des Berliner Zoos in den Nationalsozialismus aufzuarbeiten, ein, wie Zoodirektor Knieriem betonte, „Ausdruck von Transparenz und Geschichtsfindung". Die Frage nach dem besonderen Interesse, das die Nazis gerade am Berliner Zoo hatten, bleibt aber weiterhin ausgeklammert. Die Erklärung Knieriems, der Zoo sei eben zwischen 1933 und 1945 zum „Spielball politischer Machthaber" geworden, greift zu kurz und vertuscht eher die Rolle, die der Zoo selbst – und das Zoowesen an sich – spielte und spielt. Praktisch alle Direktoren und Verwaltungsräte deutscher Zoos waren spätestens seit 1937 Mitglieder der NSDAP und/oder gehörten sonstigen Gliederungen des NS-Staates an, viele in hochrangigen Funktionen. Nach dem Krieg blieb die Mehrzahl der NS-belasteten Zoodirektoren unbeanstandet im Amt. Bei manchen wurde eine kurze Schamfrist eingelegt, dann wurden sie erneut in ihre alten Positionen berufen.

In den Verlautbarungen heutiger Zoos und Zooverbände wird die Geschichte zwischen 1933 und 1945 entweder komplett verschwiegen oder aber kaschiert und beschönigt. Die NSDAP-Mitgliedschaften der seinerzeitigen Direktoren, Verwaltungsräte und Geldgeber bleiben bis auf wenige Ausnahmen unerwähnt. Auch in Berlin kamen weder die Hinweistafel an der Ehrenbüste für Lutz Heck noch die Ausstellung über die Verwicklung des Zoos in den Nationalsozialismus auf eigenen Antrieb der Zooverantwortlichen hin zustande: Keiner der Direktoren der Nach-Heck-Zeit – von Heimroth, Klös und Lange hin zu Blaskiewitz und Knieriem – hatte sich je darum gekümmert. In anderen Zoos ist das bis heute nicht anders.

Grundschule nach NS-Rassenkundler benannt

Völlig unbeanstandet war seit Mitte der 1950er eine öffentliche Grundschule in Berlin nach Prof. Dr. Ludwig Heck (1860–1951) benannt, der seit 1888 den Berliner Zoo geleitet hatte. Aus dieser Tätigkeit war ihm große Popularität in der Berliner Bevölkerung erwachsen.

Ludwig Heck war, ebenso wie seine Söhne Lutz, der ihm 1931 als Zoodirektor in Berlin nachfolgte, und Heinz, ab 1927 Direktor des Münchner Tierparks Hellabrunn, überzeugter Nazi. In seiner 1936 vorgelegten Autobiographie etwa rühmte er sich, schon Nationalsozialist gewesen zu sein, „lange bevor man das

Wort überhaupt erfunden" habe. An gleicher Stelle ließ er sich über die Segnungen des „Dritten Reiches" aus: „Und dieselbe Gleichmacherei war es auch, die mich in unserem 'Zweiten Reich' so unsagbar bedrückt hat, weil diese Bevorzugung, ja geradezu Verhätschelung des Geringwertigen, Minderwertigen, sogar Gemeinschädlichen zuungunsten der Vollwertigen, Überwertigen, der leistungsfähigen Qualitätsmenschen in absehbarer Zeit mit tödlicher Sicherheit zum Untergang unseres Volkes hätte führen müssen."

Als zoologischer Rassenkundler war Ludwig Heck maßgeblich an der Entwicklung der nationalsozialistischen Rassenlehre und des sogenannten Sozialdarwinismus des NS-Staates beteiligt. Er beteiligte sich überdies (wie auch seine Söhne) an der *Forschungsgemeinschaft Deutsches Ahnenerbe*, einer 1935 von „Reichsführer SS" Heinrich Himmler geschaffenen Einrichtung, die dazu diente, die NS-Rassenideologie des „arischen Herrenmenschen" wissenschaftlich zu untermauern und die ethnische und kulturelle Verfolgung anderer „Rassen" pseudowissenschaftlich zu legitimieren. Anlässlich seines 80. Geburtstages im Jahre 1940 wurde er von Hitler höchstpersönlich mit der „Goethe-Medaille für Kunst und Wissenschaft", der höchsten „Kulturauszeichnung" des NS-Staates, geehrt.

Unter der Ägide Ludwig Hecks als Zoodirektor fanden auch zahlreiche kulturchauvinistische und teils offen rassistische „Völkerschauen" im Zoo Berlin statt: Die zur Schau gestellten „Wilden", darunter Menschen aus Südafrika/Transvaal (1897), Samoa (1900) oder sogenannte „Tellerlippennegerinnen" aus der Region des heutigen Tschad (1931), bezog Heck in erster Linie über den Hamburger Tierhändler Hagenbeck.

Schule wird umbenannt

Ende 2017 formierte sich massiver öffentlicher Protest gegen die Benennung der Schule nach Ludwig Heck, dessen Portrait bis dahin auf einer bronzenen Ehrentafel im Eingangsbereich zu sehen war. Aus Kreisen der *Giordano-Bruno-Stiftung* heraus wurde ein „Offener Brief" an den Regierenden Bürgermeister Berlins versandt, der in Kopie auch an den Senat sowie die Fraktionsspitzen der dort vertretenen (demokratischen) Parteien ging; desgleichen an die Berliner Medien. Nachdem letztere breit über den Sachverhalt berichteten, ging es plötzlich sehr schnell: Schon drei Tage später verlautbarte das zuständige Bezirksamt, die Schule werde schnellstmöglich, spätestens zum kommenden Schuljahr, umbenannt.

In der Tat wurde – heimlich, still und leise – aus der Ludwig-Heck-Grundschule die Mascha-Kaléko-Grundschule. Die Umbenennung erfolgte am 7.6.2018, dem 111. Geburtstag Kalékos (1907–1975), einer im heutigen Polen geborenen deutschsprachigen Lyrikerin, deren Schriften von den Nazis als „schädlich und unerwünscht" verboten worden waren. Die Umbenennung der Schule und damit Distanzierung von Altnazi Ludwig Heck erfolgte vor dem Hintergrund der massiven öffentlichen Kritik, wie sie seitens engagierter Tierrechtler:innen vorgetragen worden war. Auf der Homepage der nunmehr umbenannten Schule war und ist davon mit keinem Wort die Rede, vielmehr wird so getan, als habe die Schule selbst auf die Namensänderung hingewirkt. #101/2019

▶ Geklärt werden muss allerdings, weshalb noch eine weitere Schule in Berlin nach einem ausgewiesenen Rassisten benannt ist: die Hagenbeck-Sekundarschule (die, passend zum Namensgeber, auf dem Schulgelände einen eigenen Privatzoo unterhält). Der Hamburger Tierhändler Carl Hagenbeck gilt nicht nur als Erfinder des „modernen Zoos" sondern auch der rassistischen „Völkerschauen" in den Zoos. Er war Zulieferer auch für die „Völkerschauen" im Berliner Zoo.

Isolationshaft für Orang Utan KEVIN

Als „Affenschande von Berlin" bezeichneten lokale Medien über Jahre hinweg den Umstand, dass ein männlicher Orang Utan namens KEVIN (*1982), seit 1994 zusammen mit Partnerin RAWITT im Berliner Menschenaffenhaus gehalten, seit Anfang 2010 in einem dem Blick der Besucher entzogenen winzigen Quarantänekäfig verwahrt wurde. KEVIN war im Alter von drei Jahren auf illegalem Wege importiert und an den im hessischen Friedberg ansässigen *Zirkus Universal Renz* verkauft worden, wo er unter dem Namen „JESSI" zehn Jahre lang als Manegenclown auftreten musste.

Einem tierärztlichen Protokoll zufolge war er von Zirkusdirektor Daniel Renz wiederholt heftig geschlagen worden, was, zusammen mit katastrophaler Unterbringung in einem nur sechs Quadratmeter großen Verschlag, zu einer irreparablen Deformation seiner Beine führte: Er ist bis heute schwer gehbehindert. 1994 wurde er veterinäramtlich beschlagnahmt und in den Zoo Berlin verbracht, wo er mit RAWITT zusammengeführt wurde. Als RAWITT 2009 starb, wäre es angezeigt gewesen, eine passende neue Partnerin für den seinerzeit 27-jährigen KEVIN zu suchen. Stattdessen aber schaffte sich der Zoo eine Gruppe jüngerer Sumatra-Orang Utans an, von denen KEVIN – zum einen ein Borneo-Orang Utan,

zum anderen schwer körperbehindert – massiv gemobbt wurde. Die Folge: KEVIN wurde in einen Quarantänekäfig gesteckt, in dem er, ohne Kontakt zu anderen Orang Utans, jahrelang einsaß.

In Isolationshaft gehalten musste er für die Inkompetenz der Tiergartenleitung büßen, die offenbar glaubte, einen Borneo-Orang Utan – noch dazu einen schwer multitraumatisierten – problemlos mit einer Gruppe Sumatra-Orang Utans zusammenführen zu können. (Grundsätzlich ist solche Zusammenführung zwar möglich, im Falle KEVINs aber hätte es größerer Sensibilität und vor allem: einer auf längere Frist hin angelegten Gewöhnungsphase bedurft, als sie den Tieren zugestanden wurde.) Der seinerzeitige Zoodirektor Blaszkiewitz wiegelte in gewohnter Manier ab: „Der Orang-Utan ist fit und gesund, die Haltung keine Quälerei." Zum Hohn der öffentlichen Kritik an der Isolationshaltung KEVINs setzte er ein Foto des Orang Utan – den die Besucher seit Anfang 2010 nicht mehr zu Gesicht bekommen hatten – auf großformatige Werbeplakate sowie auf das Cover des Zooführers von 2011. #77/2012

▶ Vor dem Hintergrund zunehmender öffentlicher Kritik wurde KEVIN Ende September 2013 in den Affenpark Apenheul nach Holland verschubt, wo er mit der gleichaltigen Borneo-Orang Utan-Dame SANDY zusammengeführt wurde.

▶ Der seit 1991 amtierende Direktor des Berliner Zoos, Bernhard Blaszkiewitz (seit 2007 in Personalunion auch Direktor des Ost-Berliner Tiergartens), verlor 2013 nach fortdauernden Querelen mit der Stadt als Trägerin der zoologischen Einrichtungen – und nicht zuletzt seines Umganges mit KEVIN wegen –, sein Amt (sein auslaufender Vertrag wurde nicht verlängert). Blaskiewitz verstarb Ende 2021.

Orang Utan-Dame DJASINGA tot

In deutschen Zoos kommt es immer wieder vor, dass Orang Utans „im besten Alter" (unter 30 Jahren) an akuten bzw. chronischen Atemwegserkrankung versterben oder euthanasiert werden. Solche Fälle gab es in den letzten Jahren in Rostock (SHIWA, 22 Jahre, 2012), Berlin (ENCHE, 27 Jahre, 2016), Heidelberg (PUAN, 28 Jahre, 2017), Stuttgart (MORITZ, 24 Jahre, 2017), Münster (PONGO, 22 Jahre, 2020) und Dortmund (TOBA, 27 Jahre, 2021).

In Berlin traf es die erst 19-jährige DJASINGA, eingesperrt seit Jahren in der lebensfeindlichen Betonwelt des dortigen Menschenaffenhauses. Sie wurde im Oktober 2022 „eingeschläfert". Auch bei ihr lag die Ursache in einer chronischen Atemwegserkrankung, die es so in freier Wildbahn nicht gibt. Nach Angaben des Zoos litt DJASINGA an einer „nicht heilbaren chronisch generalisierten Lungenentzündung mit großflächigen Vernarbungen, die weit fortgeschritten war und bei dem Affen bereits zu massiven Problemen bei der Atmung geführt haben muss".[1] Die Lebenserwartung von Orang Utans im Freiland wird auf bis zu 50 Jahre geschätzt. #118/2023

Panda-Import verstößt gegen CITES-Bestimmungen

Die enormen Kosten, die die beiden im Sommer 2017 für den Zoo Berlin importierten Pandas verursachten und auf wenigstens 15 Jahre verursachen werden – Neubau des Geheges: rund 10 Millionen Euro plus an China zu bezahlende Mietgebühren für die Tiere in Höhe von einer Million Euro pro Jahr – zogen zurecht jede Menge Kritik auf sich. Anstatt die maroden und selbst den – in sich völlig unzureichenden – bundesministeriellen Vorgaben zur Zootierhaltung zuwiderlaufenden Betonbunker des Zoos zu sanieren, in denen unter indiskutablen Bedingungen etwa die Orang Utans oder die Großkatzen gehalten werden, warf man zigmillionen Euro (überwiegend Steuergelder) für die Einfuhr und den Unterhalt zweier Pandabären aus dem Fenster.

Zudem haben sowohl China als auch Deutschland sich mit dem Panda-Deal eines Verstoßes gegen die Bestimmungen des *Washingtoner Artenschutzabkommens* (CITES) von 1973 schuldig gemacht, demzufolge Tiere bedrohter Arten über Ländergrenzen hinweg nur gehandelt, gemakelt oder von Zoos untereinander getauscht werden dürfen, wenn kein kommerzielles Interesse damit verfolgt wird, sprich: wenn (offiziell zumindest) kein Geld fließt.

Für den Artenschutz leisten die beiden nach Berlin verbrachten Pandas nichts. Für die aus Regierungskreisen heraus beschworene „deutsch-chinesische Freundschaft“ erst recht nichts. #96/2017

Panda-Merchandising

Anmerkung

1 www.zoo-berlin.de/de/aktuelles/alle-news/artikel/orang-utan-verstorben?

Bochum

85 Jahre Zoo im Stadtpark

Der Bochumer Tierpark wurde 1933 mit tatkräftiger Hilfe der neuen Machthaber eingerichtet. Der seinerzeitige Oberbürgermeister Otto Leopold Piclum (NSDAP) setzte sich persönlich dafür ein, dass Bochum – wie das zahlreiche deutsche Städte zu Beginn des „1000-jährigen Reiches“ anstrebten (Duisburg, Heidelberg, Ulm, Osnabrück, Augsburg, Rheine, Krefeld u. a.) – ein eigenes „Tiergehege“ bekomme. Die Stadt stellte kostenfrei ein geeignetes Areal nahe des im Stadtpark gelegenen sogenannten „Bismarckturms“ zur Verfügung, eines deutsch-nationalen Denkmals, das 1910 zu Ehren des vormaligen Reichskanzlers und Bochumer Ehrenbürgers Otto von Bismarck errichtet worden war. Die Einweihungsfeier fand am 12.7.1933 statt.

1943 wurde der Tierpark durch Fliegerangriffe dem Erdboden gleichgemacht, ab 1948 aber an selber Stelle wieder aufgebaut. Obgleich das Areal dabei etwas erweitert wurde, zählt der Bochumer Zoo mit bis heute lediglich zwei Hektar Gesamtfläche zu den kleinsten Einrichtungen seiner Art. Gleichwohl rühmt er sich, mit 3900 Tieren aus 330 Arten zu den tier- und artenreichsten Zoos des Landes Nordrhein-Westfalens zu gehören, das seinerseits dichter mit Zoos besetzt ist, als jede andere Region weltweit.

Tatsächlich besteht das Gros des Bochumer Tierbestandes aus Amphibien, Reptilien, Fischen sowie allein 97 Arten von Stachelhäutern, Krebsen, Weich- und Nesseltieren. Nicht weniger als 2300 Fische aus 158 Arten werden gezeigt – Süßwasserrochen, Piranhas, Doktorfische, Nasenmuränen, Knochenhechte etc. –, allesamt untergebracht in einem 1988 neu errichteten „Aquarien- und Terrarienhaus“. Darüber hinaus bietet der Bochumer Zoo eine willkürlich zusammengestellte Kollektion kleinerer Säugetiere (Totenkopfaffen, Seehunde, Erdmännchen, Kattas, Nasenbären etc.) und Vögel (Kampfläufer, Rotschenkel, Geier, Keas, Flamingos, Pinguine etc.). Die bis vor wenigen Jahren und unter teils katastrophalen Bedingungen gehaltenen Braunbären, Sumatra-Tiger, Indochina-Leoparden, Timberwölfe und Weisshandgibbons wurden vor dem Hintergrund zunehmender öffentlicher Kritik mittlerweile abgeschafft. Gleichwohl verweist man bis heute und mit Stolz auf die erfolgreichen „Handaufzuchten“ von Tigern, Leoparden und Bären, durch die der Zoo bis herauf in die Jetztzeit große Anerkennung erfahren habe. Heute engagiert sich der Zoo in der „Erhaltungszucht“ von Krontauben, Auswilderungsprojekte in die neuguineische Heimat dieser Vögel gibt es aber nicht.

Anstelle der aufgegebenen Großsäugeranlagen wurde 2016 ein sogenannter „Zoologischer Bewegungsspielplatz“ eingerichtet. Auf einer Fläche von 1.000 qm können Kinder sich an verschiedenen „Mottostationen“ betätigen und dort die „verschiedenen Bewegungsarten

Schaukasten mit Jura-Fossilien

der Tiere nachvollziehen und sich mit ihnen messen: Klettern wie ein Affe, balancieren wie ein Nasenbär, kriechen wie eine Schlange oder rutschen wie ein Pinguin". Kosten der völlig überdimenionierten Kinderbespaßungsanlage: 650.000 Euro. Überdies stehen für die Besucherkinder kostenpflichtige „Fahrgeschäfte" bereit. Im gleichen Jahr wurde zudem eine „Schau-Futterküche" eröffnet, bei die Besucher durch ein Fenster den Tierpflegern bei der Futterzubereitung zusehen und über eine Gegensprechanlage Fragen stellen können.

Hobby-Paläontologie im Zoo

1996 wurde das „Aquarien- und Terrarienhaus" um ein sogenanntes „Fossilium" erweitert, in dem versteinerte Insekten, Ammoniten, Nautiliden und Fische aus dem Solnhofener Plattenkalk zu sehen sind. Der Zoo hatte die 150 Millionen Jahre alten Jura-Fossilien von dem Bochumer Hobby-Paläontologen Helmut Leich geschenkt bekommen, der sie im Laufe 60-jähriger Sammlertätigkeit zusammengetragen hatte. Leich war schon seit 1948 im Vorstand des Bochumer Zoos tätig gewesen. Seine aus mehr als 400 Einzelstücken bestehende Fossiliensammlung wird, weitgehend kommentarlos, in 55 Schaukästen präsentiert. Der Aufklärungs- und Bildungswert für die Zoobesucher tendiert insofern gegen Null.

Ein paar Jahre nach dem „Fossilium" wurden die sogenannten „Nordseewelten" eröffnet. Kernstück der 2 Millionen Euro teueren Anlage ist ein völlig reizloses Betonbecken, in dem, in künstlich hergestelltem und mit technischem Großaufwand „kristallklar" aufbereitetem Salzwasser, ein paar Seehunde ihre immergleichen Bahnen ziehen. Angereichert wird die Betonkulisse durch eine Gruppe Humboldtpinguine, deren natürliche Lebensräume an den Pazifikküsten Perus und Nordchiles zu finden sind. Was sie in den Bochumer „Nordseewelten" verloren haben, erschließt sich nicht. In einer benachbarten Voliere stehen ein paar nordseetypische Watvögel herum, eine künstliche „Dünenlandschaft" bietet laut Selbstbewerbung des Zoos „zur Entspannung der Besucher einen Ruhe- und Picknickbereich mit Strandkörben. Was soll man da noch an die Nordsee fahren, wenn die 'Nordseewelten' mitten im Ruhrgebiet sind!"

Ab 2012 wurde das Erscheinungsbild des Zoos mit enormem Finanzaufwand ein wenig aufgehübscht, womit man, wie es auf der hauseigenen Website heißt, einen „weiteren, gewaltigen Entwicklungsschritt hin zu einem spannenden, erlebnisreichen und modernen Zoo gemacht" habe. Tatsächlich wurde in erster Linie ein neuer Eingangsbereich geschaffen, zudem wurde die Wegeführung geringfügig verändert. Die Behauptung, es stünden nach den Um- und Neubaumaßnahmen heute „große Biotop-Anlagen im Mittelpunkt des Bochumer Tierparks", erscheint reichlich vermessen: Für die Tiere bringen die neuen Gehegebauten keine nennenswerte Besserung.

Eigenen Angaben zufolge liegen die Besucherzahlen des Bochumer Tierparks seit Jahren konstant bei etwa 250.000 p.a. (2016 sollen sie sogar bei über 300.000 gelegen haben). Da indes zootypischerweise auch in Bochum nicht zwischen *Besuchen* und *Besuchern* differenziert wird, dürfte der Zoo, korrekte Zählung vorausgesetzt, von allenfalls 60.000 bis 75.000 Menschen pro Jahr, teils mehrfach (über Dauerkarten o.ä.), besucht werden. Interessant ist das insofern, als der als gGmbH geführte Zoo mit einem städtischen Zuschuss von 2,88 Euro je Besucher subventioniert wird. #99/2018

Tod zweier Riffhaie

Anfang November 2017 kamen im Aquarien- und Terrarienhaus des Bochumer Tierparks zwei Schwarzspitzen-Riffhaie – angeblich die unbestrittenen „Publikumslieblinge" des Zoos – und mehrere Korallenfische zu Tode.

In einer ersten Meldung teilte der Zoo mit, der Tod der Fische sei durch einen „Defekt der Filteranlagen" verursacht worden, durch die es

Schwarzspitzen-Riffhai

zu einer „Beeinträchtigung der Wasserqualität" gekommen sei. Ein paar Tage später allerdings revidierte Zoodirektor Ralf Slabik diese Meldung: Bei einer eingehenden Überprüfung der Filter-, Ozon- und UV-Anlagen, auch der Pumpentechnologie, der Eiweißabschäumer, der Zu- und Abluftanlagen, der Beleuchtungseinheiten sowie sämtlicher Bestandteile der Mess- und Regeltechnik seien keinerlei Fehlfunktionen festgestellt worden. All dies, so Slabik, deute auf eine „Vergiftung" hin. Wen genau er für verantwortlich hielt, die Fische vergiftet zu haben, ließ er vielsagend offen. Klar sei jedenfalls, „dass die Stoffe, die zum Tod der Haie geführt haben, von außen gekommen sind". Schlagartig machten Gerüchte einer *Animal Liberation Front*- oder sonstigen Tierrechtsaktion die Runde. Auf der Facebook-Seite von *zoos.media* beispielsweise schrieb der selbsternannte Zoolobbyist Philipp Kroiß: „Der bedrohliche Trend, das Tierhasser offenbar Zoos und Aquarien aufsuchen, um Tiere zu töten, ist mehr als besorgniserregend."

Ende Dezember wurden die zoointernen Untersuchungen zum Tod der Fische eingestellt. „Nach Zusammenfassung aller Fakten", so Slabik, „ist davon auszugehen, dass eine nicht definierbare Substanz ins Becken gelangte", die allerdings in den „zurückgestellten Wasserproben nicht mehr nachweisbar" sei. Bevor man neue Haie anschaffe, wolle man deshalb die Überwachung des Aquarienhauses optimieren: „Wir arbeiten aktuell bereits an einer Aufrüstung unserer bestehenden Sicherheitssysteme, die die Anlage auch vor einem unbefugten Zugriff durch Dritte mit modernsten Mitteln schützen sollen."

Die Frage, ob man tatsächlich keinen technischen Defekt in den hochkomplexen Filter- und Aufbereitungsanlagen des Aquariums hatte finden können oder ob man solchen einfach abstritt und dafür das Gerücht streute, Tierrechtsaktivisten hätten etwas mit dem Tod der Fische zu tun, blieb zunächst ungeklärt. #99/2018

Erst Monate später räumte der Zoo in einer Pressemitteilung ein, es sei „durch eine Störung der Filteranlagen zu einer Beeinträchtigung der Wasserqualität gekommen", wodurch die Haie „möglicherweise" zu Tode gekommen seien.

Braunschweig

Vom Schuhgeschäft zum Privatzoo

Der Braunschweiger Zoo ist eine jener urbanen Familienfreizeiteinrichtungen – Kinderspielplatz mit Klettergerüsten, Rutschen und Schaukeln samt preisgünstigem Gastronomiebetrieb sowie ein paar drum herum angelegten Tiergehegen –, wie es sie vielhundertfach gibt hierzulande.

Auf den ersten Blick erscheint der Braunschweiger „Arche-Noah-Zoo" in der Tat als großangelegter Abenteuerspielplatz, auf dem Kinder frei herumtollen können und von den beaufsichtigenden Muttis und Omis nicht beaufsichtigt werden müssen, da sie auf dem ausbruchsicher umzäunten Zoogelände nicht verlorengehen können. Für sie selbst, die Muttis und Omis, gibt es ein zooeigenes Café mit sonnenschirmüberdachten Außenflächen, auf denen sie gemütlich Kaffee und Kuchen einnehmen und mit anderen Muttis und Omis über Gott und die Welt plaudern können. Vatis und Opis können auf einem eigenen Grillplatz selbst mitgebrachtes „Grillgut" zubereiten; zudem gibt's eine Art Schnellimbiss für Currywurst mit Pommes sowie einen mobilen Waffel- und Bratwurststand: der ideale Ort für den Sonntagnachmittagsausflug mit der ganzen Familie. Dass da in ihrerseits ausbruchsicher umzäunten Gehegen noch ein paar Tiere herumstehen, ist eher nebensächlich. Der obligate Rundgang vorbei an einer Handvoll Käfigen, Tierhäusern und Außengehegen ist in zwanzig Minuten absolviert, dann geht's auf einen der Spielplätze beziehungsweise ins Caféhaus oder zum Grillen.

Der Braunschweiger Zoo wurde Mitte der 1960er von einem örtlichen Schuhhändler begründet, der seit je seine Verkaufsräume in der Braunschweiger Innenstadt mit lebenden Tieren dekoriert hatte. In winzigen Käfigen hatte er Reptilien, Vögel und sogar kleine Affen zur Schau gestellt. Mit diesen Tieren als Grundstock eröffnete er 1965 am südlichen Stadtrand einen kleinen Privatzoo, den er 1968 an einen anderen Hobby-Tierhalter weiterverkaufte. Der Tierbestand auf dem knapp 1,5 Hektar großen Gelände wurde erheblich erweitert, so dass der Zoo noch im selben Jahr vom zuständigen Ministerium als besonders förderwürdige „kulturelle Einrichtung" anerkannt wurde.

1978 wurde der Zoo zum zweitenmal verkauft, diesmal an eine schleswig-holsteinische Investoren-GmbH, die zwei Jahr zuvor in Grömitz an der Ostsee bereits einen Exotenzoo eröffnet hatte (und ein paar Jahre später einen dritten Zoo im ostniedersächsischen Landkreis Helmstedt aufkaufte). Der Tierbestand in Braunschweig wurde erneut erweitert: In absurd beengten Käfiganlagen wurden Exoten wie Zebras, Nasenbären, Pumas und sogar Schimpansen gehalten. 1996 wurde die Zoofläche mit freundlicher Hilfe der Stadt auf etwa 2,5 Hektar vergrößert, zugleich wurden weitere Tierarten angeschafft.

Schwer verhaltensgestörtes Kamel

Kinderbespaßung

Heute hält der Zoo rund 350 Tiere aus 60 Arten vor, darunter Tiger, Geparden, Lemuren, Klammer- und Kapuzineraffen, dazu verschiedene Papageien- und Eulenarten, Keas, Leguane, Schildkröten und Pythons; auch Trampeltiere, Hausesel und Shetlandponies (die von Besucherkindern gefüttert werden und auf denen sie reiten dürfen). Überdies im „Streichelgehege": Schafe, Zwergziegen und Hauskaninchen. Gänzlich indiskutabel ist die Unterbringung zweier Magots („Berberaffen") in einem Käfigabteil, das offenbar noch aus den Anfangstagen des Zoos stammt.

Die Gehege- und Warmhäuser der Tiere sind überwiegend in „Heimwerkerarbeit" entstanden und sehen auch genau so aus. Obgleich Mitglied der *Deutschen Tierparkgesellschaft* (DTG) ist der Braunschweiger Zoo von „professioneller" Zootierhaltung Lichtjahre entfernt. Ein geplantes Löwenhaus, errichtet in erster Linie aus Spendengeldern und über Eigenleistung freiwilliger Helfer, steht seit Jahren im Rohbau herum, von ebenfalls seit Jahren geplanten neuen Anlagen für Lemuren und Makaken ist noch überhaupt nichts zu sehen. Hingegen wurden die Kinderbespaßungsanlagen in den letzten Jahren um einen acht Meter hohen Kletterturm samt Tunnelrutsche, drei Kletterbaumhäuser, eine asphaltierte Freifläche für (Münz-)Autoscooter sowie ein „historisierendes", sprich: kolonial-rassistisch angehauchtes Kinderkarussell ergänzt. #113/2021

Bremerhaven

Klippen und Eisberge aus Beton

Der Bremerhavener Zoo liegt direkt am Deich der Unterweser im historischen Hafengebiet der Stadt. Mit 0,86 Hektar Grundfläche ist er der kleinste nicht-private Zoo Deutschlands.

Auch wenn in Werbeverlautbarungen stets hervorgehoben wird, dass durch zweistöckige Bauweise die tatsächliche Nutzfläche des Zoos bei 1,18 Hektar liege, reicht der Platz für die rund 880 zur Schau gestellten Tiere (aus 102 Arten) hinten und vorne nicht. Eigenen Angaben zufolge zählte der Zoo, betrieben von einer aus kommunalen Steuermitteln subventionierten GmbH, im zurückliegenden Jahr 346.000 Besucher. Würde man die tatsächlichen Besucher:innen zählen und nicht, wie Zoos dies üblicherweise tun, die Besuche, dürfte die Zahl im Jahr 2016 bei allenfalls 86.000 Menschen gelegen haben, die den Zoo, teils mehrfach, besuchten.

Seine Ursprünge hat der Bremerhavener Zoo in einer 1912/13 gebauten Aquarienanlage, die zur Bevorratung frischer Fische für ein Restaurant an der Dampfschiffanlegestelle des Norddeutschen Lloyd diente; die Fische konnten von den Gästen des Lokals besichtigt (bzw. die zuzubereitenden ausgewählt) werden. Ende der 1920er wurde die Anlage um mehrere Schaubecken erweitert, auch ein paar Volieren und Säugetiergehege kamen hinzu. Die unter indiskutablen Bedingungen gehaltenen Tiere – mithin Eisbären und Seelöwen – wurden hinfort gegen Entgelt gezeigt. Seit 1962 wurden auch Schimpansen zur Schau gestellt. Mitte der 1970er wurde die im Volksmund als „Tiergrotten“ bezeichnete und inzwischen völlig heruntergekommene Anlage „modernisiert“, was ihren weiteren Niedergang aber nicht aufhielt. Im Jahre 2000 wurden die Tiergrotten geschlossen, die (technisch heillos veralteten) Aquarien wurden nach Kaliningrad verschenkt (wo sie dem Vernehmen nach bis heute in Betrieb sind), Volieren und Gehege riss man ab.

Ab 2001 wurde mit einem steuersubventionierten Investitionsvolumen von 30 Millionen Euro eine neue Anlage erstellt, die Anfang 2004 unter dem Namen „Zoo am Meer“ eröffnet wurde. „Großzügige, naturgemäße Biotopanlagen ohne Gitter“, wie es in der offiziellen Besucherbroschüre heißt, „vermitteln die Weite im Lebensraum von Eisbär, Robbe, Puma & Co“. Man könne als „kleiner aber feiner Themenzoo für wasserbezogene und nordische Tiere in Sachen Qualität mit den großen Zoos der Welt mithalten“. Größter Wert wird insofern auf die Feststellung gelegt, der Zoo werde „wissenschaftlich“ geführt und sei wissenschaftlicher Forschung verpflichtet

Als besondere Besucherattraktionen werden Nachtführungen angeboten, dazu Oster- und Nikolaus-Events sowie die Ausrichtung von Kindergeburtstagen; auch musikalische Darbietungen und Gottesdienste werden vor tierischer Kulisse in Szene gesetzt. Zu den zentralen

Stahlträger als Klettergerüst ...

Einrichtungen des Zoos zählen ein Kinderspielplatz mit „Piratenschiff", ein Streichelgehege sowie ein Café-Restaurant mit Meerblick. Oberster Punkt unter dem Stichwort „Zoophilosophie": „Wir möchten, dass unsere Besucher sich wohlfühlen".

Nordische Tierarten

Der Bremerhavener „Zoo am Meer" stellt sich dem Besucher als gigantische Anhäufung von Betonklötzen dar, die wohl irgendwie an Klippen oder Eisberge erinnern sollen: Letztlich versteht der Zoo sich als „spezialisiert auf wasserlebende und nordische Tierarten". Was neben den insofern gezeigten Eisbären, Robben, Pinguinen etc. ausgerechnet südamerikanische Pumas, Weißgesichtseidenäffchen oder Leguane in der nordischen Betonkulisse suchen haben, erschließt sich nicht; ebensowenig die Frage, weshalb man weiterhin einen Trupp Schimpansen vorhalten zu müssen glaubt.

Die rundum aus nacktem Beton bestehenden Gehege des Zoos weisen, gemessen am Anspruch „großzügiger Biotopanlagen", teils grotesk geringe Grundflächen auf. Es fällt dies dem Besucher allerdings nicht sofort ins Auge, da durch große Sichtfenster sowohl auf der Besucherseite als auch an den rückseitigen Wänden der Blick immer wieder auf die Wesermündung hinausreicht, was die Gehege quasi „unbegrenzt" erscheinen lässt, jedenfalls aber sehr viel größer als sie tatsächlich sind.

Besonders deprimierend ist eine wenige Quadratmeter umfassende und mit Brackwasser gefüllte Betonkuhle, in der Seevögel gehalten werden, darunter dreizehn Basstölpel. Um die Tiere am Davonfliegen zu hindern, hat man ihnen, wie üblich in Zoos, die Flügel beschnitten. Ihre immer wieder unternommenen Versuche abzuheben, wobei sie doch nicht mehr zuwege bringen, als ein wenig auf dem Wasser hin- und herzuflattern, sind herzzerreißend. Auf einer Infotafel werden die Basstölpel, die mit bis zu 1,75 Metern Flügelspannweite zu den größten und elegantesten Seevögeln zählen, als „meisterliche Flieger" beschrieben, die in der Lage seien, „Sturzflüge aus 40m Höhe" zu vollziehen.

„Übertriebenes Grooming"

Die gleich hinter dem Eingang gelegene Schimpansenanlage, in der bis zu sieben Tiere gehalten werden, soll ganz offenbar an die Gestaltung der früheren „Tiergrotten" erinnern. Der Besucherbereich jedenfalls müht sich, mittels künstlichen Felsgesteins einen entsprechenden Eindruck zu erwecken (wobei sich der tiefere Bezug einer „Grotte" zum Lebensraum von Schimpansen weiter nicht erklärt). Die Tiere selbst sind in einem sechs Meter hohen Funktionsbau untergebracht, der in einen etwas größeren Innen- und einen kleineren Außenbereich unterteilt ist. Die Decke des mit viel Felsoptik kaschierten Innenraumes ist auf etwa viereinhalb Metern Höhe mit stromführenden Drahtbahnen „abgehängt", um ein Emporklettern der Tiere zu den Dachluken zu verhindern. Da man die quergespannten Drähte allerdings nur bei genauerem Hinsehen erkennt, wirkt der Raum höher und damit größer, als er für die Tiere tatsächlich ist. Der Boden besteht aus nacktem Beton. Mit integrierten Betonfelsen und einem künstlichen „Termitenhügel" soll dem Besucher eine Art „Savannenlandschaft" vorgegaukelt werden. Auch die Rückwand des bis auf die Sichtfenster zur Besucherseite hin fensterlosen Betonkastens ist mit Savannenmotiven bemalt, um den Besuchern größere Raumtiefe vorzugaukeln und „Afrikastimmung" zu suggerieren. An Einrichtung gibt es die zooüblichen Totholzstämme, Seile, Kletternetze etc., Rückzugs- oder Versteckmöglichkeiten haben die Tiere nicht.

„Übertriebene Zuneigung"?

Witterungsbedingt – der Zoo liegt direkt an der Nordsee – verbringen die Schimpansen die meiste Zeit des Jahres in dem trostlosen Innenbunker, der keinerlei Blickmöglichkeit nach draußen zulässt. Mobiles Spiel- oder Beschäftigungsmaterial steht ihnen erkennbar nicht zur Verfügung. Auch der von sechs Meter hohen Betonwänden umgebene und von einem Gitternetz überspannte Außenbunker ist rückwärtig mit Savannenmotiven bemalt. Abgese-

Flügelbeschnittener Basstölpel

hen von einem aufgehängten Autoreifen und einer Art Kletterbaum aus Beton finden die Tiere auch hier keinerlei Beschäftigungsmöglichkeiten.

Die vorgehaltenen sieben Schimpansen, zwei davon sogenannte „Wildfänge", die in den 1970ern als Kleinkinder ihren Müttern entrissen worden waren, machen einen ausgesprochen lethargischen Eindruck. Einige der auf nacktem Beton herumsitzenden Tiere weisen auffällig kahle Stellen am Körper auf, was auf chronisch-rezidivierendes Ausreißen der eigenen Körperhaare, sprich: massive psychische Probleme, hindeutet. Haarausfall im Gesicht, auf Kopf, Brust und im hinteren Schulterbereich kann auch – klassisches Stresssymptom – durch ein Ungleichgewicht des Cortisol-Spiegels verursacht sein. (In einer 2011 veröffentlichten Langzeitstudie kamen Wissenschaftler der *University of Kent* zu dem Schluss, abnormales Verhalten bei in Zoos gefangengehaltenen Schimpansen trete offenbar endemisch auf: Bei sämtlichen im Zuge der Studie beobachteten 40 Individuen lagen krankheitswertige Verhaltensstörungen vor. Es könne kein ernsthafter Zweifel mehr daran bestehen, dass die Gefangenhaltung und Zurschaustellung von Schimpansen in Zoos die Tiere psychisch krank mache.[1])

Der Zoo Bremerhaven selbst stellt auf einer Infotafel die Frage: „Warum fehlt unseren Schimpansen an einigen Stellen das Fell?" und gibt die folgende Antwort: „Gegenseitige Körper- und Fellpflege ('Grooming') stellt [bei Schimpansen] eine wichtige soziale Komponente dar und spiegelt auch die Gruppenhierarchie wider. Manchmal jedoch wird diese Fellpflege übertrieben und es bleiben haarlose Stellen zurück. (...) Die kahlen Stellen sind lediglich Ausdruck einer 'übertriebenen' Zuneigung". Dergestalt werden die Besucher über die tatsächlichen Hintergründe und Zusammenhänge getäuscht.

„Unbrauchbarer Beifang"

Gesondert zu erwähnen ist das zooeigene „Nordseeaquarium", ein unterirdisch angelegter Betonbunker, in dem in neun Schaubecken „Tiere verschiedener Lebensräume der Nordsee" vorgestellt werden. Besonders hervorgehoben wird die zoopädagogische Bedeutung des 2013 eröffneten Aquarienbaus, in dem auf eigenen Informationstafeln auf die „Ursachen der Ausrottung oder Bestandsbedrohung" verschiedener Meeresbewohner hingewiesen wird:

„Durch Überfischung, Art des Fischfangs oder Umweltverschmutzung werden viele Arten im Bestand bedroht oder verschwinden ganz."

Die Kosten des direkt unterhalb des Eisbärengeheges angelegten Aquariums lagen bei 1,5 Millionen Euro, als Hauptgeldgeber firmierte das Fischhandelsunternehmen *Nordsee GmbH*, eigener Aussage zufolge „der Kompetenz- und Qualitätsführer in der Fisch-Systemgastronomie" mit weltweit 372 Fischrestaurants bzw. Fischeinzelhandelstheken (davon 315 allein in Deutschland). Wie die *Nordsee GmbH* auf ihrer Website mitteilt, entfallen 33% der für die hauseigenen Restaurants und Fischtheken verarbeiteten Fische auf „Alaska Seelachs", die ausschließlich mittels Schleppnetz gefangen werden; weitere 29% entfallen auf „Atlantischen Lachs" und „Hering", die zumindest teilweise mit Schleppnetz gefangen werden. Umweltschutzorganisationen wie *Greenpeace* oder *Avaaz* sprechen sich entschieden gegen den Einsatz von Schleppnetzen aus, die den Meeresgrund und alles Leben darauf unwiederbringlich zerstören Zudem ist der Anteil des sogenannten „Beifangs" mit 80–90 % des zu verwertenden Fanges extrem hoch. Als „Beifang" gelten sämtliche „unbrauchbaren" Fisch-, Krustentier- und Muschelarten, ebenso wie Wale und Delphine, die in den Schleppnetzen zu Tode kommen. Den eklatanten Widerspruch zwischen einem Schauaquarium, das angeblich der Aufklärung über die Bedrohung der Meere durch industriellen Fischfang verschrieben ist, und dem Sponsoring durch ein Fischhandelsgroßunternehmen, das bis heute Schleppnetzfang betreibt bzw. betreiben lässt, sieht der Zoo offenbar nicht. (Im Übrigen sind die ökologisch angeblich vertretbareren Umschließungs- und Hebenetze, wie sie von den *Nordsee*-Fangflotten ebenfalls eingesetzt werden, um nichts akzeptabler: Auch in diesen Netzen erleiden die gefangenen Tiere einen qualvollen Todeskampf und die Meere werden leergefischt; all die „Nachhaltigkeitszertifikate", mit denen *Nordsee* aufwartet, vermögen dies nicht zu kaschieren.)

Es versteht sich, dass auch das Café-Restaurant im Bremerhavener Zoo von der *Nordsee GmbH* beliefert wird, die zudem jedes Jahr einen eigenen Werbetag im Zoo veranstaltet. Auf die Idee, die Zoobesucher anzuregen, einen auf ganz persönlicher Ebene erlebbaren Beitrag zu Natur- und Artenschutz zu leisten und wenigstens am Tag des Zoobesuches auf den Verzehr getöteter Tiere oder aus Tierprodukten hergestellter Nahrungsmittel zu verzichten, kommt Zoodirektorin und Hobbyjägerin Heike Kück erwartungsgemäß nicht. #95/2017

Anmerkung

1 Birkett, Lucy/Newton-Fisher, Nicholas: How Abnormal Is the Behaviour of Captive Zoo-Living Chimpanzees? https://pubmed.ncbi.nlm.nih.gov/21698219

Delbrück

Absurd kleine Gehege

Der Privatzoo Nadermann, gelegen am Rande der nordrhein-westfälischen Kleinstadt Delbrück (Kreis Paderborn), wurde im Jahre 1967 auf dem Gelände eines unrentabel gewordenen landwirtschaftlichen Betriebes eröffnet. Zusammen mit einem auf dem gleichen Gelände befindlichen Campingplatz wird der Zoo in mittlerweile dritter Generation als Familienunternehmen geführt. Der Legende nach habe Zoobegründer Bernhard Nadermann [gest.1989] während seiner Kriegsgefangenschaft in Sibirien wilde Tiger und Wölfe kennengelernt, was ihn dazu bewogen habe, nach seiner Rückkehr in die Heimat einen eigenen Zoo zu eröffnen.

Schon der Ersteindruck ist mehr als deprimierend: Großkatzen – Löwen, Jaguare, Ozelots, Leoparden – vegetieren in absurd kleinen Gehegen vor sich hin, ein paar Lamas und Watussis stehen herum, auf einer künstlichen Insel langweilt sich eine Gruppe Javaneraffen, der man – völlig unpassend, aber es sieht halt ein wenig bunter aus – eine Herde Walliser-Ziegen sowie ein paar afrikanische Wildkatzen (Servale) dazugestellt hat. Schneeeulen, Käuze, Uhus in winzigen Käfigen, dazwischen, willkürlich zusammengewürfelt, ein paar Kamele, Zebras, Wasserschweine. Insgesamt werden in dem Zoo etwa 600 Tiere aus 100 verschiedenen Arten zur Schau gestellt.

Laut Angaben der Familie Nadermann wurde in den letzten Jahren viel in „moderne Gehege“ investiert: Man mag sich gar nicht ausmalen, wie die Tiere vor diesen Modernisierungsmaßnahmen gehalten wurden (wobei wirklich erkennbar nur in den Bau einer neuen Caféteria investiert wurde). Viele der Gehege erfüllen nicht ansatzweise die – in sich völlig unzureichenden – Mindeststandards, die in den meisten europäischen Zoos mittlerweile üblich sind. Ganz offenbar gehört der Zoo Nadermann keinem Zooverband an und kann insofern jeden Standard unterschreiten.

In groteskem Kontrast zur Beengtheit vor allem der Katzenkäfige hält der Delbrücker Zoo einen weitläufigen Kinderspielplatz vor, der alles an *fun equipment* bietet, was das Herz des Campingplatzdauergastnachwuchses begehrt (auch wenn vieles davon sich in miserablem Zustand befindet): Airballshooting, Autoscooter, Hüpfburg, Wasserrutsche, Schiffschaukel, Riesenrad, Karussell, zwei Großtrampoline und dergleichen mehr; dazu eine Parkeisenbahn sowie eine Ponyreitanlage. Wenn Horden ausgelassener Kinder auf dem Gelände herumtoben, geht das in der Regel mit Höllenlärm einher. Nicht viel weniger laut geht es in einem an den Spielplatz angrenzenden Biergarten zu, zu dem die Gäste des Campingplatzes jederzeit freien Zugang haben.

„Immer zu Späßen aufgelegt"

Kinderspielplatz und Biergarten wären nun weiterer Rede nicht wert, befände sich nicht in unmittelbarer Nähe dazu, sprich: direkt vor den Autoscootern und Hüpftrampolinen, ein vorsintflutlich anmutender Gitterkäfig – in der Tat stammt er aus den Gründertagen des Zoos –, in dem, mitten in dem irrwitzigen Lärm und Trubel, der täglich davor stattfindet, seit je drei Schimpansen gehalten werden.

Der Schimpansenkäfig – genauer gesagt handelt es sich um zwei ineinander übergehende bzw. voneinander abtrennbare Einzelkäfige in einem gemeinsamen Klinkerbau – weist eine Höhe von etwa 3 Metern und eine Gesamtgrundfläche von etwa 45 Quadratmetern auf. Zur Besucherseite hin ist der Bau mit Eisenrohrgittern versehen, die sich bei einem der Käfige auch über etwa ein Viertel der Dachfläche erstrecken. An Einrichtung finden sich ein paar Totholzstämme und an der Decke befestigte Seile, dazu eine Hängematte; beide Käfige weisen Sandböden mit je einem kleinen Gras- bzw. Mulchstreifen auf.

Maroder Schimpansenkäfig

Auf der Rückseite des Käfiganlage befindet sich ein sogenanntes „Innengehege", in dem die Tiere nachtsüber sowie während der Wintermonate – der Zoo ist, ebenso wie der dazugehörige Campingplatz, nur von Frühjahr bis Herbst geöffnet – untergebracht sind. Das „Innengehege" ist für Besucher nicht zugängig. Ein Blick durch ein Seitenfenster zeigt einen stockdunklen, mit verrosteten Eisengittern abteilbaren Bunkerraum, der erkennbar keinerlei Spiel- oder Beschäftigungsmöglichkeit aufweist. Der Blick durch das Seitenfenster aus dem Bunker heraus endet am direkt gegenüberliegenden Toilettenbau für die Zoo- und Biergartenbesucher. Weitere Fenster oder sonstige natürliche Lichtquellen gibt es ersichtlich nicht.

Die in Delbrück derzeit gehaltenen Schimpansen – drei Tiere fortgerückteren Lebensalters – weisen Symptome schwerer psychischer Störungen auf. Die Behauptung im Nadermannschen Zoo-Prospekt, sie seien „immer zu Späßen aufgelegt", erscheint als blanker Zynismus. Des eklatanten Bewegungsmangels wegen, dem sie in den beengten Käfigen unterliegen, sind sie heillos übergewichtig; wobei erschwerend hinzukommt, dass ihnen fortlaufend von den Besuchern Pommes frites oder

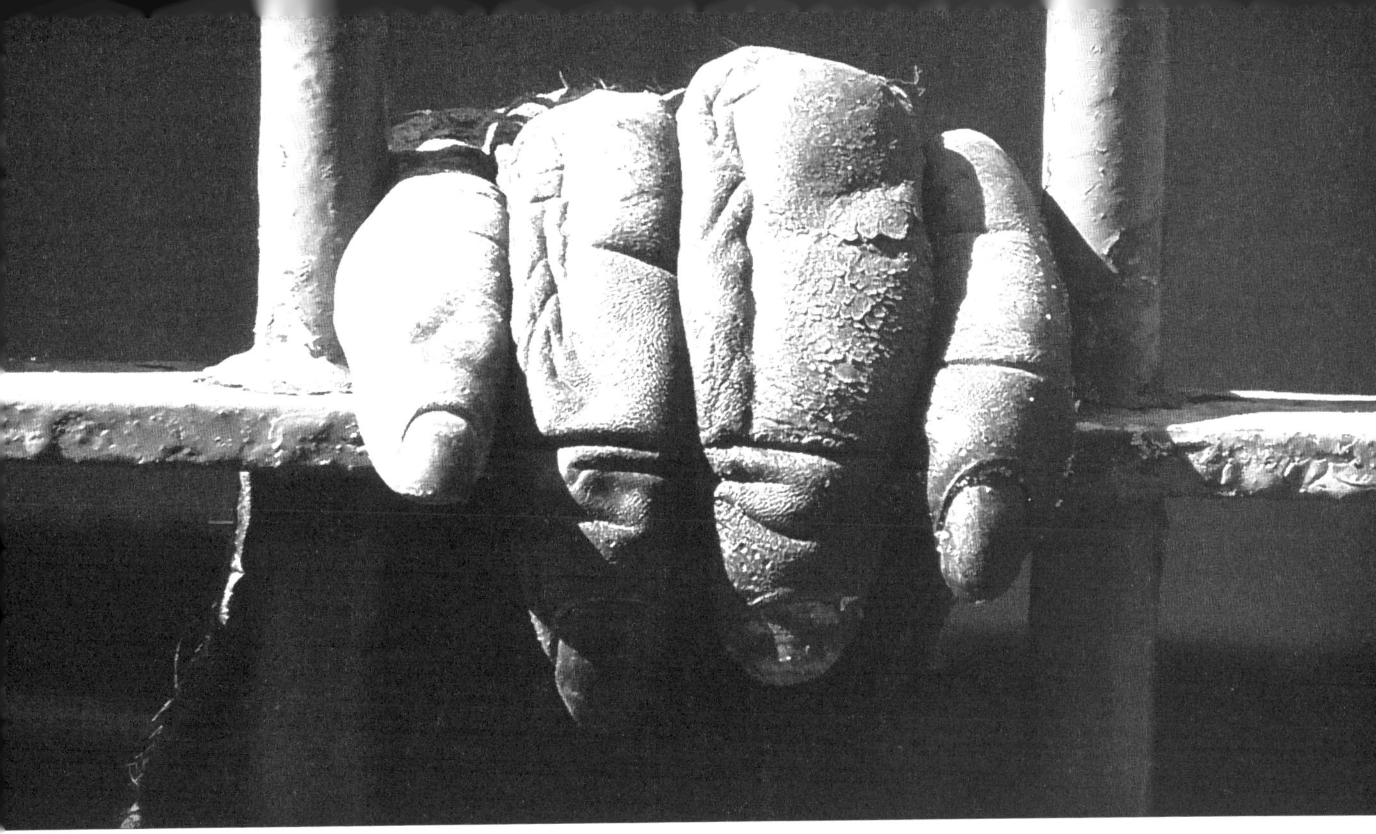

Süßigkeiten jeder Art in den Käfig geworfen werden. Am Kassenhäuschen kann man gezuckertes Popcorn kaufen, ausdrücklich mit dem Vermerk, es schmecke Mensch und Tier: Fütterung der Tiere durch die Besucher ist im Zoo Delbrück ausdrücklich erlaubt, eine Kontrolle gibt es nicht.

Die fortgesetzte Zurschaustellung der Schimpansen inmitten des Trubels und Geschreis auf dem Kinderspielplatz ist als massiver Verstoß gegen das Tierschutzgesetz zu werten; desgleichen ihre Haltung in dem viel zu niedrigen, lichtlosen Innenbunker während der Winterzeit.

Unklar ist, weswegen der zuständige Amtstierarzt, der als sogenannter „Beschützergarant" für das Wohl der Tiere und die Einhaltung des Tierschutzrechts zuständig ist, nicht längst eingeschritten ist. §16a TierSchG eröffnet Amtstierärzten kein Entschließungsermessen. Sie *müssen* handeln, wenn in ihrem Zuständigkeitsbereich Verstöße gegen Tierschutzrecht begangen wurden, werden oder bevorstehen. Bleiben sie untätig, können sie sich strafbar machen. Obwohl das Paderborner Veterinäramt von den Missständen im Tierpark Delbrück – auch mit Blick auf die katastrophale Haltung von Großkatzen – in Kenntnis

USCHI

gesetzt worden war, geschah, was in solchen Fällen regelmäßig geschieht: nämlich *gar nichts*. #76/2012

Einer der drei Schimpansen verstarb 2014, dem Vernehmen nach aufgrund einer durch Adipositas bzw. Typ-2-Diabetes (mit)bedingten Tumorerkrankung.

KASPAR und USCHI

Über Jahre hinweg stand der Tierpark Delbrück aufgrund der völlig unzureichenden Unterbringung der Schimpansengeschwister KASPAR (32) und USCHI (34) in massiver Kritik, ohne dass Zoobetreiber Reinhold Nadermann sich in irgendeiner Weise davon hätte beeindrucken lassen.

Völlig überraschend wurden daher Anfang 2015 Pläne Nadermanns bekannt, die Schimpansen an einen Amusementpark in China zu verkaufen. Eine umgehend auf den Weg gebrachte Protestkampagne mehrerer Tierrechtsorganisationen (*animal public, Great Ape Project, PeTA* und *Pro Wildlife*) zeitigte durchschlagenden Erfolg: Nadermanns Mailbox wurde innerhalb weniger Tage von mehr als 13.000 Protestmails überflutet, so dass er letztlich entnervt seinen Exportantrag beim *Bundesamt für Naturschutz* zurückzog. Zugleich bekräftigte er seinen Entschluss, die Schimpansen unter keinen Umständen an ein Primatenrefugium abgeben zu wollen.

Das letzte Wort war in der Sache jedoch noch nicht gesprochen: Die Tierrechtsorganisationen konnten enormen öffentlichen Druck auf Nadermann und auf das jahrelang untätig gebliebene Veterinäramt aufbauen. Ende September 2015 wurde ein aus Material des *Great Ape Project* zusammengestellter Film ins Netz gestellt,[1] verbunden mit einem Aufruf, gegen die fortgesetzte Qualhaltung der beiden Schimpansen im Tierpark Delbrück zu protestieren. Der Aufruf zeitigte in kürzester Zeit mehr als 20.000 Unterzeichner.

Gleichwohl Zoobetreiber Nadermann mit Unterstützung lokaler Medien und des WDR versuchte, dem stetig wachsenden Druck standzuhalten, war er diesem letztlich doch nicht gewachsen. Nachdem über Vermittlung des *Great Ape Project* das auf die Rehabilitation traumatisierter Primaten spezialisierte *Wales Ape & Monkey Sanctuary* sich bereiterklärt hatte, KASPAR und USCHI aufzunehmen und insofern auch das Veterinäramt kein Argument mehr zur Hand hatte, die in der Vergangenheit immer wieder verlängerte Haltungsgenehmigung für die Schimpansen bei Nadermann aufrechtzuerhalten, willigte dieser gezwungenermaßen ein, die Tiere abzugeben. Am 1.12.2015 wurden sie abgeholt, um nach einer 1200km-Nonstop-Fahrt wohlbehalten in der walisischen Auffangstation anzukommen. Auch wenn es wirkliche Freiheit für KASPAR und USCHI nicht mehr geben kann: Der jahrelange Kampf um ihre Freilassung aus dem Delbrücker Zoogefängnis war zu Ende.

Im *Wales Ape & Monkey Sanctuary* lebten seinerzeit elf Schimpansen sowie 80 andere Affen, die aus schlechter Haltung befreit wurden. KASPAR und USCHI wurden Schritt für Schritt mit den anderen Schimpansen bekannt gemacht. Bald ergaben sich enge Freundschaften. #90/2016

Aufgrund ihrer schweren Vorerkrankungen konnten die beiden Schimpansen sich nur wenige Jahre ihres neugewonnen Lebens im Waliser Sanctuary erfreuen: USCHI verstarb im Januar 2018, KASPAR im September 2021.

KASPAR

► Reinhold Nadermann verstarb Ende 2021. Der Zoo wird von seiner Familie fortgeführt.

Anmerkung

1 www.youtube.com/watch?v=FqKHKjTH4Xk

Dortmund

Bibelführungen und Sexshootings

Mit großem Brimborium wurde im Mai 2013 das 60-jährige Bestehen des Dortmunder Zoos gefeiert. Begründet im Jahre 1953 von einem lokalen Bürgerverein und angelegt seinerzeit in einer historischen Parklandschaft am Rande der Stadt liegt der Zoo heute, umgeben von vielbefahrenen Hauptverkehrsstraßen, mitten im Stadtgebiet. Auf einer Fläche von 28 Hektar werden 1800 Tiere aus 265 Arten vorgehalten. Die Besucherzahlen waren in den letzten Jahren massiv rückläufig, derzeit liegen sie bei knapp 400.000 pro Jahr (netto 100.000). Betreiberin des Zoos ist die Stadt Dortmund.

Die Gehege des Zoos sind teils nach der geographischen Herkunft der jeweils gezeigten Tiere geordnet – Afrika (Nashörner, Löwen, Zebras usw.), Südamerika (Ameisenbären, Gürteltiere, Nandus usw.), Australien (Kängurus, Emus usw.) –, teils aber auch in völliger Beliebigkeit (z.B. Andenbären in unmittelbarer Nachbarschaft zu Pinguinen und europäischen Wildtieren). In einem „Amazonashaus" werden südamerikanische Fische, Reptilien, Vögel sowie verschiedene Krallenaffen gezeigt, in einem „Tamanduahaus" Ameisenbären, Gürteltiere, Faultiere usw.; hinzu kommt ein „Regenwaldhaus" mit Orang Utans, Tapiren und indischen Riesenflughunden. In der Kulisse eines nachgebauten „Westfälischen Bauernhofes" werden heimische „Haus- und Nutztiere" gezeigt (Hühner, Schweine, Rinder usw.) Zentral gelegen findet sich ein großflächig angelegter Kinderspielplatz mit Kletterlokomotive und Autoscooter-Anlage; dazu ein Streichelzoo mit Kaninchen, Zwergziegen, Minischweinen usw.

Als Sonderattraktionen bietet der Zoo geführte Abendspaziergänge an, auch Bibelführungen („Tiere der Bibel"), Tierpflegeschnupperkurse („Ein Tag als Tierpfleger"), Mittelalterliche Markttage („Ritter, Gaukler, Marketender und Spielleut verwöhnen das kleine und große Volk") und ganztägige Ferienprogramme für Kinder, dazu die Ausrichtung von Geburtstags-, Firmen- oder Junggesellenabschiedsfeiern sowie „Ambiente-Trauungen in unseren Tierhäusern". Auch Konzerte und Modenschauen finden vor tierischer Kulisse statt. Selbstredend wird eine pädagogische Abteilung vorgehalten, die Schulklassen und sonstige Gruppen bei ihrem Zoobesuch betreut.

Offenkundige Verhaltensauffälligkeiten

Trotz der Weitläufigkeit des Zoos ist der Verkehrslärm einer nahegelegenen Stadtautobahn (B54) an jeder Stelle deutlich zu hören. Der werbeträchtige Slogan, der „Park unter den Zoos" zu sein, relativiert sich dadurch erheblich. Für die Tiere dürfte der stete Geräuschpegel einen zusätzlichen Stressfaktor bedeuten.

Orang Utan-Patriarch WALTER

Große Teile der Dortmunder Käfiganlagen scheinen seit Jahrzehnten nicht überholt worden zu sein (was die Zooleitung durchaus einräumt und zugleich propagandistisch ummünzt: Die „historischen Anlagen" zählten zu den „Landmarken des Zoos"): Ozelots etwa oder südamerikanische Oncillas (=Tigerkatzen) werden in heillos veralteten und viel zu kleinen Gitterkäfigen gehalten, ähnlich die Ameisenbären, die, obgleich „Wappentiere" des Zoos, auf wenigen Quadratmetern nackten Betons zu leben gezwungen sind. Auch die Vogelkäfige und Volieren entsprechen längst nicht mehr den Standards eines „wissenschaftlich anerkannten Zoologischen Gartens von Weltrang", der der Zoo Dortmund laut Selbstbewerbung sein will; ebensowenig die Haltungsbedingungen der Krallenaffen, Kaimane, Schildkröten etc. im sogenannten „Amazonashaus", von den 35 Jahre alten Innengehegen der Löwen und Tiger ganz zu schweigen.

In einem 2004 eröffneten „Regenwaldhaus" sind Orang Utans und Schabrackentapire untergebracht (in dem bis dahin betriebenen und nach heutigen Maßstäben für Tierhaltung völlig ungeeigneten „Menschenaffenhaus" aus den 1970ern werden heute Marderbären gezeigt). Das etwa 10 Meter hohe „Regenwaldhaus" weist eine sechseckige Grundfläche und eine pyramidenartige Glasdachkonstruktion auf. Die Gehege – zwei davon dienen der Unterbringung von insgesamt sechs Orang Utans, ein drittes wird von den Tapiren bewohnt – sind rings um einen „urwaldmäßig" bepflanzten und mit Bambusverkleidungen auf „indonesisch" getrimmten Besucherraum angelegt; sie können von zwei Ebenen aus besichtigt werden, die über eine Wendeltreppe miteinander verbunden sind. Zur zusätzlichen Erzeugung von „Regenwaldatmosphäre" lässt man seit Anfang 2011 Indische Riesenflughunde im Besucherraum umherflattern (die es tatsächlich im indonesischen Regenwald gar nicht gibt).

Die beiden Orang Utan-Gehege sind über ein engmaschiges Drahtgitter voneinander abgetrennt. Zu den Zeiten unserer Besuche waren die asphaltierten Betonböden nur in einem der Gehege mit ein wenig Holzschnitzeln bedeckt, in dem anderen waren sie völlig nackt. In letzterem befindet sich ein etwa 5 Meter langes und 1,5 Meter breites, völlig ungesichertes Wasserbecken mit scharfer Betonkante (dessen Sinn sich nicht erschließt, da Orang Utans Wasser zu meiden suchen). Bis auf 5 Meter Höhe sind die Gehege von Betonwänden umgeben, von deren Oberkante aus Drahtgitter zeltartig zum Dach des Gebäudes hochgezogen sind. Von Klettergerüsten und Plattformen aus können die Orang Utans auf einer Seite ins Freie blicken. Die dem Besucher zugewandten Seiten der Gehege sind teils verglast, teils – unverantwortlicherweise – nur mit einem grobmaschigen Drahtgeflecht versehen (durch das die Besucher greifen und die Tiere berühren oder ihnen Süßigkeiten zustecken können). Spiel- oder Beschäftigungsmaterial für die Tiere gibt es nicht.

In einem Anbau des Regenwaldhauses befindet sich die pädagogische Abteilung des Zoos, die mit allerlei Schauobjekten und Lehrtafeln aufwartet. Auf einer großformatigen Tafel sind die Unterschiede zwischen Mensch und Orang

Utan dargestellt: „Orang Utans haben längere Arme und Beine und bewegliche Gelenke. Das macht sie zu perfekten Schwinghanglern im Blätterdach". Dass es weder in Dortmund noch in sonst einem Zoo ein „Blätterdach zum Schwinghangeln" gibt, fällt den Zoopädagogen offenkundig nicht auf. Oder aber sie übersehen derlei Widerspruch ebenso geflissentlich wie das Pflegepersonal die Symptome schwerster psychischer Störung übersieht, die etwa „Publikumsliebling" WALTER, ein 23-jähriger Orang Utan-Mann, aufweist. (Der 1989 im Frankfurter Zoo geborene WALTER wurde mit vier Jahren aus seinem Familienverband gerissen und an den Zoo Leipzig abgegeben. Im Alter von 12 Jahren wurde er an einen Zoo in Schweden veräußert, kam aber nach kurzer Zeit nach Leipzig zurück, da er sich in der neuen Umgebung nicht eingewöhnen konnte. 2006 kam er letztlich in den Zoo Dortmund, wo er seither, meist isoliert von den anderen Orang Utans, auf nacktem Betonboden gehalten wird. Trotz seiner *offenkundigen* Verhaltensauffälligkeiten – stereotype Bewegungsabläufe, wiederkehrende Regurgitation [Auswürgen und Wiederaufnehmen von Nahrung], Apathie usw. – wird er Tag für Tag und ohne jede Möglichkeit sich zurückzuziehen, zur Schau gestellt; eine verhaltenstherapeutische oder sonstig klinische Behandlung erfährt er ersichtlich nicht [allenfalls wird ihm, was zu vermuten steht, mehr oder minder regelmäßig Diazepam o.ä. verabfolgt].)

Die Außenanlage der Orang Utans ist vergleichsweise weitläufig und relativ gut strukturiert, gleichwohl bietet sie den Tieren nur wenig Versteck- und Rückzugsmöglichkeiten.

... auf nacktem Beton

Die Anlage weist Naturboden mit Grasbewuchs auf; neben den üblichen Totholzgerüsten und einem auf Stelzen errichteten Holzverschlag gibt es zwei Lebendbäume, die allerdings nur dazu diesen, dem Besucher einen „naturnahen Eindruck" zu vermitteln: Den Affen wird ein Emporklettern durch stromführende Verdrahtung der Baumstämme verunmöglicht.

Die Außenanlage wird von einem fünf Meter breiten Wassergraben umgeben, dessen Ufer zusätzlich mit elektrischen Weidezaundrähten gesichert sind, um ein Entwei-

chen der Orang Utans zu verhindern. Für diese selbst gibt es keine Sicherung, sie bleiben dem Risiko ausgesetzt, in den Graben zu fallen und, da sie nicht schwimmen können, zu ertrinken (wie dies 2006 bei einer 10-jährigen Orang Utan-Frau im Hamburger Zoo der Fall war): Es gibt kein umlaufendes Sicherungsseil, an dem die Tiere sich gegebenenfalls aus dem Wasser ziehen könnten.

Was der Themenrundgang „Tiere der Bibel" – ein besonderes Faible von Zoodirektor Frank Brandstätter – mit dem Selbstverständnis eines „wissenschaftlich geführten" Zoos zu tun haben soll, erschließt sich nicht; ebensowenig was das von Brandstätter ausdrücklich genehmigte Zurverfügungstellen des Zoos und der Zootiere als Kulisse für Sex-Fotoshootings – Nacktmodell vor Tigerkäfig mit einem Stück rohen Fleisches im Mund – mit diesem Selbstverständnis zu schaffen hat. (Als besondere Groteske gelten insofern die regelmäßig im Zoos stattfindenden *Star Wars*-Aktionstage, bei denen Mitglieder eines örtlichen Fanclubs, verkleidet als Luke Skywalker oder Darth Vader, vor den Gehegen Kämpfe mit „Lichtschwertern" vorführen.)

Auswilderungsprojekte?

Eines näheren Blickes wert ist das werbewirksam herausgehobene Engagement des Dortmunder Zoos für externe Schutzprojekte u. a. zum Schutz von Ameisenbären, Mesangate, Kleinen Pandas oder Humboldt-Pinguinen; desgleichen für die jährlichen Kampagnen des europäischen Zooverbandes zum Schutz von Tigern, Nashörnern, Menschenaffen usw. Tatsächlich besteht dieses Engagement in nicht viel mehr als der Bekanntmachung des jeweiligen Projekts sowie der Weiterleitung gesammelter Spendengelder (in jeweils lachhafter Höhe: Für das Schutzprojekt „Kleiner Panda" beispielsweise wurden nach zooeigenen Angaben gerade einmal 9000 Euro überwiesen). Bezeichnend ist auch das Engagement bei der Auswilderung von Wildtieren, die sich der Zoo als Arbeitsschwerpunkt ausdrücklich auf die Fahnen geschrieben hat: Seit 1991 hat der Zoo Dortmund an der Auswilderung von exakt fünf Bartgeiern mitgewirkt, weitere Auswilderungen gab es ausweislich der zooeigenen Website ganz offenbar nicht. #80/2013

▶ Vor der Hintergrund explodierender Energiekosten schloss der Zoo Dortmund zum Jahresende 2022 auf Dauer sein völlig heruntergekommenes „Amazonashaus", das pro Jahr 175.000 kWh Strom und 420.000 kWh Gas verbrauchte. Ein „energieeffizienterer" Neubau – veranschlagte Baukosten 5,5 Millionen Euro – ist in Planung.

Dresden

„Swingen und schwofen bei den wilden Tieren"

Schon zu Beginn der 1850er Jahre kursierten erste Ideen zur Einrichtung eines Zoologischen Gartens in Dresden. Mit Unterstützung des sächsischen Königshauses wurden diese Ideen in die Tat umgesetzt, so dass im Jahre 1861 eine entsprechende Anlage eröffnet werden konnte. Der Dresdner Zoo zählt insofern zu den vier ältesten Zoos Deutschlands.

Von Beginn an wurden im Dresdner Zoo neben heimischen Wildtieren auch zahlreiche Exoten gezeigt, der Schwerpunkt lag indes seit je auf Affen, insbesondere auf Großen Menschenaffen. Zu den ersten Gehegebauten zählte ein beheizbares „Affenhaus", in dem neben einer Reihe an Neuweltaffen ab 1873 auch eine erste Schimpansin untergebracht wurde. Es folgten Ankäufe weiterer Schimpansen, auch zweier Orang Utans, die allesamt nach kurzer Zeit starben. Erst Schimpanse FRITZ, der 1888 in den Zoo kam, blieb etwas länger am Leben. Zur Belustigung des Publikums musste er eine Uniform tragen und im Stechschritt auf und ab paradieren; nach seinem Tod 1890 wurde er ausgestopft und mit geschultertem Gewehr im Affenhaus ausgestellt.

In den Folgejahren wurden zahlreiche weitere Schimpansen angekauft, durchwegs Kleinkinder, die von Tierhandelsfirmen wie Hagenbeck oder Ruhe nach Europa verschifft worden waren. 1898 kam ein junger Orang

Utan dazu. Ab Mitte der 1920er suchte der Zoo eigene „Zuchtlinien" aufzubauen: In kurzer Abfolge wurden zu diesem Zweck sechs Orang Utans, zwei Gorillas und zwei Schimpansen eingekauft. Tatsächlich stellte sich sowohl bei den Schimpansen als auch bei den Orang Utans Nachwuchs ein. Der seinerzeitige Zoodirektor Gustav Brandes (1862–1941) erlang-

Als „Affenfrau“ zur Schau gestellt: Krao Farini (um 1900)

te mit der minutiös dokumentierten Aufzucht eines Orang Utan-Babys namens BUSCHI in der Zoowelt enorme Bekanntheit: Er galt hinfort als „führender Spezialist auf dem Gebiet der Orang Utan-Forschung“. BUSCHI, zur Welt gekommen 1927, starb 1940. (Nicht unerwähnt bleiben darf an dieser Stelle, dass Gustav Brandes sich kurz nach der „Machtergreifung“ der Nazis offensiv zu diesen bekannte: Er zählte zu den Unterzeichnern des sogenannten „Bekenntnisses der Professoren an den deutschen Universitäten und Hochschulen zu Adolf Hitler und dem nationalsozialistischen Staat“ vom 11. November 1933. Gleichwohl wurde ein im Juli 2010 eröffnetes „Tropenhaus“, dessen Baukosten in Höhe von 7 Millionen Euro in erster Linie der Steuerzahler zu tragen hatte, nach ihm benannt. Ein Hinweis auf Brandes' Bekenntnis zu Hitler und zum Nazi-Staat fehlt. Stattdessen steht neben dem „Tropenhaus“ bis heute eine Ehrenstele für ihn, auf der er zusammen mit Orang Utan-Baby BUSCHI abgebildet ist.)

Rassistische Völkerschauen

Seit je verstand der Dresdner Zoo sich ausdrücklich als Kultureinrichtung. Schon 1875 wurde auf dem Zoogelände ein Musikpavillon eingerichtet, in dem regelmäßig Platzkonzerte stattfanden. Kurz darauf wurde ein mondänes „Konzert- und Gesellschaftshaus“ errichtet, das den Zoo bis zum Beginn des Ersten Weltkrieges in den gesellschaftlichen Mittelpunkt der sächsischen Residenzstadt rückte. Für die neuerbauten Tierhäuser entwickelten die Zooarchitekten eine wilde Mixtur aus indischen, türkischen, arabischen und sonstig „exotischen“ Stilelementen. So wurde etwa 1888 ein neues Affenhaus im Stile einer maurischen Karawanserei errichtet. Die Zooarchitektur bediente nicht nur bürgerlich-romantische Klischees, vielmehr demonstrierte sie symbolhaft den Anspruch des Deutschen Kaiserreichs, zur kolonialen Großmacht aufzusteigen.

Schon ab 1878 wurden nach dem Vorbild der „Völkerschauen" Carl Hagenbecks neben exotischen Tieren auch „exotische Menschen" gezeigt. In entsprechenden Kulissenlandschaften wurden, wie die Zoochronik vermeldet, „Indianer und Beduinen, Schwarzafrikaner und Singhalesen, Pagatonier und Aborigines" präsentiert, allein bis zur Jahrhundertwende gab es mehr als dreißig solcher kulturchauvinistischen und teils offen rassistischen Darbietungen. Abwechselnd mit der Präsentation „exotischer Menschen" (für die ab 1910 Brandes verantwortlich war und die erst 1934 eingestellt wurde) gab es Wildwest-Shows und jedwede sonstige Form von Zirkus- und Rummelplatzattraktionen, einschließlich des Auftrittes sogenannter „Liliputaner". (Trivialschriftsteller Karl May ließ sich von den „Völkerschauen" im Dresdner Zoo für seine frei zusammenphantasierten „Reiseerzählungen" inspirieren.) Besonderes Interesse zog die aus Siam oder Burma stammende „Affenfrau" Krao Farini auf sich, die 1889 in einer eigenen Schau vorgezeigt wurde: Die am ganzen Körper behaarte junge Frau – sie litt an angeborener Hypertrichose – wurde als „Verbindungsglied zwischen Affe und Mensch" angepriesen.

Schwerpunkt Menschenaffenhaltung

Ab 1933 erfuhr der Zoo massive Förderung durch die neuen Machthaber. Neben Oberbürgermeister Ernst Zörner (NSDAP) setzte sich „Reichsjägermeister" Hermann Göring höchstpersönlich für den Ausbau ein. Auf ausdrückliche Anordnung Görings musste der Zoo auch nach Kriegsbeginn 1939 geöffnet bleiben; insbesondere die täglichen Shows mit einem dressierten Schimpansen namens PIT mussten fortgesetzt werden. Bei Bombenangriffen im Februar 1945 wurde der Zoo fast völlig zerstört; die wenigen Tiere, die das Inferno überlebten, wurden von Zoowärtern erschossen: Der Dresdner Zoo existierte nicht mehr.

Kurz nach Kriegsende schon wurde indes die Wiederherstellung des zerstörten Geländes in Angriff genommen, sodass im Mai 1946 mit überlassenen Tieren aus anderen Zoos die Wiedereröffnung gefeiert werden konnte. Rasch nahm der Zoo wieder Gestalt an, als eine der ersten Neuerwerbungen wurden 1951 zwei Schimpansenkinder gekauft (die, da man keine Unterkunft für sie hatte, die ersten Jahre im Hause des seinerzeitigen Zoodirektors lebten und nur stundenweise mit einem Kinderwagen durch den Zoo gefahren wurden). 1959 kamen Orang Utans dazu, 1961, im Jahr der 100-Jahr-Feier des Zoos, auch Gorillas. Mangels geeigneter Gehege wurden die Menschenaffen in provisorisch eingerichteten Abteilen des Elefanten- bzw. Raubtierhauses untergebracht, wo sie die folgenden Jahrzehnte auch verblieben. Der geplante Neubau eines Menschenaffen-

hauses wurde nie realisiert. Erst 1985 wurde ein – provisorisches – Orang Utan-Haus errichtet, in dem seither zwei „Zuchtgruppen" untergebracht sind. Die Haltung von Gorillas und Schimpansen ließ man auslaufen, mit der Abschiebung des letzten Gorillas im Jahre 1995 an einen Zoo in Mexiko war sie beendet.

Der Dresdner Zoo versteht sich als „kinderfreundlichster Zoo Deutschlands". Als solcher hält er nicht nur verschiedene Abenteuerspielplätze und den üblichen „Streichelzoo" vor, vielmehr gibt es seit 1997 einen „Zoo unter der Erde" mit Ratten, Salamandern, Höhlengrillen und anderen „die Dunkelheit liebenden Tieren", den die Kinder über eine Rutsche erreichen und über eine Treppe wieder verlassen können. Es werden „kindgerechte" Schaufütterungen durchgeführt, zudem gibt es Ponyreiten, eine Parkeisenbahn sowie eine Puppenbühne, auf der ein „Zookasper" mehrmals am Tag „lustige Tiergeschichten" präsentiert. Selbstverständlich werden Kindergeburtstage ausgerichtet (bei denen den Kindern nach einem geführten Rundgang durch den Zoo wahlweise „Chicken Nuggets", „Fischstäbchen" oder „Wiener Würstchen" serviert werden). Für Erwachsene finden klassische Konzerte im Zoo statt, als Highlight gilt ein alljährlich veranstaltetes „Dixieland-Festival", bei dem mehrere Bands dazu einladen, „zwischen Elefanten, Pinguinen und Löwen zu swingen und zu schwofen".

Indiskutable Käfige

Auch wenn nach der „Wende" eine Menge (Steuer-)Geld in den Um- und Neubau von Gehegeanlagen investiert wurde, weist der Dresdner Zoo immer noch eine Vielzahl indiskutabler Käfige aus den 1960er und 70er Jahren auf: Eulen und Uhus etwa vegetieren in winzig kleinen, verrosteten Uraltvolieren vor sich hin. Und selbst mit Millionenaufwand neuerstellte Anlagen wie etwa das 2008 eröffnete Giraffenhaus bieten den Tieren nicht ansatzweise genügend Platz.

Das Dresdner „Orang-Utan-Haus", in dem derzeit sechs Tiere in zwei „Zuchtgruppen" untergebracht sind, stammt aus dem Jahr 1985 und war ursprünglich nur als Übergangslösung gedacht. Es sollte dazu dienen, die selbst für damalige Verhältnisse indiskutable Unterbringung der Orang Utans in einem winzigen Gitterkäfig für die im Jahr darauf stattfindende 125-Jahr-Feier des Zoos zu kaschieren. An dem Provisoriumsbau wurde die folgenden zwanzig Jahre weiter nichts verändert.

Auch wenn im Jahre 2005 Umbau- und Instandhaltungsmaßnahmen durchgeführt wurden, macht das Ganze nach wie vor den Eindruck eines notdürftigen Provisoriums. Die insgesamt vier Gehegeabteile – jeweils zwei sind für die jeweiligen „Zuchtgruppen" zusammengefasst – weisen eine Grundfläche von je etwa 25qm (=pro Gruppe 50qm) und eine Höhe von knapp 4 Metern auf, zur Besucherseite hin sind sie mit Panzerglasscheiben, zur Rückseite und Decke hin mit Eisengittern begrenzt; die Seiten- bzw. Trennwände sind mit Bambus

TONI

bzw. Kunstfelsen kaschiert, der Boden besteht aus nacktem Beton.

Parallel zu den rückwärtigen Gittern verläuft ein Versorgungskorridor, der, vom Besuchergang aus teilweise einsehbar, die Gehege größer erscheinen lässt, als sie tatsächlich sind. Die bunkerartigen Abteile sind mit Dachluken versehen, über die sie etwas Tageslicht erhalten; zusätzlich werden sie mit Neonlicht erhellt. Fenster gibt es nicht. An Einrichtung finden sich die zooüblichen Klettergerüste aus Holz bzw. Edelstahl sowie ein paar an der Decke befestigte Seile. Sonstiges Spiel- oder Beschäftigungsmaterial gibt es nicht.

Der an den Gehegen entlangführende Besuchergang ist zur Erzeugung von „Urwaldatmosphäre" mit Rindenmulch ausgelegt, zudem ist er mit Bambus verkleidet und mit ein paar künstlichen Feigenbäumen ausgestattet. Die Decke ist teilweise mit Schilfmatten abgehängt, was wohl irgendwie „indonesisch" wirken soll; dem gleichen Zweck sollen offenbar Fototapeten mit Regenwaldbildern dienen, mit denen die Panzerglasscheiben der Gehege zur Besucherseite hin großflächig beklebt sind. All diese Deko-Bemühungen können indes den heruntergekommenen Zustand des Hauses nicht überdecken.

1995 wurde für die Orang Utans eine „Außenanlage" erstellt, die es bis dahin nicht gab. Sie besteht aus zwei zusammenhängenden und insgesamt etwa 300qm umfassenden und mit 5 Metern Höhe viel zu niedrigen Gitterkäfigen. Ausgestattet sind die Käfige mit Naturboden sowie den zooüblichen Totholzstämmen und Kletterseilen. Die beiden „Zuchtgruppen" dürfen die Außenkäfige bei trockenem und warmem Wetter abwechselnd für jeweils ein paar Stunden pro Tag nutzen. Tatsächlich verbringen sie bis zu 95 Prozent (!) ihrer Lebenszeit in den extrem beengten Innenbunkern.

Schon damals wäre die einzige zukunftsweisende Perspektive gewesen, die Orang Utan-Haltung mittelfristig komplett aufzulösen (bzw. letztlich den gesamten Dresdner Zoo, der ohnehin massiv an Publikumszuspruch verliert: Allein in den letzten Jahren brachen die Besucherzahlen um mehr als 10 Prozent ein). #90/2016

Himmelschreiender Zynismus

DJAKA

Das Orang-Utan-Haus des Dresdner Zoos wurde 2005 mit interaktiven Infotafeln bestückt, auf denen Wissenswertes und durchaus Richtiges über Orang Utans zu lesen steht, insbesondere über ihren gemeinsamen Stammbaum mit den Menschen und ihre große Ähnlichkeit zu diesen.

Auf einer der Tafeln sind fünf Thesen aufgeführt:

- Respekt vor dem Orang-Utan als Geschöpf: Orang-Utans gehören zu unseren nächsten Verwandten. Sie empfinden Schmerz und Trauer wie wir – sie verdienen unsere Achtung und unseren Respekt.
- Mitleid mit dem Mitgeschöpf: Unter nicht artgerechter Haltung leiden Tiere körperlich wie seelisch. Besonders für sozial hochentwickelte Tiere wie Menschenaffen ist das Entreißen von ihren Artgenossen und das Verpflanzen in eine fremde und unnatürliche Umgebung qualvoll.
- Schutz einer faszinierenden Art: Für jeden in Indonesien gefangenen Orang-Utan musste ein Vielfaches an Artgenossen sterben.
- Lernen von unseren behaarten Brüdern: Wir wissen noch längst nicht alles über Orang-Utans. Die Erforschung ihres Verhaltens kann uns auch viel über unsere eigene Herkunft und unser Wesen erzählen.
- Botschafter des Regenwaldes: Orang-Utans sind ein Flaggschiff für ihr Biotop, den Regenwald. Als Charaktertiere und Sympathieträger halten sie das Interesse am Regenwaldschutz wach. Entwürdigende Zurschaustellung schadet diesem Anliegen.

Angesichts der extrem beengten Unterbringung der Orang Utans in den selbst nach zoointernen Standards viel zu kleinen und viel zu niedrigen Bunkerabteilen des Dresdner Zoos klingt die Thesensammlung wie bitterer Hohn; umso mehr die Information auf einer anderen Tafel:

- Leben in den Wipfeln: Orang-Utans verbringen beinahe ihr gesamtes Leben im Kronenbereich der Urwaldbäume. Hier

finden sie Nahrung, Partner, Schutz und Schlafplätze. Ihr gesamter Körperbau ist auf diese Lebensweise angepasst.

Tatsächlich hocken die Orang Utans im Dresdner Zoo auf nacktem Betonboden herum und langweilen sich zu Tode. Die anschauliche Beschreibung ihres Lebens in Freiheit, nachzulesen an den Wänden des Gefängnisses, in dem sie ihr Leben lang einsitzen, ist an Zynismus kaum zu überbieten. #90/2016

Qualhaltung von Orang Utans

Die Unterbringung der Orang Utans im Dresdner Zoo läuft den bundesministeriellen Vorgaben von 2014, über die die Haltungsbedingungen von Säugetieren in Zoos reglementiert werden, eklatant zuwider: Für die beiden „Zuchtgruppen" wäre gemäß dieser Vorgaben eine – in sich völlig ungenügende – Mindestgehegefläche von 2x160qm sowie eine Gehegehöhe von 6 Metern erforderlich (tatsächlich hat jede „Zuchtgruppe" nur 50qm Fläche bei einer Gehegehöhe von knapp 4 Metern zur Verfügung). Auch die vorgeschriebenen Sichtblenden bzw. Rückzugs- und Ausweichmöglichkeiten gibt es nicht; ebensowenig die vorgeschriebenen Materialien zur „Lebensraumbereicherung". Der Dresdner Zoo, der sich rühmt, bereits seit 1873 Orang Utans zu halten und sich seither „zu einem Vorreiter zeitgemäßer, moderner Unterbringung und Pflege dieser Menschenaffen" entwickelt zu haben, muss insofern zu den europaweit übelsten Qualhaltungseinrichtungen gerechnet werden.

Negativ-Award

Das Internationale *Great Ape Project* – Sektion Deutschland – verlieh dem Zoo Dresden für die katastrophalen Bedingungen, unter denen seit Jahren und Jahrzehnten Orang Utans gehalten und zur Schau gestellt werden, den Negativ-Award „Schlimmste Orang Utan-Qualhaltung in einem europäischen Zoo".

Die symbolische Verleihung des Negativ-Awards am 25.1.2017 zeitigte enorme Resonanz: Eine entsprechende Meldung auf der Facebookseite des *Great Ape Project* verbreitete sich rasend schnell im Netz, allein auf der GAP-Seite wurde sie innerhalb kürzester Zeit fast 200.000 Mal angeklickt, tausende Male geteilt, geliked und kommentiert; in einem der Kommentare hieß es etwa: „Wie passend zur Bewerbung Dresdens um den Titel 'Kulturhauptstadt Europas': Eine Kulturschande ist das, was da in Trägerschaft der Stadt seit Jahrzehnten mit den Orang Utans (und anderen Wildtieren) im Dresdner Zoo getrieben wird." Zahlreiche Boykottaufrufe wurden gepostet, beispielsweise: „Leider können wir nicht viel mehr tun, als solche Einrichtungen zu ächten und sie zu boykottieren."

Auch die *Sächsische Zeitung* nahm in einem längeren Artikel darauf Bezug („Negativ-Preis für den Dresdner Zoo"), gefolgt von einem ähnlichen Artikel auf *TAG24* („Qualhaltung: Schwere Vorwürfe gegen Dresdner Zoo"). Selbst *BILD*, nicht eben bekannt für eine kritische Haltung Zoos gegenüber, wies auf die katastrophalen Verhältnisse im Dresdner Zoo hin („Schlimmste Orang-Utan-Haltung") und illustrierte den Beitrag über den Negativ-Award mit einem aktuellen Foto des völlig heruntergekommenen Betonbunkers.

Letztlich sah auch die Leitung des Dresdner Zoos sich zu einer Stellungnahme genötigt: Man sei sich bewusst, dass die Haltungsbedingungen „nicht optimal" seien. Nach der Fertigstellung eines aktuell laufenden Projekts („Afrika-Haus") im Sommer 2017 sei der „Neubau eines Orang-Utan-Hauses unser nächstes großes Projekt, das wir in diesem Jahr vorbereiten werden". Man habe die „finanziellen Mittel hierzu im Rahmen der Wirtschaftsplanung für die Jahre 2019/2020 in den Wirtschaftsplan des Zoologischen Gartens aufgenommen".

Ein knappes halbes Jahr zuvor hatte sich das noch ganz anders angehört: Wie Zoodirektor Karl-Heinz Ukena seinerzeit gegenüber den

≡ MENÜ

27.01.2017 - 00:01 Uhr

Dresden – **Die Tierschutzorganisation „Great Ape Project" bescheinigte Dresden „die schlimmste Orang-Utan-Haltung in einem europäischen Zoo".**

Das total marode Orang-Utan-Haus stammt aus DDR-Zeiten

Dresdner Neuesten Nachrichten verlautbarte, stehe der Neubau des Orang-Utan-Hauses in vier Jahren keineswegs fest. Das seien „ungefangene Fische". Und weiter: „Mit den Planungen für ein neues Orang-Haus fangen wir voraussichtlich 2018 an – in der Hoffnung, dass wir eine Finanzierung in den Jahren 2019, '20 und '21 hinbekommen". Wie es dazu in einem Kommentar auf der Facebook-Seite des Zoos hieß: „Nu gut, wenn's denn plötzlich schneller geht. Ich glaub's aber erst, wenn ein Finanzierungsplan steht und die Bagger anrollen."

Immerhin kündigte der Zoo an, bis zur Fertigstellung eines neuen Orang Utan-Hauses jedwede „Nachzucht" unterbinden zu wollen. Die gebärfähigen Orang Utan-Frauen bekämen bis dahin die „Pille". Der Vorwurf, das nicht längst schon gemacht und trotz der indiskutablen Unterbringungsverhältnisse immer

wieder Nachwuchs „gezüchtet" zu haben, blieb dem Zoo in jedem Fall erhalten.

Zu ergänzen ist, dass der Zoo Dresden Mitglied des Weltzooverbandes (WAZA), des *Europäischen Zooverbandes* (EAZA), des *Verbandes der Zoologischen Gärten* (VdZ), des *Verbandes deutschsprachiger Zoopädagogen* (VZP) und der *Zoologischen Gesellschaft für Arten- und Populationsschutz.* (ZGAP) ist. Keine dieser Organisationen hat dafür Sorge getragen, dass die Orang Utans im Dresdner Zoo auch nur einigermaßen ihren Bedürfnissen entsprechend untergebracht werden. Ebensowenig die *Gemeinschaft europäischer Zooförderer* (GEZ), die, ausgerichtet vom *Zoo-Freunde Dresden e.V.*, im September 2016 ihre Jahrestagung im Zoo Dresden abhielt. Einer der Schwerpunkte der Tagung: „Artgerechte Tierhaltung". #95/2017

▶ Im Mai 2021 stimmte der Dresdner Stadtrat – nach monatelang öffentlich ausgetragenen Kontroversen – für den Neubau eines Orang Utan-Hauses im örtlichen Zoo. Die Alternative, nämlich die Aufgabe der „traditionsreichen Orang Utan-Haltung in Dresden", wurde verworfen. Die Stadt reichte hierzu dem kommunalen (also von ihr selbst betriebenen) Zoo ein aus Steuergeldern finanziertes Darlehen in Höhe von 12 Millionen Euro aus, das sie gewissermaßen an sich selbst zurückzahlen muss. Der Bau des auf vorläufig 17 Millionen Euro veranschlagten neuen Orang Utan-Hauses – 5 Millionen wollte der Zoo aus eigenen Mitteln beisteuern – begann Mitte 2022 und soll Mitte 2024 abgeschlossen sein. (Anfang 2023 waren die Baukosten bereits auf über 20 Millionen Euro angewachsen.) Nennenswerte primatologische Expertise wurde für die Bauplanung nicht eingeholt, Fachleute bewerteten den Neubau schon in der Planungsphase als völlig untauglich.

Duisburg

Friedhof der Zootiere

Der Duisburger Zoo wurde 1934, ganz im Geiste der Zeit, als „Heimattiergarten" begründet. Von bescheidenen Anfängen auf einer Fläche von kaum mehr als einem Hektar entwickelte er sich – wohlwollend gefördert von den neuen Machthabern – in rasantem Tempo fort, sodass sich das Areal vier Jahre später schon fast verzehnfacht hatte. Neben der „heimischen Tierwelt" wurden ab 1935/36 auch schon Berberaffen und Löwen gehalten. Im Zuge des Zweiten Weltkrieges wurden die Gehegeanlagen nahezu vollständig zerstört, nur ein paar Tiere überlebten.

Schon wenige Monate nach Kriegsende wurde mit dem Wiederaufbau begonnen. Die ersten ab 1946 gezeigten Tiere waren „Leihgaben" aus dem Münchner Tierpark Hellabrunn. Bald wurden erste Großprojekte in Angriff genommen, 1951 entstand ein Aquarienbau, 1953 ein Elefanten- und Giraffenhaus. 1959 wurde eine Tierpark AG begründet, als deren Hauptaktionärin die Stadt Duisburg zeichnete; zugleich wurde das Zoogelände auf die bis heute bestehende Größe von knapp 16 Hektar erweitert.

Auf dem jenseits einer Stadtautobahn neu hinzugewonnenen Gelände – der Zoo wird insofern der Länge nach in zwei Hälften geteilt – wurde 1962 das sogenannte „Äquatorium" eröffnet, das seinerzeit als „größtes Affenhaus der Welt" gefeiert wurde, gefolgt 1965 vom „ersten Delfinarium in einem deutschen Zoo". 1968 wurde ein zweites Delfinarium eröffnet, 1995 gar ein drittes; zwei- bzw. dreimal täglich finden hier Delfinshows statt. Mit Beginn der Haltung von Koalas im Jahr 1993 habe man „ein weiteres bedeutendes Alleinstellungsmerkmal" etabliert, desgleichen mit einer Anlage für madagassische Frettkatzen oder dem Bau einer als „Rio Negro" bezeichneten Tropenhalle, in der als „letzter Vertreter seiner Art außerhalb Südamerikas" ein einsamer Amazonasdelfin gehalten wird.

Insgesamt hält der Zoo heute etwa 4500 Tiere aus 350 Arten vor. Die Besucherzahlen liegen, offiziellen Angaben zufolge, bei über einer Million pro Jahr (tatsächlich liegen sie erheblich darunter, mit obendrein rückläufiger Tendenz). Wie die meisten anderen Zoos des Landes arbeitet auch der Zoo Duisburg nicht kostendeckend, er wird jährlich mit Millionenbeträgen aus öffentlichen Kassen subventioniert. Gleichwohl leistet man sich einen Zoodirektor, dessen heillos überzogenes Monatsgehalt von 12.500 Euro (zuzüglich Pensionsrückstellungen) dem eines Ministerialdirektors entspricht. Nachdem Ende 2012 der Energieriese RWE seine jährlichen Zuschusszahlungen in Millionenhöhe einstellte und auch der Sponsorenvertrag mit Air Berlin auslief, titelten örtliche Medien, über dem Zoo kreise bereits der Pleitegeier. Um dem massierten Besucherrückgang entgegenzuwirken ließ der Zoo sich allerhand einfallen. Für Kinder wurden zwei Spielplätze mit „Piratenschiff" bzw. „Kletterparcour" vorgehalten,

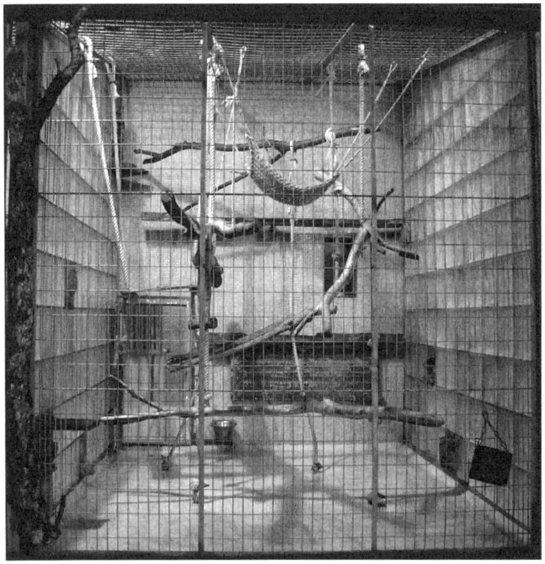

Affenbunker aus 60er-Jahre-Glasbausteinen

2011 wurde zudem eine sogenannte „Erlebniswelt“ eröffnet, in der sich ein Schaubauernhof mit heimischen „Nutz“tieren sowie ein „afrikanischer Kral“ vorfinden; dazu ein „Entdeckerhaus“ und ein eigener „Streichelzoo“. Darüber hinaus gibt es zahlreiche Sonderveranstaltungen wie „Kindernachtsafari“, „Lagerfeuer mit Stockbrot“ oder „Adventbasteln“; jeden Sonntag können sich „Besucherkinder ein Tiergesicht schminken“ lassen. Auch für Erwachsene gibt es Sonderveranstaltungen wie „KungFu vor exotischer Tierkulisse“, den „ADAC-Event-Truck“ oder eine „Ferrari-Show“, bei der, wie der Zoo auf seiner Website schreibt, „neben den vielen schnellen Tieren, wie Ren(n)tieren, Antilopen und Afrikanischen Wildhunden an verschiedenen Stellen im Zoo auch äußerst schnelle Autos“ zu besichtigen sind.

Heruntergekommene Gitterkäfige

Um von einer Hälfte des Zoos zur anderen zu gelangen, muss man die sechsspurige Stadtautobahn (A3) auf einer Fußgängerbrücke überqueren. Auf dem jenseitigen Areal findet sich besagtes „Äquatorium“, ein schmuckloser Betonkomplex, bestehend aus drei ineinander übergehenden Atrien mit insgesamt 16 jeweils im Karree angeordneten Käfigen unterschiedlicher Grundflächen. Im Laufe der Jahre wurden Tiere dutzender verschiedener Arten darin gehalten, denen allenfalls gemein war, dass sie aus äquatorialen Gegenden stammten. Derzeit sind im eingangsnahen Atrium in vier Käfigen Gorillas, Orang Utans, Dscheladas und Brazzameerkatzen untergebracht, im mittleren Atrium in fünf Käfigen Gibbons, Löwenäffchen, Bartaffen, Stummelaffen usw. und im eingangsfernen Atrium in sieben Käfigen eine Reihe weiterer Kleinaffen, teils vergesellschaftet mit Schildkröten, Gürteltieren etc. Komplettiert wird das „Äquatorium“ durch ein Becken für Zwergflusspferde im Eingangsbereich sowie zwei Volieren für australische Papageien und sonstig exotische Vögel.

Die gesamte Anlage macht einen extrem heruntergekommenen Eindruck, allem Anschein nach wurde sie in den mehr als 50 Jahren ihres Bestehens nie überholt (gleichwohl der Zoo Gegenteiliges behauptet). Die Unterbringung der derzeit neun Gorillas und fünf Orang Utans in viel zu kleinen Käfigabteilen spricht dem bundesministeriellen Säugetiergutachten Hohn, das Größe und Ausstattung der Gehege in Zoos vorgibt. Noch nicht einmal die wesentlich laxeren Anforderungen des Weltzooverbandes (WAZA) werden erfüllt, dem der Duisburger Zoo als Vollmitglied zugehört. Die Lebensbedingungen der sonstigen im „Äquatorium" gehaltenen Tiere sind um nichts besser.

Erst seit 2002 verfügen die Gorillas über ein Außengehege, das sie bei günstiger Witterung stundenweise aufsuchen dürfen. Ein paar Jahre später wurde auch für die Orang Utans ein Außengehege eingerichtet, das es bis dahin für sie nicht gab. Die winzigen, in der Regel vollverfliesten bzw. mit Glasbausteinen voneinander abgetrennten Außenkäfige, mit denen die sonstigen Affen des „Äquatoriums" sich bis heute begnügen müssen, geben eine Vorstellung davon, unter welch katastrophalen Bedingungen auch die Großen Menschenaffen bis vor kurzer Zeit gehalten wurden. Kein Wunder, dass bei den „Nachzuchten" wiederkehrend massive Probleme auftraten: Immer wieder nahmen Orang Utan-Mütter ihre Babys nicht an, so dass die Jungtiere SUMA, ASIA, TUAN und THAI „handaufgezogen" werden mussten; hinzu kam eine Reihe mysteriöser Todesfälle: 2008 starb das zweieinhalbjährige Orang Utan-Mädchen CILI, 2011 kamen kurz nacheinander die einjährige MASAJA und ihre knapp zwölfjährige Halbschwester JAMBI „aus unerklärlichen Gründen" zu Tode. Konsequenz? Keine, außer dass man ANETTE, die Mutter der verstorbenen Jungtiere, in einen anderen Zoo abschob.

Aus der Zeit gefallene Dressurshows

Eine fatale Rolle spielte und spielt der Zoo Duisburg auch in der Haltung von Delfinen. Nachdem die seit 1965 im zooeigenen Delfinarium vorgeführten Dressurshows mit Großen Tümmlern sich als umsatzträchtige Publikumsmagneten erwiesen – der 1963 vorgestellte Kinofilm *Flipper* und die nachfolgende TV-Serie gleichen Titels hatten weltweit einen ungeheueren Delfinhype ausgelöst –, wurde 1968 ein weiteres Delfinarium gebaut; zugleich wurde das erste Delfinarium zu einem „Walarium" umgerüstet, in dem Belugas (=Weißwale), Jacobita-Delfine und Amazonas-Flussdelfine untergebracht wurden, die der seinerzeitige Zoodirektor Wolfgang Gewalt in eigenen „Fangexpeditionen" höchstpersönlich

für den Duisburger Zoo eingefangen hatte. 2004 wurde das Walarium aufgrund gehäufter Todesfälle geschlossen.

Die Shows mit den Großen Tümmlern hingegen liefen so erfolgreich weiter – zusätzlich zum Zooeintritt wurden und werden eigene Eintrittsgebühren erhoben –, dass 1995 in Erweiterung des bisherigen Delfinariums die „modernste überdachte Delfinanlage Europas" errichtet wurde. Bis heute werden auf beengtestem Raum bis zu neun Delfine gehalten, die 365 Tage pro Jahr mehrmals täglich zu Dressurshows herangezogen werden. Seit Jahren erheben Tierschützer und Tierrechtler massiven Protest gegen die Duisburger Delfinhaltung (bzw. gegen die Gefangenhaltung von Delfinen überhaupt): Nach Angaben des *Wal- und Delfinschutz-Forums* (WDSF) seien in Duisburg seit Mitte der 1960er mindestens 60 Delfine und Wale gestorben, keiner davon aus Altersgründen. Von 27 „Nachzuchten" im Duisburger Delfinarium waren fünf Totgeburten, zwölf Neugeborene starben innerhalb der ersten 13 Lebenstage; ein Jungtier starb nach 67 Tagen, ein weiteres nach zwei Jahren. Der prominente Delfinschützer und Oscar-Preisträger Richard O'Barry – in den 1960ern als *Flipper*-Trainer tätig – bezeichnete den Duisburger Zoo insofern als den „vermutlich größten Delfinfriedhof Europas". Seit je würden Todeszahlen und Todesursachen vertuscht, auch Daten zur Medikation der Tiere (Antibiotika, Beruhigungsmittel, Psychopharmaka etc.) würden notorisch geheimgehalten bzw. erst nach richterlicher Anordnung und auch dann nur in Teilen veröffentlicht. Zum Artenschutz trage ein Delfinarium nichts bei, ebensowenig zu zoologischer Bildung und Aufklärung. Obwohl der Zoo aufgrund der nachhaltigen Öffentlichkeitsarbeit vor allem des WDSF in den letzten Jahren einen deutlichen Einbruch seiner Besucherzahlen zu verzeichnen hatte, will Duisburg, im Gegensatz zum Allwetterzoo Münster, der die Haltung von Delfinen Anfang 2013 aufgab, weiter an seinem Delfinarium festhalten; und das, obgleich Fachleute aus aller Welt sich dagegen aussprechen und mittlerweile mehr als 70 Prozent aller Deutschen den Betrieb von Delfinarien ablehnen. Bis auf die Zoos Duisburg und Nürnberg haben sämtliche der ursprünglich zwölf Delfinarien in Deutschland in den letzten Jahren ihren Betrieb eingestellt.

Nicht unerwähnt bleiben darf letztlich das Risiko, dem Kinder, die bei Geburtstagsfeiern von einem Delfin im Schlauchboot durch das Becken gezogen werden, durch die hohe Belastung des Beckenwassers mit Coli-Bakterien (aufgrund der steten Defäkation der Tiere) ausgesetzt sind. Trotz aller Warnungen steht das „Bootfahren" weiterhin im Geburtstagsangebot des Zoos. #89/2015

▶ Die gesonderte Eintrittsgebühr ins Delfinarium ist mittlerweile Bestandteil des (insofern erhöhten) allgemeinen Eintritts.

Orang Utan NIEAS hinterrücks erschossen

Am 31. August 2015 gegen 18:30 Uhr wurde Orang Utan NIEAS (26) im Zuge eines angeblichen Ausbruchsversuches von Zoopersonal erschossen. Wie Medienberichten zu entnehmen war, konnte NIEAS aufgrund eines nicht ordnungsgemäß verschlossenen Schiebers aus seinem Käfig im „Äquatorium" entweichen und über eine Dachluke ins Freie gelangen. Er irrte dem Vernehmen nach zunächst orientierungslos umher und begab sich letztlich an den unweit des „Äquatoriums" liegenden Außenzaun des Zoogeländes. Beim Versuch, den Zaun zu überklettern, wurde er erschossen.

Die Behauptung des Zoos, es habe ein den Todesschuss rechtfertigender Notfall vorgelegen, da NIEAS nach Übersteigen des Begrenzungszaunes in das Stadtgebiet Duisburg hätte gelangen und dort Menschenleben gefährden können, entbehrt jeder Sinnhaftigkeit. Hinter dem Begrenzungszaun liegt eine wenig befah-

NIEAS

rene und anliegerfreie Nebenstraße. Wäre der Orang Utan mittels eines Teleinjektionsgerätes immobolisiert worden – wie dies bei einem zweiten Orang Utan, der zeitgleich mit NIEAS aus dem Innengehege entwichen war, problemlos bewerkstelligt werden konnte –, hätte er nach Übersteigen des Zauns nicht mehr weit laufen können, zumal Orang Utans am Boden sehr schwerfällig sind. Mit modernen Teleinjektionsgeräten („Narkosegewehr"), wie Zoos sie üblicherweise vorhalten, kann auf bis zu 60 Meter Distanz sehr zielgenau geschossen werden, insofern wäre eine Immobilisierung des Tieres gefahrlos möglich gewesen. Selbst mit einem simplen Teledart („Narkoseblasrohr"), das auf Distanzen bis zu 20 Meter eingesetzt werden kann, wäre das machbar gewesen; zumindest hätte man es versuchen können und müssen. Eine Betäubung bzw. Immobilisierung mit Xylarin bzw. Ketamin, wie es in vergleichbaren Fällen eingesetzt wird, tritt nach wenigen Minuten ein.

Offenbar verstrich zwischen dem Entdecken des „Ausbruches" und der Tötung des Tieres erhebliche Zeit, in der ein entsprechendes Teleinjektionsgerät hätte beschafft (bzw. nach der Immobilisierung des zweiten Orang Utan nachgeladen) werden können. Es verstrich sogar soviel Zeit, dass ein Großaufgebot an Polizeikräften und Feuerwehr an den Zoo beordert werden konnte, von dem besagte Nebenstraße problemfrei hätte abgesperrt werden können.

Besucher waren zu keinem Zeitpunkt gefährdet, da der „Ausbruch" sich nach Schließung des Zoos ereignete. Und selbst wenn ein akuter Notfall vorgelegen hätte und der Einsatz einer scharfen Waffe tatsächlich „alternativlos" gewesen wäre, wie Zoodirektor Achim Winkler behauptete, hätte man den Orang Utan ins Bein schießen können, um ihn am Weiterlaufen zu hindern. Die Tötung des Tieres war völlig unbegründet und stellt insofern einen strafbaren Verstoß gegen das Tierschutzgesetz dar. Bei der Staatsanwaltschaft Duisburg wurde daher Strafanzeige gegen den verantwortlichen Leiter des Tiergartens erstattet, auch gegen den/die zuständige/n Zootierarzt/ärzte sowie die Person, der/die den tödlichen Schuss abgegeben hat.

Presseberichten zufolge plant der Zoo, NIEAS selbst über den Tod hinaus zu verwerten: Er soll ausgestopft und in einem Showroom ausgestellt werden. #89/2015

▶ Das staatsanwaltliche Ermittlungsverfahren gegen die verantwortlichen Mitarbeiter des Zoos wurde erwartungsgemäß eingestellt. Gegen die Pläne des Zoos, NIEAS auszustopfen und weiterhin zur Schau zu stellen, erhob sich massiver öffentlicher Protest. Man übergab seine sterblichen Überreste deshalb an das Zoologische Forschungsmuseum *Alexander Koenig* in Bonn, wo er, in Einzelteile zerlegt, als wissenschaftliches Anschauungsobjekt dienen soll.

„Bedauerliche Ereignisse"

Am Abend des 12. März teilte der Zoo Duisburg via Facebook mit, dass sämtliche Mitglieder einer Familie von Schwarzschwanzseidenaffen – zwei Eltern- und zwei Jungtiere – urplötzlich verstorben seien: „Leider haben wir eine traurige Nachricht für euch – wir haben unsere Gruppe Seidenaffen verloren. Wieso wir die Tiere ohne vorherige Symptome verloren haben, wissen wir derzeit nicht. Wir hoffen hier auf Klärung seitens der Pathologie."

Der Verdacht, die ursprünglich aus dem zentralen Südamerika stammenden Krallenaffen könnten womöglich an einer Corona-Infektion gestorben sein, lag nahe und wog schwer. Es wären nicht die ersten Primaten gewesen, die in einem Zoo angesteckt worden wären: Kurz zuvor erst war bekannt geworden, dass ein Gorilla im Zoo von Prag positiv auf das Virus getestet wurde; zudem zwei Löwen. Wie zuvor schon bei mehreren Tieren in den Zoos von San Diego und New York war die Infektion vermutlich von Zoopersonal in die Käfige hineingetragen worden. (In der Folge wurden zahlreiche Fälle positiv getesteter Zootiere bekannt, mithin aus den Zoos von Barcelona, Norfolk [UK] oder Louisville [USA].)

Da sich der Zoo Duisburg in der Vergangenheit nicht eben als besonders transparent erwiesen hatte im Umgang mit Todesfällen in seinem Tierbestand – im hauseigenen Delfinarium sind im Laufe der Jahre nicht weniger als 68 Wale und Delfine auf teils mysteriöse zu Tode gekommen –, forderte die Tierrechtsorganisation *Great Ape Project* (GAP) das zuständige Veterinäramt auf, umgehend eine externe Untersuchung anzuordnen. Das Vertrauen, dass der Zoo, wie angekündigt, eine Obduktion der toten Tiere veranlassen und deren Ergebnis dann auch zuverlässig veröffentlichen würde, sei denkbar gering. Es wäre nicht das erste Mal, dass ein Zoo einen zoonotischen Infekt in einem seiner Tierhäuser nach Kräften „unter der Decke" zu halten bestrebt wäre. Erst im Frühjahr 2020 hatte der Zoo Leipzig ein aus ungeklärter Ursache verstorbenes Orang Utan-Jungtier – auch hier stand der Verdacht einer Corona-Infektion im Raum – nicht obduziert, sondern ohne jede Ursachenforschung klammheimlich „entsorgt".

Parallel zur Meldung an das Veterinäramt wurden die Medien über eine Pressemitteilung von der Forderung des GAP in Kenntnis gesetzt, die vier verstorbenen Affen von einer unabhängigen Stelle obduzieren zu lassen: „Der Zoo Duisburg ist verpflichtet, die Todesursache

Gorillababy DEMBA

umgehend aufzuklären und öffentlich zu machen, zumal die Seidenaffen (wie auch andere im Zoo vorgehaltene Neuweltaffen) in einer begehbaren sogenannten 'Tropenhalle' gehalten werden, in der direkter Kontakt zu Besuchern jederzeit möglich ist. Sollte die Todesursache der Tiere tatsächlich in einer Infektionserkrankung liegen – egal ob Corona oder eine andere (zoonotische) Erkrankung –, wären grundsätzlich auch Besucher gefährdet."

Ungeachtet des Umstandes, dass bundesweit zahlreiche Medien (sogar *dpa*) auf die Forderung des GAP abstellten, gab es 96 Stunden später weder eine Rückmeldung seitens des Veterinäramtes noch irgendwelche nähere Information seitens des Zoos (der auch Medienvertretern gegenüber keinerlei Auskunft erteilte). Tags darauf kontaktierte daher das GAP die Stadt Duisburg (die über eine Tochtergesellschaft Mehrheitseignerin des Zoos ist) sowie die zuständige Staatsanwaltschaft – und siehe da: Plötzlich fand der Zoo Duisburg sich herbei, seine ursprüngliche Meldung mit einem „update" zu versehen: „Die pathologische Untersuchung der Seidenaffen hat Veränderungen von Leber, Niere und Milz ergeben, die zu einem Organversagen geführt haben. Dass dabei vier Tiere innerhalb weniger Tage versterben, ist ein besonders bedauerliches Ereignis. Eine Infektion mit dem Coronavirus konnte ausgeschlossen werden. Die Lunge wies bei der Untersuchung keine entsprechenden Veränderungen auf."

Keine Aufklärung

Als Ergebnis einer ernstzunehmenden pathologischen Untersuchung konnte die kurze Mitteilung des Zoos natürlich nicht gelten. Es wurde schlechterdings überhaupt nichts geklärt. Am wenigsten, was zu dem – gleichzeitigen – Organversagen der vier bis dahin völlig gesunden Tiere geführt hat (bis auf den Umstand, dass angeblich keine Corona-Infektion vorgelegen habe, die allerdings, sollte sie denn vorgelegen haben, nicht notwendigerweise an einer Veränderung der Lunge zu erkennen gewesen wäre). Es wurde auch nicht angegeben, wann und von wem die Untersuchung durchgeführt wurde, so dass sie hätte überprüft werden können.

In Beantwortung des GAP-Schreibens an das Duisburger Veterinäramt teilte eine Behördenvertreterin mit, Untersuchungen ungeklärter Todesfälle im Zoo Duisburg würden „immer von unabhängiger Stelle" durchgeführt; im Übrigen verwies sie – das Veterinäramt ist ebenso wie der Zoo eine städtische Einrichtung

– auf das besagte Facebook-*update* des Zoos, der in einer eigenen Presseerklärung nachschob, es werde definitiv „keine weiteren pathologischen Untersuchungen geben".

Das *Great Ape Project* hatte unter Verweis auf das Informationsfreiheitsgesetz NRW beim zuständigen Veterinäramt das offizielle Obduktionsprotokoll angefordert, das indes nicht zur Einsichtnahme freigegeben wurde.

Hochinfektiöse Mandrille werden „hinter den Kulissen" verwahrt

In Zusammenhang mit dem mysteriösen Tod der gesamten Seidenaffenfamilie kam auch ans Licht, dass der Zoo Duisburg seit zweieinhalb Jahren eine vierköpfige Gruppe Mandrille – eine aus den tropischen Regenwäldern Zentralafrikas stammende Primatenart – in einem völlig ungeeigneten Bunkerraum „hinter den Kulissen" verwahrt. Tatsächlich sind die Tiere in der ehemaligen „Bullenbox" des Elefantenhauses weggesperrt, die seit der Abschiebung des letzten Duisburger Elefantenbullen an den Wiener Tiergarten Schönbrunn seit längerer Zeit leerstand. Der Öffentlichkeit bzw. den Zoobesuchern war per Facebookeintrag vom 18.9.2018 („Auf Wiedersehen Mandrills") vorgegaukelt worden, die vier ausgewachsenen Tiere (ein männliches und drei weibliche) befänden sich bereits auf dem Weg in einen anderen Zoo. Seither war von ihnen nichts mehr zu hören oder zu sehen gewesen.

Der Grund, die Mandrille aus dem „Schaubetrieb" zu nehmen, lag darin, dass alle vier

Mandrill ERNST

mit dem sogenannten Simiane Immundefizienz-Virus (SIV=Ursprungsvirus des menschlichen Immunschwächevirus HIV) infiziert sind. Seit je versucht der Zoo insofern, die Tiere über den Europäischen Zoodachverband EAZA loszuwerden – bislang indes ohne Erfolg: Kein anderer Zoo in Europa ist bereit, die Tiere zu übernehmen, die, auch wenn sie keine Krankheitssymptome zeigen – im Freiland ist jeder dritte Mandrill SIV-positiv – doch, und dies speziesübergreifend, hochansteckend sein können.

Da nach hierzulande geltendem Tierschutzrecht die vier (symptomfreien) Mandrille nicht „eingeschläfert" werden dürfen – in anderen Ländern der EU wäre dies problemlos möglich –, trat der Geschäftsführer des Duisburger Zoos Mitte Februar 2021 an das *Wales Ape & Monkey Sanctuary* heran, ein dem *Great Ape Project* zugehöriges Auffangzentrum für „Affen in Not" in Großbritannien, mit der dringlich formulierten Anfrage, ob die vier Mandrille nicht dorthin überstellt werden könnten.

Das Waliser Sanctuary erklärte sich grundsätzlich bereit, die Tiere aufzunehmen, wies jedoch darauf hin, dass die Mandrille aufgrund ihrer SIV-Infektion nicht mit anderen Affen des Sanctuary vergesellschaftet werden könnten, insofern also ein völlig neues Gehege mit lebenslanger Quarantäne- bzw. Isolationsmöglichkeit für sie erstellt werden müsse. Der Zoo Duisburg müsse sich – was bei Aufnahme anderer Tiere in das Sanctuary nicht erforderlich ist – an den Bau- bzw. Unterhaltskosten beteiligen.

Mit Schreiben vom 17.3.2021 teilte der Zoo Duisburg daraufhin mit, die vier Mandrille unter diesen Umständen doch selbst behalten zu wollen. Man wolle eine entsprechende Unterbringungsmöglichkeit auf dem Zoogelände für sie schaffen. Wann dies geschehen solle und ob bzw. inwieweit diese Unterbringung dann den notwendigen Sicherheitserfordernissen entsprechen wird, blieb völlig offen.

Auch wenn das zuständige Veterinäramt bei einer Kontrolle der Mandrill-Haltung Ende März 2021 – *nachdem* öffentliche Kritik laut geworden war – diese als tierschutzgerecht einstufte („Die Tiere wirken ruhig und entspannt."), wurde wegen des dringenden Verdachtes auf Verstoß gegen das Tierschutz- wie auch das Infektionsschutzgesetz die zuständige Staatsanwaltschaft in Kenntnis gesetzt. Diese hat eigenständige Ermittlungen aufgenommen. #111/2021

► Die staatsanwaltlichen Ermittlungen wurden nach wenigen Wochen eingestellt. Die vier Mandrille wurden und werden weiterhin „hinter den Kulissen" verwahrt.

Erfurt

Zoo der toten Tiere

Nach dem Zweiten Weltkrieg zählte die Wiederherstellung zerstörter Zoos vielerorts zu den ersten in Angriff genommenen Aufbaumaßnahmen, manch einer der bei Fliegerangriffen beschädigten oder zerstörten Zoos wurde noch im Jahr 1945 wiedereröffnet. Trotz der schlechten Wirtschaftslage in den Nachkriegsjahren und keineswegs abgeschlossenen Wiederaufbaus der Infrastruktur wurden in mehreren Städten, die bis dahin keine eigenen Zoos vorgehalten hatten – Göppingen, Stuttgart, Dortmund, Wiesbaden usw. –, solche eingerichtet. Auch zahllose kleinere Kommunen sahen sich bemüßigt, je eigene Zoos anzulegen: Ab Anfang der 1950er wurden quer durch Deutschland hunderte kleinerer Zoos, Wild- und Vogelparks begründet, überproportional viele im Osten. Ab 1950 wurden, vom DDR-Staatsrat besonders gefördert, auch einige der großen Ost-Zoos begründet: Magdeburg 1950, Altenburg 1954, Ost-Berlin 1955 oder Erfurt 1959.

Der Eröffnung des Erfurter Zoos im Jahre 1959 vorangegangen waren eine fast dreijährige Planungen seit einem entsprechenden Beschluss der Stadtverordnetenversammlung 1956. Der Zoo am Rande der Stadt war ausdrücklich als Naherholungs- und Freizeiteinrichtung für die Erfurter Bürger gedacht, Bildungs-, Forschungs- oder gar Artenschutzgedanken spielten überhaupt keine Rolle. Und

im Grund ist das bis heute, entgegen aller Behauptungen des Zoos, so geblieben.

Der Zoo, bekannt als Thüringer Zoopark Erfurt, steht bis heute in der Trägerschaft der Stadt und wird von dieser massiv subventioniert; auch aus Mitteln des Freistaates Thüringen, sprich: aus Steuergeldern, wird der Zoo fortlaufend bezuschusst.

Minderheitenbespaßung

Die angegebenen Besuchszahlen des Erfurter Zoos von bis zu 430.000 Menschen pro Jahr sind grob irreführend: tatsächlich wirtschaftet kaum ein Zoo des deutschsprachigen Raumes kostendeckend, auch der Erfurter Zoo Zoo nicht. Dass die einzelnen Einrichtungen für ih-

Hinter zentimeterdickem Panzerglas

ren Fortbestand auf Sponsorengelder wie auch auf Dauersubvention aus Steuermitteln angewiesen sind, ist insofern bekannt. Es nimmt deshalb nicht wunder, dass sie, um ihre gesellschaftliche Bedeutung hervorzuheben, mit irreführenden bzw. vorsätzlich nach oben manipulierten Besucherzahlen operieren. Es wird hierzu ein simpler Trick angewandt: man setzt einfach *Besuche* mit *Besuchern* ineins: Tatsächlich besuchen viele Menschen ein und denselben Zoo per Dauerkarte mehrfach pro Jahr, manche kommen regelmäßig jede Woche (oder gar täglich) so dass die Zahl zoobesuchender Menschen tatsächlich nur einen Bruchteil der Zahl registrierter Zoobesuche ausmacht: Statteten von den angeblichen 430.000 Besuchern des Erfurter Zoos nur fünf Prozent per Dauerkarte dem Zoo zehnmal pro Jahr einen Besuch ab – eine höchst konservative Schätzung –, verringert sich die Zahl der Menschen, die den Zoo besucht haben, schlagartig um fast die Hälfte.

Tatsächlich erwerben durchschnittlich acht Prozent der Besucher Jahreskarten für mehrfachen Besuch ein und desselben Zoos. Für den Zoo Erfurt bedeutet das: entfielen angenommene acht Prozent der 430.000 registrierten Besuche auf Dauerkartenbesitzer und besuchten diese den Zoo im Durchschnitt je zehnmal pro Jahr, wären das exakt 34.000 Menschen, die den Zoo – eben teils mehrfach – besucht haben. Also nicht 430.000 Besucher, wie behauptet, sondern nur 124.000, also etwas mehr als ein Viertel davon. Gut 300.000 Besucher sind durch die irreführende Ineinssetzung von *Besuchen* mit *Besuchern* dazuhalluziniert worden. Zoos sind reine Minderheitenbespaßung – auf Kosten der gefangengehaltenen Tiere *und* des Steuerzahlers.

Im Übrigen sind, entgegen der Behauptung der Zoos und ihrer Verbände, die Besucher- bzw. Besuchszahlen in den einzelnen Zoos seit Jahren massiv rückläufig. Auch und gerade in Erfurt. Es war der unverhältnismäßig hohe Rückgang der Besuchszahlen der entscheidende Grund, die dem Zoo seit 2014 als Geschäftsführerin vorstehende Veterinärin Dr. Dr. Sabine Merz Ende 2022 fristlos zu kündigen, der man diesen Rückgang als in eklatanten Managementfehlern begründet anlastete. Hinzu kamen endlose Querelen mit der eigenen Belegschaft, die sich gegen die extrem diktatorische Mitarbeiterführung der Frau Merz zur Wehr setzte; aber auch Vorwürfe, die zahllosen mysteriösen Todesfälle der letzten Jahre im Tierbestand seien fachlichen Fehlentscheidungen der Dr. Merz zuzuschreiben gewesen. Allein im Jahre 2022 waren fünf junge Großsäuger überraschend und aus nie wirklich geklärten bzw. öffentlich gemachten Gründen verstorben: Anfang Februar wurde der plötzliche Tod des erst 14 Monate alten Nashornjungbullen TAYO und seiner schwangeren 17-jährigen Mutter MARCITA bekannt. Wenig später verstarb unerwartet die gerade einmal drei Jahre alte Löwin LATIKA. Mitte September kamen die erst vierjährige Gepardin ASHANTI und ihre 13-jährige Mutter SIMA zu Tode. Auch schon in den Jahren zuvor waren im Erfurter Zoo überproportional viele Tiere aus unerklärlichen Gründen verstorben. Die studierte Tierärztin und Verhaltensbiologin Merz hatte zur Aufklärung der mysteriösen Todesfälle nichts bzw. nichts Verwertbares beigetragen, ganz im Gegenteil. Im Dezember 2022 war dann Schluss: Frau Dr. Dr. Merz wurde hochkant rausgeschmissen. Die Nachfolge übernahm die bisherige Zookuratorin Heike Maisch.[1] #119/2023

Anmerkung

1 www.sueddeutsche.de/wissen/tiere-erfurt-maisch-fuehrt-erfurter-zoo-als-neue-direktorin-dpa.urn-newsml-dpa-com-20090101-221215-99-909193

Frankfurt am Main

Grzimeks Erbe

Der Frankfurter Zoo wurde auf Betreiben eines örtlichen Bürgerkomitees Anfang der 1850er begründet und im August 1858 offiziell eröffnet. Er ist insofern einer der ältesten Zoos der Welt und gilt, nach Berlin, als zweitältester Tiergarten Deutschlands.

Schon zu seiner Eröffnung konnte eine Vielzahl exotischer Wildtiere gezeigt werden, darunter Paviane, Löwen, Elefanten oder Giraffen. Es entstanden zahlreiche Tierhäuser in orientalisierendem Stil, mithin ein „Maurisches Haus" für die Unterbringung von Antilopen; schon 1861 wurde auch ein Schauaquarium eingerichtet.

Völkerschau 1891

Nach Auslaufen des Pachtvertrages für das relativ kleine Zoogelände zog man 1874 auf ein weitläufigeres ehemaliges Exerziergelände am Ende der „Zeil" um. Die Gehegehäuser des alten Geländes wurden abgebrochen und auf dem neuen Areal wiederaufgebaut. Ab 1875 errichtete man zudem ein mondänes „Gesellschaftshaus", in dem eine zooeigene Musikkapelle täglich zwei Konzerte gab. Ab 1878 wurden, wie vielerorts in deutschen Zoos, auch in Frankfurt sogenannte „Völkerschauen" veranstaltet, bei denen eigens importierte „Exoten" aus allen Teilen der Welt, bevorzugt aus Äthiopien, aus Somalia, dem Sudan, Birma, Ceylon und anderen als „rückständig" geltenden Ländern und Kulturen, vorgeführt wurden. Neben der Präsentation „exotischer" Menschen und Wildtiere gab es im Frankfurter Zoo jede Menge sonstiger Vergnügungsangebote: Sommerfeste, Tanzmatinees, winterliches Eislaufen auf dem zugefrorenen Zooweiher, dazu Auftritte von Zirkus-, Varieté- und Jahrmarktschaustellern.

Mit Ausbruch des Ersten Weltkrieges nahm das Bedürfnis der Menschen nach Rummelplatzvergnügen spürbar ab, der Zoo geriet in massive Schieflage. Um den drohenden Konkurs zu vermeiden, übernahm im Jahre 1915 die Stadt Frankfurt die Trägerschaft (die sie bis heute innehat); die bis dahin als Betreiberin des Zoos firmierende Zoologische Gesellschaft Frankfurt wurde aufgelöst.

In den Nachkriegsjahren versuchte die Stadt, an die früheren Publikumserfolge des Zoos anzuknüpfen: Im Gesellschaftshaus wurde eine Lichtspielbühne eingerichtet, ab 1926 gab es gar die Möglichkeit, sich einer Heilwasser- oder Milchkur zu unterziehen. Die öffentliche Resonanz war allerdings mäßig, der schleichende Niedergang des Zoos ließ sich nicht aufhalten.

Erst ab 1933, ausdrücklich gefördert durch die neuen Machthaber, wurde wieder richtig Geld in die Hand genommen: Die heruntergekommenen Anlagen wurden instandgesetzt, es entstanden zahlreiche neue Gehegebauten. Während der Zoo auf besondere Weisung Görings seinen Betrieb bis in die Kriegsjahre hinein aufrechterhielt, wurde er im Frühjahr 1944 bei einem Bombenangriff nahezu völlig zerstört. Fast alle Tiere kamen dabei zu Tode.

Flusspferdbecken

Der Säulenheilige

Nach dem Krieg bekundeten die US-Militärregierung und der von ihr benannte Magistrat keinerlei Interesse am Wiederaufbau des Zoos. Lediglich der interimistische eingesetzte Oberbürgermeister Wilhelm Hollbach zeigte sich offen, den Frankfurter Zoo an anderer Stelle wiedererstehen zu lassen. Als Planungsdirektor wurde ein gewisser Bernhard Grzimek (1909-1987) berufen, der kurz vor Kriegsende von Berlin nach Frankfurt gekommen war und sich Hollbach als „persönlicher Referent" angedient hatte. Seine vorherige Führungsposition im NS-Reichsernährungsministerium hatte Grzimek dabei ebenso verheimlicht wie seine langjährige Mitgliedschaft in SA und NSDAP. Anfang Mai 1945 wurde er offiziell mit der Aufgabe betraut, einen komplett neuen Frankfurter Zoo einzurichten. Anstatt aber, wie vorgesehen, ein Gelände außerhalb der Stadt ins Auge zu fassen, nutzte Grzimek die chaotische Lage in der völlig zerstörten Frankfurter Innenstadt, um innerhalb weniger Wochen die Bombentrichter auf dem alten Zoogelände beseitigen und ein paar der zerstörten Gehegehäuser notdürftig instandsetzen zu lassen. Bestückt wurden die Gehege mit Tieren eines in Frankfurt gestrandeten Zirkus.

Schon am 1. Juli 1945 wurde der Zoo an alter Stelle wiedereröffnet. Mit Tanzveranstaltungen, Modeschauen und Revuen schaffte es Grzimek, so großen Zuspruch seitens der Frankfurter Bevölkerung zu erzielen, dass er die Zustimmung sowohl der Stadtverwaltung als auch der US-Militärregierung zur Weiterführung des Zoos in der Innenstadt erhielt.

Grzimek als Pappaufsteller im Frankfurter Zoo

Grzimek erweiterte sein Angebot um jede nur erdenkliche Rummelplatzattraktion: Es gab Karussells, eine Achterbahn, dazu die Auftritte fahrender Zirkus-, Jahrmarkt- und Menagerieschausteller; selbst Boxkämpfe und Wahlveranstaltungen politischer Parteien fanden auf dem Zoogelände statt. Zugleich wurde das Zooareal um ein Trümmergelände auf die bis heute bestehende Fläche von 11 Hektar ausgedehnt.

Zum Wiederaufbau einer attraktiven Tiersammlung wurde 1950 die Zoologische Gesellschaft Frankfurt wiederbelebt, die mit Tombolen und Spendenaktionen derart enorme Überschüsse erzielte, dass ab 1953 in rascher Folge eine Vielzahl neuer Gehegehäuser errichtet werden konnte. Tiere wurden in großem Stil über den Alfelder Tierhändler Hermann Ruhe jun. bezogen (der bis herauf in die 1970er, in Konkurrenz zu Hagenbeck, die deutschen Zoos mit Nachschub aus Afrika und Fernost versorgte); zugleich ging Grzimek höchstpersönlich auf „Expeditionsreisen" nach Afrika, um Wildtiere für seinen Zoo einzufangen.

In den folgenden Jahrzehnten baute Grzimek den Frankfurter Zoo zu einer der weltweit bekanntesten zoologischen Einrichtungen aus, er gilt bis heute als einflussreichster Zoo-Zoologe überhaupt. Mit zwei preisgekrönten Dokumentarfilmen, mehr als zwei Dutzend in viele Sprachen übersetzten Sachbüchern, der 175 Folgen umfassenden und über 31 Jahre hinweg ausgestrahlten ARD-Serie *Ein Platz für Tiere* sowie der Herausgabe einer nach ihm benannten 16-bändigen Tierenzyklopädie *Grzimeks Tierleben* – nicht zu vergessen seine Berufung als Beauftragter der Bundesregierung für Naturschutz und zahllose sonstige Ehrenämter und Ehrungen – prägte er wie niemand sonst den europäischen Blick auf exotische Wildtiere, und insbesondere den Blick auf die Einrichtung „Zoo".

Im Frankfurter Zoo, den er bis zu seiner Pensionierung 1974 leitete, gilt Grzimek als unangefochtener Säulenheiliger, ungeachtet des Umstandes, dass seine Filme, Bücher und sonstigen Publikationen von zahllosen zoologischen Irrtümern, Klischees und – mit Blick auf Menschen in Ostafrika – postkolonial-rassistischen Begrifflichkeiten durchzogen sind. Seit Jahren wird in einer als „Grzimek-Camp" bezeichneten Dauerausstellung auf dem Zoogelände gezeigt, „wer Bernhard Grzimek war und was er geleistet hat." Kritisches sucht man hier vergebens, auch der Umstand, dass Grzimek ab 1933 Mitglied der SA und ab 1937 der NSDAP war, wird tunlichst verschwiegen.

Grzimek selbst hatte seine Mitgliedschaft in der Nazi-Partei zeitlebens abgestritten. Nachweislich aber war er von 1938 bis Kriegsende als Regierungsrat im NS-Reichsernährungsministerium tätig gewesen. Selbst mit Nazi-Propagandafilmerin Leni Riefenstahl hatte er, auch auf persönlicher Ebene, eng zusammengearbeitet. Obgleich er nach dem Krieg des Verschweigens seiner SA- und NSDAP-Mitgliedschaft wegen von der US-Militärregierung mit einem rechtskräftigen Strafbefehl belegt worden war, konnte er in der neuen Bundesrepublik steile Karriere machen. Niemand fragte weiter nach. Erst nach seinem Tod 1987 kamen weitere Belege für Grzimeks tiefe Verstrickung in das NS-Regime auf den Tisch. Gleichwohl gibt es bis heute am Frankfurter Zoo eine nach ihm benannte öffentliche Straße.

Heillose Überbelegung

Der Zoo liegt heute inmitten der Frankfurter Innenstadt und ist insofern von stetem Verkehrs- und sonstig urbanem Lärm umtost. Die werbewirksame Selbstbezeichnung als „Naturoase" oder gar als „Naturparadies" ist grotesk.

Auch wenn in den zurückliegenden Jahren die Haltung einiger Tiere mit besonders hohem Platzbedarf eingestellt wurde – so wurden noch bis in die 1980er hinein Elefanten in Frankfurt gehalten –, erweckt der Zoo den Eindruck heilloser Überbelegung: Viel zu viele Tiere (etwa 4500 Individuen) aus viel zu vielen Arten (über 450) sind auf viel zu engem Raum zusammengepfercht. (Noch Ende der Nullerjahre, wie der Zoo seinerzeit mit Stolz verlautbarte, sollen es gar mehr als 5000 Tiere aus 563 Arten gewesen sein.)

Viele der Gehegehäuser und Anlagen stammen noch aus den Wiederaufbautagen des Zoos nach dem Zweiten Weltkrieg. Auch wenn sie im Einzelfalle mehrfach um- und ausgebaut wurden, entsprechen sie nicht einmal ansatzweise modernem Standard. Die Flusspferd- oder Nashorn-Haltung etwa muss als katastrophal gewertet werden; desgleichen die Haltung von Varis, Kattas, Kapuzineraffen und zahlreicher anderer Tiere, die, wie etwa einer Großgruppe Paviane, in vollverfliesten Betonbunkern untergebracht sind werden. Gleichwohl rechnet sich der Zoo zu den „modernsten Tiergärten Europas".

Auf der Bewertungsplattform *tripadvisor* sprach eine Besucherin des Frankfurter Zoos vom „schlechtesten und deprimierendsten Zoo", den sie je gesehen habe (5/19): „Glaskästen,

alte Gehege, viel zu wenig Platz, apathische, resignierte Tiere – ein Trauerspiel". Eine andere Besucherin schrieb: „Mir haben die Tiere wirklich leid getan. Eine Schildkröte zum Beispiel war in einem Aquarium, dessen Durchmesser nur etwas größer war als sie selbst." Und eine britische Besucherin meinte: „Die Tiere werden unter beklagenswert untauglichen Bedingungen gehalten, viele zeigen klassische Stresssymptome. Wir haben den Zoo irritiert und verärgert verlassen." Selbstredend fanden sich auch Einträge, die den Zoo in höchsten Tönen loben – die Plattform wird in erster Linie von Menschen genutzt, die der Einrichtung „Zoo" grundsätzlich wohlwollend gegenüberstehen –, eine Negativquote von 26 Prozent (zwischen befriedigend und ungenügend), die der Frankfurter Zoo seinerzeit erreichte, ist indes ungewöhnlich (zum Vergleich: Leipzig 6%, München 7%, Hamburg 7%).

Millionenschwere Subventionen

Nach den Vorstellungen des seit Anfang 2018 amtierenden Zoodirektors Miguel Casares soll der Frankfurter Zoo im Zuge eines als „ZOOkunft 2030+" apostrophierten Masterplans komplett umgestaltet werden. Kernstücke des Umbaus, der fast die Hälfte der 11 Hektar großen Zooareals umfassen soll, sind zwei vollklimatisierte „Erlebniswelten": eine knapp 7000qm große Amazonashalle sowie eine 10.200qm große Afrikahalle. Ausgestaltet werden sollen die Hallen mit disneylandartigen Themenlandschaften, die dazugehörigen Tiere sollen in reiner Indoorhaltung präsentiert werden. Hinzukommen sollen zwei Erlebnisrestaurants, ein Kiosk sowie ein großangelegter Kinderspielplatz samt „Streichelzoo".

Zu den Kosten – zu tragen in erster Linie vom Steuerzahler – hat Casares sich seit je komplett ausgeschwiegen. Auch von der zuständigen Frankfurter Dezernentin für Kultur und Wissenschaft war nichts zu hören. Nimmt man die Gelder als Maßstab, die der Zoo Leipzig für seinen „Zoo der Zukunft" aufgewandt hat – bis heute wurden dort statt ursprünglich veranschlagter 90 Millionen Euro satte 156,5 Millionen Euro verbaut – dürften auf Frankfurt für die Umsetzung des Projekts ZOOkunft2030+ Kosten von deutlich mehr als 200 Millionen Euro zukommen. Nicht eingerechnet sind dabei die veranschlagten 52 Millionen für die Sanierung des maroden Gesellschaftshauses, das, entgegen aller Behauptung, in erster Linie vom Zoo weitergenutzt werden wird. Ebensowenig eingerechnet sind die laufenden Subventionen und Sonderzahlungen, die der Zoo ohnehin Jahr für Jahr erhält. (Allein der Umbau des Zooeingangs von 2013 hat samt Zooshop und angeschlossener Bärenanlage 14,9 Millionen gekostet, die im Mai 2019 eröffnete Pinguinanlage 7 Millionen.)

Die Hauptlast zur Umsetzung von ZOOkunft2030+ wird vom Land Hessen und von der Stadt Frankfurt zu tragen sein, nur ein kleiner Teil wird vom Zoo selbst über Kredite bzw. Spenden und Tierpatenschaften finanziert werden können. Amortisieren wird sich das Ganze, wie andere Zoos mit vergleichbaren Megainvestitionen zeigen, nie. #105/2019

Trickserei bei den Besucherzahlen

Kaum ein Zoo des deutschsprachigen Raumes wirtschaftet kostendeckend, auch der Frankfurter Zoo nicht. Dass die einzelnen Einrichtungen für ihren Fortbestand auf Sponsorengelder wie auch auf Dauersubvention aus Steuermitteln angewiesen sind, ist insofern bekannt. Es nimmt deshalb nicht wunder, dass sie, um ihre

CHARLY

gesellschaftliche Bedeutung zu dokumentieren, mit irreführenden bzw. vorsätzlich nach oben manipulierten Besucherzahlen operieren. Der Frankfurter Zoo, der Steuergelder in dreistelliger Millionenhöhe für sein Konzept „ZOOkunft2030+“ haben will, spricht insofern von einem Rekordergebnis von exakt 868.799 Besuchern im Jahr 2018. Bei Lichte besehen hat diese beeindruckende Zahl – es ist die Rede davon, der Zoo sei die mit Abstand meistbesuchte Freizeiteinrichtung und damit auch größte Touristenattraktion der Stadt – einen entscheidenden Haken: Viele Menschen besuchen ein und denselben Zoo per Dauerkarte mehrfach pro Jahr, manche kommen regelmäßig jede Woche (oder gar täglich!) so dass die Zahl zoobesuchender Menschen tatsächlich nur einen Bruchteil der Zahl registrierter Zoobesuche ausmacht: Statteten von den angeblichen 868.799 Besuchern des Frankfurter Zoos im Jahre 2018 nur fünf Prozent per Dauerkarte dem Zoo zehnmal einen Besuch ab – eine höchst konservative Schätzung –, verringert sich die Zahl der Menschen, die den Zoo besucht haben, schlagartig um fast die Hälfte.

Tatsächlich erwerben durchschnittlich acht Prozent der Besucher Jahreskarten für mehrfachen Besuch ein und desselben Zoos. Für den Zoo Frankfurt bedeutet das: Entfielen angenommene acht Prozent der 868.799 registrierten Besuche auf Dauerkartenbesitzer und besuchten diese den Zoo im letzten Jahr im Durchschnitt je zehnmal, wären es exakt 243.263 Menschen, die den Zoo – eben teils mehrfach – besucht haben. Also nicht 868.799 Besucher, wie behauptet, sondern nur etwas mehr als ein Viertel davon. Gut 625.000 Besucher sind durch die irreführende Ineinssetzung von *Besuchen* mit *Besuchern* dazuhalluziniert worden.

Im Übrigen sind, entgegen der Behauptung der Zoos und ihrer Verbände, die Besucher- bzw. Besuchszahlen in den einzelnen Zoos seit Jahren rückläufig. Um diese teils massive Rückläufigkeit aufzufangen und neue Besucherschichten anzusprechen, wird in immer neue Attraktionen, sprich: immer weitere Disneylandisierung der Zoos investiert.

Auch die immer wieder vorgetragenen Behauptung, Zoos seien wichtige Attraktionsfaktoren für eine Stadt oder Region, die über Umwegrentabilität – Stärkung von Einzelhandel, Hotel- und Gaststättengewerbe – die ihnen zuteil werdende Subventionierung rechtfertigten, ist nachweislich falsch: Aus tourismuspolitischer Sicht ergeben Zoos, selbst wenn die frei erfundenen Besucherzahlen zugrunde gelegt werden, keinen Sinn. Gleichwohl werden sie von Kommunal- und Landespolitikern über das Argument der Umwegrentabilität mit Millionenbeträgen aus Steuergeldern gefördert. #105/2019

Zoozynismus

Am 15. Oktober 2014 wurde der 57-jährige Orang Utan-Patriarch CHARLY im Zoo Frankfurt „eingeschläfert". Der 1962 als Kleinkind seinen Eltern und seiner Heimat auf Sumatra entrissene CHARLY – seine Mutter wurde bei seiner Gefangennahme mit größter Wahrscheinlichkeit erschossen – kam über dubiose Tierhändler erst in den Zoo Stuttgart und von da 1978 nach Frankfurt.

Sechsunddreißig Jahre verbrachte er in der dortigen Zoogefangenschaft. Bis zum Bau des neuen Menschenaffenhauses im Jahre 2008, sprich: dreißig lange Jahre, musste er unter indiskutablen Bedingungen in einem viel zu kleinen und viel zu niedrigen Betonbunker auf nacktem Betonboden zubringen. Ein Außengehege gab es nicht für ihn.

Wie die Obduktion ergeben habe, so Zoodirektor Manfred Niekisch, seien „Charlys Gelenke völlig abgenutzt" gewesen, so dass er „ohne Medikamente sehr große Schmerzen" gehabt haben müsse. Wenig überraschend, wenn ein Baumbewohner gezwungen wird, jahrzehntelang auf nacktem Betonboden herumzuhocken. Und weiter geht der schreiende Zynismus der Zooleitung: „Die inneren Organe waren für sein Alter allerdings in sehr gutem Zustand, was einen Rückschluss auf optimale Haltungsbedingungen erlaubt. Charly hat ein langes, erfülltes Leben hinter sich." #85/2014

► Zoodirektor Niekisch trat Ende 2017 in Ruhestand. Dem internationalen Zoowesen ist er weiterhin eng verbunden.

Löwenzucht

Mitte Juli 2017 wurde im Frankfurter Zoo der knapp 18-jährige Löwe KASHI „eingeschläfert". Angeblich habe er an nicht behandelbaren Zahn- und Kieferproblemen gelitten. Unmittelbar nach der Tötung KASHIs verlautbarte Zoodirektor Manfred Niekisch, der verbleibenden Löwin ZARINA schnellstmöglich einen neuen Partner zuführen zu wollen, so dass das Zuchtprogramm des Zoos fortgesetzt werden könne. Den Vorschlag, die Löwenzucht einzustellen und stattdessen gestrandete Großkatzen aus Zirkusbetrieben aufzunehmen, wies Niekisch mit Empörung zurück: „Wir wollen ja weiter Löwen züchten", was im Subtext nichts anderes heißt als: „Nur regelmäßig produzierte Löwenbabys garantieren Publikumszuspruch." ZARINAs Vorgängerin wurde nach kurzer Zeit, nachdem sie sich als nicht empfängnisfähig herausgestellt hatte, abgeschoben.

KASHI

Inwieweit Zuchtüberlegungen eine Rolle spielten im Beschluss, den aus Altersgründen nicht mehr zeugungsfähigen oder zeugungswilligen KASHI „einzuschläfern“ – vorgeblich eines nicht behandelbaren Zahnproblemes wegen –, steht dahin. Jedenfalls wurde damit Platz geschaffen für einen jüngeren Löwen, der mit der erst fünfjährigen ZARINA Nachwuchs zeugen soll. Letztlich sei es tierschutzwidrig, so Zoodirektor Niekisch, Wildtiere an der Fortpflanzung zu hindern. Die Aufnahme von – in der Regel sterilisierten – Zirkuslöwen in einen Zoo verbiete sich daher allein schon aus Tierschutzgründen. #96/2017

▶ In der Tat wurde schon wenige Wochen, nachdem man KASHI „eingeschläfert“ hatte, ein neuer „Zuchtlöwe“ angeschafft: der 12-jährige KUMAR aus dem Zoo Dublin. Mitte April 2018 brachte Löwin ZARINA wunschgemäß Nachwuchs zur Welt, zur Begeisterung des Zoos sogar Drillinge.

63 Jahre hinter Gittern und Panzerglas

MARGRIT, vom Frankfurter Zoo seit Jahren schon gefeiert als „ältester Bonobo der Welt“ ist tot. Gefangengenommen in den 1950ern irgendwo in der heutigen Demokratischen Republik Kongo war sie nach Angaben des Zoos 1959 nach Frankfurt gekommen. Bei ihrer Gefangennahme hatte sie vermutlich miterleben müssen, wie ihre Familie von Tierfängern erschossen worden war. MARGRIT starb, angeblich über 70 Jahre alt, Ende Januar 2023.

Wann genau sie geboren worden war, lässt sich natürlich nicht mehr feststellen. Jedenfalls ist es wenig wahrscheinlich, dass sie schon sieben oder acht Jahre alt war, als sie vom seinerzeitigen Umschlagplatz für wildgefangene Tiere in Kinshasa an den Frankfurter Zoo verkauft wurde. Sehr viel wahrscheinlicher ist, dass sie als Baby oder Kleinkind nach Frankfurt verbracht wurde und insofern 65 oder 66 Lebensjahre erreichte. Auch das ist ein hohes Alter für einen Bonobo, aber keineswegs rekordverdächtig und daher weniger werbewirksam als die behaupteten 70plus Lebensjahre.

Tatsache ist, dass MARGRIT 63 Jahre ihres Lebens im Frankfurter Zoo eingesperrt war, seit je und bis herauf in die Nullerjahre in einem vollverfliesten Betonbunker (im berüchtigten Bahnhofstoilettenambiente der Ära Grzimek); seit 2008 lebte sie hinter den meterhohen Panzerglasscheiben des sogenannten „Borgoriwaldes".

Dass MARGRIT die lebenslange Gefangenhaltung unter widernatürlichsten Bedingungen überhaupt so lange durchgestanden hat, ist in erster Linie der medizinischen Grundversorgung zuzuschreiben, die sie im Zoo erhielt. Nachgewiesen ist mittlerweile auch, dass Menschenaffen (wie auch anderen Wildtieren) in Zoos mehr oder minder regelmäßig Psychopharmaka verabfolgt werden.

Deshalb und nur deshalb hat das Gros in Zoos gefangengehaltener Wildtiere eine leicht höhere Lebenserwartung, als Tiere der gleichen Art im Freiland (abgesehen davon, dass es im Zoo keine Nahrungsprobleme gibt, keine klimatischen Fährnisse und keine Fressfeinde, was ohnehin eine längere Lebensspanne erwarten lässt). Eine gegebenenfalls höhere Lebenserwartung im Zoo – die bei Menschenaffen noch nicht einmal gegeben ist! – bedeutet indes NICHT, wie Zoos weltweit zu suggerieren suchen, dass die Tiere ein „gutes", „tier-" oder „artgerechtes" Leben führen. Ihre Gefangenhaltung zieht sich lediglich ein paar Jahre länger hin.

Bonobo MARGRIT

Auch nach ihrem Tod wurde und wird MARGRIT weiter genutzt. Ihr Körper und ihre Organe wurden aufgeteilt, um in verschiedenen Forschungseinrichtungen dem „Geheimnis ihres hohen Alters" auf die Spur zu kommen. #119/2023

Fulda

Heruntergekommener Privatzoo

Nicht weniger als 865 Zoos und zooähnliche Einrichtungen gibt es derzeit in Deutschland. Nur gut 150 davon sind in der *Deutschen Tierparkgesellschaft* (DTG) e.V. bzw. im *Verband der Zoologischen Gärten* (VdZ) e.V. organisiert: Sie orientieren sich – zumindest formal – an den Richtlinien, die diese Verbände sich selbst gegeben haben.

Die übrigen mehr als 700 Einrichtungen gehören keinem Verband an, sind also noch nicht einmal zoointernen Vorgaben verpflichtet. Viele dieser meist kleineren Zoos firmieren als sogenannte „Heimattiergärten", die, betrieben in der Regel von zoologisch völlig unbedarften Privatpersonen oder Hobbyvereinen, verschiedenste Haus- und Wildtiere zur Schau stellen. Keineswegs, wie die Bezeichnung dieser Tiergärten vermuten ließe, handelt es sich dabei nur um Tiere der heimischen Fauna, vielmehr werden, unter meist noch wesentlich übleren Bedingungen, als größere Zoos sie bieten, auch Exoten vorgehalten.

Eine dieser Einrichtungen ist der *Heimattiergarten Fulda e.V.*, ein heruntergekommener Privatzoo, in dem gegen Entgelt Hasen, Meerschweinchen, Ziegen, Kängurus sowie ein Pferd zu besichtigen sind. Ein großer Teil der Anlage ist der Haltung von Vögeln vorbehalten, mithin Eulen, Papageien und Falken. In einem der Vogelkäfige ist in einem separierten Abteil eine Grüne Meerkatze untergebracht. Das Tier macht einen ausgesprochen verwahrlosten Eindruck: ungepflegt, schmutzig und augenscheinlich unterernährt. Es teilt sich den Käfig mit einem Hasen, der auf dem mit Fliesen ausgelegten Boden herumsitzt. Die Meerkatze zeigt massive Verhaltensauffälligkeiten, insbesondere Bewegungsstereotypien: Sie läuft unentwegt auf einer eigentlich als Sitzgelegenheit für Vögel vorgesehenen kleinen Plattform hin und her.

Vorbildliches Bürgerengagement

Eine Fuldaer Bürgerin setzte sich mit großem Engagement und nachgerade „lehrbuchmäßig" für die Meerkatze ein. Zunächst richtete sie ein geharnischtes Schreiben an das zuständige Veterinäramt, mit Kopie an die Untere Naturschutzbehörde der Stadt Fulda, die Landestierschutzbeauftragte im Hessischen Umweltministerium sowie das Umweltbundesamt. Sie trug vor, der Heimattiergarten Fulda gelte gemäß § 42 BNatSchG als Zoo und unterliege daher den entsprechenden gesetzlichen Bestimmungen. Besagte Meerkatze werde in einem für die Unterbringung von Primaten völlig ungeeigneten Abteil eines Vogelkäfigs gehalten, das allein von seinen Ausmaßen und seiner Struktur her den Bestimmungen des bundesministeriellen Säugetiergutachtens vom 7.5.2014, das die Haltung von Säugetieren in Zoos reglementiert, widerspricht. Diesen Bestimmungen zufolge müsste es ein Innen- *und* ein Außengehege geben, jeweils mit einer Grundfläche von wenigstens 33qm und einer Höhe von wenigstens 3 Metern. Tatsächlich umfasse das Käfigabteil lediglich etwa 8qm und sei nur etwa 2m hoch.

Die Gehege müssten Klettergelegenheiten, Sichtblenden und andere Rückzugsmöglichkeiten bieten. Nichts davon sei im Heimattiergarten Fulda gegeben. Zudem seien Meerkatzen paarweise oder in Einmännchen-Vielweibchen-Gruppen zu halten; eine Alleinhaltung wie im Heimattiergarten Fulda sei nicht statthaft. Es sei insofern von einem Verstoß gegen §§ 1 und 2 TierSchG auszugehen. Fraglich sei zudem, ob der Heimattiergarten Fulda die gesetzlichen Bestimmungen von § 11 TierSchG erfülle, die das gewerbsmäßige Zurschaustellen von Tieren in Zoos unter Erlaubnisvorbehalt stellen. Es stehe zu bezweifeln, dass die für die Pflege der Meerkatze zuständigen Personen über die dafür erforderlichen fachlichen Kenntnisse und Fähigkeiten verfügen.

Unter ausdrücklichem Verweis auf die sogenannte Garantenstellung von Veterinärämtern, die diese zu sofortigem Einschreiten verpflichtet, sollte in ihrem Zuständigkeitsbereich Tierwohl gefährdet sein, wurde das Veterinäramt Fulda aufgefordert, den geschilderten Missständen umgehend abzuhelfen. Die Unterbringungsverhältnisse der Meerkatze seien entweder den gesetzlichen Vorgaben anzupassen oder aber das Tier sei zu beschlagnahmen und an einen für Primatenhaltung geeigneten Ort zu überstellen (z. B. an das *Wales Ape & Monkey Sanctuary* in Nordengland, das auf die Re-

habilitation von in Zirkussen oder Zoos missbrauchten Primaten spezialisiert ist). Zugleich informierte die Fuldaerin die örtlichen Medien sowie überregionale Radio- und TV-Stationen. Schon tags darauf teilte das Veterinäramt mit, man habe dem Tiergarten nach Prüfung der Umstände strenge Auflagen erteilt. In der Tat sah man noch am selben Nachmittag aufgeregte Zoomitarbeiter hin- und herwuseln, die eifrig den Käfig der Meerkatze säuberten. Zugleich wurde der Käfig um ein benachbartes Vogelabteil erweitert.

Auch wenn nur eine kleine Verbesserung für die Meerkatze erreicht wurde, zeigt das Beispiel doch, dass bei engagiertem und vor allem fachkundigem Auftreten an den richtigen Stellen sehr schnell etwas in Bewegung gesetzt werden kann. #90/2016

▶ Mit Verfügung vom 21.5.2016 entzog das zuständige Kreisveterinäramt dem Fuldaer Heimattiergarten die Betriebserlaubnis: Es könne, wie es offiziell hieß, eine „Zurschaustellung von Tieren nicht mehr genehmigt werden". Insofern sei es mit sofortiger Wirkung verboten, Publikum einzulassen. Die Tierhaltung selbst hingegen wurde dem Betreiberverein des Tiergartens nicht untersagt. Nach monatelangem Hin und Her wurde die Meerkatze letztlich Anfang Dezember 2016 von einem Verantwortlichen des Fuldaer Tiergartens an die Exotenauffangstation München überstellt, die gleichwohl die Möglichkeit, das Tier in das *Wales Ape & Monkey Sanctuary* zu verbringen, nicht wahrnahm. Stattdessen reichte man die Meerkatze Anfang März 2017 an den Tiergarten Bernburg in Sachsen-Anhalt weiter. Obgleich sie nun erneut in der Gefangenschaft eines Zoos einsitzt, sind die Bedingungen in Bernburg ungleich besser, als sie es im Tiergarten Fulda waren: Es gibt dort Gruppenhaltung, zwei für Zooverhältnisse vertretbare Innen- und ein relativ großzügiges Außengehege. Für die Meerkatze – sie wurde von der Fuldaer Tierfreundin, die sich so nachhaltig für sie eingesetzt hatte, HERMINE genannt – hat sich der Aufwand allemal gelohnt.

▶ Nach 11-monatigen Um- und Neubaumaßnahmen erhielt der Fuldaer Heimattiergarten erneut eine Betriebserlaubnis und konnte Anfang April 2017 wiedereröffnen. Primaten gibt es keine mehr, allerdings werden nach wie vor einzelne Tiere für zirkusähnliche Darbietungen herangezogen.

Gelsenkirchen

Stereotype Kulissenwelt

Als Vorläufer der heutigen ZOOM-Erlebniswelt in Gelsenkirchen gilt der sogenannte „Ruhr-Zoo", der nach dem Zweiten Weltkrieg von dem seinerzeit weltgrößten Tierhandelsunternehmen, der in Alfeld/Leine ansässigen Ludwig Ruhe KG, eingerichtet worden war. Das 1860 als Vogelhandlung begründete Unternehmen hatte Handelsbeziehungen in alle Welt aufgebaut und belieferte – in Konkurrenz zu Hagenbeck – ab Beginn des 20. Jahrhunderts Zoos, Zirkusse und private „Tierliebhaber" mit exotischen Wildtieren jeder Art; es war auch möglich, dressierte Tiere und ganze Showacts zu mieten, auch Menschenschauen (z. B. „Somali- und Lippennegerschauen") wurden von Ruhe organisiert.

Neben dem Zoo Hannover und dem Jardin Zoologique Cros-de-Cagnes an der französischen Riviera, die ab Mitte der 1920er als „Zwischenlager" bzw. „Verkaufsausstellungen" für den aus Südamerika, Afrika und Fernost importierten Tierbestand der Firma Ruhe dienten, wurde 1949 in Gelsenkirchen ein weiterer „Tierhandelszoo" eröffnet. Im Volksmund wahlweise nach den Betreibern als „Ruhe-Zoo" oder nach der Region als „Ruhr-Zoo" bezeichnet, verfügte die Stadt Gelsenkirchen 1951 per Ratsbeschluss die offizielle Bezeichnung „Ruhr-Zoo".

Viele der ausgestellten Tiere – bevorzugt handelte es sich um Wildtiere, die Ruhe über eine hauseigene *Tanganyika Game Ltd.* aus dem ehemaligen Deutsch-Ostafrika einführte – verblieben nur wenige Wochen im „Ruhrzoo"; sobald sie verkauft waren, wurden sie an ihren neuen Bestimmungsort verbracht.

Mit dem Inkrafttreten des *Washingtoner Übereinkommens über den internationalen Handel mit gefährdeten Arten freilebender Tiere und Pflanzen* von 1973 (CITES) – ratifiziert in der BRD im Juni 1976 – verlor das Tierhandelsunternehmen Ruhe quasi über Nacht seine Geschäftsgrundlage. Versuche, sich mit dem Betrieb mehrerer Kleinzoos (u. a. des Baby-Zoos in Wingst, in dem handaufgezogene Tierkinder gezeigt wurden) und Autosafaris über Wasser zu halten, scheiterten, 1993 meldete die Firma Konkurs an.

Schon Anfang der 1970er hatte die Stadt Hannover den Pachtvertrag mit Ruhe gekündigt und den örtlichen Zoo seither in Eigenregie betrieben. Auch der Gelsenkirchener „Ruhr-Zoo" wurde mit dem Niedergang der Firma Ruhe von der Stadt übernommen, die ihn in eine eigens begründete „Gesellschaft für Energie und Wirtschaft mbH" (GEW) einbrachte, die ansonsten für die Frei- und Hallenbäder der Stadt, eine Eislaufhalle sowie den Veranstaltungs- und Cateringservice von Kabarett- und Comedyshows verantwortlich zeichnet.

Die GEW – eine hundertprozentige Tochter der Stadt Gelsenkirchen – baute den völlig heruntergekommenen „Ruhr-Zoo" mit einem Investitionsvolumen von 91 Millionen Euro (an

„Erlebnis von nie gekannter Intensität…"

öffentlichen Geldern) komplett um. Die für modernen Zoobetrieb gänzlich ungeeigneten Stall- und Käfiganlagen aus den Zeiten des Ruheschen Tierhandelszoos wurden bis auf wenige Ausnahmen abgerissen, an ihrer Stelle entstanden auf einem auf 30 Hektar erweiterten Areal drei sogenannte „Erlebniswelten", die die Besucher nicht nur in die Tier- und Pflanzenwelt fremder Erdteile entführen sollen, sondern auch in die Kultur und Lebenswelt der dort beheimateten Menschen. Der Name „ZOOM-Erlebniswelt" deute darauf hin, dass dem Besucher ein „ganz neues Erlebnis von nie gekannter Intensität" ermöglicht werde: „Herkömmliche Gehege entfallen fast gänzlich, die Beobachtungsdistanz verringert sich und die exotischsten und fernsten Lebensräume können selbständig erforscht und dadurch unmittelbar erlebt [=gewissermaßen „herangezoomt"] werden."

Klischee an Klischee

Im Zuge des angeblich „umfangreichsten Zoo-Neugestaltungskonzepts Europas" wurden nacheinander die Erlebniswelten „Alaska" (2005), „Afrika" (2006) und „Asien" (2010) eröffnet. In jedem dieser Bereiche werden vor „landestypischen" Kulissenlandschaften „landestypische" Tiere zur Schau gestellt. Die „Erlebniswelt Alaska" etwa vermittle allein in ihren Dimensionen einen Eindruck von der schieren Weite des wirklichen Alaska: „Auf einer Fläche von rund zehn Fußballfeldern ragen gewaltige Felsformationen in die Höhe, stürzt ein tosender Wasserfall in die Tiefe. Schilfzonen gehen nahtlos in eine Seenlandschaft über, direkt angrenzend erstrecken sich dicht bewaldete Landstriche. In den naturnah gestalteten

Lebensräumen haben die größten lebenden Landraubtiere der Erde ihr Zuhause gefunden: die Kodiakbären. Große Attraktionen der fernen Lebenswelt sind die verspielten Seelöwen und majestätische Eisbären." Entlang eines 1,3 Kilometer langen „Abenteuerpfades" durch die Erlebniswelt finden sich disneylandartige Kulissenbauten wie etwa eine verlassene „Goldgräberstadt" (in der die Besucher sich als „Goldwäscher" betätigen können), eine Goldmine (in der in einem Stollen der holographische „Geist" des früheren Besitzers auftaucht) oder ein „Inuit-Versammlungshaus" (mit „Europas größtem bewegtem Rundum-Kino", das den Besuchern „in einer einzigartigen Motion-Ride-Simulation eine Fahrt in einem sich auf einer Eisscholle befindlichen Iglu simuliert"). Selbstredend werden in einem „landestypischen" (Fastfood-)Restaurant „landestypische" Speisen und Getränke angeboten.

Auch in der „Erlebniswelt Afrika" werden „landestypische" Tiere gezeigt: Löwen, Hyänen, Marabus, Strauße, auch eine Gruppe Schimpansen. Als besondere Attraktion können die Besucher auf einem künstlichen See eine „Abenteuerreise mit der African Queen" unternehmen: An unter Wasser verlaufenden Seilen sind kleine Boote befestigt, die die Besucher in Endlosschleife übers Wasser ziehen. O-Ton der ZOOM-Werbung: „Von hier aus lassen sich die Paviane beobachten, die auf ihrer Insel herumtollen. Aus dem Schilf tauchen Flusspferde lautlos im Wasser auf und öffnen ihr großes Maul. Die große Savanne bietet den Afrika-Abenteurern Einblicke in das Leben von Zebras, Antilopen und Nashörnern, die sich am Ufer im Sand suhlen." Zudem lässt sich hier ein nachgebautes „afrikanisches Fischerdorf" besichtigen.

Als Highlight der „Erlebniswelt Asien" gilt das sogenannte „Tropenparadies": eine 4500qm umfassende Gewächshaushalle mit Membrandach, in der die ZOOM-Besucher in das „atemberaubende tropische Dschungelreich Asiens eintauchen" können: Hier finden sich neben Schweinsaffen, Hulmanen, Kleinen Pandas sowie zahlreichen Vogel- und Reptilienarten auch zwei Gruppen Orang Utans: Zur Einrichtung der von meterhohen Drahtgittern und Betonwänden in Felsoptik umgebenen Gehege zählt ein „Bambuswald" aus entsprechend bemalten Stahlrohren. Bei entsprechender Witterung erhalten die Orang Utans die Möglichkeit, sich stundenweise „unter freiem Himmel" aufzuhalten. Zu diesem Zweck stehen ihnen zwei voneinander getrennte Außenanlagen zur Verfügung, die sich auf künstlichen Inseln in einer künstlichen Seenlandschaft befinden. Versteck- oder Rückzugsmöglichkeiten bieten sie den Tieren nicht.

Das „Tropenparadies" weist zudem einen als „Drachenland" bezeichneten Indoor-Spielplatz aus, auf dem laut ZOOM-Werbung „kleine Entdecker phantastische Abenteuer erleben: Baumhütten und Klettertrapeze lassen bis unter das Hallendach auf mehreren Ebenen eine attraktionsreiche Abenteuerspielfläche entstehen". Für Erwachsene bietet ein „asiatisch" aufgemachtes Erlebnisrestaurant „genussvolle Entspannung in exotischen Welten". Bezeichnenderweise finden sich auf der Speisekarte Gerichte wie „Thailändische Ente", „Hühnchenbrust in Kokos-Curry-Sauce" oder auch „Rückenfilet vom Springbock". (Die gazellenartigen Springböcke können in der „Erlebniswelt Afrika" auch „live" besichtigt werden.) Das Restaurant ist, unabhängig von den ZOOM-Öffnungszeiten, auch abends geöffnet, so dass die Tiere des „Tropenparadieses" bis spät in die Nacht hinein keine Ruhe finden.

Im Eingangsbereich der ZOOM-Erlebniswelten findet sich mit dem sogenannten „Grimberger Hof" eine vierte Erlebniswelt, in der vor dem Kulissennachbau eines westfälischen Bauernanwesens mitteleuropäische „Nutztiere" gezeigt werden. Integraler Bestandteil des Hofes ist ein Biergartenrestaurant, für Kinder gibt es einen Streichelzoo sowie einen weiteren Abenteuer- und Kletterspielplatz.

Insgesamt werden auf dem rund 30 Hektar großen ZOOM-Gelände („rund 45 Fußballfelder") bis zu 900 Tiere aus 100 Arten vorgehalten. Eigenen Angaben zufolge liegen die Besuchszahlen bei „mehr als 1 Mio" pro Jahr.

Disneyland an der Ruhr

Der werbeträchtige Slogan, es lasse sich in der Gelsenkirchener ZOOM-Erlebniswelt eine „Weltreise an einem Tag" unternehmen, ist absurd: Tatsächlich kann man durch vier künstlich angelegte „Disneylandwelten" spazieren, deren Unterhaltungs- und Freizeitwert Geschmacksache ist, deren Aufklärungs- und Bildungswert hingegen gegen null tendiert. Sowohl die zur Schau gestellten Tiere als auch die Kulissen, in denen sie herumstehen, transportieren allenfalls ein paar abgedroschene Klischeevorstellungen über die angeblich repräsentierten Lebenswelten. Die Kulissenbauten (Goldgräberstadt, Afrikaanse Kraal, Indische Tempelruine etc.) sind nichts als willkürlich zusammengestellte Stereotype, die über die kulturellen Zusammenhänge, denen sie entnommen sind, ebensowenig aussagen wie die künstlich nachgebauten Landschaftsformen und Klimazonen (Tundra, Savanne, tropischer Regenwald u. a.) über die tatsächlichen Naturgegebenheiten in Alaska, Afrika oder Asien; selbst die Auswahl der vorgehaltenen Tiere ist völlig willkürlich und im Wesentlichen an den Klischees orientiert, die den Besuchern als Erwartungshaltung zugeschrieben werden.

Die Behauptung, es würden „herkömmliche Gehege fast gänzlich entfallen", ist nur insoweit zutreffend, als Innengehege und Stallungen sich größtenteils außerhalb des Blickfeldes der Besucher befinden und von diesen auch nicht betreten werden können. Die Besucher erleben die Tiere überwiegend in den Kulissenlandschaften, die durch Wassergräben, verdeckte Elektrozäune und Panzerglasscheiben gesichert sind. Tatsächlich unterscheidet sich die Haltung der Tiere in den ZOOM-Erlebniswelten in nichts von den Haltungsbedingungen in anderen Zoos. #119/2023

Gettorf

„Tiere ganz nah erleben"

Der Tierpark Gettorf, eröffnet im Jahre 1968 in der schleswig-holsteinischen Provinz (zwischen Kiel und Eckernförde), ging aus der in den 1950ern begründeten privaten Tiersammlung des ortsansässigen Mineralölspediteurs Karl-Heinz Bumann (1929–2011) hervor.

Neben seiner Sammelleidenschaft für exotische Wildtiere unterhielt Bumann seit Ende der 1950er auch eine private Ponyzucht („Ponygestüt Holstein"), die er letztlich zur deutschlandweit größten ihrer Art ausbaute. Beide Betriebe werden bis heute als privatwirtschaftliche Familienunternehmen fortgeführt, seit dem Tod des Begründers von dessen Sohn. Bumann-Ponys (sogenannte „Sportponys") werden seit je im „Reit- und Fahrsport" eingesetzt.

Im Tierpark Gettorf werden auf einer stetig erweiterten Fläche von mittlerweile knapp acht Hektar derzeit etwa 850 Tiere aus 150 verschiedenen Arten gehalten, der Schwerpunkt liegt seit je auf der Haltung von Affen und Papageien. Auf Raubtiere, Greifvögel und Schlangen, so Familie Bumann, werde bewusst verzichtet, um den Besuchern einen „friedlichen Eindruck der Natur" zu vermitteln. Über die Besucherzahlen wird nichts verlautbart.

In einer Vielzahl an Käfigen und Volieren sowie zwei begehbaren „Tropenhallen" werden Vogelexoten jedweder Art gezeigt, darunter Hornvögel, Aras, Kakadus oder Felsensittiche, aber auch Balistare, Honigfresser, Turakos und zahllose andere Star-, Kiebitz- und Sperlingsvögel.

In einer weiteren Vielzahl an Gehegen und Käfigen werden Alt- und Neuweltaffen gezeigt: Meerkatzen, Sakis, Tamarine, Liszt- und Totenkopfaffen, dazu Berberaffen, Gibbons, Kattas, Varis und viele andere mehr. In einer eigenen Käfiganlage sind drei Schimpansen untergebracht.

Neben den Vogel- und Affenanlagen, die den Park dominieren, finden sich eine Afrika- (Antilopen, Zebras, Zwergzebus), eine Australien- (Emus, Wallabys) sowie eine Südamerikaanlage (Nandus, Tapire, Wasserschweine); hinzu kommt eine Anlage für europäische Haustiere (Haushühner, Haustauben, Kaninchen, Schafe usw.) sowie ein eigener „Streichelzoo" (Zwergziegen, Kamerunschafe, Zwergesel). Überzählige Tiere der Haustierabteilung werden auch zum Verkauf angeboten.

Für Kinder gibt es zwei weitläufige Spielplätze, dazu das sogenannte „Verrückte Haus" (ein normales Wohnhaus, das samt Fundament „auf dem Kopf" gestellt wurde) mit geisterbahnähnlichem „Knochenklapperkabinett". Im Eingangsbereich des Zoos befindet sich eine

Reithalle, in der Kinder und Erwachsene auf den Bumannschen „Sportponys“ reiten können.

Die hauseigene Zooschule bietet das übliche Führungs- und Projektunterrichtsprogramm für Schulklassen und sonstige Gruppen jedweder Altersstufe. Darüber hinaus gibt es eine Vielzahl eigenständiger Veranstaltungen (Wikinger- oder Mittelaltertage, Wild- und Jagdtage, Halloweenparties etc., jährlich findet auch ein „Oldtimertag“ mit Live-Jazzmusik statt.); selbstredend werden Geburtstagsfeiern im Zoo ausgerichtet, zudem stehen Picknickplätze, ein eigener Grillplatz sowie ein Café-Restaurant zur Verfügung.

Winzige Käfige und heruntergekommene Verschläge

Der Tierpark Gettorf macht einen insgesamt eher „heruntergekommenen“ Eindruck: An der Mehrzahl der Vogel- und Affenanlagen scheint seit den Gründertagen des Zoos nichts instandgehalten oder renoviert worden zu sein. Die Tiere werden in teils winzigen Käfigen und Verschlägen gehalten, die Unterbringung etwa der Sakis, Tamarine oder Makaken ist alleine schon aus Tierschutzgründen indiskutabel.

Den drei in Gettorf gehaltenen Schimpansen stehen zwei voneinander getrennte Drahtgitterkäfige zur Verfügung, die durch eine von beiden Käfigen aus zugängige Versorgungsbaracke miteinander verbunden sind. Der an der Vorderseite der Baracke liegende kleinere der beiden Käfige weist eine Höhe von 4 Metern und eine Grundfläche von etwa 50qm auf. Offenkundig noch aus der Gründerzeit des Parks stammend ist er lediglich mit ein paar aufgehängten Seilen, einem Totholzstamm sowie einem am Boden montierten Drehgestell mit aufgesetztem LKW-Reifen ausgestattet, weiteres Spiel- oder Beschäftigungsmaterial gibt es nicht. Die Bemalung der Rückwand mit einem Savannenmotiv erscheint angesichts der schieren Trostlosigkeit der Anlage als reiner Zynismus.

In der allenfalls dreieinhalb Meter hohen Versorgungsbaracke befinden sich die „Innengehege“ der Schimpansen, in denen sie nachtsüber sowie bei ungünstiger Witterung untergebracht sind; sie ist für die Parkbesucher weder zugängig noch einsehbar.

An der Rückseite der Baracke wurde in jüngerer Zeit ein zusätzlicher Außenkäfig mit einer Höhe von etwa 5 Metern und einer Grundfläche von etwa 200qm errichtet, der ebenso wie der vordere Käfig außer ein paar Kletterseilen, einem Totholzstamm und ein paar Autoreifen keinerlei Spiel- oder Beschäftigungsmaterial aufweist. Keiner der beiden Käfige bietet den Tieren eine Rückzugs- oder Versteckmöglichkeit, es steht ihnen lediglich zur Wahl, sich entweder in dem vorderen oder dem hinteren Käfig aufzuhalten. (Man mag sich kaum ausmalen, wie die Haltungsverhältnisse vor dem Bau des vergleichsweise großzügig bemessenen zweiten Außenkäfigs aussahen, der im Gegensatz zu dem kleineren Käfig an der Vorderseite der Baracke wenigstens mit Grasboden ausgestattet ist.) Dem größeren der beiden Käfige unmittelbar vorgelagert findet sich eine aufblasbare Kinderhüpfanlage: Die Schimpansen müssen dem Gehüpfe der Kinder zusehen, während sie selbst keinerlei Spiel- oder Beschäftigungsmöglichkeit haben.

Die drei Gettorfer Schimpansen, allesamt von anderen Zoos übernommene „Handaufzuchten“, weisen Symptome schwerer psychischer Störungen auf, die indes von der Zooleitung ganz offenbar nicht als solche erkannt

Hinter 1000 Stäben ...

werden. Zu den selbst dem Laien ins Auge springenden Verhaltensauffälligkeiten der aus dem Leintalzoo Schwaigern stammenden Schimpansin NICKI (27) heißt es etwa lapidar: „Sie neigt zu starken Stimmungsschwankungen. Ohne für uns ersichtlichen Grund schlägt ihre Friedlichkeit in laut kreischende Hysterie um.“ Auch der Umstand, dass die beiden anderen Tiere, BIBI (27) und CHICO (34), die Besucher bespucken bzw. in hyperaggressiven Ausbrüchen mit Sand oder Kot bewerfen, wird als simples Imponierverhalten verharmlost. Über die primatologische oder sonstig zoologische Fachkenntnis der Familie Bumann konnte nichts in Erfahrung gebracht werden. #79/2013

Grömitz

Riskante Vergesellschaftung

Ende März 2012 wurden vier Schimpansen aus dem „Schwabenpark" bei Stuttgart an den „Arche Noah Zoo" in Grömitz an der Ostsee verkauft. Die beiden bisher in Grömitz gehaltenen Schimpansen sollten – rechtzeitig zu Beginn der Osterferien – publikumswirksame Gesellschaft bekommen. Zudem war offenbar an Nachzucht gedacht: Zoodirektor Ingo Wilhelm sprach von einer letztlich 14-köpfigen Schimpansengruppe auf seiner neu errichteten Affenanlage.

Gleichwohl es durchaus wünschenswert gewesen wäre, die beiden Grömitz-Schimpansen in eine größere Gruppe zu integrieren – sofern und solange Schimpansen in der Gefangenschaft eines Zoos gehalten werden, ist Gruppenhaltung besser als Paarhaltung – und dies prinzipiell auch möglich ist, war die geplante Vergesellschaftung gerade dieser Tiere ausgesprochen risikobehaftet.

Die beiden Schimpansen des Arche Noah Zoos – MICHI und JUDY – waren jahrzehntelang unter indiskutablen Bedingungen gehalten worden. Sie waren und sind beide schwer verhaltensgestört, insbesondere JUDY weist eine Vielzahl massiver Hospitalismussymptome auf. Aufgrund ihrer lebenslangen Isolationshaltung lag die Sozialkompetenz der beiden Schimpansen im Umgang mit fremden Artgenossen bei Null.

Die vier nach Grömitz verbrachten Schimpansen – SUSI, BUBI, SIGI und NINA – entstammten dem sogenannten „Schwabenpark", einem Amusementpark nahe Stuttgart, der neben Achterbahnen, Riesenrädern und sonstigen Fahrgeschäften seinerzeit auch einen Zoo mit 47 Schimpansen vorhielt. Die nachgezüchteten Jungtiere wurden in der Regel handaufgezogen, um sie für den parkeigenen Zirkusbetrieb auf den Menschen zu konditionieren. Mit Eintritt in die Pubertät wurden die dann für zirzensische Zwecke nicht mehr brauchbaren Jungaffen in den Zoobetrieb eingegliedert oder aber – wie jetzt im Falle Grömitz – an andere Zoos veräußert. Wesentlich war und ist, dass die Schwabenpark-Schimpansen durch die frühe Prägung auf den Menschen und die Zirkusdressur, der sie über Jahre ausgesetzt waren, nur in sehr eingeschränktem Maß über artspe-

zifisches Sozialverhalten verfügten. Umgang mit fremden Artgenossen kannten sie nicht, auch ihre Sozialkompetenz tendierte insofern gegen Null.

Die beiden sozialinkompetenten Gruppen nun aufeinander „loszulassen“ barg völlig unkalkulierbare Risiken in sich. Es wäre durchaus denkbar gewesen, dass die beiden Grömitz-Schimpansen von den möglicherweise als „Gang“ auftretenden, weil einander bekannten Schwabenpark-Schimpansen „gemobbt“ würden und es zu schweren Verletzungen hätte kommen können; am Ende hätten die nicht nur zahlenmäßig sondern auch an Körperkraft weit unterlegenen Grömitz-Schimpansen von den Schwabenpark-Schimpansen sogar getötet werden können.

Zoodirektor Ingo Wilhelm nahm dieses Risiko – ein Vabanquespiel, dessen Einsatz allemal von den Schimpansen zu tragen war – vorsätzlich in Kauf. Letztlich aber sah er sich gezwungen, die geplante Zusammenführung der beiden Gruppen als nicht durchführbar abzubrechen. #75/2012

► In der Tat „züchtete“ der Arche-Noah-Zoo in den Folgejahren mit dem Schwabenpark-Schimpansen ungehindert weiter. Die betagten und schwer verhaltensgestörten Schimpansen MICHI (42) und JUDY (45) wurden und werden weiterhin getrennt von den anderen Tieren gehalten. (Stand 4/2023)

Halle an der Saale

Auf Tarzans Spuren im Regenwald?

Die kreisfreie Stadt Halle an der Saale ist mit rund 235.000 Einwohnern die zweitgrößte Stadt Sachsen-Anhalts. Schon 1901 wurde auf dem Gelände einer das Stadtgebiet überragenden etwa 130 Meter hohen Vulkaniterhebung, Reilsberg genannt, ein Zoologischer Garten begründet. Der insofern als „Bergzoo" bezeichnete Tiergarten übernahm die Grundkonzeption eines hundert Jahre davor schon auf dem Reilsberg angelegten klassizistischen Landschaftsparks.

Besondere Förderung erhielt der Zoo Halle während des „Dritten Reiches". Unter der Leitung des seinerzeitigen Zoodirektors Friedrich Schmidt-Hoensdorf – seit 1933 Mitglied der NSDAP und des SS-Reitersturms – wurden vom NS-Reichsarbeitsdienst zahlreiche Um- und Neubauten durchgeführt. Eine Aufarbeitung seiner NS-Geschichte hat der Zoo Halle noch nicht einmal angedacht: Die Zeit zwischen 1933 und 1945 wird in den Annalen komplett ausgeblendet.

Heute hält der Zoo auf dem in sich begrenzten Parkgelände von neun Hektar 1700 Tiere aus 250 Arten vor. Nach Angaben der seit 1995 als städtische GmbH betriebenen Einrichtung liegen die Besucherzahlender konstant bei rund 330.000 pro Jahr (wobei, wie in Zoos üblich, nicht zwischen *Besuchen* und *Besuchern* unterschieden wird: Tatsächlich dürfte der Zoo Halle jährlich von allenfalls 85.000 Menschen, teils mehrfach, besucht werden.)

Für Kinder wird ein weitläufiger Spielplatz vorgehalten, dazu der obligate Streichelzoo. Das ganze Jahr über gibt es Sonderveranstaltungen (Rosenmontag, Walpurgistag, Halloween usw.), bei denen die Kinder verkleidet und geschminkt durch den Zoo laufen dürfen; an Ostern werden „Ostereier durch den Osterhasen verteilt". Selbstredend werden Kindergeburtstage organisiert, auch Zooralleys und thematische Führungen (z. B. „Auf Tarzans Spuren durch den Regenwald"). Für Erwachsene gibt es „Frühschoppen mit Blasmusik", wahlweise auch „Klassische Serenaden" und am Valentinstag „Romantisches Candle Light Dinner" im Raubtierhaus (u. a. mit „gefülltem Schweinerücken" für 50 Euro pro Person).

DDR-Hinterlassenschaften

Das mit neun Hektar relativ kleine und seiner teils extremen Hanglage wegen nur bedingt für Tiergehege nutzbare Gelände des Zoos erscheint mit den 1700 darauf vorgehaltenen Tieren viel zu dicht besetzt. (Bis zur „Wende" lag der Tier- und Artenbestand im Zoo Halle sogar noch höher als heute; selbst extrem flächenbedürftige Tiere wie Giraffen und Nashörner wurden auf dem beengten Areal gehalten.)

Trotz zahlreicher Modernisierungs- und Umbaumaßnahmen, die in den Jahren nach

Schnee-Eule

1989 vorgenommen wurden, weist der Zoo immer noch eine Vielzahl heillos veralteter Gehege auf. Die Außenanlage der Faultiere etwa oder der Innenbunker der Zwergflusspferde, auch einige der Vogelkäfige und Großvolieren, stammen offenbar noch aus frühen DDR-Zeiten. Und selbst die Generalrenovierung einzelner Anlagen brachte für die darin gehaltenen Tiere nicht notwendigerweise eine Verbesserung: Das Großkatzenhaus beispielsweise, in dem je zwei Löwen, Tiger und Jaguare untergebracht sind, wurde bis 2003 von Grund auf saniert und dem veränderten Publikumsgeschmack angepasst; an den extrem beengten Verhältnissen des unter Denkmalschutz stehenden (und insofern kaum veränderbaren) Gebäudes und damit an den Haltungsbedingungen für die Tiere änderte das nicht viel. Auch die mit künstlich hergestelltem Salzwasser befüllten Betonkuhlen, die den rund 30 Humboldt-Pinguinen oder den Seebären zugestanden werden, sind von nachgerade lächerlichen Ausmaßen. Dasselbe gilt für das 2005 eröffnete sogenannte „Krokodilhaus".

Die seit 1974 in Halle vorgehaltenen jeweils zwei Schimpansen erhielten 2001 eine neue Unterkunft (nachdem sie 27 Jahre lang in einem winzigen Betonbunker gehalten worden waren). Für das neue Gehege wurde ein heruntergekommener Geräteschuppen aus den 1920ern, der zwischenzeitlich schon einmal als „Affenhaus" genutzt worden war, instandgesetzt und zu einem begehbaren „Tropenhaus" umgebaut. Seither werden dort exotische Fische und Kleinreptilien gezeigt. Durch großflächige Sicherheitsglasscheiben vom begehbaren Teil des „Tropenhauses" abgetrennt findet sich das etwa 60qm umfassende Innengehege der Schimpansen. Es weist mehrere ineinander verschraubte Kletterbäume und erhöhte Sitzpodeste auf. Versteck- oder Rückzugsmöglichkeiten für die Tiere gibt es nicht. An das Innengehege schließt sich eine etwa 200qm große Außenanlage mit Naturboden und relativ dichtem Pflanzenbewuchs an, die die Schimpansen bei entsprechender Witterung stundenweise nutzen dürfen. Die meiste Zeit hocken sie, tödlich gelangweilt, im Innengehege herum. #100/2018

„Der Zoo spukt!"

Seit Jahren schon werden in den meisten größeren Zoos hierzulande sogenannte „Halloweennächte" veranstaltet: Am oder rund um den 31. Oktober jedes Jahres werden die Zoos geisterbahnmäßig umdrapiert.

Im Zoo Halle, der als einer der ersten schon 2012 auf das aus US-Zoos übernommene Spuk- und Gruselbrimborium aufsprang, würden die Besucher, wie es in einer Ankündigung hieß, durch „aufwendige Halloweendekoration sowie die Ausgestaltung mit Spezialeffekten in eine gruselig-mystische Welt entführt". Tatsächlich hängen überall im Zoo „lebensecht" wirkende Pappmaschee-Zombies herum, Kunstnebel wabert durch das gespenstisch illuminierte nächtliche Gelände und schaurige Geräusche schallen aus den Lautsprechern. Auf einem eigens aufgebauten „Friedhof" erhebt sich wiederkehrend ein Vampir aus seinem Sarg, während ein

Halloween-Horror im Reptilienhaus

in Leichentücher gewickeltes Totengerippe den Besuchern diabolisch entgegengrinst.

Neben den Horrorgestalten aus Kunststoff und Pappmaschee läuft entsprechend verkleidetes Zoopersonal durchs Gelände, mit dem Auftrag, den Besuchern „live" einen Schauer über den Rücken zu jagen. Dabei wird auf junge Besucher, viele im Kindergarten- oder Grundschulalter, keinerlei Rücksicht genommen: Immer wieder blickt man in verstörte oder weinende Kindergesichter, wenn versteckt hinter einem Baum eine Hexe steht oder aus einem Gebüsch plötzlich ein halbverwester Untoter hervorspringt. Wie Eltern auf die Idee kommen können, ihren Kindern Horrorclowns oder blutverschmierte Vampirzombies als „harmloses Gruselvergnügen" zuzumuten, verstehe wer will. Für nicht wenige Kinder dürfte der Zoobesuch an Halloween zu länger anhaltenden Angst- und Panikzuständen führen.

Aber nicht nur mit Blick auf das Kindeswohl ist der um sich greifende Mummenschanz in den Zoos entschieden abzulehnen, sondern auch aus tierethischer Sicht, wenn in den Köpfen der Besucher kulturell ohnehin schon angstbesetzte Tiere wie Wölfe, Fledermäuse, Eulen usw. wieder einmal mit Hexen- und Vampirmythen in Bezug gesetzt werden. Selbstredend sorgen auch Riesenspinnen samt überall herumhängenden Gespinstweben für entsprechenden Grusel, im Raubtierhaus sind die Scheiben vor den Löwen- und Tigerkäfigen mit Blut verschmiert...

Ähnliche Halloweenspektakel gibt es auch in den Zoos von Leipzig, Köln, Gelsenkirchen, Krefeld, Bremerhaven, Heidelberg, Osnabrück und an vielen weiteren Orten. #100/2018

► Die im Vorfeld des Halloweenspektakels 2018 beim Jugendamt der Stadt Halle gegen den örtlichen Zoo erstattete Anzeige besorgter Eltern (u. a. wegen Kindeswohlgefährdung) wurde ebenso abgewiesen wie ein Eilantrag auf Verbot der Veranstaltung bei der zuständigen Staatsanwaltschaft. Nach Corona-bedingter Zwangspause veranstaltete der Zoo Halle 2022 erneut den gleichen Mummenschanz wie in den Jahren davor. Laut Website des Zoos warteten „fleischfressende Zombies, Werwölfe und jede Menge andere gruselige Gestalten und Szenen die Freunde des Horrors".

Hamburg

Orang Utan-Oma wird 61

Immer wieder brüsten Zoos sich mit irgendwelchen „Altersrekorden“, die einzelne Tiere erreichen, ganz so, als sei ein erreichtes hohes Lebensalter Indikator für besonders gute Haltungsbedingungen. Ende April 2022 „feierte“ der Hamburger Tierpark Hagenbeck den angeblich 61. Geburtstag der dort seit Jahrzehnten einsitzenden Orang Utan-Dame BELLA.

Der tatsächliche Geburtstag BELLAs ist nicht bekannt, man weiß nur, dass sie als etwa 4-jähriges Kleinkind ihrer Mutter und ihrer Heimat auf Sumatra entrissen und an Hagenbeck verkauft worden war. Seit 1964 sitzt sie auf engstem Raum im Hamburger Zoo: die ersten 40 Jahre in einem grün verfliesten winzigen Gehegeabteil des alten Menschenaffenhauses, seit 2004 in einer in sich geschlossenen Art „Käseglocke“ (mit einem Durchmesser von 32 Metern und etwa 11 Metern Höhe), die die tropische Umwelt der Tiere nachzuahmen sucht. Gut ein Viertel der Innenraumfläche entfällt auf den mit indonesischen Folkloreelementen drapierten Besucherbereich (samt kleinem Caféhausbetrieb), der durch einen etwa vier Meter breiten Wassergraben vom Gehegebereich der Tiere getrennt ist. Das inselartig angelegte „Gehege“, umgeben von besagtem Wassergraben (in dem vor ein paar Jahren ein 10-jähriges Orang Utan-Mädchen ertrank) und von den mit Kunstfelsen kaschierten Außenwänden des Kuppelbaus, weist eine Gesamtfläche von etwa 300qm auf; es ist mit sand- bzw. kiesbedecktem Boden, künstlichen Felsen und den zooüblichen Totholzkletterbäumen ausgestattet; dazu gibt es ein paar Seile, Hängematten und wippende Stahlrohrstangen. Ein paar zu Dekozwecken auf der „Insel“ angepflanzte Palmen sind mit stromführenden Drähten gegen Emporklettern gesichert, auf die sonstige „Dschungelbepflanzung“ der Anlage haben die Tiere keinen Zugriff.

Entgegen der Behauptung des Zoos gibt es für die Orang Utans bei Hagenbeck *kein Freigehege*. Allenfalls kann bei günstigem Wetter das Kuppeldach über dem Bereich der Besucher zurückgefahren werden, so dass für diese der Eindruck eines Freigeheges entsteht. Die Tiere haben von dem zurückgefahrenen Dach wenig, sie können allenfalls von den Spitzen der Kletterbäume aus über die Außenwände des Besucherbereiches hinweg einen Blick ins Freie werfen. Tatsächlich verbringen sie ihr gesamtes Leben unter der Stahlträger- und Foliendachkuppel.

BELLA hat seit 58 Jahren keinen Grashalm mehr unter den Füßen oder einen Sonnenstrahl auf der Nase gespürt. Die über dpa verbreitete Behauptung Hagenbecks, es gehe ihr an ihrem „Geburtstag“ gut und sie sei „fröhlich und auf der Außenanlagen mit allen anderen Orang-Utans“,[1] ist frei erfunden. Denn eine Außenanlage gibt es nicht. Desungeachtet rühmt sich der „zoologische Direktor“ Hagenbecks, das überdurchschnittlich hohe Lebensalter

Hagenbecks „Käseglocke" von 2004

BELLAs sei eine Bestätigung für die ausgesprochen guten Haltungsbedingungen, die sie in Hamburg erfahre.

Tatsächlich sagt das Erreichen eines hohen Lebensalters nicht das Mindeste aus über die Art- bzw. Tiergerechtigkeit der jeweiligen Haltungsbedingungen. Sie bestätigt allenfalls die Binsenannahme, dass Tiere, die im Zoo den Gefährdungen des Lebens in freier Wildbahn nicht ausgesetzt sind – Beutegreifer, Futter-/Wasserknappheit, raue Klimabedingungen, starke Konkurrenz – und zudem präventive wie auch kurative medizinische Betreuung erhalten, weniger gefährdet sind und daher eine höhere Überlebenschance mit durchschnittlich höherer Lebenserwartung haben. Ein Hinweis auf „gutes" Leben ist ein langes Leben keineswegs. #115/2022

Anmerkung

1 www.sueddeutsche.de/leben/tiere-hamburg-rekord-orang-utan-bella-feiert-61-geburtstag-dpa.urn-newsml-dpa-com-20090101-220419-99-961930

Hannover

Disneyland an der Leine

Mit über das ganze Jahr sich hinziehenden Sonderveranstaltungen feiert der Erlebniszoo Hannover 2015 sein 150-jähriges Bestehen. Tatsächlich wurde der Tiergarten 1863 aus bildungsbürgerlichen Kreisen heraus begründet und zwei Jahre später feierlich eröffnet.

Zur Finanzierung der ehrgeizigen Pläne, eine zoologische Bildungseinrichtung nach dem Vorbilde Londons, Berlins und Frankfurts zu errichten, hatte man eine eigene Aktiengesellschaft ins Leben gerufen. Gleichwohl hatte der Zoo von Anfang an mit massiven finanziellen Problemen zu kämpfen. Erst ab Anfang der 1880er Jahre ging es etwas aufwärts, nicht zuletzt durch regelmäßig veranstaltete „Völkerschauen", bei denen (bis herauf in die 1930er) „afrikanische Stämme, Indianer oder Kirgisen" präsentiert wurden. Zudem wurde der Zoo von der Stadt Hannover erheblich bezuschusst. 1920 wurde er komplett in kommunale Trägerschaft überführt, was allerdings seinen Konkurs zwei Jahre später nicht aufhielt. Sämtliche Tiere wurden verkauft, der Zoo wurde geschlossen.

1924 entstand eine Bürgerinitiative zur Wiedereröffnung des Zoos, die in Zusammenarbeit mit dem Tierhändler Hermann Ruhe jun. auch bewerkstelligt wurde. Ruhe, der den Zoo letztlich als Pächter ganz übernahm, verstand ihn als besseres „Zwischenlager" für seine Tierhandlung, aus dem heraus er Zirkusse und Zoos weltweit belieferte. Viele der gezeigten Tiere waren nur wenige Wochen im Zoo zu sehen, bis sie verkauft wurden.

Bei Bombenangriffen Ende 1943 weitgehend zerstört, wurden die Anlagen ab 1946 von der Firma Ruhe provisorisch wiederhergestellt und wie vor dem Krieg als „Tierhandelszoo" weiterbetrieben. Erst 1972 wurde der Pachtvertrag mit Ruhe gekündigt, die Zooanlagen wurden von der Stadt Hannover wieder in eigene Regie übernommen. In den Folgejahren entstand wieder ein regulärer Zoobetrieb, der jedoch trotz massiver Subventionierung aus öffentlichen Mitteln auf keinen grünen Zweig kam. Anfang der 1990er stand der Zoo erneut vor der Pleite, was die Stadtverwaltung zu einem radikalen Schnitt und nachfolgendem Neuanfang veranlasste: Das städtische Zooamt wurde 1994 in eine GmbH umgewandelt und symbolisch für eine Mark an den Kommunalverband Großraum Hannover veräußert.

Ab 1995 wurde ein Konzept „Zoo 2000" entwickelt. Die herkömmliche Tierpräsentation in Käfigen und Gehegen sollte aufgegeben werden zugunsten einer „detailgetreuen Nachbildung der natürlichen Lebensräume der Tiere". Gleichwohl reichten die mit Steuermitteln geschaffenen sogenannten „Erlebniswelten" über abgedroschene Klischees nicht hinaus: ein „Gorillaberg" (mit „lebensechten" Dioramen zur Menschheitsgeschichte sowie einem Freigehege für Gibbons und Flachlandgorillas), eine afrikanische Flusslandschaft „Sambesi" (mit künstlichem Flusslauf, auf dem die Besucher in Booten an den Gehegen von Giraffen, Löwen, Flusspferden etc. vorbeifahren können), ein indischer „Dschungelpalast" (ein Kulissennachbau eines Maharadschapalastes mit Elefanten, Hulmanaffen und Amurtigern) und „ Meyers Hof" (eine bäuerliche Gehöftanlage mit regionaltypischen Wohn-, Wirtschafts- und Stallgebäuden aus verschiedenen Epochen, auf der regionale „Haus- und Nutztierrassen" gezeigt werden). Ab 2007 kamen drei weitere, mit Zigmillionenaufwand erstellte „Erlebniswelten" hinzu: das sogenannte „Mullewapp" (ein nach Motiven des Kinderbuchautors Helme Heine gestaltetes „Kinderland" mit Streichelzoo, Abenteuerspielplatz und Familienrestaurant), ein australisches „Outback" (eine Kulissensiedlung mit altem Farmhaus, verlassener Tankstelle und kleinem Pub, um die herum Kängurus, Wallabys, Wombats etc. zu sehen sind) sowie eine kanadische Themenwelt „Yukon Bay" (mit Wolfsschlucht, Flusslauf, Hafenstadt und Unterwasserwelt samt Seelöwen, Eisbären, Pinguinen etc.).

In eigenen „Showarenas" finden täglich bis zu acht Tiershows statt, bei denen Greifvögel, Robben, Nasenbären und andere Wildtiere andressierte Zirkusnummern vorführen müssen. Man scheut sich nicht einmal, die Dressur von Jungelefanten mithilfe der tierquälerischen Elefantenhaken – mit spitzen Haken versehene Stöcke, mit denen die Tiere an empfindlichen Körperstellen (an den Augen, den Ohren oder Geschlechtsteilen) traktiert werden – in aller Öffentlichkeit als Showveranstaltung vorzuführen.

Zirkusshow

Der Erlebniszoo Hannover hält auf einer Gesamtfläche von 22 Hektar knapp 2000 Tiere aus etwas mehr als 200 Arten vor. Die Eintrittspreise liegen mit 28,50 Euro für eine reguläre Tageskarte an der obersten Kante vergleichbarer Einrichtungen.

Kulissenbauten und potemkinsche Dörfer

Die gewaltigen Investitionssummen von 112 Millionen Euro, die seit 1995 in den Umbau des Zoos gesteckt wurden, flossen in erster Linie in dessen „Disneylandisierung" (bis 2025 sollen weitere 72 Millionen an Steuergeldern verbaut werden). Die Umgestaltung der alten Gehege und Käfiganlagen stand und steht durchwegs unter dem Primat der Steigerung ihres Erlebniswertes für die Besucher, dem die Interessen der Tiere allenfalls nachrangig zugeordnet sind,

sofern sie denn überhaupt eine Rolle spielen. Die werbeträchtige Behauptung, der Erlebniszoo Hannover sei „Deutschlands spektakulärster Tierpark", bezieht sich ausschließlich auf den Blick des Publikums. Den Elefanten ist es egal, ob sie in der Kulisse eines indischen Maharadschapalastes herumstehen oder sonstwo, und auch für die Eisbären ist es gleichgültig, ob um ihr Becken herum ein potemkinsches Fischerdorf aus der Yukon Bay aufgebaut ist oder nicht.

Gerade diese Kulissen- und Entertainmentbauten aber haben Unsummen verschlungen, die sich, wie die massiv rückläufigen Besucherzahlen der letzten Jahre andeuten, nicht nur nie amortisieren werden, sondern den Tieren auch keinerlei Vorteil bringen (sofern die jeweiligen Anlagen, was keineswegs durchgängig der Fall war, nicht zugleich vergrößert und tiergerechter ausgestattet wurden).

Ungeachtet der extrem kostspieligen Um- und Neubauten stammen viele der Tieranlagen noch aus den Tagen des „alten Zoos". Das 1982 errichtete sogenannte „Urwaldhaus", in dem Gorillas, Schimpansen und Orang Utans untergebracht sind, ist trotz einer Generalsanierung ab 2012 für die Unterbringung Großer Menschenaffen immer noch völlig ungeeignet. Der schmucklose Sichtbetonkomplex weist vier durch Betonwände voneinander getrennte Abteile auf, deren erste zwei, je etwa 65qm groß, mit derzeit drei Orang Utans besetzt sind. Zur Besucherseite hin sind diese Abteile mit großformatigen Panzerglasscheiben versehen, nach oben hin sind sie durch Stahldrahtgitter gesichert. Sie weisen nackten Betonboden auf, eingerichtet sind sie mit Stahlrohrklettergerüsten, Seilen, Hängematten und einer kleinen Wasserstelle. An Beschäftigungsmaterial stand den Tieren bei unseren Besuchen je eine Plastiktonne zur Verfügung, dazu lagen ein paar leere Plastikkanister und Obstkisten aus Pappkarton herum; aufgestellte Futter-/Labyrinthkästen waren nicht befüllt. Rückzugs- oder Versteckmöglichkeiten gibt es nicht. Die fensterlosen Gehegeabteile erlauben keinen Blick nach draußen, Tageslicht erhalten sie über ein transparentes Dach, das sich über den gesamten Gebäudekomplex erstreckt.

Die beiden Abteile, in denen die derzeit elf Gorillas bzw. sieben Schimpansen untergebracht sind, sind ebenfalls nach hinten und zu den Seiten hin von 5m hohen Betonwänden umgeben. Bis zum Umbau des Hauses 2012 waren sie zur Besucherseite hin offen, vom Besuchergang nur durch einen senkrecht abfallenden, 4,5 Meter tiefen Betongraben getrennt. Mittlerweile – und nach massiver Kritik aus Tierrechtskreisen – wurden die extrem unfall- bzw. verletzungsträchtigen Gräben zugeschüttet, die Gehege wurden zur Besucherseite hin mit Panzerglasscheiben gesichert. Ansonsten wurden keinerlei erkennbare Veränderungen vorgenommen, nackter Beton, wohin man blickt.

Auf der Besucherseite bzw. außerhalb der Reichweite der Affen ist der Innenraum des „Urwaldhauses" mit, wie es heißt, „üppiger Urwaldvegetation" begrünt; zu weiterer Erzeugung von „Dschungelatmosphäre" sind in einem eigenen Glaskasten südamerikanische Weißbüscheläffchen, Goldagutis und Zweizehenfaultiere untergebracht.

Das „Außengehege" der Orang Utans besteht aus einem nachträglich an den Betonkomplex des „Urwaldhauses" angebauten Gitterkäfig, der zur Besucherseite hin mit Panzerglasscheiben versehen ist. Er weist Naturboden auf und ist mit zwei Holzstämmen, zwei Hängematten, einer aufgehängten Plastiktonne und einer kleinen Wasserstelle ausgestattet. Der Hinweis auf einer angebrachten Infotafel, es sei „der Orang Utan weltweit das größte baum-

Plastikkuh auf dem Schaubauernhof

lebende Tier", das bevorzugt „in Baumkronen lebt", erscheint angesichts des viel zu kleinen, viel zu niedrigen und noch nicht einmal mit einem Klettergerüst – geschweige denn einem richtigen Baum – ausgestatteten Geheges als blanker Zynismus.

Das Außengehege der Gorillas ist Teil des seit 1995 umgesetzten Hannoverschen „Disneyland"-Konzeptes. Als erstes Großprojekt wurde schon 1996 ein sogenannter „Gorillaberg" angelegt, der, räumlich getrennt vom „Urwaldhaus" (aber durch einen unterirdischen Zugang mit diesem verbunden) sich laut Parkführer „mitten im Herzen des Erlebniszoos" erhebt: „Er ist nicht nur für seine Bewohner eine einzigartige Welt, auch die Besucher erwartet ein unvergessliches Erlebnis, wenn sie die schönste Anlage für Menschenaffen in Europa sehen." Tatsächlich ist das Außengehege der Gorillas weit weniger sensationell, als die Werbesprüche des Zoos vermuten lassen, vielmehr handelt es sich um eine von Betonwänden in Felsoptik umgebene etwa 600qm große Freifläche mit Naturboden, natürlichem Bewuchs und ein paar installierten Totholzstämmen, wie sie mittlerweile in vielen Zoos anzutreffen ist. Zur Besucherseite hin sind in die Wände verschiedene Sichtfenster eingelassen, die Einblicke aus verschiedenen Perspektiven erlauben. Dem Gelände vorgelagert findet sich, steil abfallend, ein 3,70 Meter tiefer Wassergraben (der im Mai 2000 dem 16-jährigen Gorilla ARTI zum tödlichen Verhängnis wurde: Er stürzte ins Wasser und ertrank. Die Unfallstelle – schon beim Bau der Anlage 1996 war vor der Gefahr gewarnt worden, die der Graben für die Tiere darstellt – wurde bis heute erkennbar nicht ausreichend gegen weitere Unfälle abgesichert.)

Spektakulärer Ausbruch

Die Außenanlage der Schimpansen, ein mit 4,5 Meter tiefem Betongraben von den Besuchern abgegrenztes Areal, war am 11. Juli 2012 Schauplatz eines spektakulären Ausbruches. Fünf Schimpansen hatten sich den überhängenden Ast eines außerhalb des Geheges stehenden Baumes herabgezogen, was ihnen ermöglichte, über den Betongraben hinweg zu entkommen. Der Zoo wurde sofort evakuiert, viele Besucher brachten sich auch im „Urwaldhaus" oder in sonstigen Tierhäusern in Sicherheit, wo einige der Hitze und Aufregung wegen Kreislaufzusammenbrüche erlitten. Der Zoo wurde von bewaffneten Polizeikräften umstellt, während Zoomitarbeiter sich mit Narkosegewehren und scharfen Waffen auf die Suche nach den Schimpansen machten. Diese hatten auf ihrer Flucht ein fünfjähriges Mädchen umgerannt, das mit einer stark blutenden Kopfverletzung ins Krankenhaus gebracht werden musste. Nach etwa einer Stunde kehrten die Schimpansen freiwillig in ihr Gehege zurück. Umgehend verhängte man eine Außenbereichssperre: Sie durften das Außengehege nicht mehr betreten. Da seit Herbst 2012 die Innengehege umgebaut wurden, blieben sie bis zu deren Fertigstellung im Frühjahr 2013 rund um die Uhr in ihren extrem beengten Schlafboxen eingesperrt. Zeitgleich wurde mit dem Umbau des Außengeheges begonnen, das mit Millionenaufwand zu einer disneylandähnlichen „Savannenlandschaft" umgestaltet wurde; einschließlich künstlicher Affenbrotbäume aus Beton. Ende September 2013 wurde die Anlage „eingeweiht", nach mehr als 14 Monaten durften die Schimpansen erstmals wieder für ein paar Stunden ins Freie. #87/2015

Geprügelte Elefantenkinder

Zum Image-Super-GAU geriet dem „Erlebniszoo Hannover" eine Sendung des ARD-Politmagazins *Report Mainz* im April 2017. Dort wurde gezeigt, wie eines der drei Elefantenjungtiere des Zoos in einem öffentlich nicht einsehbaren Nebengehege unter massivem Einsatz des sogenannten „Elefantenhakens" einer gewaltsamen und ersichtlich schmerzhaften Dressur bzw. Disziplinierung unterzogen wurde. Die Szenen waren im September 2016 von der Tierrechtsorganisation *PeTA* mit versteckter Kamera aufgenommen worden.

Der *Report*-Beitrag löste einen in dieser Form noch nie dagewesenen Sturm der Entrüstung gegen den Zoo Hannover bzw. das Zoowesen überhaupt aus: Sämtliche TV-Stationen und Printmedien des Landes berichteten darüber, selbst im Ausland warf der Beitrag hohe Wellen. Die britische *Daily Mail* etwa schrieb von „horrendem Filmmaterial", das Zoowärter zei-

ge, wie sie „Elefanten mit Peitschen und Haken quälen" („...*torturing elephants with whips and hooks*"[1]). Der knapp fünf Minuten lange Film wurde zehntausendfach im Netz geteilt und von zigMillionen Menschen gesehen.[2] In kürzester Zeit liefen auf der Facebookseite des Zoos tausende wütender Kommentare auf, befeuert von den ebenso uneinsichtigen wie bornierten Versuchen der Zooleitung, die offenkundig tierquälerischen Dressurmaßnahmen als Teil des „regelmäßigen Trainings" abzutun, das für die medizinische und pflegerische Versorgung der Tiere notwendig sei. Schläge, so der zoologische Leiter Klaus Brunsing, seien nicht zu erkennen. Nicht minder borniert waren die Versuche notorischer Zoobefürworter (z. B. *prozoo*), der Kritik an den Missständen im Zoo Hannover zu begegnen mit hanebüchenen Anwürfen gegen *PeTA*. Immer wieder wurde auch behauptet, die Aufnahmen stammten gar nicht aus dem Zoo Hannover oder seien sonstwie „manipuliert".

Unverzichtbare Routinemaßnahmen?

Schon im ausgestrahlten Beitrag von *Report Mainz* hatte die US-amerikanische Elefantenexpertin Carol Buckley, die mehrere Stunden des *PeTA*-Bildmaterials gesehen hatte, darauf hingewiesen, dass die Tiere in ständiger Angst lebten: „Ein Versagen seitens der Elefanten führt zu sofortiger Bestrafung, körperlichem Schmerz, Schikane, Einschüchterung und emotionalem Stress."

Die Zoos keineswegs grundsätzlich ablehnende Elefantenschutzorganisation *European Elephant Group*, ein länderübergreifender Zusammenschluss wildtierbiologisch qualifizierter Fachleute, bewertete das für den Fernsehbeitrag verwendete Videomaterial wie folgt: „Die Aufnahmen zeigen verschiedenen Situationen, in denen jeweils eines von drei der zu diesem Zeitpunkt ca. drei Jahre alten Jungtiere von der Mutter separiert unter massivem Hakeneinsatz trainiert wurde. Die Elefantenjungtiere werden durch Pfleger in dem Video zur Ausführung von Circuskunststücken aufgefordert. Den Tieren wird dabei keine Zeit gelassen, die Kommandos auszuführen; noch während der Ausführung treiben die Pfleger das Kalb zu schnellerem Arbeiten an, minimales Fehlverhalten wird sofort bestraft. Das erfolgt hauptsächlich durch den Elefantenhaken, der selbst für die im Haltungssystem des Direkten Kontakts üblichen Verhältnisse überaus brutal eingesetzt wird. Die Gewalteinwirkung erfolgt neben Schlägen insbesondere durch Stiche mit der Spitze und Reißen mit der Hakenspitze am

Körper. Ein Tier zeigt starke Schmerz- und Angstzeichen, brüllt mehrmals, wird auch dafür bestraft. Als ein anderes Jungtier versucht, sich dem Druck durch Flucht zu entziehen, wird es von anderen Pflegern mit Elefantenhaken daran gehindert. (...) An der Echtheit der Aufnahmen und des Aufnahmeortes bestehen keinerlei Zweifel. Der Zoo Hannover bestreitet die Echtheit der Bilder auch nicht. Die Elefantenanlagen des Zoos Hannover sowie die handelnden Pfleger sind eindeutig zu identifizieren. Die gezeigten Jungtiere sind der *European Elephant Group* individuell bekannt und aus der Größe der Tiere ergibt sich, dass die Aufnahmen nur wenige Monate alt sind. Seit Abschaffung der Elefantenshow vor einigen Jahren müssen die Elefanten im Rahmen der stattdessen eingeführten 'Kommentierten Fütterung' Circustricks vorführen.

Zeigen die Szenen nun Tierquälerei in einem wissenschaftlich geleiteten Zoo oder werden hier unverzichtbare Routinemaßnahmen von emotionalen Tierschützern falsch bzw. überinterpretiert? Hierzu sind zwei Fragen zu klären: 1. Die grundsätzliche Frage ist, in welchem Haltungssystem ein Halter mehr Vorteile sieht – im Direkten oder Geschützten Kontakt. Pro Direktem Kontakt wird meist der unmittelbare Zugriff bei Behandlungsmaßnahmen betont. Der Erlebniszoo Hannover setzt auf eine circusgleiche Präsentation von Elefanten. Dieses Konzept wird von der Leitung vorgegeben, denn Shows sind nur im Direkten Kontakt möglich. Die Pfleger in Hannover ihrerseits sind überzeugte Verfechter dieser Haltungsphilosophie und behaupten, dass bestmögliche Pflege nur im Direkten Kontakt möglich sei, wofür brutales Training der Tiere zur Aufrechterhaltung der Unterordnung billigend in Kauf genommen wird. (...) Dass der Zoo Hannover eine Umstellung auf Geschützten Kontakt seit Jahren ankündigt, aber bisher nicht umsetzt, zeigt für die *European Elephant Group*, dass man sich des Potenzials des neuen Haltungssystems sehr wohl bewusst ist, aber offenbar aus anderen Gründen nicht auf die althergebrachte Methode verzichten möchte. Dabei wäre die Einführung wesentlicher Elemente des Geschützten Kontakts – Verzicht auf jegliche Form von Circustraining, Durchführung von pflegerischen Maßnahmen und tierärztlichen Behandlungen ohne Einsatz des Elefantenhakens – sofort ohne massive Umbauarbeiten möglich.

2. Die Ausübung des Direkten Kontakts wird von Zoo zu Zoo sehr unterschiedlich praktiziert. In manchen Zoos betreten Pfleger die Anlagen oft ohne Haken, zum Führen der Elefanten verwenden sie die Hand. Den Haken mit Wucht an schmerzempfindlichen Stellen wie Kopf, Rückgrat oder Hals stechend oder reißend einzusetzen ist entgegen der Behauptungen der Hannoveraner Zooleitung nicht nötig. Solche Anwendungen fügen einem Elefanten definitiv Schmerzen zu. Der Zoo Hannover zählt unter den Haltern, die Direkten Kontakt anwenden, seit Langem zu den 'Hardlinern'. Ein solches System funktioniert nur, wenn es von allen Mitarbeitern mitgetragen wird. Aus der Reaktion der Zooleitung wird deutlich, dass auch sie über die brutalen Disziplinierungsmaßnahmen als Teil der Routine informiert ist. Die gezeigten Trainingseinheiten galten nicht dem Einüben der Tricks – diese beherrschen die Jungelefanten längst perfekt. Ziel solchen Einzeltrainings ist es, dass der Elefant seinen Pflegern bedingungslos gehorcht. Alle im Video gezeigten Übungen helfen bei Pflege und Behandlung in keiner Weise. Dass Fachtierärzte Showelemente wie Hinterbeinstände oder Hochsitzen als gesundheitsschädlich einstufen, wird in Hannover nicht zur Kenntnis genommen. Nahezu gleichlautende Berichte über circusgleiche Trainingsmethoden und brutalen Hakeneinsatz in Hannover erreichen die *European Elephant Group* seit Jahren. 2005 berichteten wir darüber bereits in der Vereinszeitschrift. Werden Aufnahmen wie nun von *Report Mainz* publik, ist der öffentliche Aufschrei groß. Doch war der 'raue Umgangston' der Hannoveraner Elefantenpfleger für aufmerksame Beobachter seit langem offensichtlich. Den meisten Zoobesuchern fällt allerdings nichts auf, denn der kasernenartige Gehorsam wird hauptsächlich abseits des Publikums antrainiert. Vor Besuchern genügt dann ein Drohen oder leichter Stoß, um die Elefanten einzuschüchtern. Der Großteil des Publikums nimmt diese minimalen Gesten nicht wahr und freut sich stattdessen über die 'niedlichen' Kunststückchen, die der Elefant

scheinbar freiwillig ausführt."[3] Der Zoo Hannover wurde aufgefordert, das Haltungssystem der Elefanten umgehend auf „Geschützten Kontakt" umzustellen, zudem seien personelle Konsequenzen zu ziehen. *PeTA* selbst erstattete Strafanzeige gegen den Zoo.

▶ Das über die o.b. Strafanzeige von *PeTA* eingeleitete Ermittlungsverfahren gegen den Zoo Hannover wurde nach kurzer Zeit von der zuständigen Staatsanwaltschaft eingestellt. Und dies, obgleich die von der Staatsanwaltschaft selbst bestellten Gutachter, die ausgewiesen zoofreundlichen Professoren Hansjoachim Hackbarth (Tierärztliche Hochschule Hannover) und Michael Böer (Zoo Osnabrück) festgestellt hatten, dass „die Zufügung von erheblichen Schmerzen bzw. Leiden [...] ausweislich des zur Verfügung gestellten Beweismaterials wiederholt geschehen" sei. Der zusätzlich von PeTA beauftragte Gutachter Olaf Behlert (30 Jahre Zootierarzt im Kölner Zoo, davon 25 Jahre Kurator für Elefanten), bestätigte, dass den Elefanten durch das Personal in Hannover vorsätzlich erhebliches Leid zugefügt worden sei und dass insofern „eindeutige und schwerwiegende Verstöße gegen das Tierschutzgesetz" vorlägen. *PeTA* legte bei der Generalstaatsanwaltschaft Beschwerde gegen die Einstellung des Ermittlungsverfahrens ein. Diese wies die Beschwerde Ende Januar 2018 zurück mit der Begründung, es seien den Elefanten wohl „unmittelbare Schmerzen" zugefügt worden, es seien aber keine anhaltenden Verhaltensänderungen oder Verletzungen an den Tieren zu beobachten gewesen. Insofern sei davon auszugehen, dass es sich „nicht um *erhebliche* Schmerzen" für die Tiere gehandelt habe, was Voraussetzung gewesen wäre für eine Anklageerhebung. *PeTA* schaltete daraufhin auf dem Wege einer Dienstaufsichtsbeschwerde das niedersächsische Justizministerium ein. Sämtliche Ermittlungsverfahren gegen den Zoo Hannover wurden letztlich eingestellt.

Umwandlung in Ökopark

Tatsächlich reicht die Umstellung der Haltungsform und die Entlassung der auf Elefantenkinder einprügelnden Wärter nicht aus. Die Elefantenhaltung in Zoos muss insgesamt auslaufen. Elefanten – wie das Gros der vorgehaltenen Wildtiere – können grundsätzlich unter den beengten Bedingungen eines Zoos nicht ihren Bedürfnissen entsprechend untergebracht werden. Dem Erlebniszoo Hannover könnte insofern Vorbildcharakter zukommen: Er könnte komplett abgewickelt werden, zumal er eine ungeheuere Belastung der öffentlichen Kassen darstellt, aus denen er fortlaufend subventioniert werden muss. Trotz in den letzten Jahren getätigter Investitionen im dreistelligen Millionenbereich gehen die Besuchszahlen rapide zurück: Von 1,6 Millionen im Jahre 2010 sanken sie um 28 Prozent auf 1,16 Millionen im Jahre 2016. Sinnvoll wäre es, den Zoo Hannover zu schließen bzw. in einen Ökopark ohne gefangengehaltene Tiere umzuwandeln. #95/2017

JAMBI

Keine neuen Orang Utans

Während der Zoo Hannover noch 2022 seine corona-bedingten Einnahmeausfälle bejammerte und mit Nachdruck staatliche Unterstützungsgelder einforderte (die ihm vom Land Niedersachsen auch großzügigst zugeteilt wurden), plant er jetzt, nachdem die Corona-Krise (vermeinlich) überstanden ist, Um- und Neubauten in einem Volumen von mehr als 30 Millionen Euro; finanziert zu größten Teilen aus öffentlichen Kassen.

Geplant ist die mittelfristige Auflösung der bisherigen Elefantenherde, deretwegen der Zoo 2017 in massive Kritik geraten war: Von Tierrechtler:innen heimlich gedrehte Videoaufnahmen hatten die brutalen Dressurmethoden aufgedeckt, denen Jungelefanten ausgesetzt waren. Anstelle der bisher vorgehaltenen Tiere, die in andere Zoos abgeschoben werden sollen, will der Zoo künftig eine sogenannte „Junggesellengruppe" (=Jungbullen) halten. Hierzu soll mit vorläufig veranschlagten Kosten von 17,7 Millionen (davon 16,8 Millionen aus Steuergeldern) die Elefantenzuchtanlage entsprechend umgebaut werden. In der neuen Anlage soll es überdies ein Großaquarium geben, zudem sollen darin auch wieder Orang Utans gehalten werden, deren Zurschaustellung der Zoo seiner katastrophalen Haltungsbedingungen wegen vor ein paar Jahren aufgeben musste. Die Orang Utan-Frauen ZORA und KAJAN waren im Juni 2017 an einen Zoo in Texas verschubt worden, Orang Utan-Mann JAMBI ein Jahr später an einen Zoo in Louisiana. Orang Utan-Haltung in Hannover war damit Geschichte. Nun aber plant der Zoo, mit Hilfe von Steuergeldern die „traditionsreiche" Haltung und Zurschaustellung von Orang Utans mit neuzuerwerbenden Tieren wieder aufzunehmen. Und das bei – lange vor Corona schon – massiv rückläufigen Besucherzahlen. #112/2021

Anmerkungen

1 www.dailymail.co.uk/news/article-4390900 [8.4.2017]

2 www.youtube.com/watch?v=OHnuDThJo2M

3 www.european-elephant-group.com/news.htm (Die *European Elephant Group* hat ausdrückliche Erlaubnis erteilt, die o.a. Expertise im Wortlaut zu zitieren.)

Heidelberg

„Leben live erleben“

Der Heidelberger Tiergarten wurde im Jahre 1933 begründet und im Jahr darauf feierlich eröffnet. Das Anfangskapital speiste sich aus einer Stiftung, die der ortsansässige Chemiker und Nobelpreisträger Carl Bosch ins Leben gerufen hatte.

In den Anfangsjahren wurden in dem als „Kurpfälzischer Tiergarten mit Vogelwarte“ bezeichneten Zoo in erster Linie heimische Vögel sowie heimisches „Nieder- und Rotwild“ gezeigt, dazu ein Kamel und ein paar Makaken. Wenige Wochen vor Kriegsende wurden die Gehege- und Parkanlagen bei einem Bombenangriff fast völlig zerstört.

Der Wiederaufbau ging relativ schleppend voran, erst ab Anfang der 1960er wurde wieder in nennenswertem Umfang in den Zoo investiert. Heute hält der Heidelberger Tiergarten auf einer Fläche von etwa 10 Hektar 1300 Tiere aus 170 Arten vor. Der Zoo wird in der Rechtsform einer gGmbH betrieben, Hauptgesellschafterin ist mit 99 Prozent der Anteile die Stadt Heidelberg.

Besonderes Augenmerk richtet der Zoo auf die „Tierbeschäftigung“: So werde der Alltag der Tiere, wie es auf der Website des Zoos heißt, „durch eine Vielzahl an Beschäftigungsmöglichkeiten abwechslungsreich gestaltet. Für die Schimpansen etwa halten die Pfleger ein besonderes Programm bereit. In der sogenannten Futterbox, einer etwa koffergroßen Kiste, werden wohlschmeckende Leckereien versteckt. Diese können nur in mühsamer Kleinarbeit mit kleinen Stöckchen herausgeangelt werden. Unseren Löwen wird das Futter manchmal erhöht aufgehängt, so dass es nur mit einem mächtigen Sprung erreicht werden kann.“ Auch die zu den „Hauptattraktionen“ des Zoos zählenden Showfütterungen der Mähnenrobben, bei denen die Tiere zirzensisch andressierte Kunststücke vorführen müssen, firmieren als Teil des „Beschäftigungsprogramms“. Eigenem Bekunden zufolge zählt der Heidelberger zu den „führenden Zoos im Bereich der Tierbeschäftigung“.

Unter dem Stichwort „Bildung hautnah“ wird über eine hauseigene Zooschule zoopädagogischer Unterricht für Kindergarten- und Schulgruppen angeboten; dazu gibt es einen eigenen „Dschungellehrpfad“, einen „Kletterwald“, sowie, verteilt über das ganze Gelände, verschiedene Spielplätze mit Rutschbahnen, Trampolinen, Schaukeln etc.; selbstredend auch einen „Streichelzoo“. Über die Zooschule werden auch Kindergeburtstage ausgerichtet, desgleichen Sonderveranstaltungen wie „Karneval im Zoo“, „Zoocamps“ (mit Übernachtung im Zoo) „Fährtensafaris“, „Kinderschminken“ oder „Waffelbacken“. Vermeintlich besonders originell: „Der Osteraffe kommt!“ oder „Zoo-Halloween“ mit „Gruselstationen für die ganze Familie“.

Ausdrücklich versteht der Heidelberger Zoo sich als „Kulturinstitution“, deren Ziele und

Methoden sich nur graduell von allgemein anerkannten Kulturinstituten wie Museen unterschieden. Wiederkehrend werden insofern in den Tierhäusern Ausstellungen verschiedener Künstler gezeigt, rund um das Menschenaffenhaus sind Skulpturen afrikanischer Bildhauer zu sehen. Laut Zoodirektor Klaus Wünnemann sei der Zoo einer der besten Orte überhaupt, um Kunst zu präsentieren, die dergestalt an die „bildungsferneren Schichten" [!] herangetragen werde, die eben lieber Zoos besuchten als Museen.

Dreiste Lügen

Seit Mitte der 1970er werden im Heidelberger Zoo Menschenaffen vorgehalten. Bilder aus dieser Zeit zeigen indiskutable Haltungsbedingungen, wie sie vereinzelt auch heute noch anzutreffen sind: Die ehemalige „Bärengrube" etwa, ein vor dem Krieg schon gebautes Betonverlies, wurde mit Stachelschweinen und Waschbären besetzt. Erst Mitte der 1980er wurde ein eigenes „Menschenaffenhaus" gebaut, das 1988 seiner Bestimmung übergeben wurde. Das Haus besteht, ganz im Stil der Zeit, aus einem achteckigen Sichtbetonbau mit Glasdachkonstruktion. Dem Bau direkt angeschlossen finden sich mehrere Freigehege. Der atriumsartig gestaltete Innenraum weist in der Mitte eine Pflanzinsel mit „Urwaldbewuchs" auf, um die herum der Besucherweg an vier umlaufend angelegten Innengehegen vorbeiführt; diese sind mit je einer Gruppe Orang Utans, Schimpansen, Gorillas und Roloway-Meerkatzen besetzt. Zur Erzeugung von „Regenwaldatmosphäre" sind zudem in unterschiedlich großen Käfigen Seiden- und Löwenäffchen, Spitzhörnchen, Goldagutis und Emeraldstauben untergebracht.

Die Gehege der Schimpansen und Gorillas wurden in jüngerer Zeit umgestaltet, die bis dahin bestehenden Betongräben zum Besucherbereich hin wurden aufgefüllt. Im Gehege der Orang Utans hingegen hat sich nichts geändert: Der ursprüngliche Graben – bis zum Einbau umlaufender Panzerglasscheiben waren die Gehege nach vorne hin offen – wurde hier beibehalten. Die Tiere sitzen auf etwa 60qm nacktem Betonboden. Auch die Wände und die Rückseite des Geheges bestehen aus nacktem Beton; nach oben hin ist es mit einer massiven Stahlgitterkonstruktion gesichert. An Einrichtung weist es Totholzstämme, künstliche Felsen, ein paar Seile und Feuerwehrschläuche sowie eine aufgehängte Plastiktonne auf. Versteck- oder Rückzugsmöglichkeiten für die Tiere gibt es nicht.

Die benachbarten Schimpansen- und Gorillagehege, in denen derzeit je fünf Tiere vorgehalten werden, weisen, bedingt durch die Auffüllung der Betongräben, von ursprünglich 60 auf nunmehr 100qm vergrößerte Innenflächen auf. Die Seiten- und Rückwände bestehen wie bei den Orang Utans aus nacktem Beton, einen Blick ins Freie gibt es nicht. Auch die Einrichtung entspricht der des Orang Utan-Geheges, anders hingegen als in diesem sind die Böden mit Rindenmulch bzw. Torf bedeckt. Nach oben hin sind die Gehege mit Drahtnetzen überspannt, Versteck- oder Rückzugsmöglich-

Beton, wohin man blickt ...

keiten gibt es auch für die Gorillas und Schimpansen nicht.

Gerade der Vollbetonbunker, in dem die Großen Menschenaffen untergebracht sind, lässt das vielzitierte Motto des Heidelberger Zoos „Leben live erleben" noch abstruser erscheinen, als es ohnehin schon ist. Als schierer Zynismus sind die vorgeblich nach „didaktischen Gesichtspunkten" aufbereiteten Informationen zu werten, die die Besucher im hauseigenen „Zooführer" geboten bekommen: Orang Utans, Gorillas und Schimpansen seien aufgrund ihres hochentwickelten Gehirns „zu einem besonders vielgestaltigen und komplexen Sozialleben, zu beeindruckenden Gedächtnis- und Kombinationsleistungen und zu einem nachweisbaren Ich-Bewusstsein befähigt". Weshalb sie gleichwohl, eingesperrt hinter zentimeterdickem Panzerglas, einem gaffenden Publikum zur Schau gestellt werden, beantwortet der Zooführer nicht. Mit der Behauptung im Übrigen, nachzulesen auf einer Infotafel im „Menschenaffenhaus", in Zoos gehaltene Gorillas „stammen heutzutage nicht mehr aus der freien Natur, sondern wurden bereits im Zoo geboren", wird das Publikum dreist belogen. Tatsächlich sind weit über hundert der etwa 850 rund um den Globus in Zoos einsitzenden Gorillas sogenannte „Wildfänge", die als Kleinkinder in Zoos verschleppt wurden. Auch in deutschen Zoos sitzen noch „wildgefangene" Gorillas, beispielsweise in Berlin (FATOU *1957), Krefeld (MASSA *1971) oder München (ROUTUTU *1973); in Nürnberg stammen gar drei der fünf vorgehaltenen Gorillas aus „Wildfängen" (FRITZ *1963, BIANKA *1972, LENA *1977), was die Kuratorin des Heidelberger Zoos, Sandra Reichler, die als Committee-Mitglied der *Europäischen Erhaltungszuchtprogramme* (EEP) zuständig ist für die „Nachzucht" mithin von Gorillas, sehr genau wissen dürfte.

Das „Beschäftigungsangebot" des Heidelberger Zoos für die Großen Menschenaffen unterscheidet sich in nichts von dem, was in den meisten Zoos mittlerweile als – völlig unzureichender – Standard gilt: nämlich das Essen irgendwo im Gehege zu verteilen oder zu verstecken, so dass die Tiere für einige Zeit damit zu tun haben, es sich zusammenzusuchen oder aus irgendwelchen Behältern herauszupulen. Darüber hinaus gibt es ersichtlich keinerlei *Cognitive Enrichment*, die meiste Zeit des Tages sitzen die Tiere ohne den geringsten Beschäftigungsanreiz und insofern zu Tode gelangweilt herum. Die Behauptung, die Besucher selbst trügen „zu einem Großteil der täglichen Unterhaltung" der Affen bei, da „viele der mitgebrachten Gegenstände – ein Eis, ein Sonnenschirm am Kinderwagen oder eine große Tasche – immer wieder die Aufmerksamkeit der intelligenten Tiere“ auf sich zögen, ist an Zynismus kaum zu überbieten: Keine Rede von dem ständigen Hin und Her zwischen der tödlichen Langeweile einerseits, die den immergleichen Alltagsablauf bestimmt und den Tieren keine Möglichkeit lässt, arteigenen Bedürfnissen nachzugehen, und der Anspannung andererseits, die die Menschenmassen bedeuten, die, unstet und lärmend, sich Tag für Tag an ihnen vorüberwälzen, ohne dass sie eine Chance hätten, sich zurückziehen oder zu entfliehen.

Die Außenanlage der Orang Utans besteht aus einem simplen Drahtgitterkäfig, der mit ein paar Seilen und Feuerwehrschläuchen ausgestattet ist. Das von fünf Meter hohen Betonwänden umgebene Außengehege der Gorillas ist zur Besucherseite hin offen, sprich: von dieser durch einen drei Meter tiefen – und für die Tiere extrem verletzungsträchtigen – Betongraben abgetrennt. Im Freigehege der Schimpansen wurde der Betongraben im Jahre 2011 aufgefüllt, so dass sich die zur Verfügung stehende Grundfläche um 60 Prozent auf knapp 250qm vergrößerte; zur Besucherseite hin wurde die Betonmauer geschlossen und mit großformatigen Sichtfenstern versehen; das Gehege ist von einem über Stützpylonen zeltartig nach oben gezogenen Stahlnetz überspannt und mit ein paar Totholzkletterbäumen bestückt. Sämtliche Außenanlagen weisen Naturboden auf, Sichtblenden oder sonstige Rückzugsmöglichkeiten für die Tiere gibt es nicht.

Lethargie oder Depression?

Mysteriös bleibt der Tod zweier Gorillas im Juni 2013. Erst verstarb unerwartet das 14 Monate alte Gorilla-Baby KIU: Das Ergebnis der Obduktion, obwohl groß angekündigt, wurde nie veröffentlicht. Kurze Zeit später entschied der Zoo, die 17-jährige Gorilla-Dame DOBA, deren Gesundheitszustand sich seit einiger Zeit rapide verschlechtert hatte, zu ihrem eigenen Wohl „einzuschläfern“. Was genau die Ursache ihres Verfalls war, teilte der Zoo nicht mit, stressbedingtes oder psychisches Leiden jedoch, so eine offizielle Verlautbarung, könne „definitiv ausgeschlossen“ werden.

▶ Die erwähnten Gorillas MASSA, ROUTUTU, FRITZ und LENA sind mittlerweile verstorben.

▶ Ende 2016 beschloss der Zoo Heidelberg, seine Haltung von Orang Utans aufzugeben. Als Grund wurden die „nicht mehr zeitgemäßen“ Gehege bezeichnet, in denen gleichwohl kurz zuvor noch „gezüchtet" wurde. Anfang April 2017 wurde die vierköpfige Gruppe in den Privatzoo Pairi Daiza im belgischen Brugelette verfrachtet. Die 28-jährige Orang Utan-Dame PUAN überlebte den Stress des Transportes nicht. Sie erwachte nicht mehr aus der verabfolgten Narkose.

Der Pairi Daiza-Zoo, in den die Heidelberger Orang Utans abgeschoben wurden, war in Sheridans „Zooranking 2015", der „wichtigsten" internen Gesamtbewertung europäischer Großzoos (mit mehr als einer Million Besuchern pro Jahr), auf dem letzten Platz gelandet.

Pseudoartenschutz

2010 beteiligte sich der Zoo Heidelberg an der sogenannten „Menschenaffenkampagne" des *Europäischen Zooverbandes* (*EAZA*) zum Schutz der Menschenaffen in ihren natürlichen Lebensräumen. Über das Aufstellen einiger Informationstafeln hinaus beschränkte sich das Heidelberger Engagement in erster Linie auf das Sammeln von Spendengeldern. Laut Pressemeldung des Zoos konnten in der zwölf Monate dauernden Kampagne exakt 3866,41 Euro an Spenden eingenommen und weitergereicht werden: „Der gesamte Erlös fließt in Maßnahmen, die in verschiedenen afrikanischen Ländern sowie in Indonesien zur Bewahrung des natürlichen Lebensraumes und der Eindämmung der Jagd auf Menschenaffen beitragen." Für sein nachgerade lachhaftes Engagement zum Schutz der Menschenaffen – das Spendenaufkommen lag bei umgerechnet 0,64 Cent pro Besucher – wurde der Heidelberger Zoo von der *EAZA* mit einem „Bronze-Award" ausgezeichnet. Die Urkunde wird stolz auf der Website des Zoos präsentiert.

Für die 2012/13 aufgelegte und ebenfalls über 12 Monate laufende *EAZA*-Kampagne zum „Erhalt bedrohter Tierarten in Südostasien" (Elefanten, Tiger, Languren, Hornvögel, Pythons u.v.a.) trug der Zoo Heidelberg mit seinen nach eigenen Angaben 600.000 Besuchern pro Jahr gerade einmal 1814,66 Euro bei. #85/2014

Schmetterlingsammler und NS-Wehrwirtschaftsführer

Mit Stolz verweist der Heidelberger Zoo auf seinen „Gründervater und Mäzen", Geheimrat Carl Bosch (1874–1940), der im Jahre 1931 den Nobelpreis für Chemie erhalten hatte. Durch großzügige Zuwendungen aus dem Vermögen einer von Bosch begründeten Stiftung konnte die Stadt Heidelberg ab 1933 auf dem Gelände eines aufgelassenen Friedhofs einen eigenen Tiergarten einrichten. In einem Jubiläumsband zum 50-jährigen Bestehen des Zoos wird Bosch als „Freund alles Menschlichen" bezeichnet, dem nichts so sehr am Herzen gelegen habe, wie die „Beschäftigung mit den Wundern der Natur".

Durchgängig unterschlagen wird in den Lobreden auf Bosch der Umstand, dass dieser seit 1925 Vorstandsvorsitzender des Chemiekonzerns I.G.-Farben war. Unter seinem Vorsitz unterstützte der Konzern im Jahre 1933 den Wahlkampf der NSDAP mit 400.000 Reichsmark – die höchste Einzelspende der deutschen Wirtschaft an die Hitler-Partei – und bereitete damit den Weg zur NS-Diktatur wesentlich mit. 1935 übernahm Bosch den Vorsitz des Aufsichtsrates, 1938 wurde er zum NS-Wehrwirtschaftsführer ernannt. Die I.G. Farben, die sich über „Arisierung" konkurrierender Unternehmen zu einem der größten Chemie- und Rüstungskonzerne der Welt aufgeschwungen hatte, war für die Nazis von höchster wehrwirtschaftlicher Bedeutung: u.a. stellte sie synthetisches Benzin oder kriegswichtigen Reifenkautschuk her. Auch anderweitig setzte Bosch sich für die Aufrüstung des NS-Regimes ein (woran weder seine persönliche Abneigung gegen Hitler noch seine nicht-antisemitische Grundhaltung ihn zu hindern vermochte): So engagierte er sich etwa in der direkt NS-Reichsminister Hermann Göring unterstehenden Lilienthalgesellschaft für Luftfahrtforschung.

Bosch, der seit 1923 in Heidelberg residierte, stand als ambitionierter Schmetterlingssammler und Hobbybotaniker den NS-affinen Plänen der Stadt, einen Heimattiergarten einzurichten, sehr aufgeschlossen gegenüber. Im Juli 1933 unterzeichnete er einen entsprechenden Gesellschaftervertrag, im November 1934 wurde „sein" Zoo eröffnet.

Bis heute tragen Schulen und Straßen in und um Heidelberg den Namen des Zoo-„Gründervaters" und NSDAP-Förderers Carl Bosch. #85/2014

Flügelamputiert, sodass er nicht wegfliegen kann ...

Hodenhagen

Abgase von 3000 Pkws pro Tag

Der Serengetipark, gelegen am Rande der 3000-Einwohner-Gemeinde Hodenhagen in der südlichen Lüneburger Heide, stellt ein in Europa einzigartiges Freizeitkonzept vor: Auf einem zusammenhängenden Areal von etwa 200 Hektar finden sich ein klassischer „Amusementpark" mit einer Vielzahl an Fahrgeschäften sowie ein mit dem Privat-Pkw oder einem der parkeigenen Doppeldeckerbusse zu durchfahrender „Safaripark", in dem mehr als 1300 Wildtiere aus etwa 70 Arten besichtigt werden können.

Begründet Anfang der 1970er Jahre von einem italienischstämmigen ehemaligen Großwildjäger und Tierhändler namens Paolo Sepe (gest. 2007) zählt der Serengetipark heute zu den größten und umsatzstärksten Freizeitanlagen Europas mit jährlich über 700.000 Besuchern. In den Anfangsjahren erhielt Sepe Unterstützung vom seinerzeitigen Direktor des Frankfurter Zoos, Bernhard Grzimek, der schon Mitte der 1950er von Safariparks in Deutschland halluziniert hatte.

Der Serengetipark ist von Mitte März bis Ende Oktober täglich geöffnet. Die zu lösende Tageskarte berechtigt zu beliebig häufiger Nutzung der Fahrgeschäfte ebenso wie zum Besuch des Safaribereiches. Der (zusammen mit dem alleine schon 20 Hektar großen Besucherparkplatz) knapp die Hälfte des Gesamtareals umfassende Amusementteil des Parks bietet eine Vielzahl rummelplatztypischer Fahrgeschäfte (Achterbahn, Riesenrad, Wasserrutsche etc.), viele davon weisen, zumindest in ihrer Bezeichnung, einen ausdrücklichen „Safaribezug" auf („Madagaskar-Kettenflieger", „Victoria-Free-Fall-Tower", „Kumba-Twister" usw.). Eine 2012 neueröffnete „Aquasafari" führt die Besucher auf „Airboats" durch eine den Everglades in Florida nachempfundene künstliche Flusslandschaft , die mit einer Reihe disneylandähnlicher „Spezialeffekte" (u.a. einem robotronischen Monster-King Kong) aufwartet. Hinzu kommen zahlreiche „besucheraktive" Einrichtungen (Abenteuerspielplatz, Kletteranlage, Hochseilgarten, Trampolininsel, Ruderbootfahrten etc.) sowie zwei Bühnen für Showacts.

Auch die Kioske („Mombasa-Kiosk", „Kenia-Grill" etc.) sowie das parkeigene Restaurant („Zanzibar") sind im „Safaristil" gehalten, desgleichen der in den Park eingebundene Beherbergungsbetrieb, der unter dem Motto „Urlaub in der Serengeti" achtzig „Safari-Lodges" unterschiedlicher Größe vorhält. (Die Lodges sowie ein dazugehöriges „Savanne Lodge Restaurant" können auch für externe Veranstaltungen – Seminare, Tagungen, Hochzeiten oder sonstige Familienfeiern – gebucht werden.)

Etwa ein Viertel der Amusementareals ist als „Affenwelt" ausgewiesen: Ein Rundweg rund um einen künstlich angelegten See führt die Besucher vorbei an Gehegen für Krallen-, Kapuziner- und Husarenaffen, auch Meerkatzen, Makaken und Makis werden gezeigt. Die

Gehege für Tempelaffen, Kattas, Berber- und Totenkopfaffen sind direkt begehbar, ebenso eine über eine Hängebrücke erreichbare Insel, auf der Weißkopfmakis gehalten werden. Insgesamt hält die „Affenwelt" etwa 200 Tiere vor.

Der eigentliche „Safaripark" umfasst etwa 110 Hektar und stellt damit eine der flächenmäßig größten zoologischen Einrichtungen Europas dar. Das in 17 voneinander getrennte und je eigens umzäunte Bereiche unterteilte Areal kann nur mit dem eigenen Pkw bzw. mit einem der etwa zwanzig Doppeldeckerbusse durchfahren werden, die der Park für die Besucher bereithält. Die mäandernd geführte und insofern etwa neun Kilometer lange Wegstrecke führt durch die unterschiedlich weitläufigen Einzelgehege, die bestimmten Naturräumen aus allen fünf Kontinenten nachempfunden und mit entsprechenden Tiergruppen besetzt sind, z. B. „Savanne" (Antilopen, Giraffen, Wasserböcke), „Prärie" (Bisons, Lamas, Wapitis) oder „Wallaby-Land" (Emus, Känguruhs, Wasserbüffel); besonders gesicherte Gehege werden für Bengaltiger und Löwen vorgehalten, ein eigenes „Europa"-Gehege, in dem die Besucher ihr Auto bzw. den Bus verlassen dürfen, bietet „Streichelspaß" mit Schafen, Ziegen und Zwergeseln.

Seit 2005 werden sogenannte „Dschungelsafaris" angeboten, bei denen die Besucher in offenen Geländewagen „offroad" durch das Gelände gefahren werden. Die etwa 25-minütige Tour führt zunächst durch die Bereiche „Savanne" und „Botswana-Land" (Nashörner, Strauße, Watussirinder), um letztlich in einem eigenen Waldstück mit „überraschenden und naturnahen Spezialeffekten" aufzuwarten: Robotronische Löwen und Nashörner führen einen „Angriff auf den Jeep" durch, eine zu überquerende Brücke wird „in Brand gesetzt", es gibt, in Szene gesetzt ebenfalls mit vollautomatischen Robotronicfiguren, den „aufregenden Überfall eines afrikanischen Eingeborenenstammes" (der in seiner abgründigen Blödheit kolonial-rassistische Untertöne aufweist).

Atemberaubende Erlebniswelt?

Obgleich der Serengetipark sich in erster Linie über die exotischen Wildtiere bewirbt, die er in seiner „Safari"-Abteilung vorhält, dienen diese als nicht viel mehr denn als thematischer Rahmen für den angeschlossenen Freizeitpark. In der Tat kann die „Tierwelt", in der entlang einer etwa neun Kilometer langen Wegstrecke mehr als 1300 Tiere zur Schau gestellt werden, mit dem eigenen Auto oder einem der parkeigenen Busse in 60 bis 90 Minuten durchfahren werden; den Rest des Tages können die Besucher unter beliebig häufiger Nutzung der Fahrgeschäfte und sonstigen Freizeiteinrichtungen im Amusementteil des Parks verbringen.

Auch die „Safarifahrt" selbst ist Teil eines bis ins Detail durchstrukturierten Marketingkonzepts, das auf massenkompatibles Entertainment abstellt. Der edukative Wert der vermeintlichen Begegnung mit „wilden Tieren in freier Natur", die der Park zu bieten vorgibt, tendiert gegen Null: Tatsächlich fahren die Besucher im Schritttempo durch unterschiedlich große und mit Zäunen bzw. Wildschleusen voneinander abgetrennte Einzelgehege, in denen je ein paar beliebig aus dem jeweiligen Naturräumen (Amazonien, Kalahari, Tundra etc.) herausgegriffene Wildtiere herumstehen. Erläuternde Hinweise gibt es nicht. (Die in einer extra zu erwerbenden Begleitbroschüre aufgelisteten Informationen bewegen sich auf betont einfach gehaltenem Niveau, vergleichbare Informationen erhält man auch von den Fahrern der Parkbusse.) Die angeblich den natürlichen Lebensräumen der Tiere nachempfundenen Gehege sehen durchwegs aus wie „Lüneburger Heide", auch wenn etwa der Bereich „Prärie" mit einem „Indianer-Tipi" oder „Europa" mit einem künstlichen Islandgeysir dekoriert ist.

Mit Blick auf die Tierhaltung liegt der wesentliche Unterschied des Serengetiparks zu sonstigen Zoos in der teils erheblich größeren Freifläche, die den Tieren zugestanden wird. Allerdings ist auch im Serengetipark der Lebensraum der Tiere letztlich eng begrenzt, im Vergleich zu den Gebieten, die sie in ihren natürlichen Heimaten bewohnen, liegt selbst das größte Gehege im tausendstel Promillebereich. Zudem kommen keineswegs alle Tiere des Serengetiparks in den Genuss größerer Freiflächen: Einige werden in völlig ungeeigneten Kleingehegen gehalten, die die Behauptung des Parks, sie hätten hier eine „zweite Heimat" gefunden, als zynische Farce erscheinen lassen: Einer Gruppe von Amur-Leoparden beispielsweise steht ein allenfalls 300qm Bodenfläche umfassendes Drahtgeflechtgehege zur Verfügung – eher eine Art Vogelvoliere –, das den bewegungsaktiven Großkatzen keinerlei angemessene Laufmöglichkeit bietet; die in Freiheit extrem scheuen Tiere weisen, zumal ihr Gehege unmittelbar an der Fahrtrasse der Besucher liegt, massive Verhaltensstörungen auf. Auch die Gibbon-Anlage ist indiskutabel: Die Tiere werden auf einer winzigen Insel gehalten, die nicht annähernd ihrem Bewegungsdrang entspricht.

Die Behauptung der Parkleitung, die Tiere lebten „weitgehend frei und ungezähmt", ist grotesk. Tatsächlich liegen oder stehen sie in ihren umgatterten Gehegen herum, durch die sich Tag für Tag endlose Kolonnen an Pkws und parkeigenen Bussen wälzen. Abgesehen von der gesundheitlichen Extrembelastung durch die Abgase der im Schritttempo vorbeiziehenden Kfz – bis zu dreitausend pro Tag –, haben die Tiere keinerlei Möglichkeit, den Besucherblicken auszuweichen oder sich in angemessene Distanz zurückzuziehen. Selbst ausgesprochene Fluchttiere wie Antilopen, Impalas oder Zebras sind genötigt, die unmittelbare und massenhafte Nähe von Menschen zu ertragen, der sie in freier Wildbahn panisch zu entfliehen suchten. Erwartungsgemäß haben die Tiere des Serengetiparks – ebenso wie die Tiere in jedem anderen Zoo – in ihrem Verhalten kaum mehr etwas gemein mit ihren freilebenden Artgenossen.

Das Gros der im Serengetipark vorgehaltenen Tiere muss alleine schon aus klimatischen Gründen nachtsüber in Innengehege verbracht werden, die zugleich ihrer Aufbewahrung während der Winterpause dienen, in der der Park geschlossen ist. Mit Ausnahme des Elefantenhauses können diese Gehege von Parkbesuchern nicht eingesehen werden. Die Behauptung der Parkleitung, die Tiere würden bei kalter Witterung und im Winter „in Gruppenhaltung in großräumigen Stallgebäuden untergebracht", dürfte mit den tatsächlichen Gegebenheiten wenig zu tun haben. Von außen besehen jedenfalls erscheinen die weitab der Besuchertrasse und versteckt angelegten Stallungen als völlig ungenügend, die jeweilige Zahl an Tieren auch nur annähernd ihren Erfordernissen entsprechend unterzubringen.

„Höchstes kulturelles Ziel" des Serengetiparks, so Geschäftsführer Fabrizio Sepe, sei es, den Besuchern ein „stärkeres Naturbewusstsein" zu vermitteln. Vollends *ad absurdum* geführt wird dieser Anspruch in den erwähnten

Robotronic-King Kong

„Dschungelsafaris", bei denen die Besucher zunächst an Antilopen, Giraffen und Dromedaren vorbeibrettern, um direkt anschließend noch weitaus „abenteuerhaftere" Robotronictiere zu erleben – Löwen, Nashörner oder eine Riesenschlange –, die mithin Angriffe auf den Jeep simulieren: „Eine Erlebniswelt, die dem Gast den Atem raubt." Die lebenden Tiere und die Robotronicfiguren werden zugleich und gleichermaßen als Unterhaltungsobjekte präsentiert, erstere als deutlich langweiligere Varianten der zweiteren. Im Bewusstsein der Besucher, vor allem der Kinder, bleiben die computergesteuerten Robotronics vermutlich als allemal „spannender" hängen als die wirklichen Tiere, die nur noch als Staffage dienen einer allumfassenden Entertainmentstrategie, mit der offenbar mehr Geld gemacht werden kann als mit Aufklärung und Bildung. (Der „aufregende Überfall" des robotronischen „Eingeborenenstammes" weist in seiner abgründigen Blödheit kolonial-rassistische Untertöne auf.)

Auch in der außerhalb des Safaribereiches gelegenen, sprich: direkt in den Amusementbereich samt dessen Geräusch- und Lärmkulisse eingebundenen „Affenwelt" werden die Tiere alles andere als „weitgehend frei und ungezähmt" gehalten. Teils leben die Affen in vom Publikum begehbaren Freigehegen – von artentsprechendem Verhalten der Tiere kann insofern keine Rede sein –, teils werden sie in kleinflächigen und völlig unzureichend ausgestatteten Drahtgitterkäfigen gehalten, an denen die Besucher vorbeiflanieren können.

Amboseli

In einem eigenständigen Bereich des Amusementareals, dem sogenannten „Amboseli-Schimpansenreservat" (benannt nach dem berühmten Nationalpark im Südwesten Kenias) werden auf einer künstlich angelegten Insel neun Schimpansen gehalten. Das etwa 3000qm große Gelände ist in mehrere Einzelareale aufgeteilt und wird umgeben von einem bis zu fünf Meter breiten Wassergraben. Das hügelige Terrain weist Grasboden und natürliche Bepflanzung auf, es bietet den Tieren vergleichsweise vielfältige Beschäftigungs- und Rückzugsmöglichkeiten. Ein Drittel des Geländes wird, abgetrennt von den Schimpansen, von einer Gruppe Mandrille bewohnt. (Bis 2007 wurden statt der Mandrille Gorillas auf der Insel gehalten; über ihren Verbleib war nichts in Erfahrung zu bringen.)

Die Schimpansen haben freien Zugang zu dem von der Inselseite her flach abfallenden Wassergraben (der die einzige Sicherung gegen ein Entweichen der Tiere darstellt; sie selbst sind gegen die Gefahr des Ertrinkens nicht ausreichend geschützt); zudem ist das Gelände mit Totholzstämmen, Kletterseilen, Unterständen etc. ausgestattet, so dass, oberflächlich betrachtet und abgesehen von der ungenügenden Sicherung des Grabens, von einer für Zooverhältnisse durchaus akzeptablen Anlage gesprochen werden muss.

Allerdings nur von Frühjahr bis Herbst und nur tagsüber. Schon am späten Nachmittag werden die Schimpansen und die Mandrille in ein sogenanntes Innengehege verbracht, in dem sie bis zum nächsten Morgen, sprich: bis zu 16 Stunden (!), verbleiben. Dieses für Besucher nicht einsehbare Innengehege dient auch zur Verwahrung der Tiere bei ungünstiger Witterung und während der fast 5-monatigen Winterpause, in der der Park geschlossen ist. Es besteht aus einem im rückwärtigen Teil des Inselareals gelegenen Flachbau, der zur Besucherseite hin keinerlei Fenster sondern nur zwei Ein- und Ausstiegsluken für die Tiere aufweist. Die besucherabgewandte Seite zeigt in einen der Öffentlichkeit nicht zugängigen Betriebshof, in dem die Geländewagen der Dschungelsafaris abgestellt und gewartet werden. Auf dieser Seite befinden sich einige Fenster, die einen (wenngleich nicht erlaubten) Blick ins Innere des Baus zulassen. Dieser zeigt jenseits eines Versorgungsganges eine Reihe nebeneinander liegender, heillos verdreckter und verrosteter Eisengitterkäfige indiskutabler Größe und Ausstattung. Die bundesministeriellen Maßgaben zur Unterbringung Großer Menschenaffen in Innengehegen werden in diesem garagenähnlichen, stockdusteren Verschlag gleich in mehrfacher Hinsicht missachtet; die Vorstellung, dass neben den Schimpansen bis vor wenigen Jahren statt der relativ kleinen Mandrille hier Gorillas untergebracht waren, raubt einem in der Tat den Atem. Um es nocheinmal zu verdeutlichen: Die Zeit von Ende Oktober bis Ende März, in der der Park geschlossen ist, verbringen die Tiere praktisch „rund um die Uhr" in diesen Innenkäfigen.

Bei genauerer Hinsicht erweist sich selbst das vermeintlich akzeptable Freigelände des „Amboseli-Reservats" als denkbar ungeeignet zur Haltung von Schimpansen (bzw. von Wildtieren *jedweder* Art): Unmittelbar angrenzend an die Anlage und nur durch diese zu erreichen findet sich der „Bahnhof" der Dschungelsafari, von dem in zehn- bis fünfzehnminütigem Abstand und unter eigens forciertem Motorenlärm die Geländewagen für die „Abenteuertour" abfahren. Auch der extrem hohe Lärmpegel der unweit gelegenen „Aquasafari" mit ihren PS-starken „Airboats" dringt bis in das „Schimpansen-Reservat". Der Umstand, dass die Besucher bei der „Aquasafari" einem monströsen Robotronic-King Kong begegnen, der mit rotglühenden Augen hinter einem Wasservorhang auftaucht – laut Parkbroschüre finde man sich „Auge in Auge mit dem berühmten Ungeheuer" wieder" –, was jede Begegnung mit den realen Menschenaffen konterkariert, spielt da schon fast keine Rolle mehr. #83/2014

Ingolstadt

Hutaffen und Plastikkrokodil

Mitten in Ingolstadt, einer 135.000-Einwohner-Stadt in Ostoberbayern, wird seit 1908 ein Zoo vorgehalten. Auch wenn – und gerade weil – dieser Zoo es in den 111 Jahren seines Bestehens nie über die Fläche eines viertel Fußballplatzes (1800qm) hinausgebracht hat, ist es wert und notwendig, ihn etwas genauer unter die Lupe zu nehmen.

Das unter dem Namen „Zoo Wasserstern" bekannte Kleinareal wird seit je von einem eingetragenen Verein betrieben, der für Verwaltung, Kasse und Instandhaltung der Käfiganlagen zuständig ist. Auf dem Zoogelände befindet sich insofern, einem Schrebergartenhäuschen nicht unähnlich, ein eigenes „Vereinsheim", in dem, wie es heißt, „reges Vereinsleben" stattfindet. Die Versorgung der schätzungsweise 250 Tiere aus mehr als 40 Arten liegt in der Hand zweier Tierpfleger (die allerdings erst kürzlich und auf behördlichen Druck hin angestellt wurden) sowie ehrenamtlicher Helfer aus dem Verein.

Zur Geschichte des Kleinzoos ist nur wenig herauszufinden. Bekannt ist lediglich, dass der *Zoo Wasserstern e.V.* ursprünglich als „Gesellschaft für biologische Aquarien- und Terrarienkunde und den einschlägigen Naturschutz" begründet worden war: als gemeinschaftlich betriebene Privatliebhaberei örtlicher Aquarien- und Terrarienfreunde. Er ist keinem der Dachverbände des Zoowesens angeschlossen.

Der *Zoo Wasserstern* stellt den wohl kleinsten Zoo der Republik dar (abgesehen von den mobilen Tierschauen, die irgendwelchen Zirkussen angegliedert sind). Wer indes nun annähme, dass auf dem Mini-Areal nur ein paar gut akklimatisierte Arten vorgehalten würden, sähe sich getäuscht. Tatsächlich gibt es neben den erwartbaren Kaninchen, Meerschweinchen und Schildkröten eine ganze Reihe an „Exoten" zu besichtigen, von Südamerikanischen Nasenbären über Weißbüschel-, Liszt-, Hut- und Kapuzineraffen hin zu Brillenkaimanen, Agamen, Schlangen – darunter, eingesperrt in winzige Glaskästen: ein Königspython und eine Madagaskarboa –, Skinke, Geckos und Pfeilgiftfröschen; dazu Hyazinth- und Gelbbrustaras, Schneeeulen, Sibirische Uhus und dutzende von Sittichen (die völlig unkontrolliert „nachgezüchtet" und für 20 Euro pro Tier an Privatleute verkauft werden). Ein in einem Kellerraum vorfindliches Aquarium ist seit einiger Zeit außer Betrieb gestellt: Die über 60 Jahre alten Schaukästen waren undicht geworden und der Zoo hat, trotz nicht unerheblicher städtischer Zuschüsse, kein Geld für die Reparatur.

Während der Käfig der Nasenbären, aber auch die Volieren der Uhus und Sittiche heillos veraltet und heruntergekommen sind, stammen die Gehege der Affen – zumindest der Hut- und der Kapuzineraffen – aus jüngerer Zeit. Auch wenn die mit Glasfront versehenen Betonbunker im Vergleich zu den sonstigen

.ebensgroßes Plastik-Krokodil

Gehegen des Zoos relativ geräumig erscheinen und sogar angeschlossene Freiluftkäfige aufweisen, geben sie den jeweils vier darin vorgehaltenen Tieren viel zu wenig Platz und Beschäftigung. Bei den Hutaffen, einer aus Indien stammenden Makakenart, zeigen sich, selbst dem Laien erkennbar, gravierende Verhaltensauffälligkeiten sowie schwere (und offenbar unbehandelte) Läsionen und Bissverletzungen. Die Lisztaffen, ebenfalls schwer verhaltensgestört, sind in einem separaten und noch sehr viel beengteren Käfig untergebracht, während die Weißbüscheläffchen in einem rundum geschlossenen Innenbunker gehalten werden.

Als „Aushängeschild" des Zoos galt bis vor ein paar Jahren ein Mississippi-Alligator namens MAXL. Das dreieinhalb Meter lange und mehr als 200kg schwere Reptil, das seit 1951 (!) in einem winzigen Verschlag auf dem Zoogelände gehalten worden war, verstarb 2015. Nach seinem Tod wurde ein lebensechtes Kunststoffreplikat hergestellt, das seither in dem Verschlag zu besichtigen ist, in den MAXL vierundsechzig Jahre lang eingesperrt gewesen war.

Auf veterinäramtliche Weisung hin hat der Zoo seinen Tierbestand in jüngerer Zeit etwas zurückgefahren: Waschbären etwa oder Meerkatzen wurden abgeschafft. Über die weiterhin bestehenden und teils eklatanten Mängel des Zoos sehen die zuständigen Behörden indes großzügig hinweg, die örtlichen Medien sowieso: Letztlich gilt der Mini-Zoo als „Ingolstädter Institution", die, seit Generationen jedem Kinde in Ostoberbayern bekannt, allein deshalb schon unter informellen Bestandsschutz gestellt ist. #102/2019

Jocksdorf

Heruntergekommene DDR-Datsche

In der östlichen Niederlausitz, unweit der polnischen Grenze, scheint vielerorts die Zeit „vor der Wende" stehen geblieben zu sein. Vieles hier in der tiefsten Provinz Ost-Brandenburgs

Hutaffe auf nacktem Beton ...

atmet noch den Geist der niedergegangenen DDR. Die Orte heißen Groß-Kölzig oder Klein-Kölzig, haben kopfsteingepflasterte Straßen und selten mehr als 150 Einwohner. Eines dieser gottverlassenen Nester, eine Autostunde östlich von Cottbus, heißt Jocksdorf, verfügt über knapp 150 Einwohner und hat zwei Besonderheiten zu bieten: ein sowjetisches Ehrenmal für im Zweiten Weltkrieg gefallene Soldaten der Roten Armee und: einen Affenzoo.

Der Jocksdorfer Affenzoo geht zurück auf eine Liebhaberzucht von Zwergziegen, die der seinerzeit 30-jährige Genossenschaftsrinderbesamer Stefan Mai im Jahre 1976 über den Cottbuser Tierpark erworben hatte. Schnell kamen andere Tiere hinzu: Alpakas, Emus, Bennet-Kängurus, ein paar Papageien und auch erste Affen. Auf dem 1,3 Hektar großen Gelände etablierte sich ein kleiner Privatzoo, der, ergänzt um ein Kassenhäuschen und eine Imbissbude, seit Mitte der 1980er gegen Entgelt besucht werden konnte. Ab 1990 „spezialisierte" sich der Zoo auf die Haltung und Zucht von Affen, mehr als 140 Tiere aus elf Arten sollen seither dort „nachgezüchtet" worden sein; die „Nachzuchten" wurden überwiegend an Privathalter verkauft. Der Zoo selbst hält heute rund 60 Affen vor: Meerkatzen, Indische Hutaffen, Tamarine, Kattas, Liszt-, Weißbüschel-, Goldkopflöwen- und Schwarzpinseläffchen sowie Totenkopf- und Kapuzineraffen. Untergebracht sind die Tiere in mit einfachsten Mitteln selbstgefertigten Gehegebauten, Verschlägen und

Käfigen. Die ganze Anlage erweckt den – wahlweise nostalgisch-charmanten oder deprimierend-trostlosen – Eindruck einer heruntergekommenen DDR-Datsche.

Die Tiere selbst machen einen durchwegs ausgesprochen schlecht gepflegten Eindruck, viele sind offenkundig schwer krank, ohne dass sie veterinärmedizinisch ausreichend versorgt erscheinen. Von tierpflegerischer, geschweige denn: primatologischer Kompetenz seitens der Betreiber – hauptverantwortlich: immer noch der mittlerweile auf die achtzig zugehende (Ex-)Rinderbesamer Stefan Mai – ist nicht viel zu sehen.

Veterinärmedizinisch offenbar nicht ausreichend versorgter Makake

Ende des Zoos?

Anfang 2023 stellten die beiden Betreiber des Zoos – Vater und Tochter Mai – einen Aufruf ins Netz, man müsse „aus gesundheitlichen Gründen unseren geliebten Affenzoo so schnell wie möglich in tierliebe, fleißige und verantwortungsvolle Hände abgeben. Pacht, Kauf – Alles ist möglich! Uns und vor allem unseren Tieren läuft die Zeit davon." Anderweitig geben die Betreiber nicht „gesundheitliche Gründe" an, die sie zur Aufgabe ihres Affenzoos zwängen, sondern die nicht mehr zu finanzierenden Energie- bzw. Heizkosten für die Gehegebauten.

Tatsächlich scheint der seit 47 Jahren bestehende „Affenzoo Jocksdorf" am Ende zu sein. Schicksal und Zukunft von rund 60 Affen (sowie 60 weiteren Tieren) stehen auf dem Spiel. Die Sorge im Tierheim Berlin, auf das das Gros der Tiere wohl zukäme, wenn sich kein Käufer oder Pächter für den heruntergekommenen Jocksdorfer Zoo findet, ist groß. Da der privat betriebene Zoo keiner der nationalen Dachgesellschaften (VdZ DTG, GdZ o.ä.) angehört, ist von diesen keinerlei Hilfe zu erwarten.

Ein Angebot des *Great Ape Project*, zumindest Teile des Affenbestandes in das *Wales Ape and Monkey Sanctuary* zu überführen, lehnten die Betreiber des Jocksdorfer Zoos kategorisch ab. #119/2023

Karlsruhe

Verhaltensgerechte Tierpräsentation?

Mit zahlreichen Sonderveranstaltungen feierte der Karlruher Zoo 2015 sein 150-jähriges Bestehen. Als Highlights gab es Konzerte, Squaredanceaufführungen, Märchenstunden sowie ökumenische Gottesdienste. Auch in das dreimonatige Festivalprogramm anlässlich des 300. Gründungstages des markgräflichen Schlosses – die Grundsteinlegung gilt als Geburtsstunde der Stadt selbst –, war der Zoo eingebunden. Das eigens für das Jubiläumsjahr entworfene Motto lautete: „Unsere Mitgeschöpfe, die Tiere – erkunden, kennen lernen, erleben, begreifen – nirgends ist es so einfach wie in einem Zoo."

Schon seit Beginn der 1860er hatten sich Karlsruher Bürger – genauer gesagt: die Mitglieder eines örtlichen „Vereins für Geflügelzucht" – um die Begründung eines „Thiergartens" in der badischen Residenzstadt bemüht. Die Idee, einen Vogelpark mit zusätzlichen Schaugehegen für Säugetiere einzurichten, traf auf das Gefallen des seinerzeitigen Großherzogs Friedrich I., der nicht nur ein entsprechendes Areal zur Verfügung stellte, sondern auch einige Tiere aus seiner privaten Menagerie beisteuerte. 1865 wurde der „Thiergarten" offiziell eröffnet.

Mit der Übernahme der Tiergehege durch die Stadt Karlsruhe im Jahre 1877 wurde das Gelände um eine botanische Gartenanlage erweitert und schrittweise zur heutigen Gesamtfläche von rund 21 Hektar – neun Hektar Zoo, auf denen derzeit 1200 Tiere in knapp 200 Arten vorgehalten werden, und zwölf Hektar Stadtgarten – ausgebaut.

Für das Jahr 1967 wurde der Stadt Karlsruhe die Ausrichtung der Bundesgartenschau zugesprochen. In diesem Zusammenhang wurden all jene Tiere, die weitläufigere Außengehege benötigen – Wiesente, Damhirsche, Przewalskipferde etc. – in ein eigens angelegtes Ausweichareal ausgelagert, um Platz für weitere Gartenflächen zu schaffen. Das Ausweichareal wurde auch nach Beendigung der Gartenschau beibehalten und firmiert bis heute als eigenständiger *Tierpark Oberwald*.

Die weitläufige Anlage des Stadtparks lässt den darin integrierten Zoo weit weniger beengt erscheinen, als dies in anderen Zoos der Fall ist. Tatsächlich aber weisen die Tiergehege in Größe und Ausstattung keinerlei Unterschied zu zooüblichen Standards auf, einige liegen sogar erheblich darunter und entsprechen noch nicht einmal den – in sich völlig unzureichenden – bundesministeriellen Vorgaben.

Um die teils katastrophalen Unterbringungsverhältnisse einzelner Tiergruppen bestmöglich zu kaschieren, wurden schon ab Mitte der 1990er verschiedene „Modernisierungen" vorgenommen. Eine noch aus den 1960ern stammende Käfiganlage etwa, in der unter indiskutablen Bedingungen drei Schimpansen gehalten worden waren, wurde mit der benachbarten, ebenfalls heillos veralteten Gepardenanlage zusammengelegt. Im Eingangsbereich des neugestalteten Komplexes kann man bis heute die vollverfliesten 60er-Jahre-Bunker besichtigen, in denen vormals die Schimpansen lebten; heute sind sie mit Rotscheitelmangaben [=Meerkatzenverwandte] besetzt. Dazu gibt es zwei Vitrinen für Sumpfmeerkatzen und Kattas sowie zwei kleine Terrarien. Für das neue Schimpansengehege wurden aus den ehemaligen Gepardenkäfigen die Frontgitter und Teile der Seitenwände herausgebrochen, so dass eine Art Großkäfig entstand, dem überdies der vormalige Besuchergang zugeschlagen wurde. Das dergestalt neugewonnene Innengehege weist eine Fläche von etwa 150 Quadratmetern auf, die Höhe variiert zwischen drei Metern im ehemaligen Besucherbereich und fünf Metern in den ehemaligen Gepardenkäfigen. Die Wände sind orangefarben verfliest, der uneben gestaltete, ansonsten aber völlig nackte Betonboden ist mit gelber Epoxidfarbe angestrichen, um Naturboden vorzugaukeln. Das Gehege kann sowohl vom neugestalteten Besuchergang als auch von außen her eingesehen werden, Versteck- oder Rückzugsmöglichkeiten für die Tiere gibt es insofern nicht. An Einrichtung finden sich die üblichen Totholzstämme, Hängematten und ein paar Seile. Die Behauptung der langjährigen Zoodirektorin Gisela von Hegel, die Tiere des Karlsruher Zoos würden „verhaltensgerecht präsentiert", muss gerade mit Blick auf die Unterbringung der Schimpansen als blanker Zynismus gewertet werden; ganz abgesehen davon, dass sie einen Widerspruch

in sich selbst darstellt: Verhaltensgerechte Präsentation von Tieren im Zoo gibt es nicht.

Erst mit den Umbaumaßnahmen Mitte der 1990er erhielten die Schimpansen ein Außengehege, das es vorher für sie nicht gab. Errichtet auf der ehemaligen Freianlage der Geparden besteht es aus einem rundum geschlossenen Gitterkäfig mit einer Grundfläche von etwa 400 Quadratmeter. Die dem Besucher zuge-

wandte Seite ist mit Sicherheitsglas versehen, das direkten Kontakt zu den Tieren verunmöglicht, nicht aber verhindert, dass Besucher durch das offene Dachgitter Süßigkeiten und dergleichen in das Gehege werfen können. Der Käfig, den die Tiere bei warmem und trockenem Wetter stundenweise aufsuchen dürfen, ist ausgestattet mit Totholzklettergerüsten, Seilen und Reifen. Sichtblenden, Versteck- oder Rückzugsmöglichkeiten gibt es auch hier nicht. Unmittelbar hinter dem an der Außenmauer des Zoos gelegenen Käfig führt eine vielbefahrene Hauptverkehrsstraße vorbei, die Lärmbelastung für die Schimpansen ist insofern enorm (wie überhaupt große Teile des Zooareals stark von Verkehrslärm beeinträchtigt werden).

Die drei derzeit vorgehaltenen Schimpansen zeigen auffällige Verhaltens- und Bewegungsstereotypien. Die beiden älteren Tiere kamen 1970 beziehungsweise 1978 als Kleinkinder nach Karlsruhe. Der Umstand, dass es sich um sogenannte „Wildfänge" handelt, die über dubiose Tierhändler an den Zoo verschachert wurden, wird auf der Infotafel geschickt verschleiert. Dort heißt es nur „Geburtsort nicht bekannt, Geburtsdatum 1967 (Benny) bzw. 1976 (Sophie)." Entrissen ihren Familien und ihrer afrikanischen Heimat haben die beiden Tiere die meiste Zeit ihres Lebens in winzigen vollverfliesten Betonbunkern bzw. auf gelb angestrichenem Betonfußboden zugebracht. Das dritte Tier, KATCHE, kam 1996 im Alter von elf Jahren aus dem Zoo Neunkirchen nach Karlsruhe. Nachwuchs stellte sich glücklicherweise nicht ein.

„Modernste Eisbärenanlage Europas!"

Die 1967 im Rahmen der Bundesgartenschau erstellte Eisbärenanlage, auf der seinerzeit unter beengtesten Verhältnissen und auf nacktem Beton elf Tiere gehalten worden waren – die „größte Eisbärenhaltung Europas", wie man sich bis heute rühmt –, wurde im Jahr 2000 durch eine modernere Anlage ersetzt; die Zahl der Tiere wurde auf derzeit drei reduziert. Gleichwohl zeigen diese drei Tiere, denen ein Außenareal von gut 1800 Quadratmetern zur Verfügung steht – mehr als dreimal die Fläche, die das aktuelle Säugetiergutachten vorsieht –, genau jene Bewegungsstereotypien, wie sie in Zoos gefangengehaltene Eisbären regelmäßig zeigen. Die Tiere sind, selbst dem Laien ersichtlich, schwer verhaltensgestört. Desungeachtet hält der Karlsruher Zoo seine Eisbärenanlage bis heute für die „modernste in Europa" und „zukunftsweisend in der gesamten Zoowelt". In einem Werbetext der Stadt Karlsruhe heißt es dazu: „Eine eisschollenähnliche Stufenlandschaft ist umgeben von Wasserkaskaden und Wasserbecken, die den Tieren vielfältige Möglichkeiten zum Spielen, Schwimmen und Tauchen bieten. (...) Besondere optische Attraktionen sind meterhohe, im Sonnenlicht bläulich glänzende Eisberge im Zentrum der Anlage und ausgewaschene und zerklüftete Felsformationen, die einen plastischen Eindruck eines typischen Eisbärenhabitat im arktischen Randbereich vermitteln." Allen Ernstes sollen ein paar übereinandergestapelte Betonblöcke den Zoobesuchern einen Eindruck vermitteln, wie der Lebensraum von Eisbären in der Arktis aussieht.

Bei anderen Tiergruppen, den Elefanten etwa oder den Großkatzen, sieht es nicht besser aus. Und auch hier wird schöngeredet, was das Zeug hält: Wortreich verweist man auf die 15.000 Rosenstöcke, die auf dem Gelände des Stadtparks zu besichtigen sind und die insofern „geglückte Mischung aus Tier- und Pflanzenwelt", einschließlich eines Japangartens samt Shintoschrein.

TV-Plaudertasche als Zoodirektor

Pünktlich zum Höhepunkt der Jubiläumsfeierlichkeiten Anfang Juli 2015 präsentierte der Karlsruher Zoo einen neuen Direktor, nachdem die langjährige Direktorin, Gisela von Hegel, im Vorjahr ausgemustert worden war und der Zoo seither unter kommissarischer Leitung stand. Frau von Hegel war bereits seit längerer Zeit in Kritik gestanden, seitens der Stadtverwaltung hatte man ihr „deutliche Schwächen im Führungsstil und bei den Organisationsfähigkeiten" attestiert. Interessant ist in diesem Zusammenhang, dass die für Führungsaufgaben in Karlsruhe offenbar nicht ausreichend befähigte Zoodirektorin von Hegel 17 Jahre lang dem Vorstand des *Verbandes Deutscher Zoodirektoren* (VDZ) angehörte, sechs davon sogar als dessen Vizepräsidentin bzw. Präsidentin. Bis heute, obgleich längst ihres Amtes als Zoodirektorin enthoben, sitzt sie im Vorstand dieses Gremiums, das die inhaltliche Ausrichtung der Zoos nicht nur des deutschsprachigen Raumes bestimmt. Auch international gibt es kaum einen Bereich der organisierten Gefangenhaltung und Zurschaustellung von Wildtieren, bei dem der VDZ nicht seine Finger im Spiel hätte.

Als neuer Direktor des Karlsruher Zoos wurde der langjährige Kurator und zoologische Leiter des Loro-Parque auf Teneriffa, Mathias Reinschmidt, vorgestellt (angeblich hatte es mehr als 100 Bewerber:innen für den lukrativen Posten gegeben). Reinschmidt, bekannt als muntere Plaudertasche aus zahlreichen Zoo-Doku-Soaps (z. B. *Papageien, Palmen & Co.*), ist ausgewiesener Papageienexperte. Im Karlsruher Zoo übernahm er, ähnlich wie zuvor im Loro-Parque, Verantwortung für 1200 Tiere aus fast 200 Arten. Die nicht endenwollenden Negativschlagzeilen um die Orca-Haltung im Loro-Parque – Stichwort: „Blackfish" – ließ er mit seinem Abgang jedenfalls elegant hinter sich. Desgleichen Vorfälle wie den im Sommer 2014, bei dem ein Mitarbeiter des Loro-Parque mit einem Narkosegewehr niedergestreckt und in akute Lebensgefahr gebracht worden war: Der Mitarbeiter war im Zuge einer Notfallübung, bei der richtiges Verhalten im Falle eines Affenausbruches simuliert wurde, in einem Gorillakostüm herumgelaufen, was dem zuständigen Zootierarzt aber nicht mitgeteilt worden war. Der Tierarzt hielt den Mitarbeiter im Affenkostüm für einen echten Gorilla und schoss einen auf ein 200 Kilogramm schweres Tier ausgelegten Betäubungspfeil auf ihn ab. Glücklicherweise überlebte der Parkmitarbeiter den durch die Megadosis verursachten allergischen Schock. Eine Stellungnahme Reinschmidts als verantwortlichem zoologischen Leiter zu dem Vorfall gab es nicht, die Sache verlief im Sande.

Den Zoo Karlsruhe soll und will Reinschmidt in die „erste Liga europäischer Großzoos" führen. Auf Kosten des Steuerzahlers, versteht sich. Ob die gefangengehaltenen Tiere in nennenswerter Weise davon profitieren werden, steht mit Blick auf andere Zoos, in die in den letzten Jahren Zigmillionen investiert wurden, zu bezweifeln: Das Augenmerk der Investitionen lag und liegt grundsätzlich auf der betriebswirtschaftlich relevanten Steigerung der Attraktivität für die Besucher, der die Interessen der Tiere allenfalls nachrangig zugeordnet sind. Zoos sind Wirtschaftsunternehmen, auch wenn die meisten davon - auch Karlsruhe als städtischer Betrieb – mit öffentlichen Geldern subventioniert werden: Die zur Schau gestellten Tiere sind nicht mehr als Renditeobjekte, die unter dem Blickwinkel optimaler Verwertung gesehen werden. #88/2015

Merkwürdige Todesfälle

Immer wieder geriet der Karlsruher Zoo in den letzten Jahren in negative Schlagzeilen. Selbst in Boulevardmedien, die Zoos gegenüber grundsätzlich wohlgesonnen sind, wurde Kritik laut (was wohl auch einer der Gründe war, die langjährige Zoodirektorin Gisela von Hegel abzusägen). So waren vor geraumer Zeit vier Braunbären aus ihrem Gehege ausgebrochen; drei konnten wieder eingefangen werden, der vierte wurde von der Polizei erschossen. Wenig später brachen vier Wölfe aus, einer davon

Eisbär BLIZZARD starb, 15-jährig, an Nierenversagen

starb an einer Überdosis des zum Einfangen benutzten Narkosemittels. Und auch die Skandalgeschichte um die vier Eisbären, die während des Umbaus der Karlsruher Eisbärenanlage im Jahre 2000 in den Zoo Nürnberg ausgelagert worden waren, fällt auf Karlsruhe zurück: Die vier Eisbären waren nachts aus ihrem provisorischen Gehege in Nürnberg ausgebrochen und wurden – ohne jede Notwendigkeit, da sich keine Besucher im Zoo befanden – alle vier von mit großkalibrigen Gewehren bewaffnetem Zoopersonal erschossen. Einer der Bären, der sich, angeschossen und schwer verletzt, in das Gehege zurückgeschleppt hatte, wurde dort per gezieltem Kopfschuss getötet. Eine Betäubung der Tiere, so die Nürnberger Zooleitung, sei nicht möglich gewesen, da die Betäubungspfeile das dichte Winterfell und die Winterspeckschicht nicht hätten durchdringen können. Um vom eigenen Fehlverhalten abzulenken wurde das völlig haltlose Gerücht gestreut, die Sicher-

heitsschlösser vor dem Eisbärengehege seien von militanten Tierschützern aufgebrochen worden. Noch nicht einmal die CSU im bayerischen Landtag, der sich – letztlich ergebnislos - mit der Sache befasste, mochte dem Gerücht Glauben schenken. Dem Karlsruher Zoo selbst kam der Tod der Eisbären nicht ungelegen, da die neue Anlage ohnehin mit einer jüngeren Zuchtgruppe besetzt werden sollte.

Auch andere Karlsruher Todesfälle sind ausgesprochen merkwürdig. So wurde bis heute ein Vorfall nicht richtig aufgeklärt, bei dem drei Flusspferde einen tödlichen Kreislaufkollaps erlitten, nachdem Heißwasser in ihr Becken eingeleitet worden war; ein Elefant, so hieß es seitens des Zoos lapidar, habe wohl unbeabsichtigt den Zuflusshahn geöffnet. Auch der Fall eines Seehundjungen, das in ein ungesichertes Abflussrohr gesaugt worden war und dort qualvoll zu Tode kam, wurde nie richtig aufgeklärt. Im November 2010 brach aus ungeklärtem Grunde im „Streichelzoo" Feuer aus: 26 Tiere verbrannten bei lebendigem Leib. Das Großfeuer griff auch auf das benachbarte Elefanten- und Flusspferdhaus über und fügte den dort untergebrachten Tieren schwerste Brandverletzungen zu. Konsequenzen für die Verantwortlichen des Zoos: keine. Auch der Brandschutz wurde nicht verbessert: Da man die genaue Brandursache nicht habe ermitteln können, so eine Zoosprecherin, habe man insofern auch keine Konsequenzen ziehen können. Anfang 2012 wurde der erst zweijährige Giraffenbulle YERA eingeschläfert, da er sich bei einer „Rangelei mit anderen Giraffen", einen Kieferbruch zugezogen haben soll. Weshalb er deshalb gleich getötet werden musste, wurde nie geklärt. Tatsache ist, dass männlicher Giraffennachwuchs in Zoos unerwünscht ist, man sucht ihn – wie im Falle des Jungbullen MARIUS im Zoo Kopenhagen – spätestens mit Eintritt in die Pubertät loszuwerden.

Vermutlich an inzuchtbedingten Defekten und damit schuldhaft verursacht durch fehlerhafte Zuchtplanung des Zoos starben im August 2014 drei Schneeleopardenjunge. Befriedigende Auskunft über die Obduktionsergebnisse gab es weder hier noch bei den sonstigen mysteriösen Todesfällen, die im Karlsruher Zoo zu verzeichnen waren. #88/2015

„Tag der Schande"

Am 12.10.2017 fand im Zoo Karlsruhe eine „Geburtstagsfeier" für den Schimpansen BENNY statt. In den örtlichen Medien seit Tagen vorangekündigt wurde mit großem Ballyhoo dessen „50. Geburtstag" begangen. Und dies, obgleich niemand so genau wissen kann, wann der Schimpanse zur Welt gekommen war: Es handelt sich um einen sogenannten „Wildfang", der 1970 im Alter von etwa drei Jahren aus dem westafrikanischen Regenwald verschleppt und in den Karlsruher Zoo verbracht worden war, wo er seither im dortigen Affenhaus zur Schau gestellt wird. Der Zoo hatte die „Geburtstagsfeier" gezielt in den üblicherweise wenig frequentierten Oktober gelegt, um ein paar zusätzliche Besucher anzulocken.

Das *Great Ape Project* postete zwei Tage vor der „Geburtstagsfeier" auf Facebook ein Foto BENNYs, auf dem zu lesen stand:

„Irgendwann vor einem halben Jahrhundert wurde ein Schimpansenkind seiner Mutter und seiner afrikanischen Heimat entrissen, um in irgendeinem Zoo in Europa gegen Entgelt zur Schau gestellt zu werden. Seit 47 Jahren (!!!) lebt dieser Schimpanse, BENNY genannt, nun in einem vollverfliesten Betonbunker im Zoo von Karlsruhe. Am 12.10.2017 feiert der Zoo BENNYs 50. Geburtstag: ein Tag der Schande..."

In kürzester Zeit wurde das Foto allein auf der Facebook-Seite des GAP fast 300.000 Mal angeklickt, es wurde tausende Male geteilt und mit entsprechenden „likes" versehen. In zahllosen Kommentaren wurde deutlich, dass Zoos längst nicht mehr über den gesellschaftlichen

BENNY

Rückhalt verfügen, wie sie das meinen oder behaupten; was sich auch in dem Umstand zeigte, dass in den zahlreichen Medienbeiträgen, die im Nachgang über die „Geburtstagsfeier" berichteten (darunter FOCUS, der SWR und die *Süddeutsche Zeitung*), durchgängig auf die Kritik des GAP an der Karlsruher Schimpansenhaltung Bezug genommen wurde.

Auch wenn BENNY selbst nichts davon hat, wurde doch weitreichende Öffentlichkeit gegen die Haltung von Schimpansen (und anderen Wildtieren) in Zoos hergestellt. Und dem Karlsruher Zoo wurde die kindergartenmäßig aufgezogene „Geburtstagsfeier“, bei der man BENNY mit einem Bobbycar samt Anhänger, einer Gemüsetorte und einem Plüschtier „beschenkte“, ordentlich verhagelt. Der stellvertretende Zoodirektor Clemens Becker musste gar öffentlich einräumen, dass die Unterbringungsverhältnisse für die Schimpansen völlig veraltet und damit untauglich sind, weswegen man die Haltung „langfristig auslaufen“ lassen wolle. Nur hilft das BENNY und seinen zwei wesentlich jüngeren Leidensgenossinnen SOPHIE (*1976) und KATCHE (*1985) überhaupt nichts, wenn der Zoo ankündigt, sich nach ihrem Tod keine neuen Schimpansen mehr zulegen zu wollen. Sie bleiben weiterhin auf dem nackten Betonboden ihres Fliesenbunkers hocken, die erst 32-jährige KATCHE womöglich die nächsten zwanzig und mehr Jahre. #97/2017

Angeblicher Besucherrekord

Gerade wenn Verhandlungen zur Finanzierung Zigmillionenschwerer „Masterpläne“ anstehen bzw. bereits beschlossene Finanzierungen gerechtfertigt werden sollen, wird von den Zoos über gnadenlose Manipulation der Besucherzahlen die eigene Bedeutung nach oben gejazzt.

Der Zoo Karlsruhe beispielsweise, der 52 Millionen Euro (überwiegend aus Steuergeldern) in die „Modernisierung“ seiner Anlagen investieren will, behauptet für das Jahr 2018 mit 1,06 Millionen Besuchern einen neuen Rekord aufgestellt zu haben. Unabhängig davon dass der Zoo Karlsruhe unseriöser- aber branchenüblicherweise *Besuche* mit *Besuchern* ineinssetzt – tatsächlich wurde der Zoo im zurückliegenden Jahr allenfalls von 250.000 bis 300.000 Personen, teils mehrfach (über Jahreskarten o.ä.), besucht –, kann bei einem genaueren Blick in die vom Zoo selbst herausgegebene Besucherstatistik der letzten Jahre für 2018 keineswegs von einem Rekordjahr gesprochen werden: 2012 1,43 Mio / 2013 1,39 Mio / 2014 1,41 Mio / 2015 1,05 Mio / 2016 1,01 Mio / 2017 1,01 Mio / 2018 1,06 Mio.

Im Vergleich zu 2012 ist die Besuchszahl des Karlsruher Zoos im Jahr 2018 um 370.000, sprich: 26 Prozent eingebrochen. Gleichwohl wurde gezielt die Falschmeldung eines „Rekordjahres“ und damit das Bild eines vermeintlich prosperierenden Geschäftsmodells verbreitet, so dass die geplanten Investitionen im Zigmillionenbereich allemal als gerechtfertigt erschienen. #102/2019

Mangabe in „naturnaher Umgebung“

Kirchham

Kein Mega-Zoo in Niederbayern

In einer großangelegten Aktion des Veterinäramtes Passau (Niederbayern) wurden Anfang 2021 hunderte Tiere, darunter zahlreiche Exoten – Affen, Tukane, Reptilien und andere –, beschlagnahmt. Laut vormaligem Besitzer war geplant gewesen, mit den Tieren auf einem ehemaligen Bundeswehrgelände bei Kirchham (Landkreis Passau) einen Zoo zu eröffnen.

Das Gros der Tiere lebte inmitten unvorstellbaren Drecks und Unrats. Über ein paar 450-Euro-Hilfskräfte hinaus gab es kein festangestelltes Personal. Zahllose Vögel waren in ehemaligen Toilettenräumen und Mannschaftsduschen der Kasernenhäuser eingesperrt. Mehrere Tiere mussten aufgrund des desaströsen Zustandes, in dem sie sich befanden, vor Ort eingeschläfert werden. In herumstehenden Müllcontainern fanden sich unzählige Tier„kadaver". Einige fanden sich auch, tiefgefroren, in Kühltruhen, vorgesehen angeblich für spätere Präparation. Die beschlagnahmten Tiere wurden in Auffangstationen und an private Pflegestellen umverteilt.

Im Zuge nachfolgender Ermittlungen stellte sich heraus, dass nicht nur das zuständige Veterinäramt seit Jahren von den unhaltbaren Zuständen wusste, sondern dass die Gemeinde Kirchham, in deren Einzugsbereich das Gelände der ehemaligen „Rottal-Kaserne" liegt, die Pläne für einen Großzoo gezielt vorangetrieben hatte. Ein bundesweit tätiger Tierhändler namens Gustav Struck – ein Bruder des früheren Bundesverteidigungsministers Peter Struck (SPD) – hatte das 174 Hektar umfassende und bis 2001 militärisch genutzte Gelände samt Panzerhallen, Kasernen- und Verwaltungsgebäuden günstig erworben, mit der Idee, den „größten und modernsten Zoo Europas" darauf zu errichten. Über einen im Kirchhamer Gemeinderat eigens neu aufgestellten Flächennutzungsplan war ein Großteil des Geländes bereits für den Zoo Strucks ausgewiesen worden. Es gab sogar schon detaillierte Vorstellungen über die Aufteilung und Gestaltung des Areals. Den Grundstock des Tierbesatzes sollten ebenjene Tiere bilden, die, nach zunehmend lauter werdenden Beschwerden örtlicher Tier-

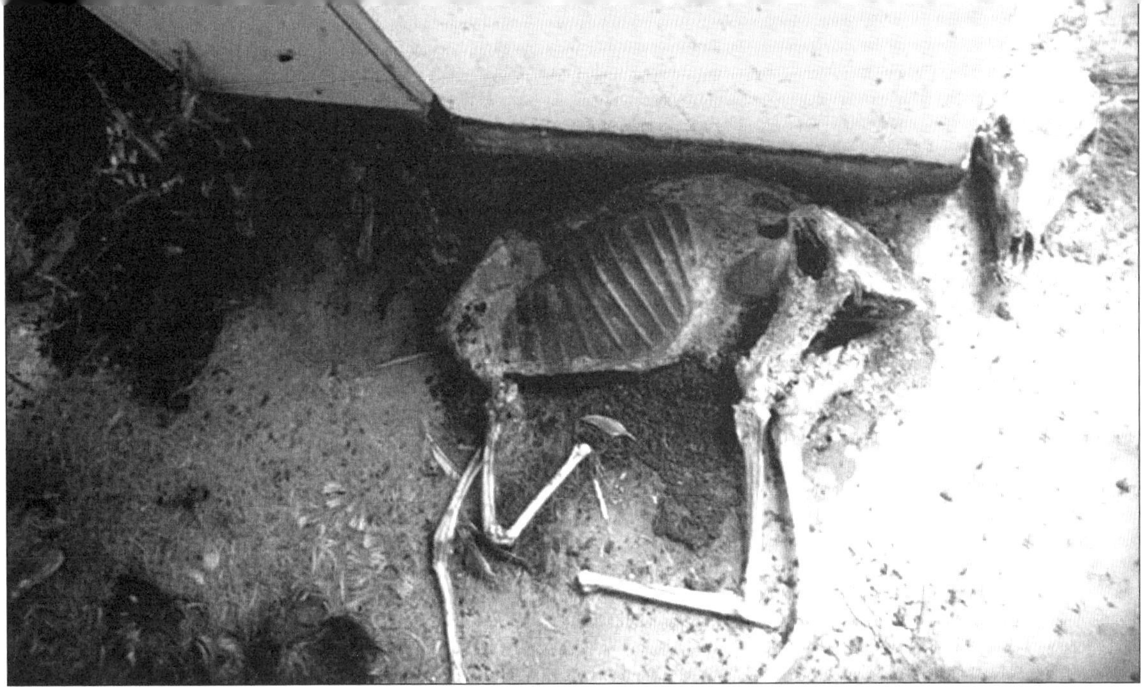

Verweste Tiere auf dem geplanten Zoogelände

schützer, letztlich vom Passauer Veterinäramt beschlagnahmt wurden.

Gustav Struck (*1947) zählte über Jahre hinweg zu den größten Importeuren tropischer Zierfische fürs heimische Aquarium. Über seine *Struck Aqua GmbH*, ansässig seit 2009 auf dem Kasernengelände, belieferte er Gartencenter, *Fressnapf*-Märkte und dergleichen im ganzen Bundesgebiet. Angeblich hielt er ständig bis zu 500.000 Fische vorrätig. Vor seinem Einstieg ins Aquaristikgeschäft galt er als „größter Hundehändler Deutschlands", mit nach eigenen Angaben mehr als 3000 verkauften Welpen pro Jahr. Dem Vernehmen nach hat er sich mittlerweile sowohl aus dem Tierhandels- als auch dem Zockergeschäft zurückgezogen: Seine sieben in Tschechien betriebenen Spielcasinos soll er 2020 verkauft haben. Auch seine Pläne, mit Hilfe internationaler Investoren sowie öffentlicher Gelder auf seinem Kasernengelände einen Megazoo einzurichten, hat er eigenem Bekunden zufolge inzwischen aufgegeben.

Struck selbst hält sich für ein Opfer behördlicher Willkür, gegen das ihm nach Auflösung seines „Zoos" behördlich auferlegte lebenslange Tierhaltungsverbot klagte er vor dem Landgericht Regensburg (die beschlagnahmten Tiere „schenkte" er gleichwohl dem Freistaat Bayern). Die Klage wurde im März 2022 abgewiesen. Weder Struck noch sein (in die Geschäfte des Vaters involvierter) Sohn dürfen je wieder Tiere halten. #111/2021

Köln

Bürgerliche Klischees

Der Kölner Zoo, eröffnet im Jahre 1860, gilt als drittältester Zoo Deutschlands. Auf einer bis heute mehrfach erweiterten Fläche von rund 20 Hektar hält er knapp 12.000 Tiere aus mehr als 850 Arten vor und zählt damit zu den dichtestbesetzten Zoos hierzulande. Mit angeblich mehr als 1,3 Millionen Besuchen pro Jahr gehört er, eigenen Angaben zufolge, zu den „meistbesuchten Einrichtungen seiner Art in Deutschland".

Als eigentlicher Initiator des Zoos gilt der Privatgelehrte Caspar Garthe (1796–1876), auf dessen Betreiben hin 1858 eine eigene *Actiengesellschaft Zoologischer Garten zu Cöln* eingerichtet wurde (der Zoo firmiert bis heute als AG). Von Anfang an suchte Garthe seinen Zoo gehobenem bürgerlichem Geschmacksempfinden anzupassen, was sich nicht zuletzt an der Gesamtgestaltung der Gehege und Käfiganlagen zeigte. Für die neuerbauten Tierhäuser entwickelte er eine phantastische Mixtur aus romantischen und historistischen Stilelementen, die tradierte bourgeoise Klischees widerspiegelten und insofern vom zahlenden Publikum begeistert goutiert wurden. Die Art der Unterbringung und das Wohlergehen der Tiere war (und ist bis heute) zweitrangig: Entscheidend war und ist das Schauerlebnis für die Besucher.

Brand im Tropenhaus

Im sogenannten „Tropenhaus" des Kölner Zoos brach am Abend des 15.3.2022 nach Dienstschluss ein Feuer aus, bei dem nach ersten Angaben des Zoos „einige Vögel" zu Tode kamen. Tags darauf wurde ein technischer Defekt mit Kabelbrand in einer Zwischendecke als Brandursache angegeben; die Zahl der zu Tode gekommenen Tiere wurde auf 132 konkretisiert, darunter Aquarien- und Terrarientiere, zahlreiche Vögel und mehrere Flughunde. Es steht anzunehmen, dass eine noch weitaus größere Anzahl durch die Hitze des Brandes der durch die ausströmenden Brandgase Schäden davongetragen hat.

Laut Feuerwehr brach der Brand in der Decke eines holzvertäfelten Seminarraumes im Untergeschoss des „Tropenhauses" aus. Es gab in diesem Raum kein automatisches Brand- oder Rauchmeldesystem; ebensowenig gab es das im darüberliegenden Bereich, in dem mehr als 600 Tiere verschiedenster Arten untergebracht sind. Hätten nicht zufällig Anwohner des Zoos die aufsteigende Rauchwolke über dem Zoogelände entdeckt – das Feuer musste zu diesem Zeitpunkt bereits eine ganze Weile gebrannt haben –, und die Feuerwehr alarmiert, hätte das gesamte Gebäude abbrennen können, was für sämtliche Tiere den sicheren Tod bedeutet hätte. Es war nicht das erste Mal, dass im Kölner Zoo ein Brand ausbrach: Vor acht Jahren brannte ein Lagerhaus komplett ab, wenig später brannte es im Aquarien-/Terrarienhaus.

Wie in den meisten Zoos hierzulande gibt es auch in den Tierhäusern des Kölner Zoos – mit Ausnahme des neuen Elefantenhauses – keine oder keine ausreichenden Brand- oder Rauchmeldesysteme, von Sprinkleranlagen o.ä. ganz zu schweigen. Gesetzliche Vorschriften dazu fehlen.

Gerade vor dem Hintergrund der Brandkatastrophe im Krefelder Zoo in der Silvesternacht 2019/20 – auch in dem dort abgebrannten „Tropenhaus" mit mehr als 50 bei lebendigem Leib verbrannten Tieren gab es keinerlei Brand- oder Rauchmeldevorkehrungen – war davon auszugehen, dass die deutschen Zoos zur Sicherheit der in ihrer „Obhut" stehenden Tiere entsprechend nachrüsten würden. Tatsächlich wurde solche Nachrüstung erkennbar nirgendwo vorgenommen; noch nicht einmal im Zoo Krefeld selbst.

Auf formelle Anfrage des *Great Ape Project* (IFG-NRW) teilte die Stadt Krefeld mit Schreiben vom 7.4.2022 mit, es befänden sich sämtliche Gebäude auf dem Zoogelände „in einem baurechtlich genehmigten Zustand. Das Baurecht sieht im Falle der Tierhäuser weder Brandmelde- oder Sprinkleranlagen vor noch den Einbau von Brandwänden". Folglich bedürfe es keiner Nachrüstung.

Angesichts der zahllosen Stallbrände in landwirtschaftlichen Betrieben, denen in den letzten Jahren zehntausende sogenannter „Nutztiere" zum Opfer fielen – tatsächlich kommt es in Deutschland zu durchschnittlich sechs Stallbränden pro Tag –, vereinbarte die „Ampelregierung" in ihrem Koalitionsvertrag, die Rechtsvorschriften zum Schutz vor Bränden und technischen Störungen in Ställen zu verbessern. Es bedürfe insofern einer bundeseinheitlichen Brandschutzverordnung, die den Einbau automatischer (und online vernetzter) Brand- und Rauchmeldesysteme, von Sprinkleranlagen, Brandwänden und Fluchtkorridoren gesetzlich verpflichtend mache. Selbstredend muss solche Verordnung, sollte sie je implementiert werden, auch Stall-, Käfig- und Gehegebauten in Zoos und zooähnlichen Einrichtungen umfassen. #115/2022

Krefeld

Nachtsafaris und Märchenlesungen

Schon ab 1877 hatte es in Krefeld einen als „Crefelder Thiergarten" bezeichneten Privatzoo gegeben, der mit einer Rollschuhbahn und regelmäßigen Konzertveranstaltungen als Mittelpunkt des gesellschaftlichen Lebens der Stadt galt. Noch vor dem Ersten Weltkrieg wurde der Zoo aufgelöst, 1938 aber auf Weisung des seinerzeitigen NSDAP-Oberbürgermeisters neu begründet. Neben Tieren aus mehr als 40 Arten wurde eine umfangreiche Sammlung ausgestopfter Wildtiere gezeigt; dazu gab es Jagdtrophäen aller Art zu besichtigen.

Während des Zweiten Weltkrieges wurde der Zoo fast völlig zerstört, Anfang der 1950er aber über privates Engagement von Krefelder Bürgern wiederaufgebaut. In den 1960er und 70er Jahren wurde der Arten- und Tierbestand über Zukauf einer Vielzahl exotischer Tiere erheblich erweitert, auch das Gelände wurde auf die heutige Größe von etwa 13,5 Hektar arrondiert.

Mit dem Krefelder Zoo ist das Bundesland Nordrhein-Westfalen dichter mit Zoos besetzt als jede andere Bundesland (und vermutlich jede andere Region weltweit): Allein 11 Großzoos sind hier angesiedelt und konkurrieren um zahlende Kundschaft (Aachener Tierpark, Tierpark&Fossilium Bochum, Zoo Dortmund, Aquazoo Düsseldorf, Zoo Duisburg, ZOOM Erlebniswelt Gelsenkirchen, Tierpark Hamm, Zoo Krefeld, Allwetterzoo Münster, NaturZoo Rheine und Zoo Wuppertal), dazu dutzende kleinerer Einrichtungen.

Der Krefelder Zoo wird seit 2005 als gGmbH betrieben, deren Gesellschaftsanteile zu 74,9 % von der Stadt Krefeld und zu 25,1 % von einem privaten *Förderverein Zoofreunde Krefeld e.V.* gehalten werden. Der rund 1000 Individuen umfassende Tierbestand zeige, wie der Zoo verlautbart, einen „Querschnitt zootypischer Arten", insbesondere aber Tiere aus dem tropischen Süd- und Mittelamerika sowie der afrikanischen Savanne; weitere Schwerpunkte liegen auf der Haltung Großer Menschenaffen, von Großkatzen und Tropenvögeln. Die Besucherzahlen bewegen sich nach Angaben des Zoos um die 500.000 pro Jahr (tatsächlich liegen sie erheblich darunter).

Eine „Zooschule" bietet Unterrichtseinheiten für Kindergruppen jeder Altersstufe an, dazu gibt es Nachtsafaris, Lichterumzüge, Märchenlesungen oder gemeinsames „Warten auf das Christkind"; selbstredend werden auch Kindergeburtstage ausgerichtet (inklusive Ziegenfüttern und Schlangeanfassen). Für Erwachsene gibt es Candle-Light-Dinners vor tierischer Kulisse oder Sonderveranstaltungen zum Valentinstag (mit „romantischer Zooführung zum Liebesleben der Zootiere").

Extreme Lärmbelastung

Der Krefelder Zoo macht trotz der in den letzten Jahren verschiedentlich vorgenommenen Neu- und Erweiterungsbauten einen insgesamt eher heruntergekommenen Eindruck. Einzelne Gehege scheinen seit den 1960er Jahren nicht überholt oder modernen Erfordernissen angepasst worden zu sein. Der Zustand etwa des Elefantenhauses, der Seelöwenanlage oder des Pavianfelsens ist indiskutabel.

Im Zentrum der Stadt gelegen ist der Zoo von zwei Hauptverkehrsstraßen umgeben, deren Lärm in jeden Winkel vordringt. Zudem grenzt das Zoogelände unmittelbar an ein Fuß-

Hinter den Kulissen des Pavianfelsens

ballstadion, gegen dessen enorme Lärmentwicklung bei Spielen des örtlichen KFC Uerdingen die Tiere durch nichts geschützt sind. Einige der Tiere können direkt auf das Spielfeld oder das anschließende Trainingsgelände schauen

„King-Kong-Optik"

Das im Jahre 1975 errichtete Menschenaffenhaus stellte sich als sogenanntes „Tropenhaus" vor, das ein Außengehege nicht für nötig erachtete. Eigenen Aussagen zufolge bot es ein „in sich geschlossenes Regenwaldökosystem", das – angeblich – die natürlichen Lebensbedingungen der darin gehaltenen Tiere weitaus besser simulierte als jede Freianlage. Tatsächlich wurde das „Regenwaldökosystem" in der völlig veralteten Anlage nicht einmal ansatzweise gewährleistet, gleichwohl wurden seit Jahren und Jahrzehnten Gorillas, Orang Utans und Schimpansen in dem rundum geschlossenen Betonbunker gehalten (bis zum Brand in der Silvesternacht 2019 20 Tiere). Zur Erzeugung von „Tropenwaldatmosphäre" waren die Besuchergänge mit Grünpflanzen dekoriert, in den Tiergehegen selbst fanden sich ein paar Totholzstämme, künstliche Felsen sowie holzfarben angestrichene Stahlrohrklettergerüste. Aus „atmosphärischen" Gründen wurden zudem einige Vögel und Flughunde vorgehalten.

Die vier Einzelgehege der Menschenaffen – die Gorillas verfügten über eine Fläche von 200qm, die Schimpansen über 250qm und die Orang Utans (in zwei voneinander getrennten Gehegen) über 300qm – waren zur Besucherseite hin durch einen etwa 4,5 Meter tiefen Betongraben getrennt, der von der Gehegeseite her über vier Betonstufen zugängig war. Die Gehege erschienen dadurch optisch größer, als sie tatsächlich waren. Die Betongräben wurden von den Affen auch als Toilette benutzt, die scharfkantigen Betonstufen bargen insofern ein hohes Verletzungsrisiko. Die einzelnen Gehege waren mit Betonwänden voneinander abgetrennt, die rückwärtigen Wände waren mit unbehauenen Holzbrettern kaschiert (was wohl an die Palisadenmauer des ersten King Kong-Filmes von 1933 erinnern sollte). Versteck- oder Rückzugsmöglichkeiten gab es nicht, ebensowenig nennenswertes Spiel- oder Beschäftigungsmaterial. Die auf nacktem Beton gehaltenen Tiere zeigten durchwegs schwere Verhaltensauffälligkeiten. Gleichwohl hieß es auf der Website des Zoos: „Im naturnahen Gehege mit dem angenehmen tropischen Klima fühlen sich die dort lebenden Orang-Utans, Schimpansen und die Gorilla-Seniorengruppe so richtig wohl."

Autoverkehr beobachten

Im Mai 2012 wurde nach jahrelanger Planung und Bauzeit ein neues Gorillahaus mit angeschlossenem Freigehege eröffnet. Das Innengehegehaus weist auf einer Netto-Grundfläche von etwa 250qm mehrere voneinander abtrennbare Räume auf, die mit erhöhten Sitzpodien und verschiedenen Rückzugs- und Versteckmöglichkeiten ausgestattet sind. Darüber

TUMBA

hinaus weist es die üblichen Seilen und Hängematten auf, der Boden ist mit Mulch bedeckt. Für die darin gehaltenen fünf Gorillas – zwei davon lebten bis zur Eröffnung der neuen Anlage im alten „Tropenhaus", ein dritter wurde aus einem dänischen Zoo dazuerworben, zudem gibt es zwei 2013 bzw. 2015 geborene Jungtiere – entspricht der zur Verfügung stehende Raum den bundesministeriellen Vorgaben, für die von der Zooleitung geplante Aufstockung auf bis zu 10 Tiere hingegen reicht er unter keinen Umständen aus.

Das gleiche gilt für das neue Außengehege, das mit einer Fläche von etwa 1200qm allenfalls für fünf Gorillas Platz bietet. Das hügelig gestaltete Gelände weist Naturboden auf, einen flachen Teich mit Frischwasserzulauf, verschiedene Totholz- und Felsinstallationen einschließlich eines Termitenhügels aus Beton sowie ein paar mit elektrischem Weidezaundraht gegen Emporklettern gesicherte Lebendbäume. Ansonsten wurde das als „Gorillagarten" bezeichnete Außengehege direkt an einer extrem lauten Hauptverkehrsstraße (B 57) angelegt, von der es nur durch eine etwa fünf Meter hohe Betonwand in Felsoptik getrennt ist. Ob und wie die Tiere mit dem stetig anbrandenden Verkehrslärm zurecht kommen, war offenbar keine Überlegung wert. Auf der Website des Zoos wird die völlig ungeeignete Lage zu einem Vorteil für die Tiere umgedeutet, die im Innengehege ein „neues Hobby" entdeckt hätten: „Fernsehen: Die Weibchen lieben es, durch ein schmales Fenster stundenlang den Autoverkehr zu beobachten." Ähnlicher Wert wird dem benachbarten Fußballgelände zugemessen, auf das die Tiere blicken können.

Vierzig Jahre auf nacktem Beton

Der mit viel Presserummel neueröffnete „Gorillagarten" – Kosten 2,3 Millionen Euro – stellte unbestreitbar eine Verbesserung dar im Vergleich zur indiskutablen Haltung der Tiere im alten „Tropenhaus". Allerdings nur für die beiden jungen Gorillafrauen, die dorthin umziehen konnten (ungeachtet des Umstandes, dass sie gewaltsam aus ihrer bisherigen Gruppe herausgerissen wurden); und auch nur, solange die Pläne der Zooleitung, den Besatz der neuen Anlage auf bis zu zehn Tiere zu erweitern, noch nicht realisiert sind. Für die im „Tropenhaus" verbliebenen drei Gorillas hatte sich außer dem Umstand, dass sie nun etwas mehr Platz zur Verfügung haben, nichts geändert, für die Schimpansen und Orang Utans

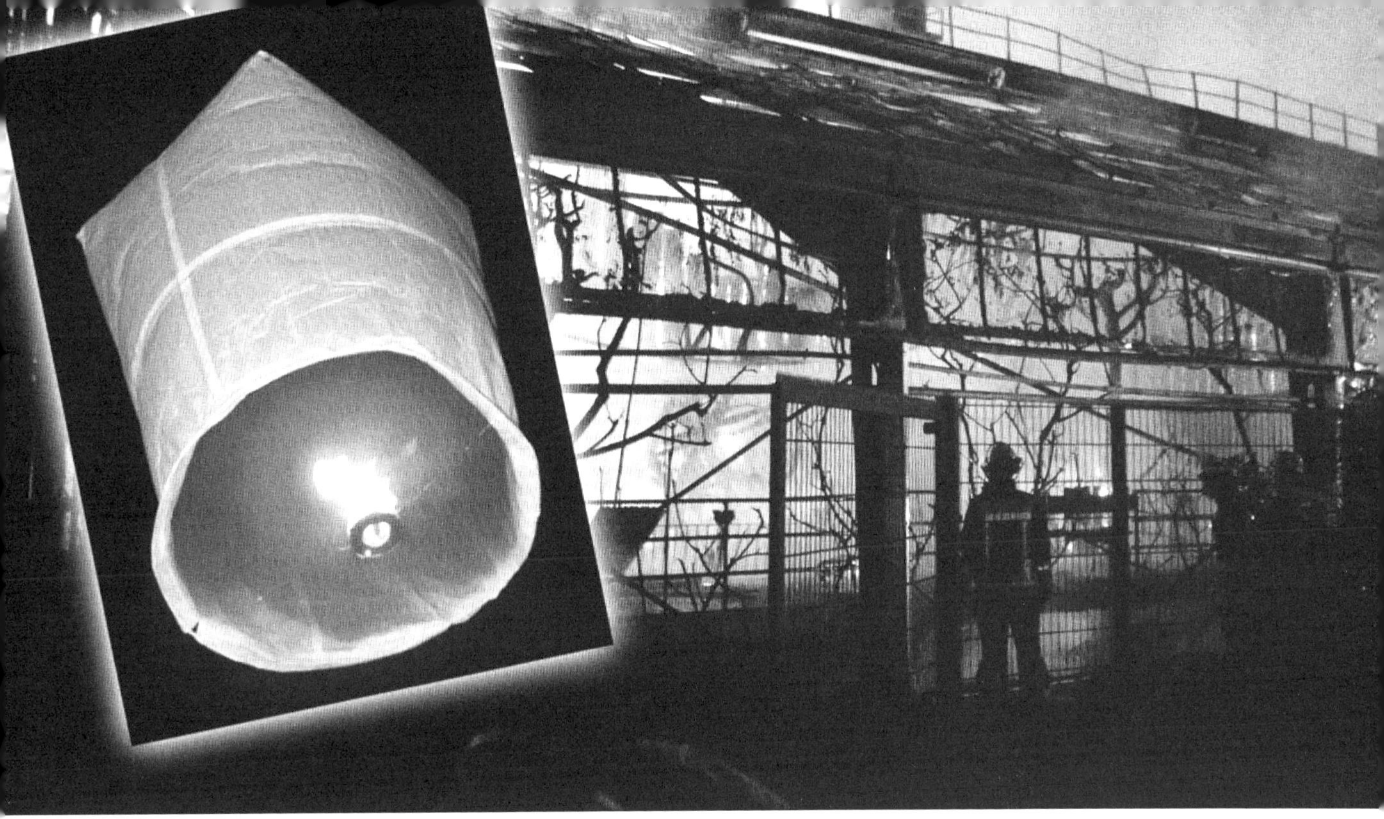

ollbrand im Tropenhaus des Krefelder Zoos (links im Bild eine sogenannte „Himmelslaterne“)

gar nichts: Sie lebten nach wie vor in einem rundum geschlossenen Betonbunker ohne Zugang zu einem Freigehege.

Zur Rechtfertigung des Verbleibes der drei Gorillas im alten „Tropenhaus“ behauptete die Zooleitung auf eigens aufgestellten Infotafeln, es wäre „für diese alten Tiere ein Umzug in ein ganz neues Leben zu anstrengend. Sie bleiben in ihren alten Anlagen im bestehenden Affentropenhaus und freuen sich dort weiterhin auf Ihren Besuch.“ Diese Behauptung war an Zynismus kaum zu überbieten: Die drei im „Tropenhaus“ verbleibenden Gorillas waren Anfang der 1970er im Alter von zwei oder drei Jahren in Westafrika eingefangen und in den Zoo Krefeld verbracht worden. Seither lebten sie auf nacktem Beton, ohne jemals wieder einen Sonnenstrahl im Gesicht oder Gras unter den Füßen gespürt zu haben. Selbstredend hätten auch diese drei in die neue Anlage mit umziehen können, was aber nicht in die Pläne des Zoos gepasst hätte, über einen neuerworbenen Silberrücken „an vergangene Zuchterfolge anzuknüpfen“. #93/2016

Massa, Boma, Bunjo, Changi, Lea, Sungai, Suria, Charlie.
Krefeld Zoo 01.01.2020.

Inferno in der Silvesternacht

In der Silvesternacht zum 1. Januar 2020 ereignete sich im Krefelder Zoo eine Brandkatastrophe verheerenden Ausmaßes, in deren Verlauf das sogenannte „Affentropenhaus", ein etwa 2000 Quadratmeter Innenfläche umfassendes Gebäude, komplett abbrannte. Mehr als fünfzig Tiere fielen dem Inferno zum Opfer, darunter fünf Orang Utans, zwei Gorillas (Gorilla-Dame TUMBA war kurz zuvor verstorben), ein Schimpanse, drei Goldene Löwenäffchen, zwei Silberäffchen, sechs Zwergseidenäffchen sowie eine nicht genau bekanntgegebene Anzahl an Flughunden und Vögeln.

Vier Wochen nach der Katastrophe stellte sich der Ermittlungs- und Erkenntnisstand wie folgt dar: Ganz offenbar war das Dach des Affenhauses durch eine sogenannte „Himmelslaterne" in Brand gesetzt worden. Bei diesen Laternen handelt es sich um Papierballons, die, mittels einer darin befestigten Kerze oder eines Behälters mit Brennpaste erhitzt, wie kleine Montgolfièren nach oben steigen.

Jemand hatte in der Silvesternacht – außerhalb des Zoogeländes, aber nahe des Affenhauses – mehrere solcher Ballons steigen lassen, von denen einer unglücklich auf dem Dach des Affenhauses landete und es in Brand setzte. Als die von Nachbarn des Zoos alarmierte Feuerwehr eintraf, stand das Gebäude bereits in Vollbrand. Da man vermutete, dass keines der darin eingesperrten Tiere das Inferno hätte überleben können, ließ man das Gebäude kontrolliert niederbrennen und beschränkte sich darauf, ein Übergreifen des Feuers auf benachbarte Gebäude zu verhindern.

Acht Stunden nach Entdecken des Brandes – die letzten Brandnester waren schon lange gelöscht – hörten die Einsatzkräfte noch Tiergeräusche aus dem komplett abgebrannten Bau. Im Schimpansenbereich entdeckte man in den sogenannten „Schlafboxen" – winzige Käfigabteile hinter den Kulissen, in denen die Tiere nachtsüber eingesperrt werden – neben einem toten Schimpansen zwei überlebende Tiere mit nicht lebensbedrohenden Verbrennungen an Händen, Füßen und im Gesicht. Die Tiere wurden herausgeschafft und in einem anderen Tierhaus des Zoos untergebracht. Im Orang Utan-Abteil entdeckte man neben drei bei lebendigem Leibe verbrannten und völlig verkohlten Tieren zwei noch lebende, denen aufgrund der Schwere ihrer Brandverletzungen keine Überlebenschancen eingeräumt wurden. Sie wurden von einer beigezogenen Tierärztin mit einer Überdosis eines Narkosemittels euthanasiert. Im Gorillaabteil lag verbrannt und verkohlt in ihrer Schlafbox Gorillafrau BOMA, daneben, mit schwersten und großflächigen Verbrennungen am ganzen Körper, Gorillasenior MASSA. Da die Tierärztin aus unerfindlichen Gründen nicht in der Lage war, ihm eine letale Dosis an Narkosemittel zu verabfolgen – sie versuchte dies dem Vernehmen nach über zwei Stunden hinweg –, wurde er um 10:15 Uhr, also mehr als 10 Stunden nach Ausbruch des Brandes, von einem der anwesenden Polizisten mit mehreren Schüssen aus einer Maschinenpistole „erlöst". Vorsorglich hatte man ein Polizeiaufgebot um das Affenhaus herum postiert, um gegebenenfalls ausbrechende Affen sofort erschießen zu können. Veterinär-

Gorilla-Senior MASSA

medizinisches Personal, das mit Betäubungsgewehren oder sonstigen Teleinjektionsgeräten umzugehen gewusst hätte, war über die offenbar unfähige Tierärztin hinaus nicht bereitgestellt worden. Diese war um 1:30 Uhr morgens erst vor Ort aufgetaucht. (Am 14.1.2020 wurde ein von Bündnis 90/DIE GRÜNEN angeforderter Bericht an den Innenausschuss des NRW-Landtages veröffentlicht, aus dem Einzelheiten der Brandkatastrophe hervorgingen.)

Silberrücken MASSA

Gorilla MASSA, geboren 1971 in der afrikanischen Wildnis, war als Kleinkind seinen Eltern und seiner Heimat entrissen worden: Seine Mutter hatte man vermutlich, wie das damals beim Einfangen von Gorillas so üblich war, vor seinen Augen erschossen, um des Babies habhaft zu werden. Als vierjähriges Kleinkind war er an den Zoo Krefeld verkauft und in das damals eben eröffnete Affenhaus gesetzt worden. Seither lebte er unter beengtesten Verhältnissen auf nacktem Betonboden, ohne Zugang zu einem Freigehege, das es in Krefeld für die Menschenaffen nicht gab. MASSA verbrachte sein gesamtes Leben in einem fensterlosen Betonbunker des Krefelder Zoos. Sein Tod war das grausame Ende eines grausamen Lebens, in dem er Tag für Tag, vierundvierzig Jahre lang, zur Belustigung und zum Ergötzen zahlender Zoobesucher herhalten musste.

Keinerlei Brandschutz

Auch wenn der direkte Auslöser der Brandkatastrophe wohl eine – hierzulande verbotene, aber im Netz frei erwerbbare – Himmelslaterne war, die irgendjemand fahrlässigerweise hatte aufsteigen lassen, liegt doch eine wesentliche Mitschuld an dem Inferno beim Zoo selbst. Und zwar nicht nur darin, wie Zookritiker (sehr zurecht) argumentierten, dass es solches Tiergefängnis überhaupt gab, sondern darin, dass das Krefelder Affenhaus über keine bzw. keine ausreichenden Brandschutzvorkehrungen verfügte: Es gab weder Brandmelder mit Hitzesensoren, noch Rauchmelder, geschweige denn eine Sprinkler- oder sonstige Löschanlage. Nichts davon war in dem 1975 eröffneten Haus eingebaut worden – obwohl baurechtlich schon seinerzeit vorgeschrieben –, und nichts davon war in den Jahrzehnten seines Bestehens nachgerüstet worden. Auch Flucht- oder Rettungswege für die eingesperrten Tiere gab es nicht.

Wie im Zuge der Brandermittlungen bekannt wurde, waren nach einem Hagelschlag im Jahre 2008 offenbar die Glasfüllungen des Dachgerüstes gegen billigeres Acrylglas (Plexiglas) ausgetauscht worden. Acrylglas aber gehört – wie Holz – zu den „normal entflammbaren Baustoffen" der Baustoffklasse B2, die keinesfalls bei einer Bedachung hätten eingesetzt werden dürfen. Ausnahmen galten und gelten allenfalls für Teilüberdachungen im privaten Bereich, wie Geräteschuppen, Pegolen, Carport- oder Vordächer. Die beim Dach des Affenhauses verwendeten Acrylglasplatten dürften als eklatanter Verstoß gegen seinerzeit geltendes Baurecht zu werten gewesen sein.

Erschwerend kam hinzu, dass es sich bei dem abgebrannten Affenhaus um ein öffentliches Gebäude handelte, für welches brandschutzrechtlich wesentlich höhere Auflagen zu erfüllen gewesen wären, als bei einem Privatgebäude oder Lagerhaus. Darüber hinaus zählte das Affenhaus mit seiner Besucherkapazität von mehr als 200 Personen pro Tag bereits zum Zeitpunkt seiner Errichtung 1975 zu einer baurechtlich als solche definierten Versammlungsstätte, für die die höchsten Brandschutzvorschriften hätten eingehalten werden müssen. Keine dieser Vorschriften aber wurde erfüllt. (Gleichwohl wurden in einer abschließenden juristischen Bewertung sämtliche Verstöße, auch gegen geltendes Tierschutzrecht und andere Rechtsvorgaben, von der ermittelnden Staatsanwaltschaft verneint.)

Zoos sind gefährliche Orte

Im Gros der Tierhäuser quer durch die Zoos hierzulande ist die Situation bis heute nicht viel anders: Es gibt keine oder keine ausreichenden Brandschutzvorkehrungen; und viele Tierhäuser sind mit den gleichen oder ähnlichen Acryl- bzw. Plexiglasbedachungen versehen, wie sie bei dem abgebrannten Affenhaus in Krefeld verwendet worden waren.

In der Regel gab und gibt es in den Zoos hierzulande keine bzw. keine ausreichenden Nachtwachen: Im Krefelder Zoo war in der Silvesternacht gerade einmal ein Security-Mitarbeiter zugange, der das 14 Hektar große Gelände samt Tierhäusern und Wirtschaftsgebäuden zu überwachen hatte. In anderen Worten: Es hätte die Katastrophe von Krefeld in *jedem* anderen Zoo auch passieren können.

Und Vergleichbares ist ja auch schon mehrfach passiert: Im November 2010 brach im Karlsruher Zoo ein Großfeuer aus: 26 Tiere verbrannten bei lebendigem Leib. Das Feuer griff auch auf das Elefanten- und Flusspferdhaus des Zoos über und fügte den dort untergebrachten Tieren teils schwerste Brandverletzungen zu. 2012 brannte es im Schimpansenhaus des Straubinger Zoos, wenig später im Zoo von Köln.

Spenden für den Wiederaufbau

Schon am Morgen nach dem Brandinferno begann Zoodirektor Wolfgang Dreßen mit dem Akquirieren von Spendengeldern für einen Neubau des zerstörten Affenhauses. Mit massiver Unterstützung nicht nur der lokalen Medien wurde die Spendenbereitschaft von Zoofreunden aus aller Welt angekurbelt. Über Tage hinweg wurden allenthalben Bilder gezeigt eines Meeres an Blumengirlanden, Grableuchten, Plüschtieren und von Kindern gefertigten Abschiedszeichnungen für MASSA & Co, die sich vor dem Zooeingang anhäuften. Letztlich gab es bundes- und vermutlich weltweit kaum ein Medium – von *Bild*, *FAZ* und *Focus* hin zu *New York Times* oder *South China Morning Post* –, das nicht in tendenziös-affirmativer Manier über den Krefelder Zoo als bedauerns- und insofern unterstützenswertes Opfer des fahrlässigen Handelns jener drei Frauen berichtet hätte, die sich als verantwortlich für das Steigenlassen der Himmelslaternen geoutet hatten. Selbst unterschwellige Anwürfe von Zoofreunden wurden laut, das Feuer sei möglicherweise von Tierrechtlern gelegt worden, um dem Zoo zu schaden (*zoos.media*).

Auch in den sozialen Netzwerken wurde das Inferno breit diskutiert, allerdings weit weniger zooaffirmativ als in den Leitmedien. Der Krefelder Oberbürgermeister Frank Meyer (SPD) beklagte sich insofern über massive „Entgleisungen im Internet", sprich: über „geschmacklose Witze, Besserwisserei ohne Kenntnis von Fakten, wüste Beschimpfungen gegen Einsatzkräfte und Tierpfleger, falsche Spendensammler, ungeprüfte Behauptungen über den vermeintlichen Verlauf des Unglücks, ja sogar die Androhung von Lynchjustiz gegen die Verdächtigen, die sich selbst bei der Polizei gestellt hatten". In der Tat mag es all das gegeben haben. Es gab allerdings auch fundierte und seriös vorgetragene Kritik, etwa am mangelnden Brandschutz des Affenhauses oder am rechtswidrigen Einbau eines entflammbaren Acrylglasdaches, die Meyer konsequent ignorierte. Und dies vermutlich deshalb, weil der Stadt Krefeld als Mehrheitseignerin des Zoos (74,9%) und damit ihm selbst als deren oberstem Repräsentanten womöglich Mitverantwortung für die Katastrophe hätte zugewiesen werden können. Auch zu dem Umstand, dass Zoodirektor Dreßen als direkter Untergebener Meyers die Öffentlichkeit eine Woche lang vorsätzlich belogen hatte mit seiner Behauptung, es hätten bei oder nach dem Brand keine Tiere „erlöst" werden müssen – dass Gorilla MASSA tatsächlich schwerstverletzt überlebt hatte und letztlich erschossen wurde, hatte er insofern verheimlicht –, wusste der Krefelder OB nichts zu sagen.

Stattdessen plädierte OB Meyer schon am Tag nach dem Brand und noch vor der Aufnahme staatsanwaltlicher Ermittlungen für die Fortsetzung der Menschenaffenhaltung in sei-

:HANGI

CHARLY

nem Zoo und damit für den Neubau eines Affenhauses. Drei Wochen nach dem Brand fasste der Aufsichtsrat des Zoos, dem die Krefelder Stadtspitze qua Amt zugehört, einen formellen Beschluss, zügig mit der Planung eines neuen Affenhauses zu beginnen. Eine Woche später wurde dieser Beschluss auf einer groß angekündigten „Gedenk- und Solidaritätsveranstaltung für den Zoo" vor dem Krefelder Rathaus offiziell verkündet. Mehr als 1,4 Millionen Euro seien bereits an Spenden zum Bau eines neuen Affenhauses eingegangen. Man werde „schöner, besser, größer und moderner" bauen, so Meyer, als man sich das je habe vorstellen können.

In der Tat hätte dem Zoo – auch wenn in dieser Weise sicher nicht herbeigewünscht – überhaupt nichts Besseres passieren können, als der Brand in der Silvesternacht: Der marode Kasten ist weg, an dem man mit beschränkten Geldmitteln und auf beschränktem Platz allenfalls ein wenig herumsanieren und ein seit langer Zeit geplantes Schimpansenaußengehege irgendwie hätte anflicken können. Stattdessen war jetzt plötzlich genug Geld da – Spenden, Versicherungsleistungen, kommunale Steuergelder –, um aus dem Vollen schöpfen und auf dem freigewordenen Platz „eine der modernsten Menschenaffenanlagen der Welt", gar ein „Menschenaffenschutzzentrum" bauen zu können. Die Kosten eines Neubaus werden mit einer zweistelligen Millionensumme veranschlagt.

Sekundärer Unglücksgewinn

Im Übrigen hätte auch mit Blick auf die „Entsorgung" der beiden Gorillasenioren MASSA und BOMA dem Zoo gar nichts Besseres passieren können, als der Brand in der Silvesternacht: Aus Altersgründen waren sie nicht mehr zur „Zucht" zu gebrauchen und standen insofern seit Jahren „im Wege". Das gleiche galt für die drei Schimpansen, die in einer geplanten neuen Zuchtgruppe keinen Platz mehr gehabt hätten: Tatsächlich sollten die beiden überlebenden Tiere schnellstmöglich an einen anderen Zoo, dem Vernehmen nach an den von Karlsruhe, abgeschoben werden. Und selbst die fünf zu Tode gekommenen Orang Utans galten als Dauerbelastung: Für sie war in den Umbauplänen des Zoos keine Verbesserung vorgesehen, aus Platz- und Geldmangel hätten sie weiterhin kein Außengehege bekommen, was den Zoo in eklatanten Widerspruch zu den Anforderungen an moderne Menschenaffenhaltung gesetzt und damit fortdauernde Kritik auf sich gezogen hätte. Nun waren die alten oder sonstwie unbrauchbaren Tiere weg, und man konnte mit neuzuerwerbenden „Zuchttieren" – angeboten hatten sich bereits die Zoos Karlsruhe und Rostock – völlig neue „Zuchtlinien" aufbauen.

Allerdings stand und steht die Krefelder Bevölkerung, die die finanzielle Hauptlast für einen Neubau zu tragen haben würde, keineswegs so einhellig hinter den Beschlüssen von Stadtverwaltung und Zoo, wie diese die Öffentlichkeit glauben machen wollten. Zu besagter „Gedenk- und Solidaritätsveranstaltung für den Zoo" am 24.1.2020, zu der, tagelang groß angekündigt und beworben, Stadtspitze, Zoodirektion und Zoofreundeskreis auf den Platz vor dem Krefelder Rathaus geladen hatten, tauchten nach Polizeiangaben gerade einmal 250 Personen auf. Und das, obgleich man mit Theo Pagel sogar den Präsidenten des Weltzooverbandes (WAZA) als Redner aufgeboten hatte.

Tatsächlich gab und gibt es zunehmend hörbaren Protest gegen die Pläne von Stadt und Zoo für eine Fortsetzung der Menschenaffenhaltung. Die gesammelten Spendengelder, so der Tenor, sollten eingesetzt werden für eine Sanierung der bestehenden Tierhäuser und Anlagen, die sich in teils desolatem und alles andere als tiergerechtem Zustand befinden. Zumindest sollte dafür gesorgt werden, dass die Tierhäuser mit ordentlichen Brandschutzvorkehrungen und brandsicheren Dächern ausgestattet würden. #106/2020

Qualhaltung von Schimpansen

Wie durch ein Wunder hatten zwei Schimpansen die Katastrophe der Silvesternacht 2019/20 überlebt. BALLY (46) hatte schwere Verbrennungen im Gesicht erlitten, LIMBO (26) dagegen war nur relativ leicht verletzt. Nach medizinischer Erstversorgung waren sie in einem Absperrraum der vom Brand nicht betroffenen neuen Gorillaanlage in unmittelbarer Nachbarschaft des völlig abgebrannten „Tropenhauses" untergebracht worden. In diesem bis auf ein kleines Seitenfenster jenseits eines Versorgungsganges und zwei intransparente Milchglasoberlichten fensterlosen Bunkerraum sind die beiden Schimpansen seither weggesperrt. Anstatt der für die Haltung von Schimpansen in Zoos vorgeschriebenen Mindestgrundfläche von 400qm – 200qm im Innen- plus 200qm im Außenbereich –, standen ihnen gerade einmal 42,5qm zur Verfügung, einschließlich zweier je 7,5qm großen „Schlafboxen". Ein Außengehege für die beiden Tiere war nicht vorgesehen.

Das Mitte 2020 schon an den Zoo ergangene Angebot des *Wales Ape & Monkey Sanctuary*, eines staatlich anerkannten und veterinärbehördlich lizensierten Primatenschutzzentrums in England, die Schimpansen sofort (und kostenfrei) aufzunehmen, lehnte der Zoo Krefeld ab. Mit der Begründung, es handle sich um eine private Auffangeinrichtung und eben nicht um einen Zoo; man werde die Tiere aber nur an einen anderen Zoo abgeben.

Das *Great Ape Project* hat mit Blick auf die tierschutzwidrige Haltung der Schimpansen schon im Juni 2020 Strafanzeige gegen den Zoo, gegen die Stadt Krefeld als dessen Haupteig-

Überwachung
Bally und Limbo
2/4

nerin sowie das örtliche Veterinäramt erstattet. Die zuständige Staatsanwaltschaft hatte zwar Ermittlungen aufgenommen, war aber mehr als ein halbes Jahr später immer noch zu keinem Ergebnis gekommen. Letztlich wurde das Verfahren sang- und klanglos eingestellt.

Anfang 2021 – zum ersten Jahrestag der Brandkatastrophe – wurde eine Online-Petition gestartet mit der Forderung, die Qualhaltung der beiden Schimpansen sofort zu beenden und sie in das Waliser Auffangzentrum zu überstellen. Die Petition wurde innerhalb kürzester Zeit von fast 40.000 Menschen unterzeichnet,[1] das zuständige Veterinäramt wurde mit zahllosen Beschwerden, auch von namhaften Tierschutz- und Tierrechtsorganisationen, eingedeckt. Sämtliche NRW-Medien, sogar der öffentlich-rechtliche WDR, berichteten über den Fall. Der Druck auf den Zoo wuchs enorm an.

Gezielte Diffamierung einer Hilfseinrichtung

Anstatt nun aber die Möglichkeit seriös zu prüfen, die beiden Schimpansen nach Wales zu verbringen, zog der Zoo einen „Experten" bei, der die Fortdauer der Qualhaltung als gänzlich akzeptabel und gar notwendig für den weiteren Heilungs- und Rehabilitationsprozess der Tiere befand; und zugleich das Waliser Primatenrefugium, das sie sofort aufzunehmen sich bereiterklärt hatte, nach Kräften abwertete. Besagter „Experte", ein gewisser Patrick van Veen, ist zwar studierter Biologe, arbeitet aber seit fast 20 Jahren als Managementtrainer. Bevorzugt veranstaltet er Seminare für Führungskräfte der freien Wirtschaft („Sozialverhalten am Arbeitsplatz") direkt in Zoos, vor der Kulisse eingesperrter Affen. Sein primatologisches Renommee bezieht er aus dem Umstand, dass er, weshalb auch immer, im Vorstand des *Jane-Goodall-Instituts Global* sitzt.

Van Veen ist weder Veterinärmediziner noch auf Menschenaffen spezialisierter Psychologe. Gleichwohl „begutachtete" er im Auftrag des Zoos die beiden Schimpansen und befand nach kurzzeitiger Ad-hoc-Beobachtung: „Die Schimpansen Bally und Limbo wirken optisch und verhaltenstechnisch [sic!] gesund. Es gibt keine Anzeichen für Stress, Unbehagen oder Krankheit, induziert durch das erlebte Trauma oder in Reaktion auf ihre aktuelle Situation." Weitergehende Untersuchungen an oder mit den Tieren führte er nicht durch.

In seiner Empfehlung für die mittel- und langfristige Planung im Umgang mit den Schimpansen befand er: „Momentan sind Limbos und Ballys individuelles Wohlbefinden und Gesundheit wichtiger als eine schnelle Lösung zu finden, die beruhend auf falschen Urteilen, Gruppenzwang oder Emotionalität getroffen wird. Die Stabilität, der enge Kontakt zu den vertrauten Pflegern und gute Betreuung sind zum jetzigen Zeitpunkt das Wichtigste." Erst wenn die Schimpansen noch länger – mehr als sechs weitere Monate – im Krefelder Zoo verblieben, müssten weitere Optionen angedacht werden.

Hinsichtlich der Verbringung der beiden Schimpansen in die Waliser Auffangstation befand van Veen: „Ich würde diese Entscheidung nicht unterstützen, da es keine Sicherheit für eine bestmögliche Pflege gibt. Wir müssen uns im Klaren sein, dass viele Zoos in diesem Fall bessere Konditionen anbieten können (Gehege-Qualität, Pflege, soziale Struktur) als das vorgeschlagene Sanctuary“ (das er alledings überhaupt nicht kannte). Ein halbes Jahr später bestätigte van Veen seine Beurteilung der Haltungsbedingungen im Krefelder Zoo bzw. des Gesundheitszustandes der beiden Schimpansen in einem zweiten, ebenso untauglichen „Gutachten“. (Das *Jane-Goodall-Institut Deutschland* wie auch Dr. Goodall selbst haben sich von den „Gutachten“ van Veens ausdrücklich distanziert. Sie fordern eine sofortige Abgabe der beiden Schimpansen, die schon nach wenigen Monaten Symptome massiver psychischer Belastungsstörungen zeigten, an eine geeignete Auffangeinrichtung.)

Mit den „Gutachten“ van Veens im Rücken trat der Zoo breitangelegt an die Öffentlichkeit und bekräftigte, den beiden Schimpansen gehe es „körperlich und psychisch gut“, eine Abgabe an das Waliser Sanctuary wäre ihrem Wohlergehen abträglich. Auch Tom de Jongh, „Zuchtkoordinator“ des europäischen Zoodachverbandes EAZA und gleichfalls vom Krefelder Zoo beigezogener „Experte“, wusste die Waliser Auffang- und Hilfseinrichtung als untauglich zu diffamieren. Eingestandenerweise ist auch ihm das Sanctuary völlig unbekannt.

Fortgesetzt gab der Zoo an, sich über eine Vermittlungsagentur des europäischen Zoodachverbandes EAZA um eine schnellstmögliche Verbringung der beiden Schimpansen in einen anderen Zoo zu bemühen (was er angeblich schon seit Anfang 2020 getan hatte). #110/2021

Zweiter Jahrestag der Brandkatastrophe

Anläßlich des zweiten Jahrestages der Brandkatastrophe organisierte das *Great Ape Project* in der Silvesternacht 2021/22 eine zweistündige Mahnwache vor dem Zoo, mit der der zu Tode gekommenen Tiere gedacht werden sollte; zugleich wurde auf die seit zwei Jahren fortdauernde tierschutzwidrige Unterbringung der beiden überlebenden Schimpansen „hinter den Kulissen“ des Zoos hingewiesen.

Nachdem der Zoo seine ursprünglich gefassten Pläne, BALLY und LIMBO an einen anderen Zoo abzugeben, im Sommer 2021 für gescheitert erklären musste, sollten die beiden nun als „Grundstock“ einer neu aufzubauenden „Zuchtgruppe“ in Krefeld verbleiben. Sie sollten in das geplante neue Affenhaus mit einziehen. Da mit der Fertigstellung dieses Neubaus allerdings nicht vor 2025/26 zu rechnen war – bis zur Verlautbarung des Zoos, die Schimpansen nun doch behalten zu wollen, war noch nicht einmal die auf vorläufig knapp 30 Millionen Euro veranschlagte Finanzierung gesichert –, würden BALLY und LIMBO weiterhin in ebendem Absperrraum sitzen bleiben, in dem sie seit nunmehr zwei Jahren eingesperrt waren. Ein vom Zoo angekündigter provisorischer Außenkäfig, den sie bei entsprechender Witterung stundenweise würden nutzen können, würde an ihrer Situation nichts Wesentliches ändern:

BALLY und LIMBO

Sie verblieben die meiste Zeit in dem beengtem Innenbunker.

Im Zuge einer Mitte 2021 erneut erstatteten – und erwartungsgemäß erneut eingestellten – Strafanzeige des *Great Ape Project* gegen den Zoo hatte die Staatsanwaltschaft Krefeld diesem vor Monaten schon vorgehalten, dass die derzeit genutzten Räumlichkeiten „nicht dem national vorgegebenen Standard entsprechen und im Rahmen einer dauerhaften Haltung nicht genutzt werden dürften". In der Tat konnte die Haltung der beiden Schimpansen in dem Absperrraum nach zwei Jahren nicht mehr als „zeitlich befristete Übergangslösung" gelten, als die der Zoo sie ausgab, sondern musste, zumal ein Ende nicht absehbar war, als nicht statthafte „dauerhafte Haltung" gewertet werden. Angesichts des fortgerückten Lebensalters von BALLY bestand die Gefahr, dass die Schimpansin den Umzug in das geplante neue Affenhaus – sofern es denn je gebaut wird – gar nicht mehr erleben würde.

Bei der Mahnwache wurde die Forderung erhoben, die tierschutzwidrige Isolationshaltung der beiden Schimpansen nunmehr umgehend zu beenden und sie an einen für ihre Unterbringung geeigneteren Ort zu verbringen, der ihren räumlichen, kognitiven und sozialen Bedürfnissen entspricht. In Frage käme eines der fünf in Europa bestehenden anerkannten Primatenrefugien: *Primadomus/Stichting AAP* (Spanien), *MONA Foundation* (Spanien), *Monkey World* (UK), *Wales Ape&Monkey Sanctuary* (UK) und *Centro Tutela e Ricerca Fauna* (Italien). Über die Mahnwache mit prominenter Beteiligung (u. a. Mark Benecke, Ralf Seeger, Robert-Marc Lehmann) wurde in sämtlichen größeren Medien berichtet. #114/2022

Erneute Strafanzeige gegen Zoo, Stadt und Veterinäramt

Während der Zoo die fortdauernde Haltung der beiden Schimpansen in dem Absperrraum mit Verweis auf die zwei von ihm selbst in Auftrag gegebenen „Gutachten" des zooaffinen Unternehmensberaters van Veen sowie eine darauf fußende Bewertung durch das örtliche Veterinäramt für vorgabengerecht und tierschutzkonform hielt, wies ein unabhängig erstelltes wissenschaftliches Gutachten, gezeichnet von sieben international renommierten Primatolog:innen (u. a. des *Max-Planck-Institutes für evolutionäre Anthropologie*, Leipzig), klare Verstöße gegen bundesministerielle Vorgaben sowie geltendes Tierschutzrecht aus.[2] Die beiden (Pseudo-)Gutachten van Veens wurden „in der Luft zerrissen". Explizit wendete sich das Gutachten des internationalen Expertengremiums auch gegen die Pläne des Krefelder Zoos, ein neues Menschenaffenhaus für mehrere neue „Zuchtgruppen" zu errichten.

Vor dem Hintergrund des Ende Juni 2022 veröffentlichten wissenschaftlichen Gutachtens, das klare Rechtsverstöße (im Sinne nachweislicher Qualhaltung der Tiere) belegt, erstattete eine renommierte Münsteraner Strafrechtskanzlei am 15.7.2022 bei der zuständigen Staatsanwaltschaft Krefeld erneut Strafanzeige gegen den Zoo bzw. dessen Geschäftsführer, die Stadt Krefeld als Mehrheitseignerin des Zoos sowie das zuständige Veterinäramt wegen fortgesetzten Verstoßes gegen das Tierschutzrecht (Verstoß gegen die §§ 1, 2 Nr. 1, 2 TierSchG, strafbar nach § 17 Nr. 2 b TierSchG). #116/2022

▶ Mit großem Medien-Trara wurde Anfang September 2022 ein provisorischer Außenkäfig „eingeweiht", den der Zoo Krefeld mehr als zweieinhalb Jahre nach dem Inferno der Silvesternacht 2019/20 – und nur aufgrund massiven Drucks von außen – für die beiden überlebenden Schimpansen eingerichtet hat. Der neue Außenkäfig verläuft unmittelbar entlang einer vielbefahrenen Durchgangsstraße und ist schwer von Autolärm und Autoabgasen belastet; zudem ist er mit weniger als 100qm Grundfläche viel zu klein (Normgröße wenigstens 200qm) und überdies nur an warmen und trockenen Tagen stundenweise nutzbar. Er stellt insofern keine substantielle Besserung der Isolationshaltung der beiden Schimpansen dar.

Wahnwitzige Neubaupläne

Ungeachtet des von international renommierten Expert:innen vorgelegten wissenschaftlichen Gutachtens, das sich aus tierethischen wie auch primatologischen Gründen gegen den Neubau einer Menschenaffenanlage im Krefelder Zoo ausspricht[3] und ungeachtet eines laufenden staatsanwaltlichen Ermittlungsverfahrens, das in diesem Zusammenhang gegen den Zoo sowie die Stadt Krefeld als dessen mehrheitliche Trägerin anhängig ist,[4] trieb der Zoo seine Neubaupläne unbeirrt voran.[5] Fortlaufend wurde und wird in den örtlichen Medien von entsprechenden Bauvorbereitungsmaßnahmen berichtet.[6]

Noch nicht einmal die sich zuspitzende Energiekrise, die mit weiterhin explodierenden Kosten für den Betrieb von Warmhäusern einhergehen wird – der Zoo Krefeld plant den Bau von drei (!) Warmhäusern mit einer Gesamtgrundfläche von 2250qm und einem Volumen von wenigstens 10.000 Kubikmetern –, scheint ihn innehalten, geschweige denn: davon Abstand nehmen zu lassen.

Der Zoo Rostock beispielsweise, der im Jahr 2022 allein für die Wärmeversorgung seiner Tierhäuser Gesamtkosten in Höhe von 500.000 Euro für Fernwärme und Gas aufzubringen hatte, veranschlagt in seiner Jahresplanung 2023 als „Vorsichtsmaßnahme" eine Kostensteigerung von 30 Prozent.[7] Auch der Zoo Hannover rechnet mit entsprechenden Mehrausgaben,[8] der Zoo Magdeburg gar mit vervierfachten Kosten für die Energieversorgung des kommenden Jahres.[9]

Erste Zoos haben aufgrund der Energiekrise bereits begonnen, Tiere mit besonders energieaufwändiger Haltung abzugeben bzw. ganze Anlagen zu schließen oder aufzulösen. Der Zoo Dortmund etwa hat zum Jahresende 2022 auf Dauer sein „Amazonashaus" geschlossen, das pro Jahr 175.000 kWh Strom und 420.000 kWh Gas verbrauchte. Nur ein paar wenige der rund 150 dort gehaltenen Tiere, darunter auch Primaten, konnten im Zoo verbleiben, die anderen wurden weggegeben (ohne dass der Zoo verlautbart hätte, wohin man sie verbracht hat).[10]

Besonders grotesk: Der Zoo Dresden schließt der enorm gestiegenen Energiekosten wegen sein ausgesprochen populäres Terrarium – das Gros der Tiere wurde bzw. wird abgegeben – während zeitgleich der Neubau eines Orang Utan-Hauses vorangetrieben wird.[11] Dieses Orang Utan-Haus soll Ende 2023 bezugsfertig sein. Die ursprünglich veranschlagten

Baukosten in Höhe von 17 Millionen haben sich inzwischen längst verselbständigt: Mitte 2023 lagen sie bei rund 28 Millionen Euro (das Gros zu tragen von der Stadt als Hauptgesellschafterin des Zoos, sprich: vom Steuerzahler[12]). Eine ähnliche Preissteigerung wie in Dresden würde für den Zoo Krefeld Mehrkosten in Höhe von wenigstens 5 Millionen (allein bis Ende 2023) bedeuten, bis zur geplanten Fertigstellung 2029 dürften Gesamtkosten von geschätzten 32 Millionen zu Buche schlagen. Wobei die explodierenden Energiekosten für die Beheizung der geplanten Tierhäuser noch gar nicht mitberechnet sind. (Selbst wenn die geplanten Warmhäuser als Niedrigenergiehäuser ausgeführt und zusätzlich mit Photovoltaikanlagen ausgestattet würden, wie der Zoo behauptet, wären sie von den explodierenden Energiekosten unmittelbar mitbetroffen, zumal die Wärmeversorgung über das Fernwärmenetz der Stadtwerke Krefeld (SWK) bzw. dezentral über Geothermie mit Wärmeenergiepumpen erfolgen soll.) #118/2023

Siamang-Seniorin tot

In der Nacht vom 31.3. auf den 1.4.2022 verstarb im Zoo Krefeld Siamang KATRIN, nach Angaben des Zoos infolge eines Schlaganfalles. Siamangs sind Verwandte der Gibbons und gehören den „Kleinen Menschenaffen" zu.

KATRIN, geboren 1974 irgendwo im Dschungel Indonesiens, war als einjähriges Baby ihren Eltern und ihrer Heimat entrissen und an den Zoo Krefeld verkauft worden. Seit Ende April 1975, also seit fast 47 Jahren, lebte sie in einem beengten Bunkerbau samt davorgesetztem Schaukäfig. Die von Hause aus untaugliche und mittlerweile völlig heruntergekommene Käfiganlage wurde, ähnlich wie das zur gleichen Zeit errichtete (und an Silvester 2019/20 bis auf die Grundmauern abgebrannte) „Tropenhaus", in all den Jahren nie erweitert oder modernisiert.

Lange Jahre lebte KATRIN mit ihrem gleichaltrigen Partner ELVIS zusammen, seit dessen Tod 2015 wurde sie alleine gehalten. Aufgrund der monogamen Lebensweise von Siamangs – ein Paar bleibt in der Regel ein Leben lang zusammen – wird in Zookreisen das Narrativ gepflogen, nach dem Tod eines Partners könne der andere problemfrei alleine weitergehalten werden. Dieses Narrativ ist, wie so vieles, was in Zoos behauptet wird, falsch. Dauerhafte Isolationshaltung (ohne Artgenoss:innen bzw. ohne ggf. dazugesetzte bzw. „vergesellschaftete" andere Säugetiere) ist, wie bei allen Menschenaffen, auch bei Siamangs psychosoziale Deprivationsfolter.

Die Behauptung des Krefelder Zoos, KATRIN sei „alleine zufrieden, neugierig und gesund" gewesen, weshalb man ihr „den Stress einer so starken Umstellung", wie eine Neuvergesellschaftung für sie bedeutet hätte, nicht habe zumuten wollen, ist aus primatenpsychologischer Sicht blanker Unfug. Vielmehr steht anzunehmen, dass man den Tod der betagten KATRIN herbeiwartete, um dann das marode Haus um- und eine völlig neue „Zuchtlinie" darin aufbauen zu können. Deshalb und nur deshalb, so der naheliegende Schluss, musste

KATRIN die letzten sieben Jahre ihres Lebens in tierschutzwidriger Isolationshaft verbringen. #115/2022

Anmerkungen

1 www.change.org/p/zoo-krefeld-beendet-umgehend-die-tierschutzwidrige-haltung-von-bally-und-limbo

2 Gutachten einsehbar hier: https://hpd.de/artikel/qualhaltung-schimpansen-im-zoo-krefeld-20539

3 https://hpd.de/sites/hpd.de/files/field/file/2022_gutachten_krefelder_schimpansen_30-06-2022.pdf

4 Staatsanwaltschaft Krefeld Az: 3 Js 879/20 A

5 www.zookrefeld.de/tierwelten/artenschutzzentrum-affenpark (abgerufen 10.1.2023)

6 https://rp-online.de/nrw/staedte/krefeld/krefeld-planung-fuer-den-affenpark-im-zoo-gehen-weiter-voran_aid-78693633

7 www.welt.de/regionales/mecklenburg-vorpommern/article241949703/Verband-Zoos-seit-drei-Jahren-im-Dauerkrisenmodus.html

8 https://www.ndr.de/nachrichten/niedersachsen/Zoos-in-Energiekrise-Reichen-die-Sparmassnahmen-aus,zoo1794.html

9 www.mdr.de/nachrichten/sachsen-anhalt/zoo-magdeburg-halle-energiepreise-krise-100.html#Kosten

10 www1.wdr.de/nachrichten/ruhrgebiet/dortmund-zoo-amazonashaus-100.html

11 www.mdr.de/nachrichten/sachsen/dresden/schliessung-terrarium-zoo-heizkosten-energie-krise-100.html

12 www.saechsische.de/dresden/zoo-dresden/neues-orang-utan-haus-im-dresdner-zoo-waechst-5788184.html

Leipzig

Der Natur auf der Spur?

Der heutige Zoo Leipzig, eigenem Bekunden zufolge einer der „renommiertesten und modernsten +Zoos der Welt“, geht auf ein kleines Wildgehege zurück, das der Leipziger Gastwirt Ernst Pinkert ab Mitte der 1870er rund um seine Ausflugsgaststätte *Pfaffendorfer Hof* am nordwestlichen Stadtrand angelegt hatte. Pinkert hatte dazu leerstehende Stallungen gepachtet, in denen zuvor die Leipziger Metzgerinnung ihr „Schlachtvieh“ untergestellt hatte; zudem ließ er auf einer Schafsweide vor seiner Gaststätte ein kleines Affenhaus, einen Bärenzwinger und ein paar weitere Gehege einrichten.

Zur offiziellen Eröffnung des als „Pfaffendorfer Thierpark“ bezeichneten neuen Ausflugsziels der Leipziger Bürgerschaft am Pfingstsonntag 1878 konnte Pinkert bereits eine ganze Reihe an Exoten präsentieren – Kängurus, Antilopen, Paviane, aber auch Seelöwen und Alligatoren in einem wasserbefüllten Zementbecken –, die er über seinen Geschäftspartner, den Hamburger Tierhändler Carl Hagenbeck bezogen hatte; vom Zoo Berlin hatte er zudem zwei Löwen und einen Tiger angekauft. Kurze Zeit später kam ein erster Schimpanse hinzu.

Des großen Publikumserfolges wegen wurde das Gelände schon bald auf drei Hektar ausgedehnt, auch der Tierbestand wurde erheblich erweitert. Gastwirt Pinkert zeigte in seinem „Thierpark“ indes nicht nur Tiere, vielmehr hielt er von Anfang an vielerlei sonstige Volksbelustigung feil. So ließ er auf einer eigens errichteten „Völkerbühne“ mit Urwaldkulisse „Menschen fremder Völker“ auftreten, die Hagenbeck regelmäßig anlieferte, mithin Kalmyken, Kirgisen oder als „Suaheli“ angekündigte Somalier; Sonderattraktion des Jahres 1897 waren barbusige Samoanerinnen (deretwegen es Zeitzeugenberichten zufolge „zahlreiche Konflikte“ mit und unter den männlichen Besuchern gegeben habe). Die zur Schau gestellten Menschen mussten sich bei ihren Vorführungen möglichst unbeholfen anstellen, um einen möglichst hohen Unterhaltungswert zu garantieren. (Die Leipziger „Völkerschauen“ wurden erst 1931 eingestellt.)

1898 wandelte Pinkert seinen Zoo in eine Aktiengesellschaft um, zu deren Vorstand und Direktor er sich selbst berief. Der alte *Pfaffendorfer Hof* wurde abgerissen und mit Hilfe des neuen Aktienkapitals durch ein mondänes „Gesellschaftshaus“ in einer Mischung aus Neo-Renaissance- und Art déco-Stil mit Tanzsaal, Restaurationsbetrieb und Konzertgarten ersetzt. (Das Gesellschaftshaus, später als „Kongresshalle“ bezeichnet, zählte jahrzehntelang zu den wichtigsten Veranstaltungsorten Leipzigs und dominiert bis heute den Eingangsbereich des Zoos). Zudem wurden repräsentative Verwaltungsgebäude und zahlreiche neue Tierhäuser erstellt.

Nach Jahren des steten Aufstieges erfolgte mit dem Ersten Weltkrieg ein massiver Einbruch. Aufgrund der strengen Rationierung von Fleisch und Getreide starben viele Zootiere an Mangelernährung, die leerstehenden Gehegehäuser wurden über Jahre hinweg nicht mehr instandgehalten. Nach Kriegsende war die Betreibergesellschaft heillos verschuldet, 1920 wurde der Zoo insofern dem Grundstücksamt der Stadt Leipzig unterstellt. Die verwaisten Gehege wurden mit öffentlichen Mitteln instandgesetzt und mit neuerworbenen Tieren bestückt; zugleich wurde das Zoogelände erheblich erweitert. Besondere Förderung erhielt der Zoo unter den neuen Machthabern ab 1933.

Braune Seilschaften

Eine wesentliche Rolle im Aufstieg des Leipziger Zoos zu „Weltruhm" spielte der Zoologe Karl Max Schneider (1887–1955), der bereits seit 1920 als Direktorialassistent im Zoo tätig gewesen und 1934 auf den Direktorensessel berufen worden war. Noch im selben Jahr trat er verschiedenen NS-Gliederungen bei, 1937 auch der NSDAP.

Schon in den 1920ern galt der Zoo Leipzig seiner massenhaften Zucht von Großkatzen wegen als „Löwenfabrik". Schneider trieb die seit Anfang der 1890er schon völlig unkoordiniert und unkontrolliert betriebene Zuchtmanie des Zoos auf die Spitze: Unter seiner Ägide wurde 1936 die tausendste Löwengeburt im Leipziger Zoo registriert (bis zur „Wende" wurden mehr als 2300 Löwen in Leipzig produziert). Die Jungtiere – seit je wurden unter indiskutablen Bedingungen auch Tiger, Jaguare und andere Großkatzen gezüchtet – wurden gewinn- und zu DDR-Zeiten devisenbringend in alle Welt verkauft.

1945 wurde Schneider seiner NSDAP-Mitgliedschaft wegen als Zoodirektor entlassen, 1946 aber anstandslos wieder eingestellt. 1952 erhielt er sogar eine Professur an der Leipziger Universität. Im Jahr darauf wurde er mit dem Nationalpreis der DDR ausgezeichnet, gefolgt vom Vaterländischen Verdienstorden in Silber und der Ehrenbürgerwürde der Stadt Leipzig. Den Zoo leitete er bis zu seinem Tod im Oktober 1955.

Die kommissarische Nachfolge Schneiders übernahm dessen langjähriger Stellvertreter, der Zoologe Heinrich Dathe (1910–1991). Dathe, bereits seit 1932 Mitglied der NSDAP, war seit 1934 als Assistent Schneiders im Leipziger Zoo tätig gewesen, seit 1940 in der Funktion des stellvertretenden Direktors. Auch er konnte seiner Parteimitgliedschaft wegen nach dem Krieg nicht wieder im Zoo arbeiten, wurde

Historischer Eingang des Leipziger Zoos

aber, ebenso wie Schneider, ab 1950 wieder angestellt. Ab 1954 baute er im Auftrag des Staatsrates der DDR den Tierpark (Ost-)Berlin auf, den er bis zu seiner Pensionierung im Jahre 1990 leitete. Auch er wurde mit dem Nationalpreis der DDR ausgezeichnet. (In den Annalen des Leipziger Zoos wird die braune Vergangenheit Schneiders und Dathes allenfalls in Fußnoten versteckt erwähnt.)

„Zoo der Zukunft"

Mit der „Wende" erhielt der Leipziger Zoo den Status eines städtischen Regiebetriebs, seit dem 1. Januar 1995 firmierte er als Eigenbetrieb innerhalb des städtischen Kulturdezernats. Trotz einiger Sanierungsmaßnahmen an der maroden Bausubstanz des Zoos brachen die Besucherzahlen ab Mitte der 1990er massiv ein. Mit den 1996 bundesministeriell vorgegebenen „Mindestanforderungen an die Haltung von Wildtieren in Zoos" geriet die Stadt zusätzlich unter Druck: Sie stand vor der Alternative, entweder die Haltung nicht vorschriftsmäßig untergebrachter bzw. unterzubringender Tiere aufzugeben, sprich: den Zoo radikal zurückzubauen, oder ihn über zigmillionenschwere Investitionen grundlegend neu aufzustellen.

Am 14. Juni 2000 beschloss die Ratsversammlung der Stadt, den Zoo einem auf 15 Jahre ausgelegten Erneuerungsprozess hin zum „Zoo der Zukunft" zu unterziehen. Als Geschäftsführer der neubegründeten *Zoo Leipzig GmbH* stellte man den Veterinärmediziner Jörg Junhold (*1964) ein, obgleich dieser keinerlei tiergärtnerische Kompetenz oder Erfahrung mitbrachte. Vielmehr war Junhold nach Abschluss seines Studiums ausschließlich im Marketingmanagement des weltweit führenden Herstellers von Haustierfertignahrung (Pedigree, Frolic, Whiskas, Kitekat etc.) tätig gewesen. (In seiner neuen Funktion als Leipziger Zoochef stieg Junhold – wie gesagt: ohne die geringste zoospezifische Qualifikation – rasch in die Spitze sowohl des nationalen als auch des internationalen Zoowesens auf: Seit Jahren sitzt er im Vorstand des deutschen wie auch des europäischen Zoodachverbandes, von 2011 bis 2013 firmierte er gar als Präsident des Weltzooverbandes WAZA).

Schon 2001 wurden die ersten neuerrichteten Anlagen in Betrieb genommen, gefolgt von (bis in die Gegenwart fortdauernder) pausenloser Neu- und Umbaubautätigkeit auf dem gesamten Gelände. 2011 wurde nach vierjähriger Planungs- und Bauzeit die als „Gondwanaland“ bezeichnete „größte Tropenhalle Europas“ eröffnet (Gondwana=Urkontinent der Südhalbkugel). Auf einer überbauten Fläche von 16.500qm werden nach Angaben des Zoos etwa 300 Tiere in 40 Arten – von Schabrackentapiren, Zwergflusspferden und Meerkatzen hin zu jeder Menge exotischer Vögel, Reptilien, Amphibien und Fische – sowie 17.000 tropische Pflanzen gezeigt. Von einem „Pfahlbaudorf“ aus haben die Besucher die Möglichkeit, die Halle zu Fuß oder in einem Boot zu „erkunden“. Auf einem künstlichen Urwaldfluss bewegen sich an einer Endloskette zwölf Boote mit jeweils 16 Sitzplätzen, der Rundkurs durch die drei „Kontinentenbereiche“ der Halle (Afrika, Asien, Südamerika) dauert exakt 11 Minuten. Der Fußweg durch die Halle führt mithin über einen 90 Meter langen „Baumwipfelpfad“ in 12 Metern Höhe (die Halle selbst ist bis zu 34,5 Meter hoch). Selbstredend findet sich in der Halle ein Souvenirladen, dazu ein Restaurant sowie ein Veranstaltungsbereich für Feiern und Tagungen. Mehr als in irgendeiner der sonstigen Neuanlagen zeigt sich in „Gondwanaland“ das Junholdsche Konzept konsequenter „Disneyisierung“ des Zoos. Die Bedürfnisse der als „lebende Dekoelemente“ vorgehaltenen Tiere, sowohl in Gondwanaland als auch in den anderen Bereichen des Zoos, sind nachrangig: Entscheidend ist der „Eventcharakter“ ihrer Präsentation.

Im Jahr 2012 wurde der ursprünglich auf 2015 terminierte „Masterplan“ bis zum Jahr 2020/21 verlängert. Zu den bereits verbauten rund 100 Millionen Euro sollten Baukosten von weiteren 56,5 Millionen hinzukommen. Nachdem allerdings die geplanten Um- und Neubaumaßnahmen bis dahin nicht abgeschlossen waren, wurde und wird einfach weiter drauflosgebaut. Aller Voraussicht nach wird der Leipziger „Zoo der Zukunft“ anstatt der im Jahr 2000 veranschlagten 90 Millionen Euro bis zu 250.000 Millionen Euro verschlingen (finanziert in erster Linie aus Steuergeldern), die sich nie amortisieren werden.

Eigenen Angaben zufolge hält der Zoo heute auf einer Fläche von 26 Hektar mehr als 9500 Tiere aus 850 Arten vor. Er zählt damit zu den artenreichsten (und zugleich dichtestbesetzten) Zoos der Welt und spielt, laut entsprechender Bewertungsportale, „in einer Liga“ mit den weltweit führenden Zoos von Toronto, Sidney oder San Diego.

Unter dem hybriden Motto „Der Natur auf der Spur“ bietet der Leipziger Zoo zoopädagogische Maßnahmen für Kindergarten- und Schulgruppen an. Auf welchem Niveau diese Maßnahmen sich bewegen, verdeutlicht sich anhand eines von der Zooschule herausgegebenen Arbeitsfaltblattes mit „Aufgaben für Wissensdurstige ab 14 Jahren“, in dem zum Menschenaffenhaus (Pongoland) u.a. gefragt wird: „Wie kommunizieren Schimpansen?“ Als Antworten sind drei „durcheinandergeratene“ Begriffe vorgegeben, die zu „enträtseln“ sind: ELUTA, KITSEG, HÜREBRUNG. Zudem gibt es – Stichwort: Bildungsauftrag – Oster-, Halloween- oder Nikolausevents, Puppentheater, Kinderdisco und dergleichen mehr. Für Erwachsene stehen Jazzkonzerte, Kabarettabende oder „Grillabenteuer im Urwalddorf“ (mit unverhohlen kolonial-rassistischem Flair) auf

Tödliche Langeweile ...

dem Programm; wahlweise auch eine „Noche de Fiesta" mit „feurigen südamerikanischen Rhythmen und Salsa-Performances zweier Showtanzpaare" oder ein „Gründerzeitspektakel" mit „Pianomusik, Stummfilmklassikern und typisch sächsischen Comedy-Einlagen". Eine seriöse Aufarbeitung der kolonialen wie auch der braunen Vergangenheit des Zoos fehlt bis heute. #115/2022

Kolonial-rassistische Stereotype

Seit Jahren steht der Zoo Leipzig seiner an jedem Eck und Ende reproduzierten kolonialrassistischen Stereotype in der Kritik. Der Zoo selbst stellt solche Kritik seit je beharrlich in Abrede. Der verantwortliche Geschäftsführer des Zoos, Dr. Jörg Junhold, vermag nicht einmal in einem direkt neben dem Menschenaffenhaus aufgebauten „Urwalddorf", solche Stereotype zu erkennen. Zumal in dem palisadenumzäunten „Urwalddorf" ja auch Wienerschnitzel, Brat- und Currywürste verkauft werden ...

Mitte Mai 2022 hat der Leipziger Stadtrat mehrheitlich beschlossen, dass zumindest die abendlichen Showveranstaltungen des Zoos (z. B. „Hakuna Matata – Afrika live erleben") durch Formate ersetzt werden müssten, die keine derartigen Klischees und Stereotype bedienen. Der Migrant:innenbeirat der Stadt hatte moniert, die Abendveranstaltungen des Zoos in der jetzigen Form stärkten strukturellen Rassismus und fügten insofern von Rassismus Betroffenen nicht hinnehmbaren Schaden zu. Durch Rhetorik, Bildsprache und Darstellung würden kolonial-rassistische Klischees über Afrika, Asien sowie Süd- und Mittelamerika reproduziert.

Damit war ein erster Schritt getan, dem weitere Schritte folgen müssen. Denn die Präsentation „wilder Tiere" in (europäischen) Zoos war seit je Ausdruck kolonialen Herrschafts- und Ausbeutungsanspruches und reproduziert solchen Anspruch bis heute. #116/2022

Pongoland – Primatenforschung im Zoo

Im Zentrum des Leipziger Zoos steht das sogenannte Pongoland, ein vergleichsweise großflächig angelegter Gehegekomplex, in dem, wie der Zoo werbewirksam hervorhebt, „alle vier Arten der Großen Menschenaffen" gezeigt werden. Benannt nach dem wissenschaftlichen Gattungsnamen für Orang Utans (Pongo) wurde die Anlage im April 2001 „eingeweiht" und für das zahlende Publikum eröffnet. Derzeit werden sechs Gorillas, sechsundzwanzig Schimpansen, acht Orang Utans und zwölf Bonobos in Pongoland gehalten.

Große Menschenaffen werden hierzulande in nicht weniger als vierunddreißig Zoos zur Schau gestellt. Ungeachtet des Umstandes, dass ihre Haltung (wie auch die anderer Wildtiere) in Zoos prinzipiell abzulehnen ist, gibt es doch relative Unterschiede in den jeweiligen Haltungsbedingungen. Wollte man diese analog zu Schulnoten bewerten, lägen sie in ein paar wenigen Zoos bei „ausreichend" (z. B. Frankfurt am Main, Gelsenkirchen oder Rostock), in allen anderen zwischen „mangelhaft" und „ungenügend". Der Zoo Leipzig stellt insofern einen Sonderfall dar: Aufgrund seiner engen Zusammenarbeit mit der renommierten *Max-Planck-Gesellschaft* (MPG) kann er den Tieren weitaus akzeptablere Lebensbedingungen bieten, als dies in sämtlichen anderen Zoos der Fall ist. Er erhielte insofern die Note „befriedigend".

Die außergewöhnliche Zusammenarbeit zwischen der MPG und dem Zoo basiert auf einer Entscheidung der MPG von 1997, in Leipzig ein eigenständiges „Institut für evolutionäre Anthropologie" zu begründen und dazu auf dem Zoogelände eine Menschenaffenforschungsanlage zu errichten. Es war dies die Rettung des völlig abgewirtschafteten ehemaligen DDR-Vorzeigezoos, dessen Besuchszahlen nach der „Wende" massiv eingebrochen waren. Die vielfach tierschutzgesetzwidrige Haltung der Tiere in heillos veralteten und heruntergekommenen Käfiganlagen hatte immer weniger Publikum angezogen. Mitte der 1990er stand die Ratsversammlung der Stadt vor der Entscheidung: entweder den Zoo rigoros zurückzufahren – vielleicht sogar ihn ganz aufzulösen –, oder richtig Geld für Um- und Neugestaltung in die Hand zu nehmen.

Nach dreijähriger Planungs- und Vorlaufphase beschloss man Mitte 2000 das sogenannte „Strategische Unternehmenskonzept 'Zoo der Zukunft'", das eine Überführung des Zoos in eine privatrechtliche GmbH vorsah, deren Gesellschafterin zu 100 Prozent die Stadt Leipzig sein sollte. Der Entschluss, den Zoo über zigmillionenschwere Investitionen (aus Steuergeldern) grundlegend zu erneuern, wurde maßgeblich (mit)bestimmt durch die Zusage der MPG, aus eigenen Mitteln auf dem Zoogelände besagte Forschungsstätte einzurichten, die zugleich dem Zoo die Möglichkeit bieten sollte, Menschenaffen in zeitgemäßerer Form zu präsentieren, als er das bislang getan hatte. Der *Max Planck-Gesellschaft* wurde auf dem Zoogelände ein entsprechendes Areal zur Verfügung gestellt, auf dem sie in Erbpacht das sogenannte *Wolfgang-Köhler-Primaten-Forschungszentrum* errichtete (benannt nach dem Psychologen Wolfgang Köhler [1887-1965], der als Leiter der Anthropoiden-Forschungsstation der Preußischen Wissenschaftsakademie auf Teneriffa von 1913 bis 1920 Untersuchungen über die kognitiven Fähigkeiten von Schimpansen durchgeführt hatte).

Die von der MPG getragenen Baukosten lagen bei umgerechnet rund 14,3 Millionen Euro. Die neue Anlage wurde besetzt mit aus verschiedenen europäischen Zoos zusammengestellten und zur „Zucht" geeigneten Tieren. Die bislang in Leipzig vorgehaltenen Tiere schob man an andere Zoos ab.

Die Anlage – die weltweit größte ihrer Art – wird dominiert von einer bis zu 19 Meter hohen und eine Gesamtfläche von 3255qm umfassenden „Tropenhalle", die, überspannt von einem Foliendach, als Warmhaus dient. Sie weist fünf voneinander getrennte Gehegeabteile auf, in denen, streng voneinander getrennt, je eine Gruppe Bonobos, Gorillas und Orang Utans sowie zwei Gruppen Schimpansen untergebracht sind. Die mit künstlichen Felswänden umgebenen Gehege weisen Natur- bzw. Substratboden auf und sind mit zooüblichen Totholzklettergerüsten ausgestattet. An jedes der Gehegeabteile ist ein relativ weitläufiger Außenbereich angegliedert. Die vom Zoo immer wieder hervorgehobene Gesamtfläche von „mehr als vier Fußballfeldern" muss indes als heillose Übertreibung gelten; zumal die den Tieren selbst zur Verfügung stehenden Flächen sich bei Lichte besehen als sehr viel bescheidener herausstellen, als die stetig kolportierten Superlative dies suggerieren. Tatsächlich umfassen die Außenanlagen, auf denen sich die Tiere bei entsprechender Witterung stundenweise aufhalten können, eine Gesamtfläche von exakt 24.075qm, von der allerdings nur die Hälfte auf die Gehege selbst entfällt; der Rest verteilt sich auf Wassergräben, Besucher- und Versorgungswege sowie mit stromführenden Drähten umgebene Grünanlagen, zu denen die Tiere keinen Zugang haben.

Unmittelbar anschließend an das Pongoland findet sich ein palisadenumzäuntes „Urwalddorf", in dem laut Website des Zoos „unter strohbedeckten Rundhütten Brutzelabenteuer mit afrikanischem Flair" erlebt werden können. Während auf einer großformatigen Schautafel auf die Bedrohung der Menschenaffen durch „Bushmeat" hingewiesen wird, werden direkt daneben Wienerschnitzel, Brat- und Currywürste verkauft.

Umstrittene Forschung

Ob die am Leipziger *Wolfgang-Köhler-Primaten-Forschungszentrum* (WKPRC) gewonnenen Erkenntnisse über die kognitiven, sozialen oder kommunikativen Fähigkeiten von Menschenaffen die lebenslange Gefangenhaltung von fünfzig und mehr Individuen rechtfertigen, steht dahin. Viele der Erkenntnisse – zur Frage etwa, ob Jungtiere eher von ihren Eltern, von anderen Gruppenmitgliedern oder voneinander lernen – werden ausschließlich aus Beobachtungen gewonnen, bei denen es keine Interaktion zwischen den Forscher:innen und den Tieren gibt. Anderer Erkenntnisgewinn – beispielsweise zur Frage, ob Menschenaffen

In den meisten Zoos längst abgeschafft: Qualhaltung mit Elefantenhaken und Fussketten ...

über die Fähigkeit verfügen, in die Zukunft zu planen – erfordert solche Interaktion. Sofern die Angaben des Instituts zutreffen, dass kein:e Forscher:in die Tiere jemals bedrängt oder berührt und die Distanz zu ihnen immer gewahrt bleibt, sind die dabei durchgeführten Tests – auch aus Sicht der Tiere – durchaus zu begrüßen. Sie stellen eine kognitive Herausforderung und damit willkommene Abwechslung dar in der ansonsten tödlichen Langeweile der Gefangenschaftshaltung im Zoo. Die Tiere nehmen an den spielerisch angebotenen und (angeblich) absolut nicht-invasiven Experimenten auf freiwilliger Basis teil, viele von ihnen scheinen, entsprechend konditioniert, großen Gefallen daran zu finden und drängen sich nachgerade um die Teilnahme. Bei einigen der Tests können Zoobesucher:innen durch ein Beobachtungsfenster live zusehen, andere werden auf Videobildschirmen vorgeführt.

Unter Verhaltensbiologen sind das Wolfgang-Köhler-Zentrum und sein langjähriger Leiter, der Anthropologe Michael Tomasello, allerdings nicht unumstritten. Einige davon, so etwa der Primatologe Volker Sommer (UC London), sind der Auffassung, Tomasello könne zwar im Ohrensessel gut schreiben, verstehe aber wenig von natürlich lebenden Primaten. In der Tat, so Sommer, „ignoriert er fünfzig Jahre Freilandforschung in Urwäldern und Savannen praktisch vollständig. Stattdessen denkt er sich Tests aus, bei denen in Gefangenschaft aufgewachsene Primaten schlechter abschneiden als wohlbehütete deutsche Kindergärtler. Das soll nicht heißen, dass es sich [als Affe] in Pongoland nicht gut leben lässt [jedenfalls besser als in anderen Zoos]. Doch werden die Menschenaffen hier nicht mit jener ökologischen und sozio-emotionalen Komplexität konfrontiert, die sie in ihren Urwaldheimaten heranreifen lässt." Was nichts anderes bedeutet, als dass den Ergebnissen der WKPRC-Forschung allenfalls bedingte Aussagekraft zukommt, zumal, so Sommer, der Verdacht schwer wiege, „dass Tomasello stets nur nach grundlegenden Unterschieden zwischen Mensch und Tier fahndet, statt nach Gemeinsamkeiten: eine Suche, bei der man *immer* fündig wird.[1] Nur wenn solch grundlegender Unterschied bestehen bleibt, lässt sich die Gefangenhaltung von Tieren in Zoos und damit die Möglichkeit, in Zoos an ihnen zu forschen, rechtfertigen.

Selbst Tomasellos Kollege Christophe Boesch, langjähriger Direktor der Abteilung für Primatologie am Leipziger *Max Planck-Institut für evolutionäre Anthropologie*, sieht das Konzept der Verquickung eines Zoos mit einer Einrichtung für Grundlagenforschung ausgesprochen skeptisch: „Artgerechte Haltung von Menschenaffen im Zoo gibt es nicht. Es gibt gute und es gibt schlechte Gefängnisse, sie bleiben immer Gefängnisse."[2] Fazit: Auch wenn Pongoland sehr viel bessere Haltungsbedingungen bereitstellt, als sie in jedem anderen Zoo gegeben sind, leben die Tiere dort in lebenslanger Gefangenschaft. An ihnen gewonnene Forschungsergebnisse können immer nur etwas über gefangengehaltene Tiere aussagen. #115/2022

Junglöwe MOTSHEGETSI erschossen

MOTSHEGETSI

Am 29.9.2016 gegen 8.40 Uhr brachen im Zoo Leipzig die 18 Monate alten Junglöwen MAJO und MOTSHEGETSI, die erst wenige Wochen zuvor vom Zoo Basel übernommenen worden waren, aus dem nur durch einen Wassergraben gesicherten Außengehege aus.

Sofort, wie der Zoo mitteilte, sei ein Notfallplan in Gang gesetzt worden: Rund 40 eiligst zusammengerufene Mitarbeiter hätten die beiden in einem Gebüsch sitzenden Tiere mithilfe mobiler Zaunelemente und quergestellter Fahrzeuge eingekesselt. Während MAJO in das Gehege zurückgedrängt werden konnte, wurde sein Bruder MOTSHEGETSI nach mehrfachem Versuch, ihn mit einem Narkosepfeil zu betäuben, erschossen.

Der offenbar völlig unnötige Todesschuss – es bestand keinerlei Gefahr für Besucher, da der Ausbruch sich vor Beginn des Publikumsverkehrs ereignete – löste im Netz einen Sturm der Empörung aus, in dessen Zentrum die Frage stand, weshalb nach den ersten erfolglosen Versuchen, den Löwen per Blasrohr zu narkotisieren, nicht ein weiterer Versuch mit einem Teleinjektionsgerät – mit modernen Geräten dieser Art kann auf bis zu 60 Meter Distanz sehr zielgenau geschossen werden – unternommen wurde. Eine Betäubung bzw. Immobilisierung mit Xylarin oder Ketamin, wie es in vergleichbaren Fällen eingesetzt wird, tritt nach wenigen Minuten ein; das Präparat kann, wie bei jeder Narkose, auch nachdosiert werden. Zudem wurde die Frage aufgeworfen, weshalb kein Net-Gun – ein mittels Luftdruck- bzw. CO_2-Kartusche auf bis zu 20 Meter zielgenau zu verschießendes und für die betroffenen Tiere völlig verletzungsfreies Fangnetz – eingesetzt wurde. In jedem Tierheim und jeder Polizeidienstelle, auch bei der Feuerwehr, werden derlei Fangnetze vorgehalten. Hatte man im Zoo Leipzig, der angeblich zu den bestausgestatteten Zoos der Welt gehört, kein derartiges Gerät zur Verfügung?

Der Todesschuss, so Zoodirektor Jörg Junhold, der zum fraglichen Zeitpunkt in einer Pressekonferenz saß und das Geschehen überhaupt nicht verfolgen konnte, sei jedenfalls „unausweichlich" gewesen. Tatsächlich waren 40 Zoomitarbeiter über geschlagene vier Stunden hinweg nicht in der Lage gewesen, einen 18 Monate alten Junglöwen einzufangen, der verängstigt in einem Gebüsch saß. #93/2016

Rätsel um totes Orang Utan-Baby

Wie erst Wochen später und eher zufällig bekannt wurde, verstarb Anfang April 2020 im Leipziger Zoo ein neun Monate altes Orang Utan-Jungtier. Aufgrund der corona-bedingten Schließung des Zoos seit Mitte März des Jahres war dieser Todesfall außerhalb des Zoos niemandem aufgefallen.

Eine Todesursache des Jungtieres wurde nicht ermittelt. Laut Aussage des Zoos sei das tote Tier nicht obduziert worden, insbesondere habe man es nicht auf Covid-19 untersucht. Vielmehr habe man den „Kadaver" umgehend und rückstandlos entsorgt, so dass auch eine nachträgliche Untersuchung nicht mehr möglich gewesen sei.

In Zoos, zumal in solchen mit wissenschaftlichem Anspruch, gilt bei Todesfällen ungeklärter Ursache zum Schutz der anderen vorgehaltenen Tiere eine Obduktion als zwingend verpflichtende Maßnahme. Offenbar nicht so im Zoo Leipzig, obwohl sich dieser zu den besten und bestgeführten der Welt zählt. Die Staatsanwaltschaft Leipzig nahm insofern Ermittlungen gegen den Zoo bzw. Zoodirektor Dr. Jörg Junhold wegen Vergehens nach dem Infektionsschutzgesetz (§ 75 Abs. 1 IfSG) auf, die aber erwartungsgemäß eingestellt. #108/2020

Lünebach

Katastrophenzoo in der Eifel

Mitte der 1960er kam der Kölner Textilunternehmer und Karnevalist Hans Wallpott – jahrzehntelang Präsident der *Bürgergarde blau-gold von 1904 e.V.* – auf die Idee, sich einen Privatzoo einzurichten. Zu diesem Zwecke erwarb er das Gelände einer aufgelassenen Fischzucht in der Gemeinde Lünebach, zwei Autostunden südwestlich von Köln (nahe der luxemburgischen Grenze), wo er seit Jahren schon seinem Hobby als Jäger nachgegangen war.

In Eigenregie und ohne die geringste zoofachliche Ahnung zimmerte Wallpott ein paar Gehege und Stallungen zusammen, die er, zunächst ausschließlich für sein Privatvergnügen, mit heimischen Haus- und Wildtieren bestückte. Ab 1972 machte er das auf 30 Hektar arrondierte Gelände unter dem Namen „Tierpark Neubierbach" der zahlenden Öffentlichkeit zugängig.

Am 25. Juni des Jahres wurde der Park – im Beisein örtlicher und regionaler Politprominenz, einschließlich des seinerzeitigen Regierungspräsidenten – feierlich eröffnet. In den Folgejahren erweiterte Wallpott seinen Tierbestand kontinuierlich, mithin um Wisente, Yaks, Alpakas, Gnus, Lamas und Kamele. Anfang der 1980er benannte er seine Tiersammlung in „Eifel-Zoo" um, den er langfristig auf eine Stufe mit dem Kölner Zoo zu stellen gedachte. Über vor Ort gedrehte TV-Sendungen und vor allem: Über die zahllosen TV-Auftritte Wallpotts auf sämtlichen Kanälen, in denen er, immer irgendwie karnevalistisch angehaucht, den Zoodirektor und Wildtierexperten gab, erlangte der Eifel-Zoo in der Tat überregionale Bekanntheit und steigenden Publikumszuspruch.

1985 wurde das Tiersortiment um Löwen, Tiger, Jaguare und andere Exoten erweitert, gleichwohl die selbstgefertigten Gehege nicht einmal ansatzweise den seinerzeit für Zoos geltenden Haltungsvorschriften entsprachen. Hinzu kamen Affen, Bären, Präriehunde, auch Strauße, Emus, Aras, Schneeeulen und viele Arten mehr: Letztlich präsentierte Wallpott mehrere hundert Tiere – die genaue Zahl wusste er wohl selbst nicht – aus mehr als 100 Arten auf seinem Zoogelände. Das zuständige Veterinäramt erhob keinerlei Einspruch, auch dann nicht, als Wallpott völlig unkontrolliert und ohne auf Inzuchtprobleme zu achten, mit seinen Exoten zu „züchten" begann.

Anfang Januar 2002 wurde das Zoogelände – wieder einmal – komplett überschwemmt: Nach tagelangem Dauerregen war der Bierbach, der mitten durch den Zoo fließt, zu einem reißenden Fluss angeschwollen. Wie es im seinerzeitigen Schadensbericht des Zoos hieß, waren Wege, Zäune, Ställe und Gehege wegespült und das Zoogelände in eine „riesige Seenplatte" verwandelt worden. Welche und wie viele Tiere in den Fluten ertrunken waren, wurde nie mitgeteilt. Auch Konsequenzen wurden nicht gezogen: Der Zoo wurde, wie jedesmal, wenn

Völlig verwahrlost

der Bierbach über seine Ufer getreten war, mit billigstem Material und ohne jeden zootechnischen Sachverstand genauso wiederhergestellt, wie er zuvor bestanden hatte: mitten in einem Überflutungs- bzw. Rückstaugebiet, in dem eben der ständigen Hochwassergefahr wegen die jahrzehntelang dort betriebene Fischzucht aufgegeben worden war. Ernstzunehmender Hochwasserschutz, der finanziellen Mehraufwand bedeutet hätte, war zeitlebens ein Fremdwort für Wallpott. Stattdessen stattete er seinen Zoo mit immer weiteren Kinderbespaßungsanlagen aus (Parkeisenbahn, Karussels, Seilbahn, Minidorf etc.)

Von Kragenbär angefallen

Im Sommer 2007 wurde der seinerzeit bereits 80-jährige Wallpott von einem Kragenbären, den er mehr als 20 Jahre zuvor mit der Flasche aufgezogen hatte, schwer verletzt: Das fast zwei Meter große und 170 Kilogramm schwere Tier hatte ihm einen Arm zerfetzt. Nach längerem Krankenhausaufenthalt übergab Wallpott die Leitung des Zoos an seine damals 27-jährige Tochter, die in den Zoos von Köln und Augsburg eine Ausbildung zur Tierpflegerin absolviert hatte.

Der Tochter gelang es nicht, den Zoobetrieb einigermaßen kostendeckend am Laufen zu halten, die Anlage verkam zusehends. Beschwerden von Besuchern über ungepflegte und verwahrloste Tiere häuften sich: Auf Portalen wie *tripadvisor* oder *holidaycheck* gab es Kommentare wie „schrecklicher Zoo“, „bin fassungslos“ oder „bleiben Sie fern“, eine Besucherin klagte, dass „der ganze Park, die Ställe und Unterstände VOLLER Ratten.......Ratten sind“ [sic!]. Das von den Missständen in Kenntnis gesetzte Veterinäramt tat, was Veterinärämter in solchen Fällen regelmäßig tun: nämlich gar nichts. Der Zoobetrieb ging unbeanstandet weiter, während die Zustände sich immer noch weiter verschlimmerten. Dem Vernehmen nach waren für die Versorgung der rund 400 vorgehaltenen Tiere gerade einmal zwei angelernte Hilfskräfte zuständig. Ein wie auch immer geartetes Eingreifen der *Deutschen Tierparkgesellschaft* (DTG), der der Eifel-Zoo zusammen mit rund 90 weiteren Kleinzoos angehört, gab es nicht.

Am 15. Juni 2017 verstarb Hans Wallpott, der die letzten Jahre seines Lebens in einem

Pflegeheim untergebracht gewesen war. Sein „Lebenswerk“, wie seine Witwe den Eifel-Zoo nannte, sollte ungeachtet des mittlerweile katastrophalen Zustandes der gesamten Anlage unter allen Umständen fortgeführt werden. Instandgesetzt oder neu investiert wurde gleichwohl nichts.

Ziemlich genau ein Jahr später, am 1. Juni 2018, trat der Bierbach erneut über seine Ufer, mit dem schlimmsten bislang zu verzeichnenden Folgen für den Zoo. Große Teile der ohnehin wenig standfesten Käfiganlagen und Stallungen wurden schwer beschädigt, viele restlos zerstört. Der Schaden an Wegen, Brücken und Bauten, wie der Zoo in einer ersten Pressemeldung verlautbarte, gehe „mindestens in die Hunderttausende“. Welche und wie viele Tiere ertrunken oder von Treibgut erdrückt oder erschlagen worden waren, teilte man wie üblich nicht mit. In besagter Presseerklärung war lediglich die Rede davon, es habe das „Hochwasser etliche Tiere in den Tod gerissen“. Erst sehr viel später räumte man ein, dass tatsächlich „viele sich nicht vor den Fluten retten konnten“: Von zuvor mehreren hundert Tieren waren nur ein paar Dutzend übriggeblieben.

Während der Flutkatastrophe machte die Meldung die Runde, die fünf Großkatzen des Zoos – je zwei Löwen und Tiger sowie ein Jaguar – seien nicht auffindbar und wohl aus ihren Gehegen entkommen. Die Behörden forderten die Einwohner des Landkreises über Radio und Lautsprecherdurchsagen auf, ihre Wohnungen und Häuser nicht zu verlassen. Zugleich machte sich ein Großaufgebot aus Polizei und örtlicher Jägerschaft auf die Suche

Hinter verdrecktem Panzerglas ...

nach den Tieren, die gleichwohl mit Hilfe einer Drohne in ihren überfluteten Gehegen geortet werden konnten: Sie hatten sich auf höher gelegene Kletterelemente gerettet. „Am Ende“, so Seniorchefin Wallpott, „hatten sie nur noch ein Stückchen Kopffreiheit bis zur Decke, wo sie noch Luft holen konnten“.

Weniger Glück hatte Kragenbär MIKE, eben jener Bär, der zehn Jahre zuvor Zoodirektor Wallpott schwer verletzt hatte. MIKE war aus seinem Gehege entwichen, dessen Gitterzäune von den Wassermassen weggedrückt worden waren. Der Bär stand orientierungslos auf einem höher gelegenen Besucherweg herum, wo er von einem der herbeigerufenen Jäger ohne Umschweife erschossen wurde. Wie die Zooleitung tags darauf mitteilte, habe man sich bewusst gegen eine Betäubung des Bären entschieden: Die Wassermassen seien so reißend gewesen, dass er „elendig ertrunken“ wäre, hätte man ihn zu narkotisieren versucht;

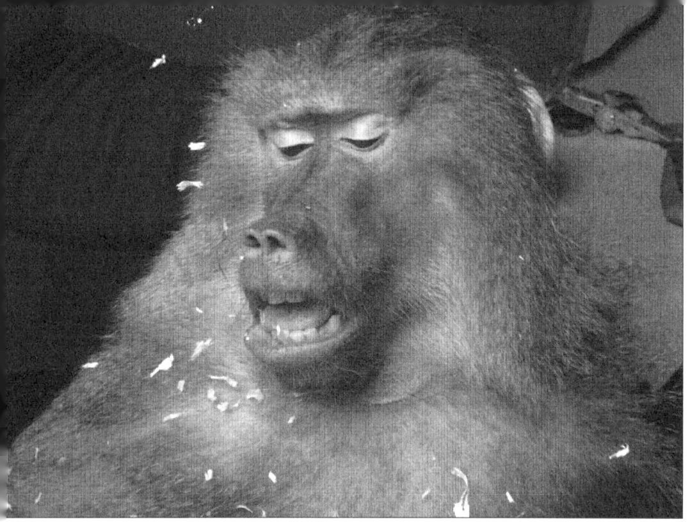

PAVI in Narkose

daher habe es keinen anderen Ausweg gegeben, als ihn zu erschießen. Tatsächlich steht zu bezweifeln, dass der Eifel-Zoo überhaupt ein Betäubungsgewehr zur Verfügung gehabt hätte.

Wer gedacht oder gehofft hatte, dass der Zoo nach der neuerlichen Überschwemmungskatastrophe endlich aufgelöst würde, sah sich getäuscht. Schon wenige Tage nach Rückgang des Wassers wurde mit ersten Instandsetzungsmaßnahmen begonnen, kurze Zeit später wurde neu eröffnet. Unter der Regie eines eigens dazu abgestellten „Eventmanagers" sollte ein völlig neues Zookonzept entwickelt werden, das sich auf heimische und nordamerikanische Wildtiere beschränkt (die, da sie keine Warmhäuser benötigen, kostengünstig einfach ins Gelände gestellt werden können). Tatsächlich wurden Emus, Kängurus, Dingos (Windhunde) und andere „australische" Tiere angeschafft. Zudem behielt der Zoo seine Großkatzen, auch ein neuer Bär wurde besorgt. Nennenswerte Hochwasserschutzvorkehrungen wurden nicht getroffen. 101/2018

Freiheit für PAVI

Ein Team des *Great Ape Project* (GAP) hatte den Eifel-Zoo nach der Flutkatastrophe besucht und in einem abseits gelegenen Käfig einen einsamen und sichtlich verstörten Pavian vorgefunden.

Über den Verbleib der zuvor gehaltenen größeren Gruppe an Pavianen (sowie einer Gruppe Husarenaffen) erteilte der Zoo keine Auskunft. Es konnte insofern nicht in Erfahrung gebracht werden, ob die Tiere bei der Überflutung des Geländes zu Tode gekommen waren oder ihre Haltung zu früherer Zeit schon ein Ende gefunden hatte. Auch das Veterinäramt wusste nichts dazu zu sagen.

Auf Betreiben des GAP wurde der Pavian – ein 20- bis 25-jähriges weibliches Tier namens PAVI – vom zuständigen Kreisverwaltungsamt beschlagnahmt und offiziell an das GAP überstellt. Da der Zoo über keinerlei Herkunfts- oder Zuchtnachweise verfügte, mussten komplett neue Papiere ausgestellt werden. Am 12.10.2018 wurde PAVI von einem Rescue Team des *Wales Ape & Monkey Sanctuary* (UK-Sektion des GAP) abgeholt und in einer 850km-nonstop-Fahrt sicher nach Südengland verbracht. Nach Ablauf der gesetzlich vorgeschriebenen Quarantänezeit wurde sie mit den anderen Pavianen im Waliser Affenrefugium zusammengeführt. #101/2018

Magdeburg

Grenze zwischen Zirkus und Zoo verwischt

Auf Initiative eines sachsen-anhaltinischen Hobby-Ornithologen wurde der Magdeburger Zoo im Jahre 1950 als Heimattiergarten eröffnet; neben ein paar Rehen und Hirschen wurden in erster Linie heimische Vögel gezeigt. Ende der 1950er wurde das Zoogelände erheblich erweitert – das aufkommende Zoowesen der DDR wurde von Anfang an nach Kräften durch den Staatsrat gefördert –, so dass man 1960 bereits mehr als 1500 Tiere aus 225 Arten vorhalten konnte, darunter eine Vielzahl an Exoten. 1961 wurden erstmalig Elefanten gezeigt, ab 1964 auch Schimpansen.

2009 wurde dem Zoo zusätzlich ein 7,5 Hektar umfassendes städtisches Parkgelände zugeschlagen. Auf der insofern arrondierten Fläche von nunmehr 16 Hektar werden gegenwärtig etwa 1200 Tiere aus 200 Arten gehalten, darunter Nashörner, Giraffen, Tapire, „weiße Löwen" und eine Vielzahl verschiedener Affenarten; seit den 1990ern rühmt Magdeburg sich der „größten Krallenaffenhaltung Europas". In teils noch aus DDR-Beständen stammenden Käfig- und Gehegeanlagen werden zudem dutzende Arten exotischer Vögel, Reptilien und Amphibien gezeigt. Die katastrophale Eisbären- und Flusspferdehaltung wurde vor Jahren eingestellt.

Der Zoo ist eine rein kommunale Einrichtung in Rechtsform einer gGmbH mit der Stadt Magdeburg als Hauptgesellschafterin. Eigenen Angaben zufolge verzeichnet der Zoo rund 300.000 Besuche pro Jahr.

Für Kindergruppen werden eigene Führungen angeboten, selbstredend gibt es auch die Möglichkeit, Kindergeburtstage im Zoo zu feiern. Für Erwachsene finden „Abend- oder Nachtsafaris" statt, dazu Sonderveranstaltungen zum Valentinstag, an Ostern, Halloween, Weihnachten usw.

2017 wurde anstelle des noch aus den 1960ern stammenden und heillos heruntergekommenen „Dickhäuterhauses" – Nashörner und Elefanten waren hier auf engstem Raum zusammengepfercht gewesen – ein neues Elefantenhaus eröffnet, das, „Africambo" genannt und ausgewiesen als „größtes Mammutprojekt in der Magdeburger Zoogeschichte", die Elefantenanlage selbst mit einem „Kulturzentrum" (für Vorträge, Ausstellungen, Hochzeiten etc) sowie einer „Erlebnisgastronomie im afrikanischen Ambiente" verknüpfte: „Genießen Sie frisch zubereitete Gerichte aus der Küche Mama Afrika: afrikanische Grillspezialitäten wie frisch marinierte Fleischspieße, gefüllte Fleischtaschen" und dergleichen mehr. Regelmäßig finden hier (kolonial-rassistisch angehauchte) Abendveranstaltungen wie „Afrikanisches BBQ-Buffett mit musikalischer Begleitung" statt. Für Kinder gibt es einen „Innenspielplatz zum Toben, Spielen und Entdecken".

Als Sonderattraktion des Magdeburger Zoos gilt seit 2006 eine sogenannte „Tierisch-NAH-Arena", in der mehrmals täglich Tierdressuren gezeigt werden. O-Ton der Zoo-Website: „Während der gut 20-minütigen Präsentation stellen die Tiertrainer unsere tierischen Stars auf sympathische und unterhaltsame Weise vor – kleine Tricks und Gags inklusive." In zirzensischer Manier werden Alpakas, Minischweine oder Zwergzebus vorgeführt, auch eine Greifvogelshow gehört zum „Tierisch-NAH"-Programm. Ergänzt werden die publikumswirksamen Showveranstaltungen durch „kommentierte Fütterungen bei den beliebten 'Frackträgern' – unseren Brillenpinguinen – beim majestätischen Sibirischen Tiger und den quirligen Krallenaffen." Der Unterschied zwischen Zoo und Zirkus wird gezielt verwischt.

Trauerspiel um Menschaffenhaltung

Mit millionenschweren Investitionen – vorwiegend aus Steuergeldern – suchte der Zoo Magdeburg seit der „Wende" sich zu einem „Zoo der Zukunft" zu entwickeln. Die Hinterlassenschaften real-sozialistischer Zootierhaltung wurden zu großen Teilen beseitigt und durch modernere Anlagen ersetzt. Eines der bis heute fortwirkenden Probleme des Magdeburger Zoos basiert indes gerade auf der ungezügelten Um- und Neubaumanie der „Nach-Wende-Zeit", in der die jeweiligen Zooleitungen mit Hilfe großzügig ausgereichter „Aufbau Ost"-Mittel völlig überspannte Ziele verfolgen konnten. Eines der hybriden Projekte von Zoodirektor Wolfgang Puschmann (im Amt von 1979 bis 1998) und seinem Nachfolger Michael Schröpel (im Amt bis 2003) war das ab 1998 erstellte neue Menschenaffenhaus, das, geplant und gebaut in einer dünkelhaften Mischung aus Großmannssucht und unglaublichem Dilettantismus, zu einem beispiellosen Desaster führte.

Die Geschichte der Menschenaffenhaltung im Magdeburger Zoo ist die eines auf Dauer gestellten Debakels. 1962 wurden die ersten beiden Schimpansen erworben, Charlie und Conchita, für die es bei ihrer Ankunft überhaupt kein Gehege gab: Sie wurden zwei Jahre lang „hinter den Kulissen" des Zoos in einem winzigen Abstellraum des Wirtschaftshofes verwahrt. Erst 1964 wurde ein provisorisches „Schimpansenhaus" für sie erstellt, in dem sie nunmehr auch für das Publikum zu sehen waren.

Ein im gleichen Jahr vom Rat der Stadt verabschiedeter Perspektivplan sah für den Zoo verschiedene Baumaßnahmen vor, darunter auch die Errichtung eines ordentlichen Menschenaffenhauses. Tatsächlich wurde der Bau dieses Haus erst im Jahre 1998 in Angriff genommen, vierunddreißig Jahre nach Verabschiedung des sozialistischen Perspektivplans. Bis zur Eröffnung des Hauses im Jahr 2000 lebten die Magdeburger Schimpansen in dem völlig unzureichenden Provisorium aus dem Jahr 1964.

Die beiden 1962 erworbenen Schimpansen hatten fünf gemeinsame Kinder. Zwei davon starben im Alter weniger Wochen, die anderen drei, ROBI, GANDO und DEMU, wuchsen

Erkennen Sie unsere Schimpansen?
Kananga
Zoo Münster
23.11.1995
♂
Ubangi
Zoo Münster
10.09.1997
♂
Mufasa
Zoo Münster
11.04.2000
♂
Sokoto
Zoo Münster
29.03.2005
♂
Karlchen
Zoo Münster
18.11.1979
♂
Wubbo
Primate Research Center
10.11.1985
♂
Nana
Zoo Ouwehands
14.05.1986
♀
Sambala
Zoo Münster
14.06.1999
♀
Minga
Zoo Münster
08.11.2004
♀
Mumin
Zoo Kolmarden
16.05.1990
♀

als Handaufzuchten, sprich: ohne Kontakt zu ihren Eltern heran. 1970 wurden die beiden Elterntiere abgeschoben und die drei Jungtiere bezogen das für zwei Tiere schon viel zu kleine Schimpansenhaus. Mit dem Heranwachsen der drei wurde der beengte Raum immer noch beengter, was zu enormen Spannungen zwischen den Schimpansenbrüdern führte. Da sie auch ihren Pflegern gegenüber unkontrollierbar aggressiv wurden, entschied man sich im Jahre 1986, die mittlerweile 16, 18 und 20 Jahre alten Tiere an einen Zoo in Rumänien zu verkaufen.

NANA und WUBBO

Da die Schimpansen aber zu den absoluten „Publikumsrennern" des Zoos gehört hatten, wurde das für die Unterbringung von Menschenaffen völlig ungeeignete Provisorium (aus dem die Tiere mehrfach auch entkommen waren) im Jahr darauf erneut besetzt: mit einem eineinhalbjährigen, in einem holländischen Zoo handaufgezogenen Schimpansenmädchen namens NANA (*1987), dem, nach zweijähriger Alleinhaltung, Ende 1989 der damals vierjährige WUBBO (*1985) dazugesetzt wurde Auch diese beiden Tiere verbrachten 13 bzw. 11 Jahre – NANA ihre gesamte Kindheit und Jugend – in dem wenige Quadratmeter umfassenden Provisorium, bis sie in ein zeitgemäßeres Menschenaffenhaus umziehen konnten.

1994 startete der Zoo mit Hilfe einer lokalen Tageszeitung eine großangelegte Spendensammelkampagne mit dem Ziel, Geld für ein neues Menschenaffenhaus zu akquirieren. Hintergrund der Aktion war das für 1996 angekündigte bundesministerielle Säugetiergutachten, das Mindestanforderungen für die Haltung von Wildtieren – mithin von Menschenaffen – in Zoos festlegen würde, denen das Provisorium von 1964 unter keinen Umständen würde entsprechen können; da man insofern Sorge um die Verlängerung der Haltungserlaubnis für Menschenaffen hatte, wurden unter dem Motto „Unser Zoo braucht Hilfe" auf jede nur erdenkliche Weise Spendengelder gesammelt. In relativ kurzer Zeit kamen umgerechnet etwa 665.000 Millionen Euro zusammen, die den Grundstock bildeten für das letztlich fast 4 Millionen Euro teure Projekt (das insofern zu fast 85 Prozent über Aufbau-Ost- bzw. Steuermitteln finanziert wurde.) 1998 wurde mit dem Bau begonnen, im Frühjahr 2000 war die neue Anlage bezugsfertig. Allerdings nur das Haus selbst, für die Erstellung einer Außenanlage hatte man kein Geld mehr.

Auch ohne Außengehege wurde das mit zwei separaten Innengehegen ausgestattete Haus in Betrieb genommen: In eines der Gehege zogen NANA und WUBBO ein, das andere wurde mit drei neu angeschafften Orang Utans (aus den Zoos Heidelberg bzw. Dortmund) besetzt.

Schon kurz nach der Eröffnung des 4-Millionen-Baus traten erhebliche Probleme auf: Bedingt durch eklatante Fehler in der Dachkonstruktion stagnierte der Luftaustausch, so dass es zu massivem Schimmelpilzbefall kam. Im Juli 2001 starb das 7-jährige Orang Utan-Mädchen SA-PULOH an einer Lungenentzündung. Gleichwohl auch bei den beiden anderen Orang

Utans Lungenschädigungen festgestellt wurden und die behandelnden Ärzte die Luftbedingungen in dem neuen Haus heftig kritisierten, passierte *nichts*. Der seinerzeitige Zoodirektor Michael Schröpel wiegelte ab, im Regenwald sei es nun mal stickig.[1]

Im Januar 2003 starb der 10-jährige Orang Utan BATAK während einer Zahnbehandlung. Die Autopsie ergab, dass auch er schwer lungenkrank war. Erneut wies die Zooleitung jeden möglichen Zusammenhang mit den stickigen Haltungsbedingungen zurück. Auch die 14-jährige Orang Utan-Frau PUAN zeigte Symptome einer schweren chronischen Lungenentzündung; aber erst Monate später – und nachdem die Tierrechtsorganisation *Pro Wildlife* Strafanzeige gegen den Zoo erstattet hatte – wurde sie aus dem verseuchten Haus ausgelagert. Auch NANA und WUBBO wurden anderweitig untergebracht. Ende Juni 2003 wurde das Haus geschlossen und einer mehr als zwei Jahre dauernden Sanierung unterzogen. Erst im Oktober 2005 konnte es wiedereröffnet werden, besetzt wiederum mit NANA und WUBBO, die aufgrund der Mängel an dem neuen Haus weitere zwei Jahre ihres Lebens unter völlig ungeeigneten Bedingungen hatten zubringen müssen. Das Orang Utan-Gehege blieb zunächst leer: PUAN war 2004 nach Heidelberg zurückverbracht worden, und neue Orang Utans erhielt Magdeburg nicht. Das Orang Utan-Gehege wurde insofern mit Meerkatzen bestückt.

Das erst wenige Jahre zuvor mit Millionenaufwand sanierte Menschenaffenhaus musste nach wie vor bestehender Baumängel wegen Ende 2011 aufs Neue für längere Zeit gesperrt werden. NANA und WUBBO verschwanden erneut „hinter den Kulissen". Letztlich entschied der Zoo sich für einen kompletten Neubau – veranschlagte Baukosten 3,3 Millionen Euro –, der auch mit einem Außengehege versehen werden sollte, das es für NANA und WUBBO, die seit nunmehr weit über zwanzig Jahren im Magdeburger Zoo einsaßen, noch nie gab. Das neue Haus wurde im Sommer 2014 bezugsfertig und mit einer achtköpfigen Schimpansengruppe besetzt, die man aus dem Zoo Münster übernommen hatte: Die Haltung von Schimpansen in Münster war vor dem Hintergrund neuer bundesministerieller Leitlinien (Säugetiergutachten von 2014) nicht mehr zulässig gewesen. NANA und WUBBO wurden in einem Absperrraum untergebracht, da sich ihre Integration – beide waren mittlerweile schwer verhaltensgestört – in die Münsteraner Gruppe als nicht machbar erwies. WUBBO verstarb im Juli 2015 im Alter von nur 30 Jahren,

NANA

NANA, nunmehr auf sich allein gestellt, wurde wenig später mit den Münsteranern Schimpansen zwangszusammengeführt, was sie völlig unkalkulierbarem Risiko aussetzte, schwer verletzt oder gar getötet zu werden. Glücklicherweise wurde sie – nach heftigen Beißereien – letztlich von der Gruppe akzeptiert.

Untauglicher Gehegebau

Während das *Great Ape Project* die neugebaute Anlage schon während der Bauphase als für Schimpansenhaltung völlig untauglich kritisierte – insbesondere wurde die Außenanlage als nicht ausbruchsicher und damit risikobehaftet für die Tiere qualifiziert[2] – schlug der seit 2003 amtierende Zoogeschäftsführer Kai Perret (in zoodirektorentypischer Arroganz und Beratungsresistenz) sämtliche Expertenwarnungen in den Wind. Tatsächlich gelang es am 4.9.2019 zwei Schimpansen, aus dem Außengehege zu entweichen. Sie konnten zwar relativ problemlos wieder eingefangen werden, die ganze Gruppe durfte und darf indes seither, sprich: seit nunmehr über dreieinhalb Jahren (!), nicht mehr nach draußen.[3]

Da die bestehende Außenanlage „aus baulichen Gründen" nicht ausbruchgesichert werden kann, ist ein kompletter Neubau an anderer Stelle des Zoos geplant. Solcher Neubau wird indes auf wenigstens 1,9 Millionen Euro veranschlagt, die der Zoo nicht hat, zumal weitere Umbau- und Sanierungsmaßnahmen an anderen Tierhäusern anstehen (nicht zuletzt muss die 2017 erst eröffnete Africambo-Elefantenanlage für geschätzte 1,5 Millionen Euro generalsaniert werden). Zusätzlich zu den Subventionen, die der Magdeburger Zoo fortlaufend aus öffentlichen Kassen erhält, beansprucht er bis 2025 Steuergelder in Höhe von 7,5 Millionen Euro, um die dringendsten Baumaßnahmen durchführen zu können. Eine ausbruchsichere Außenanlage für die Schimpansen steht dabei nicht vorrangig auf der Liste. In deren Ermangelung – und vor dem Hintergrund massiver öffentlicher Kritik – wurde Ende 2022 das Menschenaffenhaus mit ein paar neuen Klettergerüsten ausgestattet. Ob die Magdeburger Schimpansen je ein Außengehege erhalten, steht in den Sternen.[4]

Zoodirektor rechtskräftig verurteilt

Im Juni 2010 wurden der Magdeburger Zoodirektor Kai Perret sowie drei seiner Mitarbeiter, darunter der angestellte Zootierarzt, vom Landgericht Magdeburg auf Grundlage von § 17 Nr 1 TierSchG zu einer Geldstrafe auf Bewährung sowie zur Zahlung einer Geldbuße an eine gemeinnützige Organisation verurteilt. Ihnen wurde vorgeworfen, 2008 drei neugeborene und lebensfähige Sibirische Tiger im Rahmen des *Europäischen Erhaltungszuchtprogrammes* getötet zu haben, da sie nicht „reinrassig" gewesen seien. Bei der Tötung, so das Urteil, habe es an einem „vernünftigen Grund" gefehlt, sie sei weder erforderlich noch angemessen gewesen. Die von den Beklagten angestrengte Revision wurde vom OLG Naumburg zurückgewiesen, das Urteil wurde damit rechtskräftig. Der

Verband Deutscher Zoodirektoren (VDZ) hatte das Urteil des LG Magdeburg „mit Befremden" zur Kenntnis genommen und darauf hingewiesen, dass sich der *Weltverband der Zoos und Aquarien* (WAZA) „eindeutig hinter das Vorgehen des Magdeburger Zoos" gestellt habe, desgleichen der *Europäische Zoodachverband.*

Unmittelbar nach Abschluss des Verfahrens wurde Perrets Vertrag als Geschäftsführer der Magdeburger Zoo-gGmbH – der promovierte Biologe saß seit 2003 auf dem Chefsessel – für weitere fünf Jahre verlängert. Magdeburg leistete sich insofern auf weitere Jahre hinaus einen Zoodirektor, der rechtskräftig wegen eines Verstoßes gegen das Tierschutzgesetz verurteilt worden war.[5]

Kurze Zeit später eröffnete die Staatsanwaltschaft Magdeburg ein weiteres Ermittlungsverfahren gegen Perret. Der Vorwurf diesmal: rechtswidrige Tötung von 27 gesunden Estrildiden (Zebrafinken). Das Verfahren wurde letztlich eingestellt, Perret konnte weiterhin schalten und walten, wie es ihm gefiel, zunehmend allerdings gegen die Belegschaft seines eigenen Zoos. Die betriebsinternen Kämpfe gipfelten in einer Protestveranstaltung von Belegschaft und Betriebsrat vor dem Magdeburger Rathaus: Aufgrund der „diktatorischen" Amtsführung Perrets und des insofern zerrütteten Verhältnisses zur Belegschaft des Zoos stehe eine „Gefährdung des Tierwohls" im Raum, wogegen die Stadt Magdeburg als Trägerin des Zoo geeignete Maßnahmen zu ergreifen habe.[6] Tatsächlich wurde Perret zum 30.1.2020 vom Dienst „freigestellt" (und mit Hausverbot im Zoo belegt), zum 3.3.2020 wurde er fristlos gekündigt. Die Kündigung wurde offiziell mit „Untreue" und „Gefährdung des Tierwohls" begründet (bezugnehmend auf Fehlentscheidungen im Umgang mit einzelnen Tieren, die offenbar zu mehreren Todesfällen geführt hatten).[7] #108/2023

Psychisch schwer auffällig: SAMBALA

► Wie ein Besuch des *Great Ape Project* im Menschenaffenhaus des Magdeburger Zoos Anfang Juni 2023 zeigte, weisen die seit nunmehr fast vier Jahren auf das bunkerartige Innengehege beschränkten Schimpansen Symptome schwerer psychischer Belastungsstörungen auf. Die auf nacktem Boden bzw. auf irgendwelchen Klettergerüsten herumsitzenden Tiere machen einen ausgesprochen lethargischen Eindruck. Einige von ihnen weisen auffällig kahle Stellen auf dem Kopf, der Brust und im hinteren Schulterbereich auf, was als klassisches Stresssymptom gilt und durch ein Ungleichgewicht des Cortisol-Spiegels verursacht sein dürfte; manche sind mittlerweile fast vollständig nackt.

Auf großformatigen „Infotafeln“ sucht der Zoo besorgte Besucher zu beruhigen: „Die kahlen Stellen der Schimpansen sind nicht krankheitsbedingt. Sie werden durch Over-Grooming (übermäßige Fellpflege) verursacht. Grooming ist eine Verhaltensweise, mit der die Tiere Zuneigung zeigen und ihre Rangfolge bekräftigen. Dieses Verhalten wird nicht durch zuviel Stress verursacht, da es ebenfalls in Ruhephasen gezeigt wird. Mit Hilfe von Futterspielzeugen (z. B. Stocherkasten), weiteren Enrichmentmaßnahmen und regelmäßigem Medical Training werden unsere Schimpansen beschäftigt. Mit Hilfe einer Verhaltensstudie soll untersucht werden, wieso die Schimpansen diese intensive Fellpflege zeigen“. Auch in der örtlichen Tageszeitung und sogar im Fernsehen versicherte der zuständige Zootierarzt Felix Husemann, ein ausgewiesener Fachmann für Schweine- und Rinderkrankheiten, der Fellverlust der Schimpansen stelle „kein gesundheitliches Problem“ dar, die Tiere seien „trotz Fellverlust gesund“. Im Übrigen hätten sie das „Fehlverhalten“ des Over-Grooming schon bei ihrer Ankunft im Magdeburg – vor neun Jahren – gezeigt.

Entgegen aller Beteuerungsversuche des Zoos ist der massive Haar- bzw. Fellverlust der Magdeburger Schimpansen definitiv nicht auf simples „Over-Grooming“ zurückzuführen, vielmehr muss er als Ergebnis des jahrelangen Eingesperrtseins auf engstem Raum – der fensterlose Innenbunker erlaubt noch nicht einmal einen Blick nach draußen – gewertet werden. Auch der Verzehr der eigenen Exkremente, den einige der Tiere zeigen, ist als deutlicher Hinweis auf eine psychische Belastungsstörung zu sehen.

Da nicht absehbar ist, wann – oder ob überhaupt – den Magdeburger Schimpansen je wieder ein Außengehege zur Verfügung gestellt werden wird, hat das *Great Ape Project* Strafanzeige gegen den Zoo und das zuständige Veterinäramt wegen Verstoßes gegen das Tierschutzrecht erstattet.

Anmerkungen

1 zit. in: www.prowildlife.de/PM25/06/03
2 https://hpd.de/node/19032
3 www.peta.de/neuigkeiten/zoo-magdeburg-schimpansen/
4 www.volksstimme.de/lokal/magdeburg/zoo-magdeburg-plant-umbauten-fur-elefanten-und-schimpansen-3199201
5 OLG Naumburg Az.: 2Ss82/11 v.28.6.2011
6 www.volksstimme.de/lokal/magdeburg/protest-gegen-magdeburger-zoo-chef-1022655
7 www.volksstimme.de/lokal/magdeburg/keine-einigung-vor-gericht-um-rauswurf-des-magdeburger-zoo-chefs-kai-perret-3204016

München

Goaßlschnalzer und Schuhplattler

Schon Anfang des 19. Jahrhunderts hatte es in München einen Tiergarten gegeben: Kurfürst Max III. Joseph hatte sich ab 1806 in Schloss Nymphenburg eine eigene Menagerie einrichten lassen, die allerdings dem „gemeinen Volk" nicht zugängig war. Ein halbes Jahrhundert später bekam auch die Stadtbevölkerung einen Tiergarten, der freilich nur wenige Jahre Bestand hatte. Er ging, wie eine Reihe in den 1880ern etablierter Kabinette und Panoptika, in denen exotische Fische, Schlangen, Krokodile, Vögel und Affen gezeigt wurden, dazu „abnorme" Menschen, nach kurzer Zeit pleite.

1905 wurde aus der Münchner Bürgerschaft heraus ein neuer Anlauf unternommen, einen Tiergarten zu etablieren. Mit Unterstützung der Stadt, die pachtfrei ein entsprechendes Areal zur Verfügung stellte, und wohlwollend gefördert durch das bayerische Königshaus, konnte der „Tierpark Hellabrunn" (benannt nach einem nahegelegenen Jagdschloss der Wittelsbacher) im August 1911 eröffnet werden. Ganz im Stil klassischer Tiergartenarchitektur gab es verschiedene „orientalische" Gehegebauten: Das Raubtierhaus etwa, in dem neben Löwen, Tigern und Pumas auch ein Gepard „aus unseren Kolonien in Deutsch-Ostafrika" (Zooführer von 1911) gezeigt wurde, sollte den Eindruck einer eben ausgegrabenen ägyptischen Tempelanlage vermitteln, das 1914 eröffnete „Dickhäuterhaus" den eines byzantinischen Metropolitenbaus. Obgleich die Baukosten zu großen Teilen von den Münchner Bierbrauereien getragen wurden, hatte man sich doch, nicht zuletzt mit dem Bau eines feudalen „Waldrestaurants" samt Konzert- und Tanzsaal, heillos übernommen: 1921 musste Konkurs angemeldet werden. Der Tierbestand wurde zu großen Teilen an den Nürnberger Tiergarten verkauft, einige der Tiere wurden auch an einen Wanderzirkus verscherbelt; nicht wenige verschwanden über einen Tierhändler an unbekannte Orte.

Schon bald nach der Schließung des Tiergartens formierte sich ein „Hilfsbund" Münchner Bürger, der über den Verkauf von Lotterielosen Geld für dessen Wiederinbetriebnahme akquirierte. 1928 konnte Hellabrunn als Aktiengesellschaft wiedereröffnet werden. Als Direktor – für die folgenden 41 Jahre – wurde der 34-jährige Heinz Heck bestellt, Sohn des seinerzeitigen Berliner Zoodirektors Ludwig Heck und Schwiegersohn des Hamburger Tierhändlers Heinrich Hagenbeck. (Neben seinen Verwandtschaftsverhältnissen brachte Heck als Qualifikation für seine Berufung zum Zoodirektor lediglich den Umstand mit, dass er zuvor für ein großes deutsches Pharmaunternehmen Versuchstiere gezüchtet hatte.)

„Nazi-Bastarde"

Zusammen mit seinem Bruder Lutz, der 1931 die Leitung des Berliner Zoos übernommen hatte (in Nachfolge seines Vaters Ludwig Heck, der den Zoo 43 Jahre lang geleitet hatte), machte Heinz Heck es sich zur Lebensaufgabe, ausgestorbene Wildtierarten rückzuzüchten. Besonderes Augenmerk legten die Hecks auf die Rückzucht des Auerochsen, auch Ur genannt, der seit dem 17. Jahrhundert aus Europa verschwunden war. Sie kreuzten südfranzösische und spanische „Kampfstiere" querbeet mit „wild" aussehenden anderen Rinderrassen, bevorzugt mit ungarischen Steppen- und schottischen Hochlandrindern, dem Vernehmen nach wurden auch ostafrikanische Watussis eingekreuzt. Auch wenn dabei allenfalls Rinder herauskamen, die entfernt alten Abbildungen von Auerochsen ähnelten, und sich die gesamte wissenschaftliche Fachwelt von den Hecks abwandte, behaupteten diese unbelehrbar bis an ihr Lebensende, sie hätten den Auerochsen wiedererschaffen. Bis heute werden in Hellabrunn angeblich „rückgezüchtete Auerochsen" gezeigt, mit denen unverdrossen weitergezüchtet wird.

Neben ihren zweifelhaften Experimenten mit Rindern versuchten die Hecks sich auch an der „Rückzüchtung" des Tarpan, einer ausgestorbenen Art eurasischer Wildpferde, für die sie Islandpferde mit osteuropäischen Konik-Ponys verpaarten. „Reichsjägermeister" Göring förderte die Heckschen Rückzuchtexperimente nach Kräften. Als besondere Attraktion für die Besucher verpaarten die Hecks auch Eisbären mit Braunbären oder Tiger mit Löwen. Laut Jubiläumsband zum 100-jährigen Bestehen Hellabrunns von 2011 seien die daraus hervorgegangenen „Bastarde" beim Publikum äußerst beliebt gewesen. Im Übrigen sei es den Hecks als „Volksaufklärer" immer darum gegangen, dem „Zoobesucher ein authentisches und wissenschaftlich korrektes [!] Bild der Tierwelt" zu vermitteln.

Bedingt durch die Propaganda, die die Nazis für Hellabrunn machten – Zoos galten als wichtige Lern- und Anschauungsorte der NS-Ideologie –, gab es seit 1934 enorme Besucherzuwächse. Gerade der dort durchgeführten Zuchtexperimente wegen begeisterte sich die Führungselite der Nazis besonders für Hellabrunn: Hitler etwa schenkte dem Zoo höchstpersönlich fünfzig Mandarinenten und zwei Giraffen, Hess eine Löwin, Göring vier „reinblütige Wisentkühe"; Himmler, der vor seiner Karriere in der SS in München eine Hühnermastanstalt betrieben hatte, beehrte Hellabrunn mehrfach mit seinem Besuch.

Nach dem Krieg wurden beide Hecks ihrer Verstrickung in das NS-Regime wegen aus dem Verband Deutscher Zoodirektoren ausgeschlossen. Lutz Heck, persönlicher Freund Görings, tauchte unter, Heinz Heck hingegen blieb bis zu seiner Pensionierung im Jahre 1969 unbeanstandet als Münchner Zoodirektor im Amt. 1964 wurde er gar mit dem Bayerischen Verdienstorden geehrt. Seine Nachfolge übernahm Lutz Heck jun., der Sohn seines untergetauchten Bruders. Bis heute erinnert ein Ehrenmal im Zoo an Direktor Heinz Heck.

Schafbockreiten

Bei Bombenangriffen im Juli 1944 wurden große Teile der Gehegeanlagen zerstört; zahllose Tiere kamen ums Leben. Schon wenige Wochen nach Kriegsende allerdings konnte Hellabrunn, notdürftig instandgesetzt, wieder eröffnet werden. Völlig unkontrolliert und in großem Stil wurde in den Folgejahren „nachgezüchtet", so dass der Zoo Mitte der 1950er schon wieder den gleichen Bestand aufwies wie vor dem Krieg. Die Hellabrunner Aktiengesellschaft konnte insofern gewinnbringend ins Tierhandelsgeschäft einsteigen.

Heute hält der Zoo auf einer Fläche von rund 40 Hektar mehr als 19.000 Tiere aus knapp 800 Arten vor und zählt damit zu den tier- und artenreichsten zoologischen Einrichtungen der Welt. Nach wie vor wird er in der Rechtsform einer Aktiengesellschaft betrieben, deren Anteile zu 93,3 Prozent von der Stadt München gehalten werden. Den Aufsichtsratsvorsitz führt seit je der jeweilige 3. Bürgermeister der Stadt. Eigenen Angaben zufolge liegen die Besucherzahlen bei über 2 Millionen pro Jahr. Ungeachtet dessen erhält Hellabrunn aus Haushaltsmitteln der Stadt, sprich: aus Steuergeldern, einen jährlichen Zuschuss in Millionenhöhe. Auch die fortlaufend durchgeführten Um- und Neubaumaßnahmen wurden und werden zu großen Teilen aus Steuermitteln finanziert.

Über eine 1987 eingerichtete „Tierparkschule" werden Unterrichtsgänge und Projekttage für Schüler aller Altersgruppen und Schularten angeboten. Selbstredend werden auch Kindergeburtstage ausgerichtet, an Ostern gibt es Ostereiersuchen, in der Adventszeit den Besuch von Nikolaus und Krampus. (Der tierquälerische „Reitbetrieb" auf Haflingerponys und Kamelen, den der Zoo jahrzehntelang im Angebot führte – zu früherer Zeit gab es für Kinder gar die Möglichkeit, auf Schafböcken zu reiten –, wurde aufgrund massiven öffentlichen Protests 2012 eingestellt.) Für Erwachsene gibt es

„Cognitive Enrichment ..."

„Biergartengemütlichkeit“ sowie bayerntümelnde Sonderveranstaltungen „mit Blasmusik, Goaßlschnalzern und Schuhplattlern“. Das Bayerische Fernsehen führt regelmäßige Werbesendungen für den Zoo (z. B. *Nashorn, Zebra & Co.*) im Programm.

„Geo-Prinzip“

Heinz Hecks wichtigste Neuerung in Hellabrunn war die ab den 1930ern vorgenommene „geographische Gliederung des Tierparks nach Kontinenten“, sprich: die Präsentation der Tiere nicht nach ihrer Artenzugehörigkeit bzw. nach systematischen Gesichtspunkten, wie das bis dahin in Zoos üblich war, sondern gemäß ihrer ursprünglichen Herkunft. Während man in Hellabrunn in der Nach-Heck-Ära zunehmend von diesem Prinzip abrückte und stattdessen die Tiere in willkürlicher Zusammensetzung präsentierte, übernahmen Zoos weltweit das Heck-Prinzip „geographischer Gliederung“. Im Tierpark Hellabrunn, der sich bis heute rühmt, der „erste Geo-Zoo der Welt“ gewesen zu sein, besinnt man sich erst seit der Übernahme der Zooleitung durch Rasem Baban im Sommer 2014 wieder der Heckschen Vorgaben, die in modernisierter Form wiederaufleben zu lassen, einen von Baban veranschlagten zigmillionenschweren Kostenaufwand rechtfertigen soll.

Ungeachtet des Umstandes, dass es den eingesperrten Tieren reichlich gleichgültig sein dürfte, ob gemäß „Geo-Prinzip“ im Käfig nebenan Tiere aus dem gleichen Herkunftskontinent gezeigt werden oder solche vom anderen Ende der Welt, ist tatsächlich weder das 2003 in Betrieb genommene „Urwaldhaus“ - Baukosten 14 Millionen Euro –, in dem Schimpansen und Gorillas einsitzen, spezifisch „afrikanisch“ noch das 2005 eröffnete und nicht wesentlich kostengünstigere „Orang Utan-Paradies“ spezifisch „asiatisch“. In ersterem finden sich vis-á-vis der Affengehege Terrarien mit Mississippi-Alligatoren, die es nur im Südosten der USA gibt, in zweiterem sind mithin Mandrills aus Zentralafrika, Kattas aus Madagaskar oder Klammeraffen aus Südamerika untergebracht.

Aber selbst wenn das vielgerühmte und mittlerweile zootypische „Geo-Prinzip“ in Hellabrunn mit gigantischen Kosten wiederhergestellt würde, wäre das simple Nebeneinanderstellen unterschiedlicher Tiere des jeweils gleichen Kontinents um nichts tierfreundlicher als das traditionelle Nebeneinanderstellen gleichartiger Tiere aus unterschiedlichen Kontinenten. Tatsächlich nimmt das „Geo-Prinzip“ ebensowenig Rücksicht auf die Belange und Bedürfnisse der Tiere wie jede andere Aufteilung eines Zooareals. Ob dem „Geo-Prinzip“ ein höherer Bildungswert innewohnt, wie Direktor Baban nicht müde wird zu behaupten, kann insofern dahinstehen. Um die Tiere geht es ohnehin zuletzt, wie sich an einem der ersten Bauprojekte unter der Regie Babans zeigt: Nahe des Elefantenhauses wurde ein „exotischer Kiosk im Stil eines japanischen Teehauses“ errichtet. Betreiber des 250-Sitzplätze-Kiosks, der im Sommer 2016 eröffnet wurde, ist der Münchner Gastronom Siegfried Able, der zu den Bierzeltgroßverdienern auf dem Münch-

TIERPARK RESTAURANT

ner Oktoberfest gehört. Interessant ist in diesem Zusammenhang, dass der Förderverein *Tierparkfreunde Hellabrunn e.V.* langjährig unter dem Vorsitz des Münchner Großgastronomen und Oktoberfestwirtes Willy Heide gestanden hatte, der zeit seines Lebens keinerlei Bedenken hatte, in seinen Betrieben Unmengen qualgezüchteter Rinder, Schweine und Hühner zu verwerten. Der 8000 Mitglieder starke Verein war in den 1990ern als „Schutzgemeinschaft" gegen Tierrechtsorganisationen wie *Animal Peace* begründet worden. 2011 wurde der Verein aufgrund des Verdachtes finanzieller Unregelmäßigkeiten in Zusammenhang mit einer Zoo-Lotterie aufgelöst. Die Vereinsaktivitäten wurden von einem zooeigenen „Förderkreis" übernommen. #91/2016

Psychoquacksalberei im Zoo

Im Münchner Tierpark Hellabrunn wurde bis 2022 von einer der angestellten Tierwärterinnen, die wohl zusätzlich eine Heilpraktikerprüfung abgelegt hat, psychotherapeutische Hilfe bei Schlangen- oder Spinnenphobien angeboten.

Im Rahmen eintägiger „Seminare" konnte man sich im Zoo einer sogenannten „Konfrontationstherapie" unterziehen, bei der zooeigene Pythons und Taranteln zum Einsatz kamen: „Dazu verwenden wir Methoden aus der Verhaltenstherapie, Neuro-Linguistischer Psychologie (NLP), Gesprächstherapie, diverser Entspannungstechniken und Ressourcenarbeit." In einem ebenfalls eintägigen „Aufbauseminar" konnten die TeilnehmerInnen von Seminar 1 weitere „Angstbewältigungstechniken" erlernen, darunter die pseudowissenschaftliche und therapeutisch völlig untaugliche „ Emotional Freedom Technique" (EFT), die auf den unsinnigen Vorstellungen der Traditionellen Chinesischen Meridianlehre und den noch unsinnigeren der Angewandten Kinesiologie basiert.

Unter der Bezeichnung „Tierisch ruhig" wurden auch eintägige „Anti-Stress-Seminare" im Tierpark Hellabrunn angeboten, bei denen am Vormittag verhaltens-, gestalt- und atemtherapeutische Methoden zum Einsatz kamen, während die TeilnehmerInnen am Nachmittag „Kontakt zu unseren Ponys, Lamas, Alpakas oder Ziegen aus dem Kindertierpark (=Streichelzoo) aufnehmen. Das Beobachten und Berühren der Tiere schult die Aufmerksamkeit, ihre Ruhe und Gelassenheit überträgt sich auf die Teilnehmer. Ruhigeres menschliches Verhalten wirkt sich wiederum positiv auf die Tiere aus, unsere Befindlichkeit spiegelt sich im Verhalten des Tieres. Sie werden die vormittags erlernten Techniken im Kontakt mit den Tieren anwenden können." Besonders geeignet sei das Seminar für „Kinder und Jugendliche, auch bei AD[H]S".

Auch „therapeutische" Interaktion mit Tieren „in freier Wildbahn" fand sich im Sortiment der Münchner Zoo-Heilpraktikerin. Seit 2021 bot sie „Vision Quest with Wild Dolphins" an: „Geführte Meditationen und Schwimmen mit wilden Delfinen" auf den Azoren. Ende 2022 wurde die „therapeutische" Zusatztätigkeit eingestellt.

Es erübrigt sich der Hinweis, dass Heilpraktiker weder über die erforderliche diagnostische noch die klinische Qualifikation verfügen, Phobien (oder sonstige Störungen oder Erkrankungen) seriös zu behandeln. Das Herumdilettieren an Kindern und Jugendlichen mit Aufmerksamkeitsdefizit- bzw. Hyperaktivitätsstörung ist als völlig unverantwortlich zu werten. Vergleichbare Pseudopsychotherapie unter Verwendung von Zootieren gibt es auch in zahlreichen anderen Zoos. #96/2017

Schimpansin PÜPPI ertrunken

Am Vormittag des 25.7.2012 ist die 19-jährige Schimpansin Püppi im Wassergraben vor dem Freigehege des Münchner Tierparks Hellabrunn ertrunken. Sie überstieg den Elektrozaun vor dem Graben und geriet auf der abschüssigen Böschung in das zweieinhalb Meter tiefe Wasser. Da Schimpansen nicht schwimmen können, ging sie sofort unter und ertrank. Wiederbelebungsversuche blieben erfolglos.

Reflexhaft beschuldigte die Zooleitung die Besucher, die vermutlich der Schimpansin Süßigkeiten oder Ähnliches zugeworfen hätten, was sie dazu bewogen habe, den Elektrozaun zu übersteigen. Tatsächlich liegt die Verantwortung für den Todesfall ausschließlich bei der Zooleitung selbst: Gleichwohl vor fünf Jahren an gleicher Stelle der 22-jährige Schimpanse FRANZL ertrunken war, wurde die Grabenanlage nicht ausreichend nachgebessert und gesichert. Es ist insofern völlig unerheblich, was genau PÜPPI dazu veranlasst hat, den Zaun zu überklettern – auch ein herabfallendes Blatt hätte ihr Interesse erregen können: Die Anlage selbst erwies sich erneut als Todesfalle.

Immer wieder ertrinken Große Menschenaffen in nicht hinreichend gesicherten Wassergräben deutscher Zoos: im Jahre 2000 Gorilla ARTI im Zoo Hannover, im Jahre 2008 Orang Utan-Mädchen LEILA im Tierpark Hagenbeck in Hamburg. Ähnliches hätte auch Anfang Juli 2012 passieren können, als fünf Schimpansen des Zoos Hannover über einen Wassergraben

aus ihrem Freigehege entkamen. Auch Kängurus, Geparden, Löwen kamen bereits in Wassergräben zu Tode.

Bei der nunmehr zu Tode gekommenen PÜPPI handelte es sich um eine „Handaufzucht" aus der berüchtigten „Schimpansenshow" der Christiane Samel, einer vormaligen Domteuse des DDR-Staatszirkus, die bis 1997 durch Ostdeutschland tourte. Auch die 1994 geborene PÜPPI war Teil des Programms, nach dem Niedergang des Samel-Zirkus wurde sie weiterhin bei Straßenfesten, Kita-Besuchen und Privatparties eingesetzt. Aufgrund einer behördlichen Verfügung, einen Teil der 14 in ihrem Privathaus in Hönow bei Berlin gehaltenen Schimpansen abzugeben, verkaufte Samel fünf davon an den Zoo Nanning in Südchina, eines der Tiere, PÜPPI, wurde vom Tierpark Hellabrunn übernommen. Die Münchner Zooleitung hätte wissen müssen, dass PÜPPI als Zirkusschimpansin über kein artgerechtes Verhaltensrepertoire verfügt und sich womöglich in der Tat von Zuschauern anlocken ließ; möglicherweise hatte sie als Zirkusschimpansin auch keine natürliche Scheu vor Wasser. Gerade deshalb hätte es besonderer Sicherungsmaßnahmen bedurft: PÜPPI ohne ausreichende Sicherung in ein von einem zweieinhalb Meter tiefen Wassergraben umgebenes Freigelände zu lassen, war völlig unverantwortlich und ist als eklatanter Verstoß gegen die EU-Richtlinie über die Haltung von Wildtieren in Zoos (1999/22/EC) zu werten. Zudem war dem erst seit zwei Jahren amtierenden aktuellen Zoodirektor Andreas Knieriem die Unzulänglichkeit der Nachbesserungen bekannt, die sein Amtsvorgänger Henning Wiesner nach dem Todesfall FRANZL getroffen hatte: Er kritisierte dessen Maßnahmen als völlig unzureichend, unternahm selbst aber nichts, die nach wie vor bestehende Gefahrenquelle zu beheben.

Eine Strafanzeige gegen Knieriem als rechtlichem Vertreter der Tierpark Hellabrunn AG wegen des Verdachtes auf Unterlassenstäterschaft nach § 17 Nr. 1 Tierschutzgesetz („Töten eines Wirbeltiers ohne vernünftigen Grund" durch Unterlassen statt positivem Tun) mit Blick darauf, dass eine für die Annahme eines strafrechtlich relevanten Unterlassens entscheidende sogenannte Garantenstellung (§13 StGB) bei dem Tierhalter (=Tierpark Hellabrunn AG bzw. Herrn Dr. Knieriem) vorgelegen haben dürfte, verlief gleichwohl im Sande: Die Staatsanwaltschaft München sah keinen Anlass zur Einleitung eines Ermittlungsverfahrens.

▶ Erwartungsgemäß wurden auch die Ermittlungen der KVR München eingestellt, zumal Knieriem kurze Zeit später auf den Direktorensessel der beiden Hauptstadtzoos in Berlin berufen wurde. Eine der ersten Maßnahmen seines Nachfolgers in München, Rasem Baban (ein gelernter Bauingeneur), war es, den tödlichen Wassergraben vor der Außenanlage der Schimpansen zuschütten und das dadurch neugewonnene Gelände mit Panzerglasscheiben abgrenzen zu lassen. #77/2012

Tod im Affenhaus

In der Nacht vom 30./31.12.2022 brachte die 35jährige Gorilla-Frau NEEMA (*1987) im Münchner Tierpark Hellabrunn ein weibliches Jungtier zur Welt. Tierpfleger:innen hatten das Neugeborene am Morgen des Silvestertages im Gorillagehege entdeckt. Weder die Mutter noch die sonstigen Mitglieder der fünfköpfigen Gorilla-Familie hatten sich darum gekümmert. Das Jungtier, so eine Mitteilung des Zoos sei „stark unterkühlt und sehr schwach" gewesen, sein Allgemeinzustand habe sich rapide verschlechtert. Daher habe eine „gemeinsame Kommission aus Tiermedizin, Pflege, Direktion und Veterinärbehörde einstimmig beschlossen, das Neugeborene zu erlösen". In einer nachgeschobenen Presseerklärung verlautbarte der Zoo, es hätten „erste pathologische Untersuchungen des Jungtiers schwerwiegende Vorerkrankungen" ergeben. So habe es eine „Blutung im [sic!]) Kopf sowie eine fortgeschrittene Nabelentzündung" aufgewiesen, was die „getroffene Entscheidung im Sinne des Tierwohls bestätigt" habe.

Die Frage, weshalb NEEMAs Schwangerschaft niemandem aufgefallen war, erklärte die Leitende Tierärztin des Zoos lapidar mit dem bei Gorillas „immer ausgeprägten Bauch, der mit ihrer pflanzlichen Ernährung wie zum Beispiel Blättern zusammenhängt". Weshalb die Schwangerschaft aber auch bei den veterinärmedizinischen bzw. gynäkologischen Kontrolluntersuchungen nicht entdeckt wurde, die bei weiblichen Menschenaffen in Zoos angeblich routinemäßig durchgeführt werden, blieb unerklärt. Das Desinteresse NEEMAs wie auch der sonstigen Gorillas an dem Neugeborenen erklärt der zoologische Leiter des Zoos so: „Aus der Natur ist bekannt, dass Wildtiere schon sehr frühzeitig erkennen, ob ihr Nachwuchs gesund ist und damit eine Aufzucht eine Aussicht auf Erfolg hat. Dieses aus menschlicher Sicht harte Verhalten sichert in der Wildbahn unter anderem wichtige Energieressourcen des Muttertieres, die bei einer nicht erfolgreichen Aufzucht verbraucht würden".[1] Ob dies vorliegend zutraf, steht zu bezweifeln.

Tatsache ist: Hätten die Wärter:innen oder Veterinär:innen die Schwangerschaft NEEMAS erkannt, hätten sie um den voraussichtlichen Geburtstermin herum eine Nachtwache einrichten können. Das Neugeborene hätte notfalls sofort versorgt werden können und hätte nicht (womöglich stundenlang bis zum Beginn der Frühschicht!) mit Kopfverletzung und/oder Nabelentzündung auf kaltem Boden herumliegen müssen. Man hätte gegebenenfalls eine sofortige Behandlung bzw. Antibiose einleiten können. Der Tod des Jungtieres ist mithin der mangelhaften pflegerischen bzw. veterinärmedizinischen Versorgung innerhalb des Zoos zuzuschreiben. #118/2023

Anmerkung

1 vgl. www.hellabrunn.de/newsdetailseite/schwere-entscheidung-in-hellabrunn

Münster

Betonierter 70er Jahre-Albtraum

Am 2. Mai 1974 öffnete eines der scheußlichsten Betonmonster der an vergleichbaren Monstrositäten nicht eben armen 70er-Jahre-Republik seine Pforten: der schönfärberisch als „Allwetterzoo" bezeichnete „neue Zoo" der Stadt Münster.

Schon seit 1875 hatte es in Münster einen Zoologischen Garten gegeben, der indes Anfang der 1970er an den Stadtrand ausgelagert werden musste. Begründet worden war der „alte Zoo" auf Initiative des Theologen und Heimatdichters Hermann Landois (1835–1905), der sich neben seinem Theologiestudium auch mit Vogel- und Insektenkunde befasst hatte. Seiner Neigung zu Hochprozentigem wegen aus dem Priesteramt entlassen, berief er sich selbst zum ersten Direktor. Seine deutschtümelnde Idee, ausschließlich Tiere der heimischen Fauna zu präsentieren, wurde allerdings schnell aufgegeben: Bald schon verfügte der Zoo über Exoten aller Art.

Ab 1879 gab es unter der Regie Landois' Konzert-, Varieté-, Theater- und Zirkusvorstellungen, selbst Sportwettkämpfe fanden im Zoo statt; regelmäßig wurden, wie in vielen anderen Zoos auch, sogenannte „Völkerschauen" veranstaltet, bei denen Nubier, Sudanesen, Samoaner, auch australische Koori oder „Buschmänner aus Deutsch-Ostafrika" vorgeführt wurden. Erst Ende der 1920er wurden die „Völkerschauen" in Münster eingestellt.

Die Jahre nach dem Ersten Weltkrieg stagnierte der Zoobetrieb, für einige Zeit stand der Zoo kurz vor der Auflösung. Neuen Aufschwung erhielt er erst wieder ab Mitte der 1920er durch steuerliche Freistellung und Bezuschussung aus öffentlichen Mitteln. Bei schweren Bombardements gegen Ende des Zweiten Weltkrieges wurden die meisten Zoogebäude zerstört, kaum ein Tier überlebte. Schon im August 1946 wurde der Zoo indes wiedereröffnet und Schritt für Schritt mit neuen Tieren bestückt; die meisten wurden über die berüchtigte Ahlener Tierhandelsfirma Ruhe angekauft, die jedes gewünschte Tier aus Afrika oder Fernost importierte. Im Jubiläumsjahr 1950 hielt der Zoo schon wieder mehr als 400 Tiere aus 140 Arten vor, darunter mehrere Affen, zwei Löwen, einen Eisbären und einen Elefanten; kurze Zeit später kamen Leoparden, Tiger, Paviane, Gibbons und Schimpansen hinzu.

Der Wiederaufbau setzte sich bis in die 1960er hinein fort, als 1967 völlig unerwartet das Aus kam: Die Westdeutsche Landesbank war auf der Suche nach einem geeigneten Grundstück für einen Verwaltungsneubau an die Stadt Münster herangetreten, die ihr letztlich das zentral in der Stadt gelegene Gelände des Zoos anbot; dieser sollte im Gegenzuge ein fast fünfmal so großes Areal am Rande der Stadt erhalten.

Ab 1969 wurde auf dem knapp 24 Hektar großen Gelände eine neue Zooanlage aus dem Boden gestampft. Die veranschlagten Baukos-

Elefantenhaus in Gestalt einer osmanischen Moschee von 1899

ten von gut 14 Millionen Euro wuchsen sich letztlich auf fast 21 Millionen aus. Zum Jahresende 1973 wurde der „alte" Zoo aufgelöst, die Tiere zogen in den mittlerweile fertiggestellten „neuen" Zoo um. Dieser war komplett in Sichtbetonbauweise erstellt worden, sozusagen „aus einem Guss", wie seinerzeit schon spöttisch angemerkt wurde. Als Besonderheit wurde ein etwa ein Kilometer langes Teilstück des Besucherrundweges überdacht, so dass der Zoo auch bei schlechtem Wetter ohne Regenschirm besucht werden kann (daher die Bezeichnung „Allwetterzoo").

Seit 2002 befindet sich auf dem Zoogelände das „Westfälische Pferdemuseum", das auf 1000qm Ausstellungsfläche die „Natur- und Kulturgeschichte des Pferdes" zu präsentieren vorgibt. Tatsächlich werden Pferde nicht nur als universell einsetzbare „Nutztiere" vorgestellt, sondern vor allem als „Sportgeräte": Eine eigene Abteilung „gibt einen Überblick über die vielen Disziplinen, die den Reitsport so faszinierend machen" (vor allem in der Region Westfalen, die sich mit mehr als 500 Reitvereinen als „Hochburg des Pferdesports" versteht). Jede Menge Goldmedaillen und Filmausschnitte sind zu besichtigen, die von „Erfolgen und Ruhm" der westfälischen Reiterschaft berichten. In einer angeschlossenen „Arena" werden regelmäßig Pferdeshows – einschließlich Zirkus- und sonstiger Dressuren – vorgeführt.

Seelenloses Betonmonster

In weiten Teilen entspricht der „Allwetterzoo Münster" bis heute der Kritik, die schon zu seiner Eröffnung im Jahre 1974 gegen ihn vorgebracht wurde: nämlich ein tierfeindliches, seelenloses Betonmoster zu sein. In der Tat macht der von Bernhard Grzimek mitgeplante Retortenzoo einen ausgesprochen unwirtlichen Ersteindruck – der Eingangsbereich ist bis heute eine einzige Betonwüste –, der sich auch im Verlaufe des Rundganges nicht wirklich löst: Viele der Betonkästen, die in den frühen 1970ern als Gehegebauten erstellt wurden, stehen unverändert heute noch da, allenfalls farbig angestrichen oder kaschiert mit davorgesetzten Bäumen, Sträuchern und Rankgewächsen. Die Behauptung des Zoos, sein Bild habe sich über die Jahre hinweg „grundlegend gewandelt", er sei längst „grün" geworden, ist grotesk.

Während es Schimpansen bereits im „alten" Zoo gab, kamen Gorillas und Orang Utans erst mit der Eröffnung des „neuen" Zoos 1974 dazu.

Sie wurden unter beengtesten Verhältnissen in einem eigens für sie errichteten „Menschenaffenhaus" untergebracht, einem vollverfliesten Betonbunker, der bis heute unverändert genutzt wird. Die Orang Utans konnten im Jahre 2000 in einen als „ZoORANGerie" bezeichneten neuen Gehegebau umziehen, der auf dem Betonfundament des abgerissenen Eisbärengeheges errichtet worden war. Der über ein transparentes Foliendach tageslichterhellte Innenraum des neuen Orang Utan-Hauses vermittle durch seine „üppige Begrünung", wie es in einer Werbeverlautbarung des Zoos heißt, „Dschungelfeeling in Westfalen". Ob die Besucher tatsächlich von solchem „Feeling" erfasst werden, steht dahin. Die vorgehaltenen Orang Utans jedenfalls haben von der „üppigen Begrünung" des Hauses überhaupt nichts: Ihr gerade einmal 150qm großes Gehege ist auf drei Seiten von meterhohen künstlichen Felswänden und zur Besucherseite hin durch einen steil abfallenden Wassergraben begrenzt (der, obgleich mehrfach schon Orang Utans in derartigen Gräben ertrunken sind, keine ausreichende Rettungsvorrichtung aufweist). Der Boden des Geheges ist teils besandet, teils mit Holzschnitzeln bzw. Rindenmulch bedeckt. An Ausstattung finden sich die zooüblichen Totholzklettergerüste, Seile und Hängematten. Im Eingangsbereich findet sich ein gefliestes Betonbecken für nordatlantische Kegelrobben, die in regelmäßig stattfindenden Dressurshows vorgeführt werden, direkt daneben ein weiteres Becken für südafrikanische Brillenpinguine. Welcher Bildungsanspruch damit verfolgt wird, die Orang Utans zusammen mit Tieren völlig anderer Art und Herkunft zu präsentieren, erschließt sich nicht.

Orang Utan-Haus

Auch das etwa 500qm umfassende Außengehege der Orang Utans ist mit Betonwänden in Felsoptik umgeben und zur Besucherseite hin durch einen Wassergraben begrenzt. Das Gelände weist Naturboden, künstliche Felsformationen und Totholz auf, Lebendbäume sind elektrisch verdrahtet, um ein Emporklettern der Affen zu verhindern.

Die Gorillas sind nach wie vor im „Menschenaffenhaus" von 1974 untergebracht, das sich, im Gegensatz zur „ZoORANGerie", noch nicht einmal darum bemüht, eine Illusion von „Regenwald" zu vermitteln (bis 2000 waren hier auch die Orang Utans und bis Juli 2014 eine mittlerweile nach Magdeburg abgegebene Gruppe Schimpansen untergebracht). Der zusammen mit einigen Erweiterungsbauten heute als „Affricaneum" bezeichnete Betonkasten weist mehrere ineinander übergehende Gehe-

Innenbunker der Gorillas

geabteile auf, die zur Besucherseite hin mit Panzerglasscheiben und zur Rückseite hin mit einer Gitterwand versehen sind.

Die Böden, desgleichen die erhöhten Sitzpodeste, bestehen aus nacktem Beton (neuerdings mit ein wenig Einstreu ausgelegt), an Ausstattung finden sich ein paar Stahlrohrklettergerüste, Seile und Hängematten. Zusätzlich steht den Gorillas seit 2003 ein als „Wintergarten" bezeichneter Anbau zur Verfügung, der zur Besucherseite hin mit einer großflächigen Panzerglasfront versehen ist; Versteck- oder Rückzugsmöglichkeiten bietet dieser Anbau ebensowenig wie die sonstigen Gehege des „Africaneums" (zu denen auch ein paar winzige Abteile zählen, in denen Mangaben, Varis und

Kattas vorgehalten werden). Seit 2003 gibt es für die Gorillas zudem eine relativ großzügige Außenanlage, die auf den ersten Blick einen durchaus „naturnahen" Eindruck erweckt; bei näherer Hinsicht zeigt sich indes, dass sämtliche Bäume auf dem Areal, desgleichen die entlang des Begrenzungsgrabens angepflanzten Bambus- und sonstigen Stauden, mit stromführenden Weidezaundrähten gesichert sind und daher für die Tiere keinerlei Nutzen haben.

Säugetiergutachten

Im Mai 2014 wurde die überarbeitete Version des bundesministeriellen Säugetiergutachtens vorgestellt, das die Haltung von Säugetieren in Zoos regelt. Schon im Vorfeld der Verabschiedung war den Zoos klar geworden, dass trotz des vehementen Widerstandes der an der Überarbeitung beteiligten Zoodirektoren die für die Haltung von Menschenaffen vorgegebenen Gehegeflächen erheblich erweitert werden würden. (Während Menschenaffen bislang ein Innen- sowie ein Außengehege mit einer Grundfläche von je 25qm für bis zu zwei Tiere plus zusätzliche 10qm für jedes weitere Tier zugestanden worden war – für eine vierköpfige Gorillagruppe ein Innenraum von gerade einmal 45qm –, sehen die neuen Vorgaben für Gorillas Innen- und Außengehege von je 200qm für eine vierköpfige Gruppe plus 30qm für jedes weitere Tier vor. Ähnlich erweitert wurden die Vorgaben auch für Schimpansen. Die Zoovertreter hatten für eine dreiköpfige Gorilla- bzw. Schimpansengruppe im Innen- und Außenbereich je 70qm plus 10qm für jedes weitere Tier, sprich: 80qm für vierköpfige Gruppen gefordert.) Für den Zoo Münster bedeuteten die Vorgaben des neuen Säugetiergutachten ein unlösbares Problem, da an den viel zu kleinen Innengehegen des Beton-„Affricaneums" – den Schimpansen standen darin rund 100qm, den Gorillas rund 60qm plus „Wintergarten" zur Verfügung – keine baulichen Erweiterungen möglich waren. Man entschied sich letztlich dafür, die Schimpansenhaltung komplett aufzugeben: Die acht Tiere wurden Anfang Juli 2014 an den Zoo Magdeburg überstellt, der aus nämlichem Grunde wie der Zoo Münster in Konflikt mit den neuen Vorgaben geraten war. Die bisherige Haltung zweier Schimpansen in einem hierfür völlig ungeeigneten Gebäude ohne Außenanlage wäre nicht länger hinnehmbar gewesen. Magdeburg baute mit enormem Kostenaufwand – 3,2 Millionen Euro, großenteils aus Steuermitteln – eine neue Schimpansenanlage, in die die Münsteraner Gruppe überführt wurde. Der freiwerdende Platz im Münsteraner „Affricaneum" wurde den Gorillas zugeschlagen, um die bundesministeriellen Vorgaben zu erfüllen (gegen die in mehr als der Hälfte der 38 deutschen Zoos, in denen große Menschenaffen zur Schau gestellt werden, verstoßen wird).

Groteskerweise findet sich ausgerechnet in dem Betonbunker, in dem die Gorillas untergebracht sind, eine Plakatwand mit der Aufforderung an die Besucher, die eigene Ernährung zu überdenken: „Achten Sie beim Kauf von Fleisch auf die Herkunft! (...) Fragen Sie beim Metzger in Ihrer Nähe nach der Herkunft des Fleisches. Kaufen Sie Fleisch aus der Region". Und als Gip-

Dschungelfeeling ...

fel der Groteske: „Verzichten Sie weitgehend auf Sojaprodukte!“, die, so der mitgelieferte Subtext, schuld seien an der Zerstörung des Regenwaldes und damit dem Aussterben der Großen Menschenaffen. Es versteht sich, dass die Angebote des Zoo-Restaurants, wie in allen Zoos der Republik, extrem fleisch- und wurstlastig sind.

Auch Erfreuliches gibt es aus dem Münsteraner Betonzoo zu berichten: Vor dem Hintergrund der konsequenten Öffentlichkeitsarbeit verschiedener Tierrechtsgruppen wurde die katastrophale Haltung von Delfinen Anfang 2013 eingestellt. #84/2014

Während der Pandemie forderte der Zoo Münster (wie die anderen Zoos des Landes auch) über den Zoodachverband VdZ millionenschwere Unterstützung aus öffentlichen Kassen zur Kompensation corona-bedingter Eintrittsgelderausfälle. Gleichzeitig wurde Mitte Januar 2021 mit großem Trara der ersten Spatenstich zur Errichtung einer neuen „Tropenhalle“ gefeiert, die wenigstens 21,5 Millionen Euro verschlingen wird; finanziert in erster Linie aus Steuergeldern. #110/2021

JONNY, GANA, SAKINA

Bezeichnend für die Gefangenhaltung Großer Menschenaffen im Münsteraner Zoo ist die Tragödie um Orang Utan JONNY, der, geboren 1972 im Kölner Zoo, im Alter von 14 Jahren nach Münster gekommen war. Er lebte vierzehn Jahre lang unter beengtesten Verhältnissen in dem als „Menschenaffenhaus“ bezeichneten Betonbunker, bis er im Jahre 2000 in die neugebaute „ZoORANGerie“ umziehen konnte.

Zu diesem Zeitpunkt hatte er bereits – vermutlich aufgrund falscher Ernährung – zehn Backenzähne verloren. Zudem hatte er sich eine chronische Lungenentzündung und einen massiven Nierenschaden zugezogen. Unter großen Schmerzen vegetierte JONNY noch weitere neun Jahre vor sich hin. Bei einer erneuten

OP im Mai 2009, bei der ihm weitere vier Zähne gezogen wurden, verstarb er noch in der Narkose. Die Obduktion im Primatenzentrum Göttingen zeigte, dass nicht nur sein Gebiss sondern auch sein linker Lungenhauptlappen stark vereitert waren. In einer Mitteilung des Zoos hieß es ebenso lapidar wie zynisch, JONNY „wurde in den letzten Jahren zunehmend lethargischer, fraß nicht mehr gut und bewegte sich zeitweise schwerfällig. Ihm fehlte wohl die Luft."

Eine endlose Leidensgeschichte ist auch die Haltung von Gorillas: Bis 2010 lebte hier Gorilladame GANA; sie nahm, nicht selten in Zoogefangenschaften, ihr erstes Kind MARY ZWO nicht an, das man deshalb zur Aufzucht in den Zoo Stuttgart verbrachte. Ihr zweites Kind CLAUDIO starb an einer mysteriösen Darmentzündung, tagelang trug sie das tote Baby mit sich herum. Sie brachte ein drittes Kind zur Welt, CLAUDIA, starb aber aus ungeklärtem Grunde selbst ein halbes Jahr später; auch dieses Kind kam zur Aufzucht nach Stuttgart. Nach dem Tod GANAs bemühte man sich um ein „neues zuchtfähiges Gorilla-Weibchen" und holte letztlich die im Durell Zoo auf der Kanalinsel Jersey geborene SAKINA nach Münster. Nach massiven Problemen mit Silberrücken N'KWANGO wurde sie isoliert und ein Jahr später an den holländischen Zoo Kerkrade verschubt. wo sie kurz darauf starb. Der Zoo Münster holte sich als Ersatz Gorilladame SHASHA aus dem Hawletts Zoo in England, mit der fröhlich „weitergezüchtet" wurde. #84/2014

Die Völkerschauen des Hermann Landois

Fast siebzig Jahre nach dem Ende der Nazi-Diktatur tragen immer noch zahlreiche Straßen, Plätze, Kasernen, Schulen und sonstige öffentliche Einrichtungen die Namen damaliger Größen.

In Münster etwa war eine Real-Schule mit mehr als 500 Schülerinnen und Schülern bis 2013 nach dem westfälischen Volksschullehrer und „Heimatdichter" Karl Wagenfeld (1869–1959) benannt, der die Machtübernahme durch die Nazis ausdrücklich begrüßt hatte. In seinem Heimatschrifttum zog er u. a. über „Neger, Kaffern und Hottentotten" her, die seiner Ansicht nach „Halbthiere" waren. Mit seiner Auffassung der „Minderwertigkeit" von Menschen in „Krüppel- und Idiotenanstalten" leistete er den Nürnberger Gesetzen vom 16.9.1935 zum Mord („Euthanasie") an geistig und psychisch Kranken Vorschub. Die Nazis benannten ihm zu Ehren den „Westfälischen Heimatpflegepreis" 1940 in „Karl-Wagenfeld-Preis" um. Bis heute tragen mehrere Straßen und Schulen in Westfalen seinen Namen.

Die Karl-Wagenfeld-Realschule erwog nun Anfang des Schuljahres 2013/14, den Namen zu ändern. Ergebnis einer Namensfindungskommission war der Vorschlag, die Schule nach dem Begründer des Münsterschen Zoos, Hermann Landois (1835–1905) zu benennen, der in Münster bis heute als „Original" verehrt wird. In der Elternschaft war man, ebenso wie im Zoo selbst, von der Idee ausgesprochen angetan. Alternative Vorschläge, die Schule nach

dem Polarforscher Alfred Wegener oder nach der jüdischen Holocaust-Überlebenden und Zeitzeugin Erna de Vries umzubenennen, wurden verworfen.

Kurz vor Verabschiedung der Namensänderung wurden jedoch Zweifel laut, ob Landois wirklich die richtige Wahl sei. Zookritiker des *Great Ape Project*, die sich mit der Geschichte des Münsterschen Zoos befasst hatten, wiesen darauf hin, dass Landois verantwortlich war für die ab 1879 im Zoo veranstalteten sogenannten „Völkerschauen". In einem Brief des *Great Ape Project* an die Schulleitung ebenso wie an die Münstersche Presse hieß es:

„Seine deutschtümelnde Idee, ausschließlich Tiere der heimischen Fauna zu präsentieren, musste er allerdings schon im ersten Betriebsjahr des Zoos aufgeben: das Interesse der Besucher war zu gering. Schon ab 1879 gab es unter seiner Regie sogenannte 'Völkerschauen' – im Volksmund 'Negerschauen' genannt –, bei denen Nubier, Sudanesen, Samoaner, auch australische Koori oder 'Buschmänner aus Deutsch-Ostafrika' vorgeführt wurden. Auch wenn derlei kulturchauvinistische und größtenteils unverhohlen rassistische 'Völkerschauen' in vielen Zoos veranstaltet wurden, so doch nicht in allen. Landois zeichnete dafür verantwortlich, dass die 'Völkerschauen' auch nach Münster kamen, von denen nicht wenige Teilnehmer ihre Heimaten nie mehr sahen: Sie fielen Infektionskrankheiten zum Opfer, gegen die sie keine Abwehrkräfte hatten. Die Völkerschauen im Zoo Münster wurden erst Ende der 1920er eingestellt."

Das Schreiben zeitigte Erfolg. Die Schulkonferenz stimmte letztlich gegen Landois. #80/2013

▶ Die Schule wurde letztlich nach der Holocaust-Überlebenden Erna de Vries (1923-2021) umbenannt.

▶ Im Zoo selbst steht bis heute ein Ehrendenkmal für Landois.

Neumarkt

Jurassic Nightmare

Von den 865 in Deutschland betriebenen Zoos und zooähnlichen Einrichtungen gehören mehr als 50 dem *Verband der Zoologischen Gärten e.V.* (VdZ) und knapp 100 der *Deutschen Tierparkgesellschaft e.V. (DTG)* an, unterliegen also zumindest grundlegenden Regularien. Die meisten dieser Zoos werden aus Steuergeldern subventioniert, dem VdZ zugehörige Großzoos wie die von Berlin, Frankfurt, Hannover, Leipzig, München oder Rostock mit Zigmillionen pro Jahr.

Bei den restlichen 716 Einrichtungen handelt es sich überwiegend um privat betriebene Klein- und Heimatzoos, die, in der Regel nur spärlich unterstützt von ihren jeweiligen Kommunen, vielfach ein Dasein am Rande des Existenzminimums fristen. Die Haltungsbedingungen in diesen Einrichtungen bewegen sich durchgängig zwischen desolat und katastrophal. Eine veterinäramtliche Kontrolle findet, wenn überhaupt, nur *pro forma* statt, eine Verbandskontrolle gibt es nicht, da sie eben keinem Verband zugehören. Eine dieser Einrichtungen ist der sogenannte Jura-Zoo in Neumarkt in der Oberpfalz, einer 40.000-Einwohner-Kleinstadt zwischen Regensburg und Nürnberg.

Der Jura-Zoo – in einem englischsprachigen Land würde er wohl „Jurassic Park" heißen – ist benannt nach der mittleren Periode des Mesozoikums (vor 201,3 Millionen bis 145 Millionen Jahren), in der das heute als Fränkischer Jura bezeichnete Mittelgebirge entstand, an dessen westlichem Rand besagte Kreisstadt Neumarkt liegt. Mit Dinosauriern hat der Jura-Zoo gleichwohl nichts zu tun, vielmehr handelt es sich um einen der zahllosen Kleinzoos hierzulande, die, mehr schlecht als recht, eine willkürlich zusammengestellte Kollektion an Wildtieren zur Schau stellen. Der Jura-Zoo wurde 1989 von einem privaten „Tierliebhaber" begründet, der sich damit einen Nebenerwerb zu schaffen suchte. Bis heute werden etwa 250 Tiere aus 60 Arten vorgehalten, darunter Kaptriele, Geierraben und Zwergflamingos, aber auch afrikanische Wildkatzen (Servale), südamerikanische Krallenaffen oder ostasiatische Weißhandgibbons.

Tierrechte Bayern

Ende Juli 2017 tauchte ein Video im Netz auf, das, heimlich gedreht von der örtlichen *Aktionsgruppe Tierrechte Bayern*, gruselige Bilder aus dem Zoo zeigte: verletzte Vögel, verhaltensgestörte Affen, verdreckte Böden und vergammeltes Futter. Regionale wie auch überregionale Medien griffen die Kritik auf, die *Süddeutsche Zeitung* etwa schrieb vom „wohl schlimmsten Zoo in der Oberpfalz"; anderweitig war von einem „Albtraum" die Rede, von „toten Tieren, überall herumliegenden Fäkalien und stinkenden Wasserkloaken". Das zuständige Veterinäramt suchte nach Kräften abzuwiegeln: Die erho-

„Überzählige“ Tiere werden an Privat verkauft

benen Vorwürfe seien nicht nachvollziehbar, allenfalls gebe es kleine Beanstandungen wie etwa fehlende Gehegebeschilderungen. Für eine Schließung des Zoos, wie von der Aktionsgruppe gefordert, bestehe keinerlei Anlass.

Anfang August erstattete *PeTA* Strafanzeige wegen Verstoßes gegen das Tierschutzgesetz. Auch ansonsten wurde der Druck auf das Veterinäramt massiv erhöht: Eine Online-Petition zur Schließung des Zoos sammelte in kürzester Zeit 3000 Unterschriften, zudem wurde eine Protestdemo vor dem Neumarkter Rathaus organisiert. Nachdem die für das Image der Stadt höchst abträgliche Diskussion in den Medien nicht nachließ – auch das *Great Ape Project* hatte scharfe Kritik geäußert, insbesondere an den Haltungsbedingungen der vierzehn Affen des Zoos –, traten plötzlich auch dem Veterinäramt die Missstände ins Gewahrsein: Dem Betreiber des Zoos, der diesen zusammen mit seiner betagten Mutter im Nebenerwerb unterhält, wurde eine sofortige Reduzierung des Tierbestandes auferlegt. Vor allem die unter indiskutablen Bedingungen vor sich hin vegetierenden neun Kapuziner- und drei Javaneraffen müssten schnellstmöglich abgegeben werden; die zwei Gibbons hingegen, die der Zoo seit je in einem für Primatenhaltung völlig untauglichen Eisengitterverschlag zur Schau stellt, sollte er behalten dürfen, sofern zeitnah ein den gesetzlichen Vorgaben entsprechender Neubau für sie errichtet würde. Ganz allgemein wurde eine Grundsanierung des 0,7 Hektar umfassenden Geländes verfügt, die während der Winterpause zu erfolgen habe. Einige der maroden Käfige müssten komplett abgerissen und, wie im Falle der Gibbons, durch Gehegeneubauten ersetzt werden.

In der Tat wurden kurzfristig ein einsamer Storch und ein Waschbär an andere Einrichtungen abgegeben. Die Vermittlung weiterer Tiere scheiterte an der nicht eben großen Bereitschaft des Zoobetreibers, sich darum zu kümmern. Die verfügte Abgabe der Kapuziner- und Javaneraffen erwies sich zudem als schwierig, da weder das Neumarkter Veterinäramt noch der Zoo eine Idee hatten, wohin die Tiere überstellt werden könnten.

Letztlich erklärte das *Wales Ape & Monkey Sanctuary (WAMS)*, eine Partnerorganisation des *Great Ape Project*, sich bereit, die zwölf Affen aufzunehmen. Das in Südwales gelegene Refugium beherbergt mehr als hundert Primaten jedweder Art und Sorte – Meerkatzen, Tamarine, Marmosetten, Lemuren, Kapuzineraffen, Makaken, Klammeraffen, Mandrille, Paviane, Gibbons und Schimpansen –, die aus Zirkussen, Zoos oder Pharmalaboren befreit oder auch von überforderten Privathaltern abgegeben wurden. Sämtliche Tiere bleiben auf Lebenszeit im *WAMS*, keines von ihnen wird, wie das bei den drei anderen Primatenrefugien Europas durchaus der Fall ist, irgendwohin, gar zurück in einen Zoo, weiterverschubt.

The Neumarkt Twelve

Nach monatelangem Behörden- und Papierkrieg konnten am 18.12.2017 die drei Javaner- und neun Kapuzineraffen die Reise in ihr neues Zuhause antreten. Sie wurden mit einem eigens für Wildtiertransporte zugelassenen Großraumfahrzeug des WAMS abgeholt. Die 1400km-Fahrt verlief völlig problemfrei, inzwischen haben sie sich gut in Wales eingelebt.

Die Kosten für den lebenslangen Unterhalt der in das Waliser Refugium verbrachten Tiere wurden ausschließlich von WAMS bzw. GAP getragen. Der Jura-Zoo selbst steuerte keinen müden Cent dazu bei, noch nicht einmal an den Transportkosten beteiligte er sich. Wären die Tiere nicht in Wales untergekommen, wären sie wohl, um den Auflagen des Veterinäramtes zu entsprechen, an irgendwelche Privathalter verscherbelt worden oder auf sonstigem Wege verschwunden. #100/2018

▶ Die gegen den Zoo und das über Jahre hinweg untätig gebliebene Veterinäramt angestrengten Strafverfahren wegen Verstoßes gegen das Tierschutzgesetz und andererer Rechtsverstöße – u. a. wurde bekannt, dass der Zoobetreiber Dieter Pelech nicht über die für den Betrieb eines Zoos erforderliche Erlaubnis nach §42(4)3 Bundesnaturschutzgesetz verfügte und noch nie über solche verfügt hatte – wurden erwartungsgemäß eingestellt. Der Zoo blieb zur Durchführung der ihm veterinäramtlich auferlegten Um- und Neubaumaßnahmen auch über die Winterpause 2017/18 hinaus geschlossen. Mehrere für das Folgejahr angekündigte Termine zur Wiedereröffnung

Schwer verletzter und veterinärmedizinisch nicht versorgter Ibis

verstrichen. Letztlich wurde der Betrieb Ende 2019 auf veterinäramtliche Weisung hin dauerhaft geschlossen. Das Gros der Tiere, einschließlich der zwei Weißhandgibbons, durfte Pelech als Privatmann behalten.

Neunkirchen

Skandalöse Zustände auf dem Pavianfelsen

Der Ostermontagsausflug einer saarländischen Tierfreundin in den Neunkirchener Zoo – eine angeblich „wissenschaftlich" geführte und damit zu den besseren ihrer Art zählende Einrichtung – geriet für sie zum Desaster. Angesichts des sogenannten „Pavianfelsens", auf dem mehr als 100 Tiere auf engstem Raume zusammengepfercht sind, musste sie, wie sie tags darauf auf Facebook schrieb, weinend den Zoo verlassen.

Der Anblick der Paviane auf dem kahlen Betonboden sei für sie kaum zu ertragen gewesen: Viele der Tiere hätten kahle Stellen im Fell gehabt, wie bei einer Erkrankung, auffällig viele auch Bisswunden sowie offene, blutige Stellen am Körper. „Das Gehege war sehr ungepflegt und roch erbärmlich. Die Tiere hatten Durchfall und waren komplett mit Kot verschmiert." Am schlimmsten jedoch sei für sie der Zustand einiger Affenbabys gewesen, die verkrüppelte Beinchen oder Arme hinter sich her ziehen und nicht richtig laufen oder springen können. „Ich musste echt weinen. Solch ein schlimmer Anblick im Zoo. Alle Leute waren schockiert, und jeder hat darüber geredet. Man kann die Tiere doch nicht so da sitzen lassen. Da muss was passieren."

Die Tierfreundin schickte ihre negativen Eindrücke samt Fotos, die sie von den Pavianen gemacht hatte an die *Tierbefreiungsoffensive-Saar* (Tibos), die das Ganze auf Facebook einstellte. Innerhalb kürzester Zeit wurde der Beitrag mehr als 4000 Mal geteilt und weit über 300.000 Mal angeklickt, hunderte Kommentare bestätigten die Kritik am Neunkirchener Zoo. Und wiederum kurze Zeit später griff die *Saarbrücker Zeitung*, der größten Tageszeitung des Saarlandes, die Sache auf.

Zoodirektor Norbert Fritsch, von der *Saarbrücker Zeitung* zur Kritik an der Pavianhaltung befragt, sprach von einer „Hetzkampagne der Tierbefreiungsoffensive-Saar", der man ausgesetzt sei. Im Übrigen sei es „völlig normal", dass in einer Gruppe von 100 Pavianen auch mal kranke Tiere dabei seien oder welche, die weniger gut aussähen. Der Neunkircher Bürgermeister und Aufsichtsratsvorsitzende des Zoos, Jörg Aumann, ergänzte, die Tiere würden regelmäßig von einer Tierärztin und auch vom Veterinäramt kontrolliert: „Bisher gab es keine Beschwerden." Was so ganz nicht stimmte: Der Tierschutzbeauftragte des Saarlandes, der Veterinärmediziner Dr. Hans-Friedrich Willimzik, hatte eigener Aussage zufolge vor vier Jahren schon der Zooleitung gegenüber auf die massive „Überbevölkerung" des Pavianfelsens hingewiesen, die als nicht artgerecht zu werten sei. Reaktion des Zoos: keine, Konsequenz des Tierschutzbeauftragten: auch keine. In einem Beitrag des *Saarländischen Rundfunks* wiederholte Willimzik nun seine Kritik am Neunkirchener Zoo: Es würden zu viele Paviane auf zu engem Raum gehalten, was Ursa-

Pavianhorde

che gegenseitiger Verletzungen sei. „Bei einem arttypischen Verhalten gehen die Streitigkeiten nie soweit“, so Willimzik, „dass sich gegenseitig Verletzungen zugefügt werden“, denn: „In der Natur bedeutet jede Verletzung ein Handicap, jede Verletzung kann eine Infektion bedeuten und jede Verletzung kann zum Tod führen.“

Fachliche Bewertung

Wenige Tage später besuchte ein Expertenteam des *Great Ape Project* (GAP) den Neunkirchener Zoo und begutachtete die Lebensbedingungen der dort vorgehaltenen Paviane. In einer Presseaussendung wurde der Bewertung des Tierschutzbeauftragten vollumfänglich zugestimmt: Es werden „viel zu viele Tiere auf viel zu beengtem Raume gehalten, was sozialen Spannungen Vorschub leistet. Allein die zwangsläufig auftretenden Streitigkeiten, wenn die Tiere etwa bei der Futterausgabe durch eine enge Klappe in den Innenbunker zu gelangen suchen, gehen mit hoher Verletzungsträchtigkeit durch Beißereien einher. Einige Tiere zeigen teils schwere (und veterinärmedizinisch offenbar unbehandelte) Läsionen am ganzen Körper, das Erscheinungsbild vieler Tiere deutet auf extreme und chronische Stressbelastung hin.“ Die Anlage selbst sei „für die Haltung von Pavianen oder anderen Primaten völlig ungeeignet. Selbst wenn die Zahl der Tiere mittelfristig reduziert werden sollte, was der Zoo angeblich vorhat, entspräche sie nicht den Maßgaben für eine an den Bedürfnissen der Tiere orientierten Haltung. „Die Unterbringung und Zurschaustellung der Tiere auf einer von meterhohen Betonwänden umgebenen Betonrotunde mit einem in der Mitte aufgetürmten ‘Kletterfelsen’ übereinandergestapelter Betonblöcke hat mit moderner und tiergerechter Zootierhaltung, wie der Zoo Neunkirchen sie zu praktizieren vorgibt, nichts zu tun. Sie ist ein Relikt aus den 50er Jahren, die die hochintelligenten und -sozialen Tiere körperlich wie psychisch krank macht.“ Eine realistische Möglichkeit, Paviane aus dem Neunkircher Zoo zeitnah und in nennenswerter Zahl an eine andere und bessere Einrichtung abzugeben, gebe es nicht. Da der Pavianfelsen des Neunkirchener Zoos nach Angaben seines Direktors nicht erweitert oder substantiell verändert werden kann, muss die Forderung lauten: sofortiger Bau eines tiergerechten neuen Geheges. Ein bislang ungenutztes Waldstück hinter dem Betriebshof des Zoos würde sich dafür anbieten.

Abwehr jeder Kritik

Aufgrund der massiven öffentlichen Kritik an der Pavianhaltung im Neunkirchener Zoo stattete der lokale Ortschaftsrat, eine Art Untergremium des Gemeinderates, diesem einen Besuch ab. Zoopädagoge Christian Andres, der den Ortschaftsrat durch den Zoo führte, wollte, so die *Saarbrücker Zeitung*, „aus aktuellem Anlass auch den Pavianfelsen nicht umgehen". Anstatt aber zur Kritik an den Haltungsbedingungen der Paviane Stellung zu nehmen, lamentierte Andres vor den Pressevertretern herum, es sei „eine Facebook-Kampagne gegen uns gestartet [worden], die uns keine Möglichkeit gelassen hat, uns zu rechtfertigen". Tatsächlich konnte der Zoo sich in mehreren Presseverlautbarungen und mehr als umfänglich dazu erklären.

„Paviane leben in der Natur nicht anders", suchte etwa der stellvertretende Vorsitzende des Neunkircher Zoofreundevereins die vorgetragene Kritik in einem eigenen SZ-Artikel abzuwehren: Sie leben auch da, wie er behauptete, „auf unergiebigen Felsen" und „in Gruppen von mehreren Hunderten auf kleinem Raum". Tatsächlich leben Mantelpaviane (um die es im Zoo Neunkirchen geht) in Halbwüsten, Savannen, Steppen, lockeren Wald- und Grasgebieten und durchaus auch in felsigen Regionen, aber eben nicht auf nackten Felsen (wie auch sollten sie dort Nahrung finden?). Sie leben in Gruppen von maximal 100 in mehrere Clans aufgeteilten Individuen, die Streifgebiete von bis zu 40qkm durchziehen. Das Wichtigste aber ist: Im Freiland haben sie die Möglichkeit, Konflikten aus dem Weg zu gehen, sprich: Jungtiere haben die Möglichkeit, beim Eintritt in die Geschlechtsreife

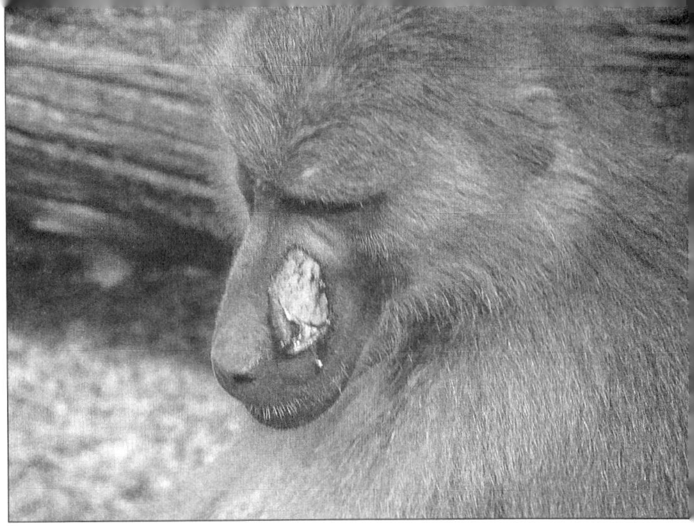

Schwer verletzter Pavian

abzuwandern. Im Neunkirchener Betonbunker haben sie diese Möglichkeit nicht, was zu den beklagten sozialen Problemen mit Beißereien und Verletzungen führt.

Zwei Wochen nach dem Facebook-Posting der *Tierbefreiungsoffensive-Saar* befasste sich der Umweltausschuss des Saarländischen Landtages mit der Sache. In seiner Funktion als Landesbeauftragter für Tierschutz bezeichnete Dr. Willimzik die Situation der Paviane im Neunkirchener Zoo als „Tierquälerei". In einem nachfolgenden Interview mit der *Saarbrücker Zeitung* betonte er, eine simple Abgabe einiger Tiere an andere Zoos sei keine Lösung: „Wenn man aus der Gruppe der 100 Paviane Tiere abgeben will, dann muss man eine der dort existierenden Gruppen, etwa fünf bis 15 Tiere, aus dem Verbund herausholen. Es ist fraglich, inwieweit das überhaupt machbar ist. Man kann nicht willkürlich eine Zahl von Pavianen zusammengewürfelt dort herausholen und irgendwo anders reinsetzen. Das funktioniert nicht." Zudem wies er darauf hin, dass erst im Vorjahr das Umweltministerium dem Zoo einen „großen Betrag" zur Verfügung gestellt habe (offenbar außerplanmäßig und über die millionenschweren Subventionen aus Steuermitteln hinaus, die der Zoo ohnehin fortlaufend erhält). Was genau Willimzik dem Umweltausschuss zur Lösung des Problems anriet bzw. was genau er insofern selbst vorhat, blieb unklar. (Eine namhafte Privatspende, die der Zoo 2016 zur Verbesserung der Pavianhaltung erhielt, wurde in erster Linie dazu genutzt, die Innenseite der Betonmauer rund um den Pavianbunker mit bunten Graffities zu besprühen.)

Grundflächentrickserei

Zoodirektor Fritsch sieht offenbar überhaupt kein Problem, er hält den Pavianbunker in seinem Zoo für „artgerecht und ausreichend". Und das, obgleich dessen Grundfläche bzw. Raumvolumen nicht einmal ansatzweise den (in sich völlig unzulänglichen) Vorgaben des bundesministeriellen Säugetiergutachtens von 2014 entspricht, das die Haltung von Säugetieren in Zoos *en detail* regelt. Diesen Vorgaben zufolge müsste für die 100 Paviane ein Innengehege von mindestens 325qm zur Verfügung stehen (40qm pro 5köpfiger Gruppe plus 3qm für jedes weitere Tier). Tatsächlich weist der öffentlich nicht einsehbare Innenbunker der Neunkircher Paviane allenfalls 50qm auf, gemäß Säugetiergutachten ausreichend für nicht mehr als acht (!) Tiere. Wie Zoodirektor Fritsch, der die mangelnde Geburtenkontrolle bei den Pavianen zu verantworten hat, auf die vermessene Aussage verfallen kann, er könne „theoretisch" sogar doppelt soviele Paviane – also 200 – auf seiner Betonanlage zusammenpferchen, verstehe wer will. „Theoretisch" geht das nur, wenn die Grundfläche der Außenanlage (600qm) und die des Innenbunkers (50qm) zusammengezählt werden. Das aber ist nicht statthaft: Pavianen muss laut Säugetiergutachten *sowohl* draußen *als auch* drinnen jeweils besagte Fläche von 40qm pro 5-köpfiger Gruppe + 3qm für jedes weitere Tier zur Verfügung gestellt werden. Selbst wenn die Freifläche 1000qm groß wäre, das Innengehege aber nur 50qm aufweist, dürfen nur acht Tiere gehalten werden.

Bei einer Vor-Ort-Besichtigung des Pavianfelsens befand Andreas Schneiderlöchner, gelernter Jurist und seines Zeichens Vorstandsvorsitzender der *Tierschutzstiftung Saar* (eine Art Beratergremium in Tierschutzfragen), es würden die von der Bundesregierung vorgegebenen „Mindeststandards für artgerechte Haltung" eingehalten. Ein kurzer Blick in das aktuell gültige Säugetiergutachten zeigt, dass diese Behauptung schlichtweg falsch ist, auch wenn Zoodirektor Fritsch dasselbe behauptet. (Interessanterweise sitzt Fritsch im Stiftungsrat der von Schneiderlöchner geleiteten *Tierschutzstiftung Saar.)* Zudem, so Schneiderlöchner (der in anderer Funktion als Vorsitzender des *Fischereiverbandes Saar* firmiert), stehe das Paviangehege unter ständiger Kontrolle des Landesamtes für Verbraucherschutz, dem die saarländischen Amtstierärzte zugeordnet seien. Die Paviane seien folglich in einem „gesunden Zustand".

Saar-Umweltminister Reinhold Jost (SPD) teilte gleichwohl mit, einen externen Gutachter zur Beurteilung der Neunkirchener Pavianhaltung beauftragen zu wollen. Derzeit aber vertrete er die Auffassung, das Innengehege sei nicht zu klein. Es seien aber „mehr Schlafplätze" zu schaffen, was, wie Schneiderlöchner vorschlug, durch das Einziehen mehrerer Ebenen erreicht werden könne. Wie genau er sich das Einziehen einer zweiten oder gar dritten Schlafplatzetage bei allenfalls 2,5m Raumhöhe vorstellt, teilte er nicht mit. Ganz abgesehen davon, dass den Erfordernissen des Säugetiergutachtens nicht Genüge getan würde, wenn es in dem Innenbunker zwar ein paar mehr Sitz-/Schlafplätze für die Paviane gäbe, sich aber an der Grundfläche bzw. dem Raumvolumen selbst nichts änderte. (Um es zu wiederholen: Für 100 Paviane müsste im Innengehege eine Grundfläche von wenigstens 325qm bzw. ein Raumvolumen von 712,5 Kubikmeter vorgehalten werden, tatsächlich gibt es derzeit nur knapp 50qm Fläche und allenfalls 125 Kubikmeter Raum.)

Ein Blick in das Säugetiergutachten ersparte auch einen externen Gutachter, dessen Beauftragung nur wieder Zeit und Geld kosten würde: Es dürfen im Neunkirchener Zoo unter den gegenwärtigen Bedingungen allenfalls acht Paviane gehalten werden. Punktum. Alles andere verstößt gegen die Vorgaben des Säugetiergutachtens und ist letztlich als Verstoß gegen §2 Tierschutzgesetz, sprich: als strafbewehrte Qualhaltung zu werten. #99/2018

▶ Da der Zoo Neunkirchen keinerlei Anstalten machte, irgendetwas an der Pavianhaltung zu ändern, vielmehr diese ausdrücklich rechtfertigte, erstattete das GAP Strafanzeige wegen Verstoßes gegen das Tierschutzgesetz.

Vor dem Hintergrund breiter Berichterstattung in den Medien räumte die saarländische Landesregierung massive Verstöße gegen die Vorgaben des bundesministeriellen Säugetiergutachtens von 2014 ein. Tatsächlich wurde die zur Klärung des Sachverhaltes angekündigte Begutachtung der Pavianhaltung in Auftrag gegeben.

Der von der saarländischen Landesregierung mit der Begutachtung beauftragte Professor Franz-Josef Kaup vermochte in einer am 2.11.2018 vorgestellten Expertise „keine tierschutzrechtlichen Verstöße" zu erkennen. Er attestierte den Tieren einen „guten Gesundheits- und Pflegezustand", eine Bewertung, die er aus ambulanter Fernglasbeobachtung von außerhalb des Geheges gewonnen hatte. Das Innengehege sei zwar klein, aber nicht zu klein, da Paviane robust genug seien, auch niedrige Temperaturen im Freien auszuhalten. Nicht wenige im Saarland sprachen insofern von einem politisch motivierten „Gefälligkeitsgutachten", das die Landesregierung wie auch den kommunalen Betreiber des Neunkirchener Zoos entlastete. (Zur Person des Gutachters: Prof. Kaup war von 1992 bis 2017 Leiter der Abteilung „Versuchstierpathologie" am *Deutschen Primatenzentrum* in Göttingen, an dem tierethisch gänzlich unverantwortbare Invasivexperimente an Primaten durchgeführt werden.)

Das vom *Great Ape Project* angestrengte staatsanwaltliche Ermittlungsverfahren gegen Zoodirektor Fritsch und die Stadt Neunkirchen wegen Verstoßes gegen das TierSchG wurde unter Bezugnahme auf das Gutachten des Prof. Kaup Anfang Dezember 2018 sang- und klanglos eingestellt; desgleichen kurze Zeit später die Beschwerde gegen diese Einstellung durch die Generalstaatsanwaltschaft Saarbrücken.

▶ Vor dem Hintergrund des nicht nachlassenden öffentlichen Drucks entschloss sich der Neunkirchener Zoo, seine „Pavianpopulation" zu verkleinern: 30 Tiere sollten an einen zunächst nicht bekanntgegebenen anderen Zoo abgegeben werden. In der Tat wurden die Paviane in einer streng geheimgehaltenen „Nacht-und-Nebel-Aktion" am 17.5.2019 in den chinesischen Zoo von Tangshan (nahe Beijing) ausgeflogen. Für die verbleibenden 70 Tiere änderte sich zunächst gar nichts: Vor allem der Innenraum blieb immer noch viel zu beengt. Erst Anfang 2022 wurde das Innengehege durch den Anbau von ein paar Seecontainern erweitert, verstößt aber weiterhin gegen die Bestimmungen des Säugetiergutachtens.

Tierquälerei im Zoo

Im Zoo Neunkirchen findet sich auch ein besonders verabscheuungswürdiges Beispiel für aus einem Zoo heraus zu verantwortende Tierquälerei. Auf dem Zoogelände wurde ein neues Fuchsgehege eingerichtet, das nicht nur der zooüblichen Zurschaustellung der Tiere dienen soll; vielmehr sollen die dort gehaltenen Füchse von Jäger:innen der Region genutzt werden können, um ihre Jagdhunde für die sogenannte „Baujagd" abzurichten. Diese Abrichtung geschieht über sogenannte „Schliefenanlagen", künstlich angelegte unterirdische Röhren und Tunnelsysteme, die Fuchsbauten im Wald nachahmen sollen. In diese Anlagen wird jeweils ein Fuchs eingesperrt, an dem Jagdhunde das Aufspüren und Töten von Füchsen trainieren sollen. Auch wenn die Füchse dabei nicht wie bei der „richtigen" Jagd zu Tode kommen – sie sind durch ein Drahtgitter vor den Hunden geschützt –, werden sie doch in schiere Panik und Todesangst versetzt.

Der Neunkirchener Zoo gab zunächst an, das neu angelegte Fuchsgehege dem Deutschen Teckelclub – Deutschlands zweitgrößter Zuchtverein für sogenannte „Rasse(jagd)hunde"[1] – zur Verfügung stellen zu wollen. Die im Zoo vorgehaltenen Füchse sollten für die Abrichtung von „Jagdteckeln" auf externen „Schliefenanlagen" genutzt werden. Mittlerweile räumte der Zoo ein, dass, wie von Anfang an geplant, auf dem Zoogelände selbst eine „Schliefenanlage" eingerichtet werden soll. (Gleichwohl derlei Anlagen zum „Baujagdtraining" als eklatant tierschutzwidrig gelten müssen [Verstoß gegen § 1 Satz 2, § 3 Nr. 7 und 8 sowie § 17 Nr. 2b TierSchG], sind

sie hierzulande immer noch erlaubt; verteilt über das gesamte Bundesgebiet soll es mehr als 100 davon geben.)

Im Saarland regte sich enormer Widerstand gegen Zoodirektor Dr. Norbert Fritsch, der als passionierter Hobbyjäger engen Kontakt in die regionale Jäger:innenschaft unterhält. Am 7.8.2022 fand eine von ca. 130 Teilnehmer:innen getragene Mahnwache vor dem Zoo statt, bei der der Rücktritt des Zoodirektors gefordert wurde. Zugleich wurde Strafanzeige gegen Fritsch wie auch die Stadt Neunkirchen gestellt, die als Mehrheitsgesellschafterin der Zoo-gGmbH – der Zoo erhält jährlich millionenschwere Subventionszahlungen aus Steuermitteln – für die Vorgänge auf dem Zoogelände mitverantwortlich ist.

Gleichwohl erhält der Zoo inzwischen gar Rückendeckung durch die saarländische Landesregierung. Der langjährige Landestierschutzbeauftragte des Saarlandes, der Veterinärmediziner Hans-Friedrich Willimzik, der sich entschieden gegen die Schliefenpläne des Zoos gestellt hatte, ist unerwartet Ende Juni 2022 verstorben. Sein wenige Wochen später ins Amt berufener Nachfolger Arnold Ludes verfügt als Präsident der saarländischen Landestierärztekammer über hohes politisches Gewicht. Er befürwortet die geplante Schliefenanlage im Neunkirchner Zoo ausdrücklich, die Ausbildung von Jagdhunden an lebenden Füchsen hält er für durchaus tierschutzkonform, sofern sie „handwerklich sauber" gemacht werde.

Ludes ist ehemaliger Abteilungsleiter für Jagd und Tierschutz beim saarländischen Umweltministerium. Als passionierter Jäger mit eigener Jagdpacht ist er eng verbunden mit dem vormaligen Personalchef dieses Ministeriums, Paul Maurer (CDU), der lange Jahre als „Landesjägermeister der Vereinigung der Jäger des Saarlandes" firmierte. Auch der Neunkirchener Zoodirektor Fritsch gehört dieser Vereinigung saarländischer Jäger an. #117/2022

Anmerkung

1 Teckel (aka Dackel oder Dachshund) gelten als „Qualzuchten" vgl. https://qualzucht-hund.de/dackel-dachshund/.

Neuwied

Wildtierknast in der rechtsrheinischen Provinz

Gelegen am Rande der 60.000-Einwohner-Gemeinde Neuwied (nahe Koblenz) stellt der nach seinem Standort benannte Zoo den größten und umsatzstärksten Zoo des Bundeslandes Rheinland-Pfalz dar: Auf einer Gesamtfläche von 13,5 Hektar werden etwa 1500 Tiere aus mehr als 180 Arten gezeigt. Eigenen Angaben zufolge verzeichnet der ganzjährig geöffnete Zoo zwischen 270.000 und 300.000 Besucher:innen pro Jahr. (Da, wie in sämtlichen Zoos üblich, auch in Neuwied *Besuche* mit *Besuchern* ineinsgesetzt werden, dürfte die Zahl der Menschen, die den Zoo besuchen, Mehrfachbesuche eingerechnet, tatsächlich bei unter 75.000 pro Jahr liegen.)

Begründet von einem örtlichen Agrarunternehmer auf dem erweiterten Gelände seiner Hühnermastanstalt stellte der 1970 eröffnete und seinerzeit als „Tierpark Hubertushof" bezeichnete Zoo in erster Linie australische Wildtiere (Kängurus, Dingos, Wombats etc.) zur Schau, mit denen seit je auch Zucht und Handel betrieben wurde. 1980 wurde die gesamte Anlage verpachtet, unter dem neuen Betreiber firmierte der „Hubertushof" offiziell als „Tierhandelszoo", über den exotische Wildtiere jedweder Art (Elefanten, Flusspferde, Gorillas usw.) gemakelt sowie an- und verkauft wurden. Wie in einem regulären Zoo konnten die zum Verkauf stehenden Tiere gegen Entgelt auch besichtigt werden. 1985 wurde dem Pächter wegen Verstoßes gegen Tierschutzbestimmungen die Tierhandelslizenz entzogen, der „Hubertushof" stand vor dem Aus.

Im Zuge der sich abzeichnenden Schließung des Zoos hatten Neuwieder Bürger einen Förderverein begründet, der die Anlage letztlich übernahm und bis heute, massiv subventioniert aus öffentlichen Mitteln, ihren Fortbestand sichert. Über Spenden, Eintrittsgelder und weiterhin vorgenommenen Tierhandel wurde der Zoo in den Folgejahren kontinuierlich ausgebaut. Es entstand eine Vielzahl neuer Anlagen für fortlaufend neu hinzuerworbene Tierarten. Seit je wurden und werden auch Schimpansen in Neuwied vorgehalten. Nach wie vor legt der Zoo größten Wert auf seine Zuchtprogramme (vor allem Großkatzen und Strauße).

Als besondere Attraktion werden Abendführungen für Zoobesuchende angeboten, alljährlich am 1. Mai gibt es einen Familientag. Für Kinder werden Geburtstagsfeiern ausgerichtet, auch gemeinsames Ostereiersuchen, Laternenbasteln zu Sankt Martin und dergleichen mehr. Selbstredend wird ein Kinderspielplatz vorgehalten, dazu ein „Streichelzoo" mit Ziegen, Schafen usw.

Die Leitung des Neuwieder Zoos obliegt einem vormaligen Biologie- und Erdkundelehrer, der ohne weitere zoofachliche Qualifikation seit 2011 den „Zoodirektor" gibt. Unter seiner Ägide wurden einige der maroden Käfig- und Gehegeanlagen besuchergerecht aufgehübscht, strukturelle Verbesserungen aber

gab es (bis auf den Umbau einer Geiervoliere oder den Neubau der „Zuchtanlage“ für Geparde) erkennbar nicht. Stattdessen wurde der prestigeträchtige Neubau einer 1.600 Quadratmeter umfassenden Indoor-Anlage („Prinz-Maximilian-zu-Wied-Halle“) vorangetrieben, die nach ihrer Fertigstellung mit mehr als 300 neu hinzuerworbenen Tieren aus mehr als 20 „südamerikanischen“ Arten (Ameisenbären, Fledermäuse, Krallenaffen, Mangusten, Tapire usw.) bestückt wurde.

Winzige Volieren und Gitterkäfige

Der Zoo Neuwied stellt sich als weitläufiges Naturgelände vor, auf dessen Gesamtareal von immerhin 13,5 Hektar eine vergleichsweise geringe Anzahl an Tieren gehalten wird. Gleichwohl kommen nur ein paar wenige der etwa 1500 vorgehaltenen Tiere in den Genuss größerer Außengehege. Die meisten Tiere des Neuwieder Zoos werden, zusammengedrängt auf weniger als ein Viertel des Zooareals, in Gehegen und Käfigen gehalten, die sich in Größe und Ausstattung in nichts von denen anderer Zoos unterscheiden. Ganz im Gegenteil: Viele der teils winzigen Volieren und Gitterkäfige erwecken den Eindruck, als stammten sie noch aus den Zeiten des unseligen „Hubertushofes" oder gar aus denen der davor betriebenen Hühnermast. Unter den 2016 von Sheridan bewerteten Kleinzoos belegte Neuwied mit Abstand den letzten Platz.

Um die nicht mehr schönzuredenden Besucherrückgänge aufzuhalten, wurde 2016 eine der heruntergekommenen Käfiganlagen abgerissen und an ihrer Stelle besagte „Prinz-Maximilian-zu-Wied-Halle" errichtet. Die nach dem „berühmtesten Sohn der Stadt", einem frühen Forschungsreisenden (Expeditionen unter anderem nach Brasilien [1815-1817] und „in das innere Nord-America" [1832-1834]) benannte Halle wurde mit großem Brimborium im Sommer 2018 eingeweiht; den Besucherschwund aufzuhalten vermochte sie gleichwohl nicht. Die Kosten des heillos überdimensionierten Glaskastens (mit direktem Zugang zum Zoorestaurant) beliefen sich auf 4,2 Millionen Euro. Den mit 2,64 Millionen größten Anteil davon trug das Land Rheinland-Pfalz, weitere 440.000 Euro steuerten Stadt und Landkreis Neuwied bei. In anderen Worten: fast drei Viertel der Gesamtkosten, sprich: 3,08 Millionen Euro, wurden dem Steuerzahler aufgebürdet. #109/2020

▶ Zur Bewältigung der Corona-Krise erhielt der Zoo Neuwied neben fortlaufenden Überbrückungshilfen des Landes Rheinland-Pfalz ganz besondere Unterstützung durch die parlamentarische Geschäftsführung der AfD im Landtag.

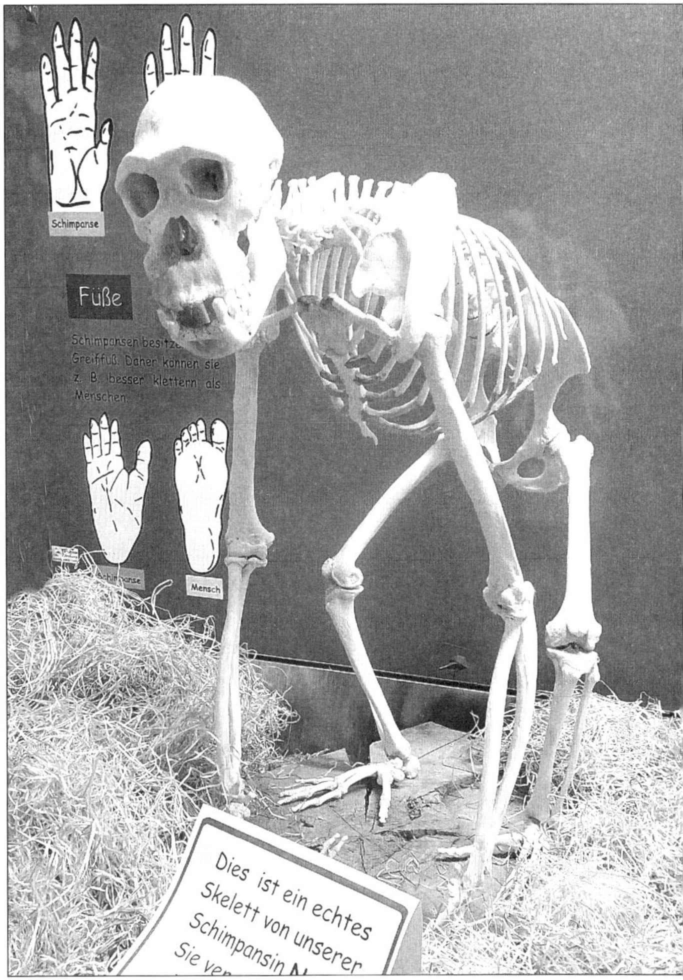

Nordhorn

Tödliche Langeweile auf nacktem Beton

Die 53.000-Einwohner-Gemeinde Nordhorn liegt im äußersten Südwesten Niedersachsens, nur wenige Kilometer von der niederländischen Grenze entfernt. Im Jahre 1949 wurde hier in privater Initiative ein kleiner Heimattiergarten begründet, dessen Trägerschaft Anfang der 1960 von einem *Tierpark Nordhorn e.V.* übernommen wurde.

Mit finanzieller Unterstützung des örtlichen Verkehrsvereins und der Stadt Nordhorn selbst wurden Gelände und Tierbestand fortlaufend erweitert. Schon Anfang der 1970er wies der Zoo ein umfangreiches Sortiment exotischer Wildtiere auf, darunter verschiedene Großkatzenarten; seit 1973 werden Gibbons gehalten, seit 1987 auch Schimpansen.

1990 lief der Pachtvertrag für einen erheblichen Teil des Geländes aus und wurde aufgrund des dilettantischen Managements der seinerzeitigen Zooleitung nicht verlängert. Der Park musste verkleinert werden, der Tierbestand wurde – mit tatkräftiger Unterstützung der örtlichen Jägerschaft, wie die Zoochronik vermeldet – massiv reduziert. Da in der Folge auch die Besucherzahlen zurückgingen, musste 1993 Konkurs angemeldet werden; der Trägerverein löste sich auf.

Über die Gründung einer *Tierpark Nordhorn gGmbH*, als deren Gesellschafter Stadt und Landkreis zeichneten, wurde der Pleitezoo aufgefangen und mit Hilfe von Steuergeldern generalsaniert. Im „Jubiläumsjahr 1999" konnte das Zoogelände auf fast die doppelte Fläche erweitert werden, die es vor der Rückführung von 1990 hatte. Heute werden auf 10 Hektar 1000 Tiere aus fast 100 Arten zur Schau gestellt. Die Besucherzahlen liegen nach Angaben des Zoos zwischen 300.000 und 350.000 pro Jahr, die Hälfte davon komme aus Holland.

Im Jahr 1999 wurde auf dem Zoogelände ein anderwärts abgebrochener Bauernhof aus dem 19. Jahrhundert originalgetreu wiederaufgebaut. Der Wohntrakt des sogenannten „Vechtehofes" wurde im Zeitschnitt seiner Entstehung eingerichtet und dient, ebenso wie die dazugehörige Remise, in der landwirtschaftliche Geräte und Traktoren untergebracht sind, als volkskundliches Museum. In einem anschließenden Stallgebäude werden „selten gewordene regionale Haustierrassen" gezüchtet: mithin das „Bunte Bentheimer Schwein", das „Bentheimer Landschaf" oder die Hühnerrasse „Kraienkopp". Zum Ensemble des „Vechtehofes" gehört zudem ein mit Hilfe von EU-Fördermitteln errichtetes „historisches Gasthaus" sowie ein „Colonialwarenladen", in dem regionale Erzeugnisse verkauft werden. Auch der örtliche Heimat- und Trachtenverein trifft sich im „Vechtehof", regelmäßig finden hier auch „Plattdütsch"- und Volksmusikveranstaltungen statt.

Der Tierpark Nordhorn versteht sich ausdrücklich als „Familienzoo". Er weist insofern zwei großzügig ausgestattete Kinderspielplätze auf. Zudem werden mehrere „Streichelgehege" vorgehalten, einschließlich eines im „Vechtehof" eingerichteten „Ferkelstreichelzoos". Seit 1996 gibt es eine eigene „Zooschule", die für Kindergruppen jeder Altersstufe „Entdeckungsreisen" oder „Themenführungen" durch den Zoo veranstaltet. Zum Standardangebot zählt die Ausrichtung von Kindergeburtstagen, selbstredend kommen auch Osterhase und Weihnachtsmann in den Zoo. Regelmäßig werden kommentierte Schaufütterungen durchgeführt, mithin bei den Schimpansen, Stachelschweinen und Gänsegeiern, bei den Seehunden werden zusätzlich zirkusähnliche Dressurnummern vorgeführt. Zudem gibt es Sonderveranstaltungen wie Schauhüten oder Schauscheren von Schafen. In einem auf dem Parkgelände gelegenen Ferienhaus können Familien „Urlaub im Zoo" machen.

Totholz und Plastiktonne

Das Nordhorner Schimpansenhaus wurde ab 1988 errichtet, nachdem man im Jahr zuvor zwei Schimpansinnen erworben hatte. Nachdem das Haus erst 1990 bezugsfertig wurde, brachte man die beiden Tiere drei Jahre lang in einem indiskutablen Behelfskäfig unter. Ein paar Jahre später kam eine weitere Schimpansin aus dem Allwetterzoo Münster dazu, gefolgt von einem Schimpansenmann aus dem Zoo von Ozoir-la-Ferriere in Frankreich. Zuchterfolge stellten sich – glücklicherweise – nicht ein. Die drei Schimpansinnen leben bis heute in

Nordhorn, Schimpansenmann SUNNY wurde einer angeblich unbehandelbaren „Stoffwechselstörung" wegen Anfang Juli 2012 eingeschläfert.

Das Haus weist zwei voneinander abtrennbare Innengehege von 40 bzw. 20qm Grundfläche auf, die zum Besuchergang hin mit Sicherheitsglasscheiben versehen sind. Die beiden Gehegeabteile erhalten Tageslicht durch kleine vergitterte Oberlichten sowie eine Fensterreihe entlang des Besucherganges; im Übrigen werden sie mit Neonlicht erhellt.

An Einrichtung finden sich an den Wänden anmontierte Sitzmöglichkeiten, dazu von der Decke herabhängende Seile, Hängematten und Autoreifen; im kleineren Gehege zudem zwei Totholzstämme. Außer einer Plastiktonne steht den Tieren keinerlei Spiel- oder Beschäftigungsmaterial zur Verfügung. Die Tiere sitzen meiste Zeit apathisch auf dem nackten Betonboden herum, der allenfalls mit ein wenig Stroh bedeckt ist. Insgesamt macht das Schimpansenhaus einen ausgesprochen ungepflegten

Eindruck: Es scheint in den mehr als 20 Jahren seines Bestehens noch nie instandgesetzt worden zu sein.

Das an das Haus anschließende Außengelände, das den Tieren bei warmem und trockenem Wetter stundenweise zugängig gemacht wird, umfasst eine Fläche von etwa 500qm. An drei Seiten von 5 Meter hohen Betonwänden umgebenen, ist es zur Besucherseite hin durch einen Wassertümpel abgegrenzt, der alleine schon ein Viertel der Gesamtfläche ausmacht. Das Gehege erscheint insofern sehr viel größer als es für die Tiere tatsächlich ist. Es weist Naturboden auf, zudem ist es mit ein paar Büschen, einem flachen Wasserbassin sowie einem Totholzklettergerüst ausgestattet. Auch die Außenanlage macht einen vergleichsweise heruntergekommenen Eindruck. Es steht zu vermuten, dass man die Schimpansenhaltung „auf natürlichem Wege" auslaufen lassen will, um die für Menschenaffen völlig unzureichende Anlage dann mit anderen Tieren zu besetzen; bis dahin wird offenbar nichts mehr investiert. Das allerdings kann sich noch hinziehen: Die drei Schimpansinnen sind „in bestem Alter", können also noch zwanzig und mehr Jahre leben.

Symptome klinischer Depression

Ende September 2017 geriet die Schimpansenhaltung des Zoos Nordhorn in scharfe öffentliche Kritik. In einer Presseaussendung des *Great Ape Project* war sie als eine der „schlimmsten Qualhaltungen von Schimpansen in einem deutschen Zoo" bezeichnet worden. Der völlig heruntergekommene Betonbunker, in dem die drei Tiere gehalten werden, sei viel zu klein – den bundesministeriellen Vorgaben zufolge müsste er wenigstens dreimal so groß sein wie er ist –, die Schimpansen zeigten unverkennbare Symptome klinischer Depression.

Mehrere regionale Printmedien griffen die Kritik auf, selbst in der bundesweit ausgestrahlten ARD-Vorabendsendung *Brisant* wurde darüber berichtet. Auch in den sozialen Medien entspann sich eine heftige Debatte, die den Zoo letztlich zu einer öffentlichen Stellungnahme nötigte. Erwartungsgemäß wurde die Kritik als „völlig haltlos" zurückgewiesen, unterfüttert mit der Behauptung die vorgehaltenen drei Schimpansen kämen „aus einer alten Zirkushaltung", was den Zoo wohl ins Licht einer Art Auffangstation rücken und die völlig ungenügenden Haltungsbedingungen irgendwie entschuldigen sollte. Tatsache ist: Nur eines der Tiere (NANCY *1979) stammt aus einem Zirkus; eine zweite Schimpansin aus ebendiesem Zirkus (BINE *1984) ist 2013 verstorben. Ein drittes Tier (LOMELA *1989) kam 2000 aus dem Zoo Münster hinzu. Bis zu seinem Tod 2012 lebte sogar noch ein vierter Schimpanse (SUNNY), bezogen aus dem Zoo von Ozoir-la-Ferriere in Frankreich, in dem Nordhorner Betonbunker. Anstatt aber die Haltung mittelfristig auslaufen zu lassen, was seit Jahren ankündigt worden war, besorgte man sich unmittelbar nach dem Tod von BINE Ersatz aus dem Zoo Münster (LUKANI *1988 Zoo Basel), so dass seither wieder drei Schimpansen auf dem nackten Betonboden herumhockten und sich zu Tode langweilten. Das irreführende erste Statement wurde nach massiver Kritik im Netz korrigiert. Zugleich wurde eine Stellungnahme des zuständigen Veterinärdirektors nachgeschoben, der den Betonbunker als „für diese drei älteren Schimpansen völlig ausreichend" befand. Nach welchen Maßstäben er zu dieser Bewertung kam, blieb ungeklärt. Interessant sind die personellen Verflechtungen in Nordhorn: Der aktuelle Bürgermeister und damit Dienstherr des Veterinärdirektors war vor seiner Karriere als Kommunalpolitiker siebzehn Jahre lang Direktor des örtlichen Zoos.

Cortisol-Speicheltest ohne Aussagekraft

In einem Interview mit dem Nachrichtenmagazin *news* behauptete eine Zoosprecherin, die Nordhorner Schimpansen zeigten „keinerlei Auffälligkeiten", was sogar das Leipziger *Max-Planck-Institut* bestätigt habe. Das MPI habe über Cortisol-Speicheltests herausgefunden, dass es bei den Nordhorner Schimpansen „keine erhöhten Stresshormone gibt, und das Institut hat uns bestätigt, dass das darauf schließt, dass die Haltung nicht zu Stress für die Tiere führt". Das MPI Leipzig hingegen, das die Tests in der Tat vor fünf Jahren durchgeführt hatte, hat, wie eine Rückfrage ergab, nichts dergleichen bestätigt. Derlei Aussagen könnten auf der Grundlage solcher Tests auch gar nicht getroffen werden, da zum einen Referenzwerte fehlten und zum anderen *ein* Parameter alleine, also nur der Cortisolwert, ohnehin ohne jede Aussagekraft sei.

Die in Zoo- und Zirkuskreisen immer wieder angeführten Cortisol-Speicheltests gehen im Wesentlichen auf den Freiburger „Verhaltensforscher" Immanuel Birmelin zurück, der wider jede wissenschaftliche Erkenntnis seit Jahrzehnten behauptet, aus dem gemessenen Cortisolwert ließe sich eins zu eins eine Aussage über Wohl- bzw. Missbefinden eines Tieres treffen. #98/2018

Ende der Menschenaffenhaltung

Vor dem Hintergrund foortlaufender massiver Kritik an den Haltungsbedingungen im Zoo Nordhorn wurde die Schimpansenhaltung letztlich aufgelöst. Die letzten beiden Nordhorner Schimpansen LOMELA (30) und NANCY (40) wurden im Oktober 2019 in den (relativ besseren) Zoo von Antwerpen verbracht. Schimpanse LUKANI (31) war bereits im Jahr davor an den niederländischen Safari- und Freizeitpark Bekse Bergen verschubt worden. Damit ist die jahrzehntelange Qualhaltung von Schimpansen im Nordhorner Zoo Geschichte. #105/2019

„Erhalten durch Aufessen"

Auf der Speisekarte des zooeigenen Gasthauses finden sich neben den üblichen Angeboten der Zoogastronomie auch Gerichte, die aus dem Fleisch der „Bunten Bentheimer Schweine" hergestellt sind, mit deren Ferkeln die Kinder im „Streichelzoo" spielen dürfen. Unter der Überschrift „Erhalten durch Aufessen" heißt es hierzu in einem Zooführer von 2012: „Dem Erhalt dieser alten, lokalen Nutztierrasse hat sich der Tierpark [Nordhorn] besonders verschrieben, der 'Verein zur Erhaltung des Bunten Bentheimer Schweines e.V.' wurde hier gegründet und aufgebaut. (...) Ohne entsprechende Nachfrage durch Konsumenten könnte diese Rasse nicht erhalten werden." Auch „Grillwurst vom Bentheimer Landschaf" findet sich auf der Karte.

Regelmäßig werden im Nordhorner Zoogasthaus auch sogenannte „Wildabende" ver-

anstaltet, „mit einem leckeren Wildbuffet zum satt essen und einem humoristisch, informativen Vortrag rund um das Thema heimisches Wild. Jagdhornbläser werden die Teilnehmer zu Beginn bei einem Aperitif musikalisch einstimmen. (...) Das Infomobil der Jägerschaft wird vor allem den Kindern die heimische Tierwelt anschaulich näher bringen." Das kulinarische Angebot der „Wildabende" besteht u. a. aus Taubensuppe, Hasenpastetchen, Wildschweinpfeffer, Rehmedaillon und Hirschsteaks. #78/2013

Nürnberg

75 Jahre „Nazi-Zoo"

Angeregt durch die Zoogründungen anderer deutscher Städte im ausgehenden 19. und beginnenden 20. Jahrhundert, beschloss ein Nürnberger Bürgerkomitee im Gefolge der Bayerischen Landesausstellung von 1906, einen eigenen Tiergarten einzurichten. 1912 eröffnet, baute der als Aktiengesellschaft betriebene Zoo bis in die 1930er hinein einen artenreichen Bestand heimischer und exotischer Wildtiere auf; ab 1924 gab es Schimpansen zu besichtigen, ab 1927 auch Orang Utans.

Schon kurz nach ihrer „Machtergreifung" beanspruchten die Nazis das Gelände des Zoos für den Ausbau des Reichsparteitagsgeländes, so dass der Tiergarten Anfang 1939 geschlossen wurde. Als Ersatz war allerdings schon ab 1937 auf dem Areal eines aufgelassenen Steinbruchs am Rand der Stadt ein neuer Zoo errichtet worden, in den der Tierbestand nahtlos umziehen konnte. Der neue Zoo wurde von den Nazis mit der damals ungeheueren Summe von 4,3 Millionen Reichsmark bezuschusst (zum Vergleich: Das Monatseinkommen eines Facharbeiters lag bei durchschnittlich 172 Reichsmark). Die Gehege-, Betriebs- und Verwaltungsbauten wurden ganz im Stil der völkischen „Heimatschutzarchitektur" errichtet, wie die Nazis sie auch für ihre Siedlungsbauten bevorzugten. Nürnbergs NSDAP-Oberbürgermeister Willy Liebel, SA-Mann der ersten Stunde und späterer Mitarbeiter Albert Speers, überwachte die Baumaßnahmen höchstpersönlich. Als Bauleiter fungierte NS-Architekt Walter Brugmann. Auch wenn seit 1933 mit finanzieller und propagandistischer Unterstützung der Nazis eine ganze Reihe „Deutscher Heimattiergärten" eingerichtet wurde – u. a. in Duisburg, Heidelberg, Osnabrück oder Augsburg –, gilt der Nürnberger Tiergarten als einzig „originärer" Nazi-Zoo. Der offiziellen Eröffnung am 5. Mai 1939 wohnte jede Menge Nazi-Prominenz bei. Zeitzeugenberichten zufolge sei auch Hitler, der schon ein paar Tage zuvor einen Privatrundgang unternommen hatte, voll des Lobes gewesen: Er habe die Anlage als „schönsten Tiergarten Deutschlands" bezeichnet. (In den Annalen des Tiergartens wird die Nazi-Gründungsgeschichte gezielt unter den Teppich gekehrt, 2012 feierte man mit großem Brimborium das „100-jährige Bestehen" des Zoos.)

Bei Bombenangriffen im August 1943 wurden die meisten Gehegeanlagen zerstört, das Gros der Tiere, die das Inferno überlebt hatten, fiel anschließenden Plünderungen zum Opfer.

Schon wenige Wochen nach Kriegsende wurde der Wiederaufbau in Angriff genommen. Zu den ersten Tieren, die ab 1947 wieder gezeigt wurden, gehörten drei Tiger und drei Schimpansen, die Anfang 1943 in den Zoo Straubing verbracht und nun zurückgeholt worden waren. Die drei Schimpansen zählten in den Wiederaufbaujahren zu den Hauptattraktionen des Zoos: Wie schon vor dem Krieg mussten sie zum Amusement des Publikums andressierte Lachnummern aufführen. Kurzzeitig wurden auch Orang Utans gezeigt. 1963 kam der erste Gorilla nach Nürnberg – der damals dreijährige Schorsch –, nach dessen Tod 1970 wurde mit neuerworbenen Wildfängen eine Gorilla-„Zuchtlinie" aufgebaut. Die Haltung von Schimpansen und Orang Utans wurde dauerhaft eingestellt.

Heute zählt der Nürnberger Tiergarten mit einem auf fast 70 Hektar arrondierten Areal zu den flächenmäßig größten Zoologischen Gärten Europas; derzeit werden mehr als 2500 Tiere aus 300 Arten gezeigt. Eigenen Angaben zufolge liegen die Besucherzahlen des als städtische gGmbH betriebenen Zoos bei rund einer

Hitler und Nürnbergs Oberbürgermeister Liebl (NSDAP) bei einem Privatrundgang am 2. Mai 1939

Million pro Jahr (mit deutlich rückläufiger Tendenz).

Der Nürnberger Tiergarten versteht sich als besonders „kinderfreundlich": Es werden insofern verschiedene Abenteuerspielplätze und Fahrgeschäfte vorgehalten (u. a. Autoscooter in Tierform), seit 2002 gibt es zudem einen eigenen „Kinderzoo" – erreichbar mithin über eine Parkeisenbahn –, in dem Kinder „beim Pferdestriegeln, Ziegenmelken oder Schafescheren vertraut gemacht werden mit der Pflege und Verantwortung für Tiere". Eingerichtet wurde der „Kinderzoo" in Kooperation mit einem Online-Händler für Kinderbekleidung und Kinderzimmereinrichtung, der dafür penetrant seine Produkte bewerben darf.

Anschubfinanziert durch das Bayerische Umweltministerium können seit 2011 ganze Schulklassen an einem je dreitägigen Aufenthalt im Zoo – „Zooschullandheim" genannt

– teilnehmen, bei dem die Kinder in „Indianerzelten" untergebracht werden. Zu besonderen Anlässen (Fasching, Ostern etc). werden entsprechende Sonderveranstaltungen durchgeführt: Zur Weihnachtszeit etwa gibt es eine „Lebende Krippe", zudem kommt das „Christkind" in den Zoo und verteilt Geschenke (für Erwachsene steht insofern in Zusammenarbeit mit einer örtlichen Kirchengemeinde eine „Waldweihnacht mit Posaunenchor" auf dem Programm). Selbstredend werden Kindergeburtstage, Hochzeiten und sonstige Familien- oder Betriebsfeiern organisiert, zudem gibt es die Möglichkeit, an Morgen-, Abend- oder Nachtführungen teilzunehmen. Als besondere Attraktion finden an jedem Wochenende in einem auf dem Zoogelände liegenden „Tiergartenrestaurant" Theater-, Kabarett- oder Musikabende statt.

Gorillas auf Beton

Das Nürnberger „Menschenaffenhaus", erstellt 1938/39, kann trotz mehrerer Umbauten, die im Laufe der Jahre daran vorgenommen wurden, Architektur und Geist der Nazi-Ära nicht verleugnen. Wie sämtliche Gehege- und Verwaltungsbauten des NS-Zoos wurde es im sogenannten „Heimatschutzstil" errichtet, den die Nazis für sich vereinnahmt hatten. Zusammen mit dem Elefantenhaus überlebte es als einziges Gebäude die Zerstörungen des Krieges mit so geringfügigen Schäden, dass es kurz nach Kriegsende schon wieder mit Affen besetzt werden konnte.

Der langgestreckte Bau weist drei nebeneinanderliegende Gehegeabteile auf, die, in Größe und Ausstattung einander identisch, über Schieber miteinander verbunden werden können. Sie werden derzeit von einer vierköpfigen Gorillagruppe bewohnt (drei davon – FRITZ, BIANKA und LENA – sogenannte „Wildfänge"). Die je etwa 50qm Grundfläche umfassenden und 5 Meter hohen Abteile sind an den Seiten- und Rückwänden mit Klinkerfliesen in „Zebradesign" versehen. Im hinteren Drittel weisen sie jeweils eine Empore auf, unter der ein Versorgungsgang verläuft. Von der Empore aus können die Tiere über ein Sichtfenster einen Blick ins Freie bzw. in einen 1996 angebauten Freiluftkäfig werfen, den sie über eine Art Katzenklappe auch aufsuchen können. Seit 1997 steht ihnen auch ein Außengelände zur Verfügung.

Zur Besucherseite hin sind die Abteile mit großflächigen Panzerglasscheiben abgetrennt. Die Decke ist mit Stahldrahtgitter gesichert, darüber befinden sich Milchglasoberlichten, durch die die Gehege Tageslicht erhalten; zusätzlich werden sie über Neonröhren erhellt. Der Boden besteht aus nacktem Beton, der allenfalls mit ein wenig Stroh bedeckt ist. An Einrichtung gibt es pro Gehegeabteil einen Totholzstamm, eine Plastiktonne, ein Kletternetz sowie ein paar aufgehängte Seile. Sonstiges Spiel- oder Beschäftigungsmaterial steht den Tieren nicht zur Verfügung; auch Versteck- oder Rückzugsmöglichkeiten gibt es nicht.

Zur Erzeugung von „Urwaldatmosphäre" findet sich im Eingangsbereich ein winziges, grün verfliestes Makigehege, die Wände sind mit Dschungelmotiven bemalt. Der Besuchergang selbst ist mit ein paar Zweigen sowie einem „Wäldchen" aus abgeschnittenen Birken dekoriert. Vis-à-vis der Gorilla-Gehege sind mehrere Aquarien angelegt, in denen Korallenfische, Seepferdchen etc. besichtigt werden können.

Auf einer Infotafel steht u. a. zu lesen: „Gorillas bauen sich jeden Nachmittag ein neues Schlafnest. Dafür brauchen sie 1 bis 2 Stunden". Dass ihnen derlei elementare Gorillatätigkeit im Zoo ein Leben lang verwehrt bleibt – sie können allenfalls auf dem Betonboden ein wenig Stroh hin- und herschieben –, wird nicht erwähnt. (Auf einer anderen Infotafel rühmt sich der Zoo, der Schwerpunkt seiner Planungen liege „immer auf einer artgerechten Haltung und entsprechend gestalteten Gehegen"; was mit Blick auf die Unterbringung der Gorillas nur als zynische Farce gewertet werden kann.)

Der Alte FRITZ

Gorilla FRITZ, seit fast einem halben Jahrhundert vermarktet als „Wahrzeichen" und „Publikumsliebling" des Nürnberger Tiergartens, ist tot. Nach langem und schwerem Leiden wurde er auf Beschluss der Zooleitung hin am 20.8.2018 „eingeschläfert".

FRITZ, geboren 1963 im Urwald von Kamerun, wurde als Dreijähriger seiner Heimat und seinen Eltern entrissen – diese waren vermutlich vor seinen Augen erschossen worden –, von Tierhändlern nach Europa verschifft und an den Münchner Tierpark Hellabrunn verkauft. 1970 wurde er als „Zuchtmännchen" an den Tiergarten Nürnberg weiterverschubt, wo er mit zwei kurzen Unterbrechungen bis

BIANKA

zu seinem Tod in dem als „Menschenaffenhaus" bezeichneten Betonbunker aus den 1930ern untergebracht war. 1984 wurde er für einige Zeit zu „Zuchtzwecken" an den Zoo Berlin ausgeliehen, 1986 ein weiteresmal an einen Zoo in Tschechien.

Ansonsten vebrachte er den größten Teil seines Lebens hinter den Panzerglasscheiben des Nürnberger „Menschenaffenhauses", angegafft und blitzlichtfotografiert von den täglich an ihm vorüberziehenden Menschenhorden. Zusammen mit den ihm wechselweise zugesellten Gorillafrauen hockte er die meiste Zeit des Jahres auf engstem Raum und nacktem Beton herum. 1997 wurde eine Außenanlage angebaut, die FRITZ und seine Frauen allerdings nur bei günstiger Witterung stundenweise nutzen durften. Zuvor saß FRITZ fast dreißig Jahre (!) seines Lebens in dem vollverfliesten Innenbunker herum, ohne jemals Gras unter den Füßen oder die Sonne auf seiner Nase gespürt zu haben. Die Außenanlage wurde erst auf Druck bundesministerieller Vorgaben eingerichtet, gegen die sich der Zoo nach Kräften zur Wehr gesetzt hatte.

Zur Frage, wie FRITZ das alles aushielt und bis zu einem für gefangengehaltene Gorillas relativ hohen Alter überhaupt am Leben blieb, lassen sich nur Mutmaßungen anstellen. Die meisten Wildtiere überleben die Gefangenhaltung im Zoo nur aufgrund regelmäßiger Medikation mit Antibiotika, Antimykotika, Hormonpräparaten, Immunstimulantia, Präparaten gegen Magen-/Darmgeschwüre, Schmerzmitteln und unzähligen anderen Medikamenten; nicht zuletzt auch aufgrund der Verabfolgung von Psychopharmaka zur Eindämmung des Dauerstresses, dem sie ausgesetzt sind. Bekannt ist jedenfalls, dass FRITZ aufgrund der jahrzehntelangen Haltung auf nacktem Beton unter schwerster Gelenkarthritis litt und sich zuletzt praktisch nicht mehr bewegen konnte.

Der Tiergarten Nürnberg hat sich nach dem Tod von FRITZ – und vermutlich schon lange Zeit davor – einen neuen Silberrücken bestellt: Die Zucht muss weitergehen, so dass das Geschäftsmodell „Zoo" am Laufen bleibt. #101/2018

Tod im Gorillabunker

Am 8.11.2018 wurde die 46-jährige Gorilladame BIANKA im Tiergarten Nürnberg „eingeschläfert". Aufgrund jahrzehntelanger Haltung auf nacktem Beton hatte sie so schwere Gelenkprobleme, dass sie sich trotz fortdauernder Gabe hochdosierter Schmerzmedikamente kaum noch bewegen konnte.

BIANKA war 1973 als Kleinkind ihren Eltern und ihrer afrikanischen Heimat entrissen worden, um fortan in europäischen Zoos (Berlin, Rotterdam, Amsterdam, Teneriffa und letztlich Nürnberg) zur Schau gestellt zu werden.

Praktisch zeitgleich mit BIANKAs Tod traf der 16-jährige Silberrücken THOMAS in Nürnberg ein, den man sich in Ersatz des wenige Wochen zuvor „eingeschläferten" Gorillaseniors FRITZ angeschafft hatte. THOMAS hatte zuvor neun Jahre lang in einer Junggesellengruppe im Zoo von Valencia gelebt, ursprünglich kam er aus dem Zoo Rotterdam. THOMAS wurde gewaltsam aus seiner bisherigen Bezugsgruppe und aus einer relativ großzügigen Freianlage herausgerissen, auf der er der klimatischen Bedingungen in Mittelspanien wegen die meiste Zeit des Jahres zubringen konnte, um den Rest seines Lebens (die nächsten 30 bis 40 Jahre!) in völlig ungeeignetem Klima und in einem für die Unterbringung von Gorillas gänzlich ungeeigneten 30er-Jahre-Betonbunker eingesperrt zu sein. Mit den ihm zwangsweise zugewiesenen Gorillafrauen LOUNA und HABIBU soll THOMAS für publikumsattraktiven Nachwuchs sorgen. #102/2019

▶ Wie vorgesehen zeugte THOMAS mit HABIBU das Ende 2019 geborene Jungtier KATO, Ende 2020 folgte das mit LOUNA gezeugte Jungtier AKANO. An dem für die Unterbringung von Menschenaffen, zumal von Jungtieren, völlig ungeeigneten Gorilla-Bunker selbst wurde *nichts* verändert.

Betonlagune

Zahlreiche Zoos deutschland- und europaweit haben in den letzten Jahren angesichts der Unmöglichkeit, Delfine in Gefangenschaft auch nur einigermaßen ihren Bedürfnissen entsprechend zu halten, ihre Delfinarien geschlossen. In einigen Ländern gilt inzwischen sogar ein generelles Haltungsverbot für Delfine.

Anstatt diesem Beispiel zu folgen und das – auch wirtschaftlich unrentable – Delfinarium aufzulösen, das seit 1971 in Nürnberg betrieben wird, ging man, mit Rückendeckung des Stadtrates und propagandistischer Unterstützung durch regionale CSU-Prominenz, in die entgegengesetzte Richtung: Man plante ein zusätzliches Freiluftbecken, schönfärberisch als „Lagune" bezeichnet, und setzte es gegen jedes noch so zwingende Argument seitens der mit Delfinen befassten Fachwissenschaft durch. Einwände von Tierrechtlern blieben ohnehin unbeachtet, die darauf hinwiesen, dass die Gefangenhaltung und Zurschaustellung der hochsensiblen Tiere

Publikumswirksame Dressurshows

– egal wie groß das jeweilige Becken sein mag – zu massiven psychischen und körperlichen Beeinträchtigungen führe. Allein die Todesquote des Nürnberger Tiergartens spreche gegen eine Fortsetzung der Delfinhaltung: Seit Eröffnung des alten „Delfinariums" im Jahre 1971 starben von 23 in freier Wildbahn gefangenen Delfinen 15 vorzeitig, von 21 „Nachzüchtungen" kamen 17 noch im Mutterleib oder kurz nach der Geburt zu Tode (vermutlich waren es sogar noch mehr Todesfälle, da Zuchtbücher und Todeslisten aber geheimgehalten werden, gibt es darüber keinen Nachweis). Seit 2004 waren alle zehn „Nachzuchten" entweder Totgeburten oder aber sie starben innerhalb weniger Tage. Noch nicht einmal der Umstand, dass mittlerweile eine überwältigende Mehrheit der Bundesbürger Delfinarien ablehnt, ließ die Nürnberger Zooverantwortlichen zur Vernunft kommen.

Die nach mehrjähriger Planungs- und Bauzeit im Sommer 2011 eröffnete „Lagune" ist mit 1540qm Wasserfläche etwa dreimal so groß wie das bisherige Becken. Dennoch bietet sie den Delfinen keine substantielle Verbesserung, zumal der Tierbestand von vormals zwei bzw. drei auf bis zu vierzehn aufgestockt werden soll. Nach wie vor werden die Delfine in einem – gemessen an ihren Bedürfnissen – lachhaft kleinen und mit künstlich hergestelltem „Meerwasser" befüllten Betonbecken gehalten. Während sie in freier Wildbahn bis zu 150 Kilometer pro Tag zurücklegen und bis zu 500 Meter tief tauchen, können sie in der Nürnberger „Lagune" bestenfalls 50 Meter geradeaus schwimmen, die Tiefe der sechs Einzelbecken liegt zwischen 0,5 und 7 Metern. Mehrmals pro Tag müssen sie zudem an Showvorführungen teilnehmen.

Gegen den massiven Stress, dem die Tiere durch die Qualhaltung in den extrem beengten Becken ausgesetzt sind, werden sie vielfach mit Psychopharmaka behandelt. (Eine

2012 vom Hagener *Wal- und Delfinschutz-Forum* [WDSF] gerichtlich durchgesetzte Akteneinsicht hat bestätigt, dass den Nürnberger Delfinen – offenbar regelmäßig und in größerem Umfang – Diazepam verabfolgt wird, ein hochpotentes Mittel zur Reduktion von Spannungs- und Angstzuständen.) Zudem müssen gefangengehaltene Delfine – auch die in Nürnberg – fortlaufend mit Antibiotika, Fungiziden und Schmerzmitteln versorgt werden, damit sie überhaupt am Leben bleiben.

Ein wesentliches Argument des Nürnberger Tiergartens für die Errichtung der „Delfinlagune" war die vorgebliche Möglichkeit, künftig in größerem Maßstab „Delfintherapie" für behinderte oder entwicklungsverzögerte Kinder anbieten zu können. Einwände aus der Fachwissenschaft, die die „Delfintherapie" als völlig unsinniges Pseudotherapieverfahren auswiesen, das nicht nur keinerlei Hilfe für die betroffenen Kinder bringt, sondern diese ungeahntem Infektionsrisiko, mithin durch das fäkalienbelastete Wasser, aussetzt, wurden zur Seite gewischt. Tatsächlich ist längst erwiesen, dass der kurze Kontakt zu Delfinen bei Kindern mit Autismus, Downsyndrom oder geistiger Behinderung über den momentanen Erlebniswert hinaus *überhaupt nichts* bewirkt. Führende Behindertenverbände haben sich insofern entschieden gegen Delfintherapie ausgesprochen, die den Eltern für viel Geld nichts als unerfüllbare Hoffnungen verkauft. #82/2014

▶ Die sogenannte „Delfintherapie", die als wesentliches Argument für den Bau der „Lagune" angeführt worden war, wurde nie aufgenommen.

Mysteriöse Todesfälle

Neben der endlosen Folge an Todesfällen bei den Delfinen kommt es im Nürnberger Tiergarten immer wieder zu weiteren Tiertragödien: Im März 2000 etwa entkamen vier aus dem Zoo Karlsruhe in Nürnberg zwischengelagerte Eisbären aus ihrem Behelfsgehege und wurden von Zooangestellten erschossen. (Die Behauptung des Zoos, es hätten wohl „militante Tierschützer" das Gehege aufgebrochen, erwies sich als absurder Unfug.) Im Februar 2008 kamen zwei Kleine Pandas zu Tode, die in ein und demselben Gehege mit Muntjaks [=südostasiatische Hirsche] zusammengesperrt und von diesen tödlich verletzt worden waren; zuvor hatten die Pandas ein Muntjakjunges getötet. Auch hier war zunächst behauptet worden, Zoobesucher hätten den Pandas die Bäuche aufgeschlitzt.

Ein weiterer „Vergesellschaftungsversuch" endete ebenfalls tödlich: Im November 2012 versuchte man in beispiellosem Dilettantismus Muntjaks und Prinz-Alfred-Hirsche mit einem Panzernashorn zusammenlegen. Der Riesenkoloss ängstigte die scheuen Tiere, woraufhin neun von ihnen in Panik aus dem Gehege ausbrachen. Während sieben Tiere wieder eingefangen werden konnten, wurde einer der flüchtigen Hirsche auf Anweisung der Zoodirektion erschossen (und an zooeigene Raubtiere verfüttert); der andere verschwand im weitläufigen Gelände und wurde nie mehr gefunden. In den letzten Jahren war eine Vielzahl weiterer seltsamer Todesfälle im Nürnberger Tiergarten zu verzeichnen gewesen, die indes ihrer „Alltäglichkeit" wegen keine großen Schlagzeilen machten. #82/2014

Schwänze abgefroren

Anfang Januar 2017 erlitten wenigstens acht der im Tiergarten Nürnberg vorgehaltenen Paviane aufgrund mangelhafter Vorsorge schwere Erfrierungen: Ihnen sind Schwanz- und Zehenspitzen abgefroren. Wenigstens zwei weitere Paviane zogen sich eine Erkältung zu. Sämtliche Tiere mussten insofern antibiotisch und anderweitig veterinärmedizinisch behandelt werden.

Wie Zoodirektor Dag Encke einräumte, sei das Problem bereits aus einem ähnlich gelagerten Fall aus dem Jahre 2012 bekannt gewesen. Dennoch wurde nichts unternommen, einer Wiederholung vorzubeugen. Nach wie vor werden viel zu viele Paviane – derzeit 37 – in einem viel zu beengten Warmhaus zusammengepfercht, sodass sie bei sozialen Konflikten keine andere Möglichkeit haben, als, ungeachtet der Temperatur, ins Freie auszuweichen; bei Frosttemperaturen kann dies zu den erwähnten Erfrierungen und Erkältungen führen.

Gegen Encke als verantwortlichem Leiter des Tiergartens Nürnberg wurde wegen Verstoßes gegen das Tierschutzgesetz Strafanzeige erstattet. #95/2017

▶ Das staatsanwaltliche Ermittlungsverfahren gegen Zoodirektor Dag Encke wurde erwartungsgemäß eingestellt.

Anmerkung

1 www.wdsf.eu/delfinarien/delfinarium-nuernberg/133-wdsf-delfinarium-nuernberg-psychopharmaka. Bei einer erneuten Akteneinsicht des WDSF im Jahre 2018 stellte sich heraus, dass die Delfine im Tiergarten Nürnberg weiterhin und in großem Umfang Psychopharmaka erhielten.

Bitte nicht an die Scheibe klopfen

Osnabrück

Todesschüsse auf Bärin TIPS

An einem Samstagnachmittag im März 2017 gelang es der im Osnabrücker Zoo gefangengehaltenen Hybridbärin TIPS – eine „versehentliche" Kreuzung aus Grizzly und Eisbär –, aus ihrem unzureichend gesicherten Gehege auszubrechen und in den Besucherbereich zu gelangen.

Während der Winterruhe hatte die 12-jährige Bärin erheblich an Körpergewicht verloren, so dass sie sich durch einen Schieber zwängen konnte, der eigentlich nur für die Silberfüchse vorgesehen ist, die mit auf dem Bärengelände leben. Aus dem angrenzenden Fuchsgehege zu entkommen, war für die Bärin ein Kinderspiel.

TIPS trollte sich quer durchs Gebüsch und nahm erst einmal ein ausgiebiges Bad in einem Wassergraben, der eine Außenanlage für Klammeraffen umgibt. Inzwischen hatten Zoobesucher die Zooverwaltung alarmiert und von dem Bärenausbruch in Kenntnis gesetzt. Sofort, so der Zoo, sei ein „Notfallplan" in Gang gesetzt worden. In der Nähe der Bärin sich aufhaltende Zoobesucher wurden aufgefordert, sich schnellstmöglich in das Affenhaus zu begeben, letztlich wurde das gesamte 23-Hektar-Areal des Zoos per Lautsprecherdurchsage evakuiert. Zu keinem Zeitpunkt habe Gefahr für Leib und Leben der rund 4000 Besucher des an dem sonnigen Samstagnachmittag gut gefüllten Zoos bestanden.

Als die ebenfalls alarmierte Polizei nach gut 20 Minuten vor Ort eintraf, war Bärin TIPS bereits tot. Sie war von Mitarbeitern des Zoos mit vier Schüssen aus einer großkalibrigen Waffe getötet worden. Ob tatsächlich Gefahr für Zoomitarbeiter bestanden habe, wie in einer tags darauf veranstalteten Pressekonferenz behauptet wurde, lässt sich nicht mehr klären. Angeblich habe die Bärin eine „drohende Haltung eingenommen" bzw. sich „auf einen Angriff vorbereitet". Zunächst war von alledem keine Rede gewesen.

Auch blieb die Frage offen, weshalb noch nicht einmal der Versuch unternommen wurde, das Tier mittels eines Teleinjektionsgerätes, das man angeblich im Notfallkoffer mit dabei hatte, zu narkotisieren. Mit modernen Geräten dieser Art kann auf bis zu 70 Meter Distanz sehr zielgenau geschossen werden. Verwendet wird dabei in aller Regel eine Mischung aus einem Beruhigungs- und einem Narkosemittel (Xylazin/Ketamin), die nach kürzester Zeit zu einer Betäubung bzw. Immobilisierung des getroffenen Tieres führt; steht ein entsprechendes Gegenmittel zur Verfügung, kann das Präparat sogar mehrfach und auch überdosiert verabfolgt werden, um eine beschleunigte Betäubung zu gewährleisten.

Aber selbst wenn man glaubte, sofort „scharf" schießen zu müssen: Weshalb zielte man nicht zuerst auf die Beine der Bärin, um sie am Weiterlaufen zu hindern? Falls das nicht die gewünschte Wirkung gezeigt hätte, hätte man immer noch

Kolonial-rassistisch angehauchtes „Urwalddorf"

BUSCHI, geboren 1971 im Zoo Osnabrück

die Möglichkeit gehabt, einen letalen Schuss abzugeben. Eine plausible Erklärung hierzu wusste Zoodirektor Michael Böer nicht zu liefern. In der Pressekonferenz hob er stattdessen immer wieder die besondere Gefährlichkeit des Tieres hervor, die die tödlichen Schüsse „alternativlos" gemacht hätten. Erwähnenswert in diesem Zusammenhang ist die Erklärung Boers, was denn den Ausbruchsversuch der Bärin aus ihrem Gehege verursacht haben könne. So sei es durchaus denkbar, so Boer allen Ernstes, dass TIPS „eine Maus gesehen hat" und deshalb so erregt gewesen sei, dass sie ausbrach.

Auch auf die Frage, weshalb kein NetGun eingesetzt wurde, wusste Boer keine zufriedenstellende Antwort zu geben. Es handelt sich dabei um ein mittels Luftdruck- bzw. CO_2-Kartusche auf bis zu 25 Meter zielgenau zu verschießendes und für die betroffenen Tiere völlig verletzungsfreies Fangnetz, wie es in jedem Tierheim und jeder Polizeidienststelle vorgehalten wird. Nach einigem Hin und Her musste Boer letztlich zugeben, dass der Zoo Osnabrück über kein derartiges Gerät verfügt. Man wolle aber überlegen, künftig ein solches anzuschaffen.

Im Übrigen blieb auch die Frage unbeantwortet, weshalb der Zoo den Umstand, dass Bären während der Winterruhe bis zu einem Drittel ihrer Körpermasse verlieren, bei der Konstruktion der Sicherheitsgitter rund um das 2011 eröffnete Bärengehege nicht berücksichtigt und damit dem Ausbruch fahrlässig Vorschub geleistet hatte. Letztlich spielt das für den Zoo aber auch keine Rolle. Eine strafrechtliche Konsequenz aus dem Todesschuss erwächst den Verantwortlichen nicht: Gleichwohl Tiere gemäß einer 1990 vorgenommenen Erweiterung von §90a BGB nicht mehr als „Sachen" gelten, die sie bis dahin rechtlich waren, sind auf sie weiterhin „die für Sachen geltenden Vorschriften entsprechend anzuwenden". De facto werden Tiere vom BGB weiterhin als Sachen behandelt, woran auch die Aufnahme von Tierschutz als Staatsziel in das Grundgesetz vom 17. Mai 2002 nichts geändert hat. Ein Tier zu töten, sofern ein „vernünftiger" Grund vorliegt oder konstruiert wird, ist rechtlich gleichbedeutend mit der Entsorgung eines alten Fahrrades.

Die Todesschüsse auf Bärin TIPS – ihrer hellen Fellfarbe wegen wurde sie auch als „Cappucinobärin“ bezeichnet – erinnern auf fatale Weise an die Schüsse auf den 26-jährigen Orang Utan NIEAS, der am 31.8.2015 im Zoo von Münster im Zuge eines angeblichen Ausbruchsversuches von Zoopersonal getötet wurde. Oder an die Todesschüsse auf den18 Monate alten Junglöwen MOTSHEGETSI im Zoo Leipzig am 29.9.2016. In keinem der Fälle bestand Gefahr für Besucher:innen oder Zooangestellte. Und NIEAS, MOTSHEGETSI und TIPS sind nur die Spitze des Eisberges. Ihr gewaltsamer Tod hat nur deshalb so großes öffentliches Aufsehen erregt, weil es sich um individuell bekannte und mit eigenem Namen versehenene Großsäuger handelte. Nach all den kleineren und individuell weniger bekannten Tieren, die aus ihren Käfigen und Gehegen ausbrechen und daraufhin erschossen werden, fragt in der Regel niemand. Nach den vielen anderen, die in den Zoos regelmäßig geschlachtet und an hauseigene Raubtiere verfüttert werden, auch nicht. #95/2017

Fress- und Saufgelage im Zoo Osnabrück

Als besonders erfindungsreich im steten Buhlen um zahlende Kundschaft erweist sich immer wieder der Zoo Osnabrück.

Das ganze Jahr über finden kostenpflichtige Sonderbespaßungsveranstaltungen vor der Kulisse eingesperrter Tiere statt, von einer „Tour d'Amour“ zum Valentinstag (mit Prosecco-Empfang und Candlelightdinner im Aquarienhaus) über Mittelalterspektakel, Dschungelnächte, Zooralleys, Laternen- und Lichterfeste hin zu Bibelführungen, Halloween-, Nikolaus- und Weihnachtsevents. Gesondert zu erwähnen sind die sogenannten „Dunkel-Munkel-Parties“ des Osnabrücker Zoos: „In der faszinierenden Kulisse des nächtlich-illuminierten Zoos sorgen Feuerschlucker, Gaukler, Hexen, das Phantom der Oper sowie skurrile Geschöpfe der Nacht für eine mystische Atmosphäre. Vampircocktails an Geisterständen, serviert von Zombies und anderen Schattengestalten runden die nächtliche Inszenierung ab.“

Einen unbestrittenen Tiefpunkt in der nach unten offenen Skala an RTL2-haftem Pseudoentertainment, wie es mittlerweile in vielen Zoos zum Standard zählt, erreicht der Zoo Osnabrück mit einem – man kann es nicht anders bezeichnen – prolldekadenten Freß- und Saufgelage. Unter dem vermeintlich besonders originellen Signet „Expedition ins Bierreich“ wird dem zahlenden Gast im zooeigenen *Sodexo*-Restaurant ein „6-Gänge-Menu“ vorgesetzt (Hauptgericht: „Gegrilltes Schweinefilet im Kräutersud auf Altbiersauce, dazu Kroketten und Bohnen im Speckmantel“) samt „Bier-Cocktail“ zum Empfang und „7 verschiedenen Bieren“ während des Essens. Kosten der „exklusiven Abendveranstaltung“:Im Preis eingeschlossen ist der Besuch von „Elefanten, Seelöwen und weiteren tierischen Zoobewohnern“. #105/2019

Zooretterwürste

Wie alle anderen Zoos des Landes bejammerte auch der Zoo Osnabrück lauthals die Einnahmeausfälle während der behördlich angeordneten Zooschließungen 2020/21 und rief ebenso lauthals nach staatlichen Unterstützungsgeldern. Der Dachverband der 56 größeren Zoos hierzulande, der *Verband der Zoologischen Gärten* (VdZ e.V.), dem auch Osnabrück zugehört, hatte in einem an die damalige Kanzlerin Merkel persönlich gerichteten Brief ein staatliches Soforthilfeprogramm in Höhe von 100 Millionen Euro gefordert, um die „wirtschaftlich angespannte Lage" der Zoos zu überbrücken. Glücklicherweise wurde die Forderung der Zoos nicht erfüllt, obgleich Merkel als bekennende Zoofreundin gilt.

Um dem Zoo Osnabrück durch die „schwere Zeit während der Coronakrise zu helfen", wie örtliche Medien verlautbarten, hätten sich der Fleischverarbeitungsbetrieb Kinnius und vierzig Edeka-Märkte der Region zusammengeschlossen, um „Zooretterwürste" zu verkaufen. Die Großmetzgerei Kinnius GmbH & Co. KG, die dem Zoo seit Jahren schon als Werbepartner zur Seite steht, etikettierte kurzerhand „Bratwürste nach Original Kinnius-Rezeptur im Naturdarm" mit Aufklebern im Zebra-Look zu „Zooretterwürsten" um, die über regionale Edeka-Märkte verkauft wurden. Pro verkauftem 6er-Pack (5,29 €) ging 1 Euro als Spende an den Zoo, dem schon im ersten Monat der Aktion ein Scheck über 10.000 Euro überreicht werden konnte. Selbstredend sind die Kinnius-Bratwürste seit je auch in den zooeigenen Restaurants und Kiosken zu haben: Erst Tiere angaffen, dann Tiere – durch den Fleischwolf gedreht und als Brät in den eigenen Darm zurückgestopft – wegputzen.

Original-Zutatenliste der Osnabrücker Zooretterwürste: „Schweinefleisch (80%), Speck, Trinkwasser, Kochsalz, Maltodextrin, Gewürze, Stabilisator: E450; Natriumcitrate, Geschmacksverstärker: E621, Emulgator: E471, Säuerungsmittel: E262; Citronensäure, Antioxidationsmittel: Natriumascorbat, Würze, Gewürzaroma, pflanzliches Fett (Palm) ganz gehärtet, Naturdarm (Schwein)." #109/2020

Pfungstadt

Shark City abgesoffen

Während im Mai 2019 ein für den Zoo Basel (Schweiz) vorgesehenes Großaquarium – ein über 10 Jahre hinweg geplantes 100-Millionen-Projekt – dank der direkten Demokratie des Landes vom Basler Stimmvolk mit deutlicher Mehrheit abgelehnt wurde, konnte hierzulande ein undurchsichtiges Finanzkonsortium namens *The Seven Seas Aquarium GmbH & Co. KG* seine Pläne zügig vorantreiben, mitten in der südhessischen Provinz eines der „größten Indoor-Hai-Aquarien der Welt" zu bauen. Es reichte, einen auf zigmillionenschwere Investitionen, auf hunderttausende Besucher:innen pro Jahr und insofern satte Gewerbesteuereinnahmen schielenden Bürgermeister samt seinen Gemeindeverordneten davon zu überzeugen, dass Pfungstadt, ein farbloses 25.000-Einwohner-Städtchen zwischen Heidelberg und Darmstadt, genau der richtige Standort für das als „Shark City" bezeichnete Großprojekt sein würde.

Schon seit 2014 war *Seven Seas Aquarium* auf der Suche nach einem geeigneten Standort für ihr geplantes Großaquarium gewesen. Zunächst war Sinsheim vorgesehen, eine Kleinstadt im baden-württembergischen Rhein-Neckar-Kreis, bei deren Stadtspitze das Investorenkonsortium, eigenen Aussagen zufolge, „offene Türen einrannte". Geplant war der Bau des auf vorläufig 11 Millionen Euro veranschlagten Aquarienkomplexes auf einem Grundstück in unmittelbarer Nähe eines Fastfoodketten-Großrestaurants. Anfang April 2016 wurden erste Baupläne veröffentlicht, als Bauzeit wurde mit 12 bis 15 Monaten gerechnet. Nicht gerechnet hatte man indes mit einem rasch sich formierenden massiven Protest seitens nationaler wie internationaler Tier-, Natur- und Artenschutzorganisationen; und wohl auch nicht mit dem Widerstand der Sinsheimer Fraktion von Bündnis 90/Die Grünen, die Sturm lief gegen das geplante Megaprojekt.

Kritisiert wurde unter anderem, dass die geplante Besetzung der Aquarienbecken – bis zu 150 Haie dutzender verschiedener Arten – in nicht unerheblichem Maße über Wildfänge erfolgen werde. Die Hai- und Meeresschutzorganisation *SharkProject* etwa beanstandete: „Je nach Haiart und ihrer Empfindlichkeit sterben viele Haie bei oder nach dem Fang. Außerdem lassen viele Fische beim oder direkt nach dem Transport ihr Leben. Grund dafür ist die Art des Fangs (Angeln, Netze, Longlines etc.) und die Art des Transports (Betäubung, Bakterien im Wasser, Verletzungen durch zu kleine Transportbehälter etc.). Fakt ist: Für jeden Hai, den Sie als Aquariumsbesucher im Becken se-

So stellte man sich das Pfungstädter Großaquarium vor (Georgia Aquarium, Atlanta, GA)

hen, sterben viele Haie beim Fang, Transport oder nach kurzer Zeit im Aquarium. Hinter den Kulissen warten dann schon neue Haie in Quarantänebecken, um die toten Tiere in den Schauaquarien zu ersetzen.“ Der Bildungs- und Aufklärungsanspruch, den Shark City angeblich verfolge, sei nur Alibi, um den kommerziellen Betrieb des Aquariums zu rechtfertigen.

Gleichwohl *Seven Seas Aquarium* die Pläne überarbeitete und das Investitionsvolumen auf bis zu 20 Millionen Euro erhöhte, sah das Unternehmen letztlich keine Möglichkeit mehr, das Projekt in Sinsheim zu realisieren. Im Juni 2017 stellte sie daher ihre Pläne dem Haupt-, Finanz- und Wirtschaftsausschuss der eine Autostunde entfernt im Bundesland Hessen gelegenen Stadt Pfungstadt vor, der einstimmig, sprich: mit den Stimmen sämtlicher Fraktionen, den Verkauf eines 21.000 Quadratmeter großen Grundstückes im Pfungstädter Gewerbegebiet an *Seven Seas Aquarium* genehmigte. In einer eigenen Sitzung des Ausschusses für Stadtplanung, Bauen und Umwelt wurde gar der Beschluss gefasst, einem beschleunigten Bauverfahren nach Maßgaben des § 13a BauGB stattzugeben, was „grünes Licht“ für sofortigen Baubeginn bedeutete. All diese Beschlüsse wurden gefasst, noch bevor die Pfungstädter Öffentlichkeit von den Plänen von *Seven Seas Aquarium* erfuhr.

Auch in Pfungstadt regte sich indes umgehend Widerstand. Namhafte Tier-, Natur- und Artenschutzorganisationen aus dem In- und Ausland schlossen sich zu einer Allianz gegen das „Haigefängnis Pfungstadt“ zusammen. Engagierte Bürger:innen Pfungstadts brachten zudem ein Bürgerbegehren auf den Weg, das in kürzester Zeit die erforderliche Stimmenzahl von 10 Prozent überschritt. Angeblich „formaler Mängel“ wegen wurde die Annahme des Begehrens von Bürgermeister Patrick Koch (SPD) ablehnt. Es folgten über Jahre sich hinziehende und letztlich ergebnislos versandende verwaltungsrechtliche Auseinandersetzungen.

Schon für Sinsheim hatte die oben erwähnte (und keineswegs als besonders zookritisch geltende) Hai- und Meeresschutzorganisation *SharkProject* ein umfängliches Fachgutachten vorgelegt, das zeigte, dass eine tiergerechte Haltung oder gar Vermehrung von Haien in Aquarien schlichtweg unmöglich ist. Zudem wies eine eigens begründete Bürgerinitiative „Kein Shark City in Pfungstadt“ nach, dass das geplante Großaquarium städtebaurechtlichen Bestimmungen grundlegend zuwiderlaufe: es würden enorme Energie- und Wasserressourcen verschwendet, durch Salzwassereinleitung in die Kanalisation könnten Flüsse verunreinigt werden, im Havariefall würde die Umwelt nachhaltig gefährdet werden; zudem würde bei der gewünschten Publikumsauslastung das Verkehrsaufkommen in der Stadt enorm in die Höhe getrieben, was ohne zusätzliche Investitionen in die Verkehrsinfrastruktur nicht verkraftbar sei.

Des ungeachtet schritten die Planungen und Vorarbeiten des Millionenprojekts zügig voran. Lediglich das Fassungsvermögen der geplanten Becken wurden reduziert: Statt ursprünglich vorgesehener rund 15 Millionen Liter allein für das zentrale Großbecken sollten alle 18 Becken zusammen nur noch 10 Millionen Liter beinhalten; zudem wurde die Investitionssumme weiter erhöht. Einer Eröffnung von *Shark City* im Sommer 2021, so die beiden Geschäftsführer von *Seven Seas Aquarium* Ende 2019, stehe nichts mehr im Wege. Tatsächlich aber stand eine Vielzahl angekündigter oder bereits laufender rechtlicher Schritte dem Fortgang des Projekts sehr im Wege. Trotz Drängens der Pfungstädter Stadtspitze war bis Ende 2020 noch kein offizieller und genehmigungsfähiger Bauantrag eingereicht worden; noch nicht einmal der Kaufvertrag für das 21.000 Quadratmeter große Gelände war unterzeichnet worden, auf dem „Shark City" entstehen sollte.

Tote Haie und Rochen

Hingegen wurde über die Meeresschutzorganisation *ElasmOcean* bekannt, dass im September 2020 zwei seit 2016 in einem provisorischen Rundstrombecken von *Seven Seas Aquarium* im rheinland-pfälzischen Grünstadt zwischengelagerte Bullenhaie tot waren. Einer davon war bereits vor Monaten „verendet", wie es hieß, der zweite kam durch verunreinigtes Wasser aus der Kanalisation zu Tode. Auch zwei Blaupunktrochen waren „verendet", dem Vernehmen nach aufgrund eines defekten Ozongerätes. Alle noch lebenden Tiere, die seit 2016 in den Grünstädter Geschäftsräumen von *Seven Seas Aquarium* verwahrt worden waren, darunter zwölf Haie, wurden an andere Schauaquarien abgegeben.

Nachdem im Mai 2021 die geforderten Gutachten für ein Bauvorlageverfahren immer noch nicht eingereicht worden waren und damit auch kein Bauantrag gestellt worden war, wurde die Grundstückreservierung seitens der Hessischen Landgesellschaft (HLG) aufgehoben. Ein Gütetermin zur Klärung eines eventuell fortbestehenden Interesses von *Seven Seas Aquarium* an dem Grundstückskauf platzte, da von der Geschäftsführung niemand dazu auftauchte. Auch die Internetpräsenz der *Seven Seas Aquarium* war urplötzlich verschwunden. Wegen „Einstellung der Geschäftstätigkeit" und „erheblicher Zielüberschreitungen" wurde der Bonitätsindex der *Seven Seas Aquarium GmbH & Co. KG* erheblich herabgesetzt.

Letztlich hob Anfang Juli 2021 die Pfungstädter Stadtverordnetenversammlung sämtliche Beschlüsse hinsichtlich des Hai-Aquariums auf: Das von Zoofans bejubelte Millionenprojekt *Shark City* war tot, noch ehe der erste Hai dort „verendet" war. #112/2021

Ratingen

„Was rumpelt und pumpelt in meinem Bauch herum…?"

Ganz dem Geiste der Zeit entsprechend wurden ab Ende der 1920er quer durch Deutschland sogenannte „Märchenwälder" eingerichtet, in denen Kindern und Erwachsenen „deutsches Kulturgut" vermittelt werden sollte: vornehmlich die Märchen der Gebrüder Grimm, die als „urdeutsche Volksliteratur" und insofern als unabdingbar galten in der Erziehung zu Vaterlandsliebe und rechtem Deutschtum.

Der 1931 begründete (und bis heute bestehende) „Märchenwald Altenberg" etwa (gelegen zwischen Solingen und Bergisch Gladbach) bestand, wie all die anderen Märchenwälder auch, aus einem umzäunten bewaldeten Areal mit um einen Rundweg herum angelegten kleinen Häuschen, in denen mittels lebensgroßer Figuren Schlüsselszenen aus den populärsten (der insgesamt mehr als 200) Märchen der Grimms dargestellt wurden (Aschenputtel, Die sieben Raben, Frau Holle, Schneewittchen usw.). An den Häuschen waren Schrifttafeln angebracht, auf denen das jeweilige Märchen in Kurzform nachzulesen stand.

Während des „Dritten Reiches" wurden die gesammelten Werke der Grimms vom NS-Reichsministerium für Wissenschaft, Erziehung und Volksbildung vereinnahmt, die Märchen wurden integraler Teil des Schulunterrichts. Viele der Märchen wurden auch hochkarätig kinoverfilmt, der *Froschkönig* etwa von einem Kamerateam, das den Riefenstahl-Reichsparteitagsfilm *Triumph des Willens* von 1934/35 gedreht hatte. Regie führte, wie bei einer Reihe weiterer Märchenproduktionen, der von der NS-Reichsfilmkammer besonders protegierte Alf Zengerling.

Die von den Nazis gezielt geschürte Begeisterung für die Grimmschen Märchen überdauerte die NS-Zeit, so dass in den 1950ern und 60ern (und letztlich bis herauf in die Jetztzeit) zahllose weitere Märchenfilme gedreht und eine Vielzahl weiterer Märchenwälder begründet wurden. Ein gutes Dutzend der Märchenwälder, im Laufe der Jahre mehr oder weniger „modernisiert" (z. B. Märchentexte vom Tonband) und um allerlei Freizeitparkelemente erweitert (Minigolf, Autoscooter, Parkeisenbahn, Sommerrodeln usw.), existiert bis heute. Einige dieser Einrichtungen verstehen sich ausdrücklich als „Märchen*zoos*", in denen als zusätzliche Attraktion lebende „Haus- und Wildtiere" vorgehalten werden.

Im *Märchenwald Schongau* (Oberbayern) beispielsweise finden sich „Streichelgehege" mit Hasen, Schafen oder Ziegen, dazu Papageien, Pfauen, Emus und jede Menge sonstiger Vögel; gegen Sonderentgelt kann der Rundweg auch im Sattel parkeigener Ponies zurückgelegt werden. In ganz ähnlicher Form ist auch der *Märchenwald Saalburg* (Thüringen) mit Tieren bestückt, desgleichen der bereits erwähnte *Märchenwald Altenberg.* Der *Märchenpark Frankenhof* (Münsterland) hält rund 500 Tiere aus dutzenden verschiedener Arten vor (darunter Rentiere, Bisons, Luchse, Elche, Skunks und Yaks). Auch wenn die einzelnen Einrichtungen laut Definition des Bundesnaturschutzgesetzes (BNatSchG) als „Zoos" gelten und die Unterbringung und Versorgung der Tiere insofern bestimmten Minimalerfordernissen genügen müsste, ist deren Einhaltung keineswegs überall und in ausreichendem Maße gewährleistet. Veterinäramtliche Kontrollen gibt es alle „heiligen drei Zeiten".

Völlig aus der Zeit gefallen...

Unweit eines aufgelassenen Steinbruches bei Ratingen (NRW) findet sich der 1952 begründete Märchenzoo am Blauen See. Auf einer Fläche von knapp drei Hektar führt ein Rundweg an einer Handvoll Grimmscher Märchenstationen vorbei: Dornröschen, Hänsel&Gretel, Schneewittchen, Froschkönig Aschenputtel, Rotkäppchen, Rumpelstilzchen und Tischlein deck dich; dazu Aladin mit fliegendem Teppich. An den Häuschen samt lebensgroßen Figuren – wetterfest aus Beton gefertigt – scheint seit den Gründertagen des Zoos nichts instandgesetzt oder überholt worden zu sein. Der „Märchenzoo am Blauen See" stellt sich unverändert genauso dar, wie ihn die Eltern, Groß- und vielleicht gar Urgroßeltern heutiger Besucherkinder in ihrer eigenen Kindheit erlebt haben: Nichts, aber auch gar nichts hat sich geändert, was für das Gros der Besucher:innen, die mit ihrem Nachwuchs hierherkommen, gerade den „Zauber" des völlig aus der Zeit gefallenen „Märchenzoos" ausmachen dürfte: Ganz so wie früher, ohne aufwändige Fahrgeschäfte oder sonstige Freizeitparkattraktionen, nur mit einem Sandkasten samt einer einfachen Rutsche. Und natürlich mit den Märchenstationen, über die die heutige Generation mit dem pädagogisch ach wie wertvollen Kultur- und Märchengut der Grimms vertraut gemacht werden kann: Von einer menschenfressenden alten Frau etwa, die in einen Backofen gestoßen und darin verbrannt wird: „Da gab ihr Gretel einen Stoß, daß sie weit hineinfuhr, machte die eiserne Tür zu und schob den Riegel vor. Hu! Da fing sie an zu heulen, ganz grauselich; aber Gretel lief fort, und die gottlose Hexe mußte elendiglich verbrennen." (Hänsel&Gretel). Oder von zwei bösen Stiefschwestern, denen zwei Tauben beide Augen aushacken: „Und waren sie also für ihre Bosheit und Falschheit mit Blindheit auf ihr Lebtag bestraft." (Aschenputtel). Oder von einer eitlen Königin, die ein junges Mädchen seiner Schönheit wegen vergiften will, zuletzt aber selbst zu Tode gefoltert wird: „Aber es waren schon eiserne Pantoffel über Kohlenfeuer gestellt und wurden mit Zangen hereingetragen und vor sie hingestellt. Da mußte sie in die rotglühenden Schuhe treten und so lange tanzen, bis sie tot zur Erde fiel." (Schneewittchen)

Nicht unerwähnt bleiben dürfen an dieser Stelle die antisemitischen Ressentiments, von denen die Märchen der Grimms weit mehr durchzogen sind, als dies auf den ersten Blick auffällt. Manches ihrer Märchen ist ganz unverhohlen antisemitisch: so sucht etwa ein „Jude mit einem langen Ziegenbart" [=ein Rabbiner?] in heimtückischer Manier einen Spielmann an den Galgen zu bringen, um sich dessen Geld anzueignen. Der Spielmann entlarvt das Lügenkonstrukt des Juden, der nun selbst zum Galgen geführt und aufgehängt wird (Der Jud' im Dorn). Im Gesamtwerk der Grimms findet sich eine lange Liste antisemitischer Textstellen.

Der Wolf und die sieben Geißlein

Der Wolf ist tot! Der Wolf ist tot!

In vielen Märchen der Grimms spielen Tiere eine tragende Rolle, meist kommen sie nicht gut weg (unabhängig davon, wie die jeweilige Geschichte tiefenpsychologisch oder sonstwie interpretiert werden mag): Ein Frosch etwa wird, als er von einer Prinzessin den versprochenen Lohn für eine Hilfeleistung einfordert, von dieser brutal an die Wand geknallt: „Da ward sie erst bitterböse, holte ihn herauf und warf ihn aus allen Kräften wider die Wand: 'Nun wirst du Ruhe haben, du garstiger Frosch.'" (Der Froschkönig). Merke: Frösche sind garstig, man darf sie getrost an die Wand werfen.

Besonders schlecht kommt der Wolf weg: In einem der Märchen verführt er ein kleines Mädchen, das er letztlich, zusammen mit dessen Großmutter, auffrisst. Ein zufällig des Wegs kommender Jäger schneidet dem schlafenden Wolf den Bauch auf: „Wie er ein paar Schnitte getan hatte, da sprang das Mädchen heraus. Und dann kam die alte Großmutter auch noch lebendig heraus. Das Mädchen aber holte geschwind große Steine, damit füllten sie dem Wolf den Leib, und wie er aufwachte, wollte er fortspringen, aber die Steine waren so schwer, dass er gleich niedersank und sich totfiel. Da waren alle drei vergnügt" (Rotkäppchen). In einem anderen Märchen überlistet der Wolf sieben junge Geißlein, die er alle, bis auf eines, dass sich zu verstecken weiß, verschlingt. Daraufhin schläft er ein. Als die Geißenmutter nach Hause kommt, schneidet sie „dem Ungetüm den Wanst auf, und kaum hatte sie einen Schnitt getan, so sprangen nacheinander alle sechs Geißlein heraus, und waren noch alle am Leben. Das war eine Freude! Die Alte aber sagte: 'Jetzt geht und sucht Wackersteine, damit wollen wir dem gottlosen Tier den Bauch füllen, solange es noch im Schlafe liegt.' Da schleppten die sieben Geißerchen in aller Eile die Steine herbei und steckten sie ihm in den Bauch, so viel als sie hineinbringen konnten. Dann nähte ihn die Alte in aller Geschwindigkeit wieder zu, daß er nichts merkte und sich nicht einmal regte. Als der Wolf endlich ausgeschlafen hatte, machte er sich auf die Beine, und weil ihm die Steine im Magen so großen Durst erregten, so wollte er zu einem Brunnen gehen und trinken. Als er aber anfing zu gehen, so stießen die Steine in seinem Bauch aneinander und rappelten. Da rief er: 'Was rumpelt

Rhesusaffe JEAN-LUCA

und pumpelt in meinem Bauch herum...?' Und als er an den Brunnen kam und sich über das Wasser bückte und trinken wollte, da zogen ihn die schweren Steine hinein, und er mußte jämmerlich ersaufen. Als die sieben Geißlein das sahen, kamen sie eilig herbeigelaufen und riefen laut: „Der Wolf ist tot! Der Wolf ist tot!" und tanzten mit ihrer Mutter vor Freude um den Brunnen herum." (Der Wolf und die sieben Geißlein) Merke: Der Wolf ist hinterhältig und böse, man darf, ja muss ihn töten.

Der *Märchenzoo am Blauen See* hält neben den Märchenstationen eine Reihe an Tieren vor, die von den Besucherkindern mit am Kassenhäuschen zu erwerbenden Pellets gefüttert werden dürfen: einen Esel, ein Pferd, ein Hängebauchschwein, einige Hasen sowie Enten, Gänse, Hühner, Pfauen und ein paar Ziegen. Letztere sind direkt in das Märchengeschehen eingebunden: Der (völlig heruntergekommene) Ziegenstall stellt das Wohnzimmer der „sieben Geißlein" dar, durch dessen Fenster eben ein (Beton-)Wolf hereinspringt.

Ali Babas letzter Räuber

Bis in die jüngste Vergangenheit hinein wurden in einem „orientalisch" anmutenden Gehegebau neben dem Eingang des Zoos zahlreiche Rhesusaffen gehalten – zu Zeiten mehr als zwei Dutzend Tiere –, die die „Räuber" aus der „Tausendundeine Nacht"-Geschichte *Ali Baba und die vierzig Räuber* darstellen sollten. Der als letzter übriggebliebene „Räuber" – Nachzucht oder Neuerwerb war dem Märchenzoo seit Jahren schon nicht mehr gestattet – wurde nach endlosen Verhandlungen des *Great Ape Project* mit den Betreibern des Zoos mittlerweile in das *Wales Ape & Monkey Sanctuary* nach Südengland verbracht. Hier kann der letzte Ratinger Affe seine verbleibende Lebenszeit in einer größeren Gruppe anderweitig beschlagnahmter oder abgegebener Rhesusmakaken zubringen. Erwartungsgemäß steuerte der Märchenzoo keinen Cent zu Transport und Unterhalt des Affen bei, mit dem man 28 Jahre lang Geschäft gemacht hatte. Das nunmehr leerstehende „Tausendundeine Nacht"-Gehege wurde etwas umgestaltet und anstelle des „letzten Räubers" mit zwei Waschbären bestückt. #108/2020

Saarbrücken

Der im Jahre 1932 aus einer Privatinitiative heraus begründete „Tiergarten für exotische Tiere" in Saarbrücken stellte von Anbeginn neben heimischen Wildtieren eine Vielzahl an „Exoten" zur Schau, darunter Javaneraffen, Lamas und Yaks, dazu ein Känguru, einen Eisbären und als Hauptattraktion: einen Elefanten. 1935 bekam er von „Reichsjägermeister" Hermann Göring höchstpersönlich einen Löwen geschenkt. Während des Zweiten Weltkrieges wurde der Tiergarten völlig zerstört, bis auf wenige Ausnahmen kamen sämtliche Tiere bei Bombenangriffen zu Tode. Mit erheblicher Bezuschussung aus öffentlichen Geldern wurde ab 1950 auf einem anderen Areal am Rande der Stadt eine neue und relativ weitläufige Zooanlage errichtet, die, seit 1955 kommunal getragen, mittlerweile völlig vom Stadtgebiet umschlossen ist.

Seit 2010 wurde das Zoogelände zugunsten städtischen Wohnungbaus erheblich reduziert, so dass es heute eine Fläche von nur noch 12 Hektar aufweist. Auf diesem Gelände (das seiner teils extremen Hanglage wegen nur eingeschränkt genutzt werden kann) werden derzeit rund 1300 Tiere aus 135 Arten vorgehalten. Die Besucherzahlen liegen bei (angeblich) 240.000 pro Jahr, rechnet man die Mehrfachbesuche von Jahreskartenbesitzern ein, dürften sie bei allenfalls 60.000 liegen. Als Motto des Zoos gilt die vermeintlich besonders originelle Hohlfloskel: „Hallo im Zoo".

Schwerpunktmäßig werden Tiere der afrikanischen Steppe (Giraffen, Zebras, Geparden) sowie der afrikanischen Regenwälder (Pinselohrschweine, Mandrille, seit 1975 auch Schimpansen und Gorillas) gezeigt; als Besonderheit gelten Lemuren, die mit neun Arten beziehungsweise Unterarten vertreten sind. „Ein weiteres Highlight", so ein saarländisches Werbe- und Freizeitportal, sei die „Seehundfütterung, bei der die Tiere mit beeindruckender Leichtigkeit Kunststücke vorführen. Die intelligenten Seehunde apportieren Bälle und Ringe, springen durch Reifen und befolgen jedes Kommando." Schon der Vorkriegszoo hatte mit Zirkus- und Dressurvorführungen für sich geworben.

Für Kinder werden zwei Spielplätze vorgehalten, dazu ein „Streichelzoo" mit Lamas, Schafen und Zwergziegen; sonntags steht „Po-

nyreiten" auf dem Programm. Ein zoopädagogisches Team bietet Führungen und Projektarbeit für jede Altersstufe an. Dazu gibt es Abend- und Nachtführungen (mit der Möglichkeit, im Zoo zu übernachten), mehrtägige Ferienprogramme sowie Sonderveranstaltungen wie „Halloween im Reich der Tiere" oder „Tiere an der Weihnachtskrippe". Selbstverständlich werden auch Kindergeburtstage ausgerichtet.

Anschluss verloren

Der Zoologische Garten Saarbrücken macht im Gesamtbild einen ausgesprochen ungepflegten Eindruck. Auch wenn in den letzten Jahren das ein oder andere Gehege überholt und einige Anlagen neu erstellt wurden – mit Millionenaufwand wurde 2017 auch der Eingangs-, Kassen- und Merchandisingbereich neu gestaltet-, ist das Gros der vorgehaltenen Tiere nach wie vor in viel zu beengten und heruntergekommenen Käfiganlagen untergebracht.

Gleich hinter dem Eingang findet sich das sogenannte „Raubtierhaus", in dem, eingesperrt in winzige, rundum verflieste Betonbunker, ein paar Jaguare vor sich hinvegetieren. Auch das 1975 erstellte „Afrikahaus", in dem auf engstem Raume Giraffen, Zebras und Antilopen zusammengepfercht sind, genügt, ungeachtet vorgenommener Renovierungsmaßnahmen im Jahre 2009, nicht einmal zoointernen Standards. Ebenso indiskutabel sind die Käfige der Drille, Lemuren oder Javaneraffen, ganz zu schweigen von den viel zu kleinen Terrarien im sogenannten „Tropikarium", in denen Geckos, Pythons oder Alligatoren untergebracht sind.

Als Grund für den desolaten Zustand großer Teile der Saarbrücker Gehegeanlagen wird „politischer Streit" zwischen den einzelnen Fraktionen des Stadtrates angeführt – der Zoo steht wie gesagt unter kommunaler Verwaltung –, der über Jahre hinweg Investitionen blockiert habe. Der Zoo habe insofern den „Anschluss an die Zoowelt verloren". Tatsächlich wurde der Zoo seit Anfang der 1990er durch einen offenbar komplett unfähigen, gleichwohl durch eine CDU-Mehrheit im Stadtrat gestützten Zoodirektor nachgerade systematisch heruntergewirtschaftet. Erst nach dem unrühmlichen Abgang dieses Direktors im Jahre 2005 – die Rede war von „kaufmännischen Unregelmäßigkeiten", die er sich geleistet hatte – wurden dringend notwendige Renovierungsmaßnahmen ins Auge gefasst. 2010 wurde ein „Masterplan" vorgelegt, demzufolge „in den kommenden Jahren" die Gehege- und Käfigbauten umgestaltet und damit „attraktiver für die Besucher" werden sollten. Tatsächlich wurde ab 2012 das noch aus den 1960ern stammende und völlig vergammelte Minibecken der Seehunde durch einen 3-Millionen-Neubau mit eigener Zuschauertribüne ersetzt. Die alte Betonkuhle wurde gleichwohl nicht abgerissen, sondern mit neu hinzu erworbenen Humboldtpinguinen bestückt, für die sie nicht ungeeigneter ist, als sie es für die Seehunde gewesen war. (Notiz am Rande: Kaum war das neue Seehundbecken eröffnet, musste es zur Behebung von Baumängeln für einen sechsstelligen Betrag saniert werden.)

Nicht weniger desolat als das „Afrikahaus" stellt sich das 1981 errichtete „Menschenaffenhaus" dar. Der mit gewellten Schichtstoffplatten verkleidete Betonkasten macht einen extrem heruntergekommenen, um nicht zu sagen: verwahrlosten Eindruck. Im Inneren weist der Flachbau insgesamt sechs Gehegeabteile unterschiedlicher Größe auf. Jeweils zwei davon sind miteinander verbunden und werden von je einer Gruppe Schimpansen beziehungsweise einer Gruppe Gorillas bewohnt; zwei kleinere Gehege sind mit Krallenäffchen besetzt.

In den beiden je etwa 100qm großen Schimpansengehegen sind derzeit fünf Tiere untergebracht. Beide Gehege sind rundum mit bunten Klinkerfliesen verkleidet, im hinteren Teil findet sich jeweils eine Art Empore, unter der, tagsüber verschlossen, die Zugänge zu den Schlafboxen verlaufen. Über Milchglasoberlichten erhalten die Gehege Tageslicht, zudem werden sie über Neonlicht erhellt; Fenster ins Freie gibt es nicht. An Einrichtung finden sich die zooüblichen Totholzstämme, Seile und Hängematten, dazu Kletter- und Hangelgerüste aus Stahlrohr. Zur Besucherseite hin sind die Gehege mit großflächigen Panzerglasscheiben gesichert. Im Außenbereich stehen den Schimpansen zwei nachträglich angebaute Freiluftkäfige zur Verfügung. Weder im Innen- noch im Außengehege gibt es Sichtblenden oder sonstige Rückzugs- oder Versteckmöglichkeiten.

Die Innengehege der Gorillas, in denen derzeit eine vierköpfige Gruppe untergebracht ist, weisen eine Gesamtgrundfläche von etwa 130qm auf. Sie entsprechen in ihrer Ausstattung weitgehend den Schimpansengehegen.

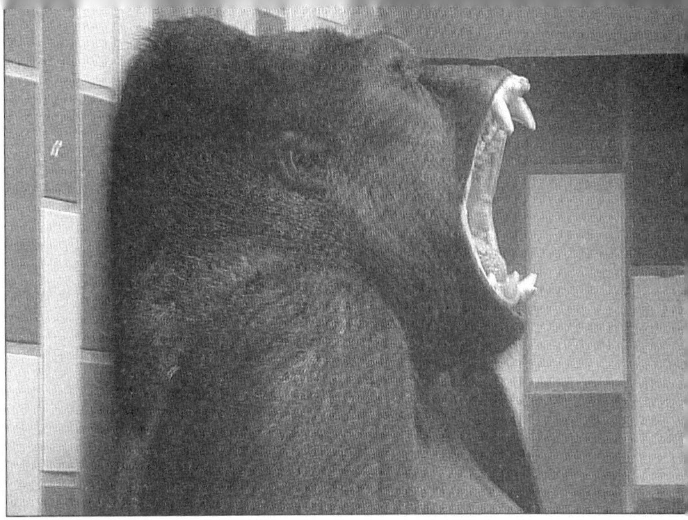

PESCO

Die Gorillas verfügen über einen nachträglich an den Innenbereich angefügten Anbau: eine etwa 150qm umfassende und mit transparenten PVC-Paneelen überdachte Art Offenstall. Dieser euphemistisch als „Gorilla-Veranda" bezeichnete Anbau ist mit Totholzstämmen, Hängematten und Seilen ausgestattet, Versteck- oder Rückzugsmöglichkeiten bietet er nicht.

Einem „Masterplan" der Stadt Saarbrücken von 2012 zufolge war bis 2014 die Einrichtung eines Außengeheges für die Gorillas vorgesehen: Die Rede war von einer 1400qm umfassenden Freifläche – veranschlagte Baukosten 900.000 Euro –, die direkt neben dem Menschenaffenhaus entstehen sollte. Der Grund für den plötzlich als notwendig erachteten Bau eines Freigeheges lag in der Befürchtung verschärfter Vorgaben, die die anstehende Novellierung des bundesministeriellen Säugetiergutachtens mit sich bringen würde. Der Umstand, dass man erst nach 35 Jahren auf die Idee kam, ein Freigehege für die Gorillas anzulegen, lässt das Eigenlob des Saarbrücker Zoos, er gehöre zu jenen „wissenschaftlich geführten Zoologischen Gärten, die ständig daran arbeiten, Haltungsbedingungen der Tiere neuesten zoobiologischen Kenntnissen entsprechend zu gestalten und zu verbessern", als zynische Farce erscheinen.

In der Tat erhielten die Gorillas 2014 eine Außenanlage, auf der sie sich bei passender Witterung stundenweise aufhalten können: Das etwa 1400qm umfassende Gehege – eines vorgelagerten Wassergrabens wegen erscheint es wesentlich größer, als es tatsächlich ist –, schlug letztlich mit 1,4 Millionen Euro zu Buche, die nicht zuletzt aus Steuermitteln aufgebracht wurden. #103/2019

▶ Mitte 2023 wurde der Bau eines neuen Menschenaffenhauses angekündigt.

Aus der Familie gerissen

Vierzehn Jahre lang wurde Silberrücken IVO im Berliner Zoo zur Schau gestellt. 2005 war der 1988 im Münchner Tierpark Hellabrunn geborene Gorilla, den man als erst in den Loro-Park auf Teneriffa und später dann in den Zoo Amsterdam verschubt hatte, an den „Hauptstadtzoo" verhökert worden, um dort für publikumswirksamen Nachwuchs zu sorgen. Seit sich bei einer medizinischen Untersuchung IVOs Zeugungsunfähigkeit herausgestellt hatte, stand er auf dem Abschiebegleis. Eine große Berliner Tageszeitung forderte Zoodirektor Knieriem auf, schnellstmöglich Ersatz für die „peinliche Luftpumpe" [sic!] zu besorgen. Anfang 2019 nun wurde der mittlerweile 31-jährige IVO an den Zoo Saarbrücken abgeschoben, wo man ihn in eines der dortigen Bunkerabteile steckte, zu einer Gruppe älterer und nicht mehr fortpflanzungsfähiger Artgenossinnen, die ihrerseits aus verschiedenen Zoos zusammengewürfelt worden waren. Was es für IVO bedeutete, gewaltsam aus seiner Familie herausgerissen und an einem fremden Ort mit fremden älteren Gorillafrauen zwangsvergesellschaftet zu werden – und was es für diese bedeutete –, bekümmerte niemanden; zumal man in Berlin bereits einen Nachfolger für ihn in petto hatte: den 14-jährigen SANGO aus dem westfranzösischen Affenzoo Valle des Singes. Auch er war aus seiner gewachsenen Bezugsgruppe herausgerissen worden – zudem aus einer für Zooverhältnisse nachgerade vorbildlichen Haltung auf einer dichtbewaldeten Insel –, um nach kurzer Zwischenstation in einem belgischen Privatzoo nach Berlin verfrachtet zu werden. Eingesperrt hinter Panzerglas und auf nacktem Betonboden sollte er nun schnellstmöglich Gorillanachwuchs produzieren.

Nicht selten ertragen gerade Menschenaffen den ungeheueren Stress nicht, gewaltsam aus ihren Familien herausgerissen zu werden. Sie erleiden eine akut einsetzende Funktionsstörung des Herzmuskels (Broken-Heart- oder Tako-Tsubo-Kardiomyopathie), die mit lebensbedrohlichen Komplikationen einhergehen kann. Den Zoos ist das egal: Stirbt ein Tier aufgrund der ständigen Hin- und Herschieberei, bestellt man sich einfach ein neues. #103/2019

Schwaigern

„NEGER" und „GARTENZWERG"

Mitten in der baden-württembergischen Provinz, auf halbem Wege zwischen Stuttgart und Heidelberg und zugehörig der 11.000-Einwohner-Gemeinde Schwaigern (nahe Heilbronn), findet sich der sogenannte „Leintalzoo", ein im Jahre 1980 eröffneter Privatzoo, der bis heute von der Familie des Begründers, Peter Geßmann, zusammen mit einem eingetragenen Förder- sprich: Spendensammelverein, betrieben wird. Geßmann, so die von ihm selbst kolportierte Lesart, habe den Zoos einst begründet, um „Menschenaffenwaisen aus Afrika ein Zuhause zu schaffen".

Angeblich habe er schon in den 1960er Jahren in Kamerun verwaiste Schimpansenbabies gerettet und nach Deutschland verbracht. Auch Schimpansen von „Schaustellern, Zirkussen und Privathaltern" will er befreit haben. Tatsächlich hatte Geßmann schon vor Eröffnung seines Zoos einige Schimpansen gehalten, woher er sie hatte, ist unbekannt. Der Leintalzoo gehört der *Deutschen Tierparkgesellschaft e.V.* an, einem unbedeutenden Zusammenschluss privat betriebener Kleinzoos.

Auf einem langgestreckten Grundstück entlang einer Hauptverkehrsstraße etwas außerhalb Schwaigerns werden in Volieren einige Fasane, Flamingos, Pfaue und Sittiche gezeigt, in einem sogenannten Haustierbereich ein Lama, ein Pony, ein Muli, dazu ein Hängebauchschwein sowie ein paar Schafe und Ziegen. Insgesamt zeigt der Zoo 270 Tiere aus 50 Arten. Als Hauptattraktion gilt die zentral gelegene Affenanlage, in der neben Gibbons, Mandrillen, Kapuzineraffen, Makis und Meerkatzen die angeblich „größte Schimpansengruppe Deutschlands" zur Schau gestellt wird. In der Tat werden knapp 40 Schimpansen vorgehalten, unter Bedingungen, die jeder Beschreibung Hohn sprechen.

Die Affenanlage des Leintalzoos besteht aus zwei ineinander übergehenden Gebäudetrakten: einem völlig heruntergekommenen „Altbau", der seit den Gründertagen des Parks offenbar nie renoviert wurde, sowie einem 2002 angefügten „Neubau"; hinzu kommt ein von beiden Häusern aus zugängiges relativ großes Außengehege.

Der auffallend ungepflegte und extrem übelriechende „Altbau" weist neben neun teils winzigen Käfigen für die „niederen Affen" sowie einem kleinen Käfig für Papageien ein etwa 200qm umfassendes, teilbares Großgehege auf, in dem 25 Schimpansen untergebracht sind. Das Gehege ist an den Seiten und an der Decke mit Eisenrohrgittern versehen, die Rückwand ist verfliest. Der Boden besteht zu einer Hälfte aus nacktem Beton, zur anderen ist er mit versifftem (d.h. offenbar nur selten ausgetauschtem) Mulch bedeckt. Ausgestattet ist das Gehege mit ein paar Totholzstämmen und Seilen; weitere Spiel- oder Beschäftigungsmöglichkeiten gibt es nicht, ebensowenig Stroh, Holzwolle oder sonstiges Nestbaumaterial. Ver-

dreckte Milchglasfenster erlauben keinen Blick nach draußen.

Die Tiere haben keinerlei Möglichkeit, sich zu verstecken, sich zurückzuziehen oder einander aus dem Weg zu gehen: Zusammengepfercht auf engstem Raume sitzen sie den ganzen Tag beschäftigungslos herum und langweilen sich zu Tode. Selbst die längst überholteb und in sich völlig unzureichenden Bestimmungen des bundesministeriellen Säugetiergutachtens von 1996, die eine Grundfläche von wenigstens 25qm pro zwei Schimpansen plus zusätzliche 10qm für jedes weitere Tier vorsahen, werden im Leintalzoo massiv unterschritten; auch die mangelhafte Ausstattung des Geheges widerspricht sämtlichen Bestimmungen. Highlights des Tages sind die sogenannten „Schaufütterungen", bei denen den Schimpansen jeweils eine Schubkarre Obst und Gemüse vor den Käfig gekippt wird, das sie sich durch das Gitter hereinangeln müssen.

Der ebenfalls sehr ungepflegte „Neubau" weist neben einem etwa 15qm großen Käfig für Mandrille und einem 12qm großen Bedarfsgehege ein zweites, etwa 80qm umfassendes Großgehege auf, in dem weitere 10 Schimpansen gehalten werden. Auch hier werden die Bestimmungen des Säugetiergutachtens nicht erfüllt. Die Wände und Decken sind verfliest bzw. vergittert, der Boden besteht aus nacktem Beton. An Einrichtung finden sich drei Totholzstämme, ein paar Seile sowie Stahlrohre, die das Deckenkonstrukt tragen; Holzwolle oder Stroh gibt es nicht, auch keine Versteck- oder Rückzugsmöglichkeiten. Der einzige Unterschied zum „Altbau" besteht darin, dass der „Neubau" etwas lichter ist und den Tieren durch einen Versorgungsgang hindurch einen Blick ins Freie ermöglicht.

Das Außengehege für die Schimpansen besteht aus mehreren ineinander verschachtelten und voneinander abtrennbaren Eisendrahtkäfigen, die eine Gesamtgrundfläche von geschätzten 1000qm aufweisen. Sie verfügen über Naturboden, einige Totholzstämme, Stahlrohre sowie ein paar aufgehängte Seile; sonsti-

ges Spiel- oder Beschäftigungsmaterial gibt es nicht, auch keinerlei Rückzugs- oder Versteckmöglichkeiten. Für die „niederen Affen" werden, angebaut an den „Altbau", eigene kleine Außenkäfige vorgehalten, die, ebenso wie die Innenkäfige, allein ihrer geringen Maße von teils weniger als 6qm Grundfläche wegen als Verstöße gegen das Tierschutzgesetz zu werten sind. Der Hinweis auf einem Plakat, dass freilebende Schimpansen Wohngebiete „von 10 bis 30 Quadratkilometern" durchstreifen, erscheint angesichts dessen als blanker Zynismus.

Auch wenn den Schimpansen des Leintalzoos mehr Außenraum zur Verfügung steht, als vielen ihrer Artgenossen in anderen Zoos, muss die Gesamtsituation als völlig inakzeptabel gewertet werden. Die Gestaltung der Außenanlagen entspricht nicht ansatzweise den Erfordernissen für die Haltung Großer Menschenaffen (ungeachtet der Frage, was Wild- oder sonstige Tiere, ob exotisch oder heimisch, überhaupt in einem Zoo verloren haben bzw. was überhaupt die Existenzberechtigung von Zoos ist). Vor allem aber die Innenanlagen, in

denen die Tiere mehr als 80 Prozent ihrer Lebenszeit zuzubringen genötigt sind – die Außenanlagen können nur tagsüber und nur bei entsprechender Witterung aufgesucht werden –, sind indiskutabel. Als erster Schritt müsste dem Zoo ein striktes Nachzuchtverbot auferlegt werden: Trotz der heillosen Überbelegung der Schimpansenanlage wurde und wird völlig unkontrolliert – d. h. außerhalb des *Europäischen Erhaltungszuchtprogrammes* und unter Inkaufnahme schwerer genetischer Defekte durch Inzuchtvermehrung – „gezüchtet".

Insgesamt haben die Geßmanns dutzende Schimpansen„nachzuchten" zu verantworten, von denen eine überproportional hohe Zahl „von Hand" aufgezogen werden musste, da sie von ihren Müttern nicht angenommen worden waren. Verhaltensstörungen sind da vorprogrammiert. Über welcherart primatologische oder zoologische Fachkompetenz die Geßmanns verfügen, war nichts in Erfahrung zu bringen. Die Namen, die sie ihren Schimpansen gegeben haben, sprechen Bände: NEGER, GARTENZWERG, ZIEGENKIND; allen Ernstes auch PIPI, PUTZI und LAPPEN. Vom Bildungsauftrag, den Zoos nach § 42 BNatSchG zu erfüllen haben, scheint man im Leintalzoo noch nie gehört zu haben.

In der Pflicht steht insofern die Landespolitik Baden-Württembergs: Es gilt, die schweren Fehler und Versäumnisse fast 60-jähriger CDU-Alleinherrschaft zu korrigieren, die es möglich machten, dass Einrichtungen wie der Leintalzoo – oder auch der benachbarte „Schwabenpark", der neben Achterbahnen, Riesenrädern und sonstigen Fahrgeschäften einen eigenen Zoo mit Tigern 47 Schimpansen vorhält – jahrzehntelang nach Gutdünken exotische Wildtiere vermehren und unter unwürdigen bzw. tierquälerischen Bedingungen zur Schau stellen konnten (Baden-Württemberg weist unter allen Bundesländern die mit Abstand größte Zahl gefangengehaltener Schimpansen auf). #75/2012

▶ Vor dem Hintergrund anhaltender öffentlicher Kritik an den extrem beengten Verhältnissen im „Innengehege" der Schimpansen verlangte das zuständige Heilbronner Veterinäramt Mitte 2022 „Nachbesserungen". Mitte 2023 waren solche noch nicht einmal in Planung.

Stralsund

Verrostete Volieren und versiffte DDR-Datschen

Die an der vorpommerschen Ostsee gelegene Kreisstadt Stralsund – mit 58.000 Einwohner eines der Oberzentren Mecklenburg-Vorpommerns – verfügt seit 1959 über einen eigenen Zoo. Als Vorläufer gilt ein schon 1929 begründetes Hirsch-, Reh- und Wasservogelgehege, das allerdings im Zweiten Weltkrieg aufgelöst wurde.

Während auf dem alten Standort nach dem Krieg ein Schulgarten angelegt wurde, nahm die Idee, einen eigenständigen Zoo zu begründen, erst mit der Eröffnung des Tierparks in Ostberlin im Jahre 1954 Fahrt auf, dem die Kommunen der DDR nachzueifern aufgefordert waren, zumal zoologischen Gärten in § 67 des „Gesetzes über das einheitliche sozialistische Bildungssystem" ein entscheidender Bildungsauftrag zugewiesen worden war.

Der heutige Zoo wurde 1959 von Stralsunder Bürgern in Eigeninitiative eingerichtet. Ein von der Stadt zur Verfügung gestelltes Waldgrundstück wurde in rechtwinkelig angeordnete Gehegeflächen aufgeteilt und zunächst mit Wildschweinen und ein paar Rehen, bald dann auch mit Füchsen, Wölfen und sogar zwei Braunbären, besetzt. In den Folgejahren wurde das Wildgehege systematisch zu einem Zoo ausgebaut. Schon ab Mitte der 1960er wurden neben heimischen Wildtieren auch Watussis, Yaks und Wasserbüffel gezeigt, selbst Schakale, Hut- und Rhesusaffen sowie als Leihgabe des Zoos Rostock ein Löwe. 1971 wurden die Anlagen formell in städtische Trägerschaft überführt, bald darauf wurden auch erste Schimpansen angeschafft.

Der Zoo umfasst heute ein Gelände von 16 Hektar, auf dem knapp 1000 Tiere in 150 Arten vorgehalten werden. Ein Schwerpunkt liegt auf der Haltung „seltener Haustierrassen", wie kaukasischen Zwergzebus, Rauwolligen Pommernschafen oder Weißen Eseln. Hinzu kommen „Exoten" wie Waschbären, Skunks, Präriehunde oder Kängurus. Die Besucherzahlen liegen bei angeblich 120.000 pro Jahr (unter Berücksichtigung von Mehrfachbesuchen liegen sie tatsächlich weit darunter).

Auf dem Gelände des Zoos befindet sich ein historisches Stralsunder „Ackerbürgerhaus" aus dem Jahre 1690, das anderwärts abgebrochen und im Zoo wiederaufgebaut wurde. Es ist mit Gegenständen aus dem frühen 19. Jahrhundert bestückt und dient als volkskundliches Museum. Kindergruppen und Familien können von Frühjahr bis Herbst „eine Nacht auf Stroh" darin verbringen. Für besondere Anlässe (Geburtstage, Betriebsfeiern etc.) kann eine Grillhütte gemietet werden, wahlweise auch eine mongolische Jurte oder ein indianisches Tipi. Für Kinder gibt es die Möglichkeit, auf einem Pony oder Trampeltier zu reiten, Erwachsene können Kutschfahrten mit zooeigenen Kaltblutpferden unternehmen. Zudem

gibt es Schaufütterungen, Schauschafsschuren und dergleichen mehr.

Der Zoo betreibt seit je regen Tierhandel mit Privatabnehmern: Überzählige Tiere – u. a. Puten, Enten, Tauben, Pfaue, aber auch Ziegen, Schafe, Kaninchen und Lamas – werden per Aushang am Kassenhäuschen verkauft; viele von ihnen dürften in Kochtopf oder Bratpfanne landen.

Realsozialistisches Erbe

Der Stralsunder Zoo liegt direkt an einer vielbefahrenen Hauptverkehrsstraße und in unmittelbarer Nähe zu einem Gewerbegebiet, was die werbeträchtige Behauptung, die Besucher könnten „abseits vom Straßengetümmel in eine grüne Oase eintauchen" und „Erholung pur" finden, reichlich grotesk erscheinen lässt.

Obgleich seit der „Wende" das Gros der alten Käfiganlagen entsorgt und durch modernere Gehege ersetzt wurde, finden sich doch noch an jedem Eck und Ende Hinterlassenschaften der niedergegangenen DDR. Greifvögel vegetieren nach wie vor in winzigen verrosteten Volieren vor sich hin, Leoparden, Ozelote oder Luchse werden in wenige Quadratmeter großen Betonbunkern gehalten. In einer als „Südamerikahaus" bezeichneten heruntergekommenen Datsche sind auf beengtestem Raum ein paar Spinnen, Reptilien und Amazonasfische zu sehen.

Das alte „Affenhaus", ein heute leerstehender Bunkerbau aus dem Jahre 1973, gibt einen Eindruck, unter welch katastrophalen Bedingungen der Zoo Stralsund zu DDR-Zeiten und darüber hinaus Schimpansen zur Schau gestellt hatte. Erst 2004 wurde ein Neubau errichtet. Vorangegangen waren jahrelange Spendensammelaktionen, um die erforderlichen Mittel für diesen Neubau aufzubringen, während schon 1991 genug Geld da war, ein neues Eingangsgebäude zu errichten und den Kinderspielplatz mit neuen Spielgeräten zu bestücken. Auch für die Erweiterung des Tierbestandes, u. a. mit Geparden und China-Leoparden, war schon Anfang der 1990er ausreichend Geld vorhanden. Kaum fassbar der Umstand, dass die Schimpansen im alten „Affenhaus“ bis 2004 – also mehr als dreißig Jahre lang – Wand an Wand, sprich: in unmittelbarer Hör- und Riechweite mit einer Gruppe Löwen zusammengepfercht waren.

Für den Bau des neuen „Affenhauses“ wurden neben eingeworbenen Spenden erhebliche öffentliche Mittel eingesetzt. (Waren anfangs vier Schimpansen darin untergebracht, sind es heute nur noch zwei; die beiden anderen verstarben in relativ jungen Jahren.) Das neue Haus ist im Besuchergang mit einem kleinen Terrarium sowie einer Mischvoliere ausgestattet, in denen nordafrikanische Stachelmäuse, Schildkröten und Webervögel für „exotisches Flair“ sorgen sollen. Das Gehege der Schimpansen selbst weist eine Grundfläche von etwa 40qm auf (den Vorgaben des bundesministeriellen Säugetiergutachtens von 2014 zufolge müsste es wenigstens 200qm groß sein). Über vergitterte Oberlichten sowie zwei Außenfenster erhält es ein wenig Tageslicht, zudem wird es mit Neonröhren erhellt. Die Wände sind mit Lianen bemalt. Außer einem Totholzklettergerüst und einem aufgehängten Feuerwehrschlauch gibt es keinerlei Spiel- oder Beschäftigungsmaterial; auch Rückzugs- oder Versteckmöglichkeiten gibt es nicht.

Die angeschlossene Außenanlage – direkt vis-à-vis eines neu eingerichteten Löwengeheges und damit wie gehabt in Hör- und Riechweite der Raubkatzen – ist von einer fünf Meter hohen Betonmauer umgeben, in die von der Besucherseite her verwinkelt angeordnete Sichtfenster eingelassen sind. Die beiden vorgehaltenen Schimpansen GEROME (*1996) und FLO (*1999) weisen Symptome schwerer psychischer Störungen auf. #97/2017

Schwer verhaltensgestört hinter Panzerglas

Straubing

Schimpansenqual in niederbayerischem Provinzzoo

Über eine Viertelmillion Besuche verzeichnet der „Tiergarten Straubing" eigenen Angaben zufolge pro Jahr, nicht wenige kommen eigens der zur Schau gestellten Schimpansen wegen, die neben Löwen, Tigern und Krokodilen zu dessen Hauptattraktionen zählen. Mehr als 1700 Tiere aus 200 Arten werden in Straubing gehalten, viele davon Exoten.

„Der Zoo", wie es unter ausdrücklicher Bezugnahme auf Charles Darwin im aktuellen Jahresbericht des Straubinger Tiergartens heißt, „ermöglicht wie kaum ein anderer Lernort, die Vielfalt von Arten und Formen zu betrachten, zu dokumentieren und sich an ihnen zu freuen". Es werden insofern regelmäßig Unterrichtsgänge und Führungen für Schulklassen der Region veranstaltet, um den Kindern eine Vorstellung davon zu vermitteln, „wie sich die Mannigfaltigkeit der Tierarten im Laufe der Naturgeschichte entwickelt haben könnte".

Tatsache ist freilich: Ein Zoo eignet sich zu nichts weniger, als einen sinnfälligen Bezug zur Natur herzustellen. Gerade deshalb fällt es den Besuchern auch nicht auf, dass die Tiere fortgesetzt leiden. Selbst bei den Schimpansen des Straubinger Tiergartens fällt es ihnen nicht auf, gleichwohl deren Leid ins Auge springen müsste. SEBASTIAN, ALFONS und LUTZ heißen die drei, die seit Jahren ein gänzlich artwidriges Dasein zu fristen genötigt sind, eingesperrt hinter Eisengittern und Isolierglasscheiben in einem Betonkasten, der noch nicht einmal den Mindestanforderungen entspricht, die das zuständige Bundesministerium für Verbraucherschutz, Ernährung und Landwirtschaft nach jahrzehntelangem Kampf engagierter Tierschützer im Jahre 1996 aufgestellt hatte.

Wie der verantwortliche Veterinäramtsleiter der Stadt Straubing, Dr. Franz Able, hierzu mitteilt, sei das Affenhaus bereits gebaut worden, bevor diese Haltungsrichtlinien erlassen wurden. Es sei insofern „vielleicht wünschenswert, die Gestaltung der Innengehege noch zu verbessern. Allerdings ist das schwierig, weil sie aus Beton bestehen." Es dürfe nicht übersehen werden, dass die Tiere auch über ein „Freigehege" verfügten. Tatsächlich wurde an den Betonkasten ein Freiluftkäfig angebaut: winzig klein, eisenstangenvergittert und ohne Wetterschutz. Grundsätzlich, so Dr. Able, entspreche die Schimpansenhaltung in Straubing den Richtlinien: „Die Eignung eines Geheges kann man nicht allein nach zentimetergenauer Einhaltung von vorgegebenen Maßen beurteilen. Eine wesentliche Rolle spielen auch die Betreuung der Tiere und genügend Beschäftigungsmöglichkeiten." Im Übrigen werde die Anlage regelmäßig durch das Landratsamt sowie die Regierung von Niederbayern kontrolliert: „Den Schimpansen im Zoo Straubing geht es gut".

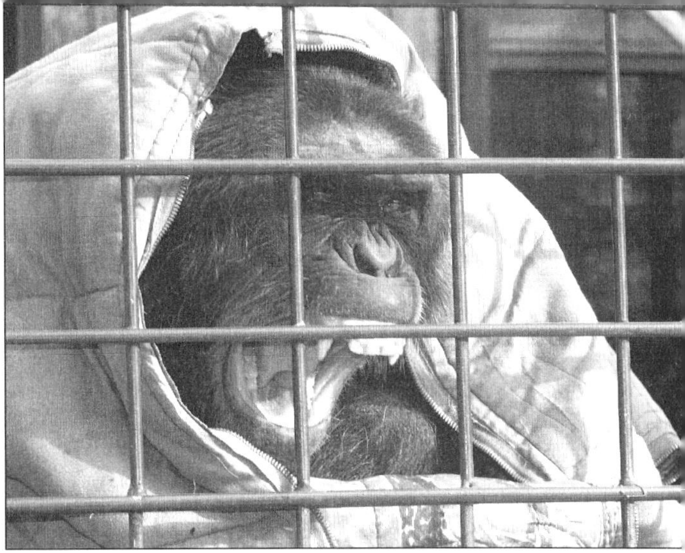

SEBASTIAN

Keine Verhaltensstörungen?

Die Frage, weshalb es Haltungsrichtlinien, die die Mindestgröße von Wildtiergehegen vorschreiben, überhaupt gibt, wenn einzelne Zoos sich beliebig darüber hinwegsetzen und auf „Bestandsschutz" ihrer heillos veralteten Anlagen pochen können, beantwortet Veterinäramtsleiter Able nicht. Ungeachtet landratsamtlicher oder sonstiger Kontrollen: Die Haltung der drei Schimpansen im Straubinger Zoo ist und bleibt schon alleine der nicht ausreichenden Gehegegröße wegen tierschutzgesetzwidrig.

Die Behauptung von Veterinäramtsleiter Able, die Schimpansen zeigten „keine auffälligen Verhaltensstörungen", ist reine Schutzbehauptung zur Abwehr von Kritik. Selbst einem Laien müssten die stereotypen Bewegungsmuster von ALFONS und LUTZ, beide 16 Jahre alt, auffallen, die auf massiven Hospitalismus hindeuten, wie es ihn auch bei autistischen Kindern gibt. Dr. Able hingegen spielt die offenkundigen Symptome schwerer Deprivation – vor allem die repetitiven Stereotypien („Fensterputzen", „Bodenputzen") und Jaktationen (Kopfwackeln, Körperschaukeln), das ziellose Hin- und Hergehen, aber auch die bis zur Apathie reichende Teilnahmslosigkeit – zu harmlosen „Marotten" herunter. Auch der mittlerweile 33-jährige SEBASTIAN erscheint schwer verhaltensgestört. Nach Auskunft des Veterinäramtes hingegen sei er nur „sehr ungesellig" und müsse deshalb alleine gehalten werden. Gleichwohl könne aber nicht von Isolationshaltung die Rede sein: „Die Schimpansen können zwar nicht in einer Gruppe gehalten werden, können aber am Gitter miteinander Kontakt aufnehmen. Sie können sich sehen, hören und auch berühren." Bis 2001 teilte SEBASTIAN sein als „Gehege" bezeichnetes Betongefängnis mit einem weiteren Schimpansen namens CAIN. Dieser überlebte eine offenbar unsachgemäß vorgenommene

Narkose nicht. Seither lebt der „ungesellige" SEBASTIAN alleine. Sein „Spielmaterial" besteht aus einem kaputten Ball, einer Plastiktonne und einem ausrangierten Schlafsack. Die „Klettereinrichtungen" in dem grün angestrichenen Betonkasten sind völlig unzureichend, Rückzugsmöglichkeiten gibt es nicht.

Der Betreuungschlüssel des Straubinger Zoos liegt bei 15 Pflegern plus 6 Azubis für 1700 Tiere, die durchschnittliche Pflegezeit pro Tier, einschließlich Fütterung und Käfigreinigung, beträgt weniger als 4 Minuten pro Tag.

Schande für ganz Ostbayern

Viele Jahre kämpfte eine Straubinger Tierrechtsorganisation darum, die drei Schimpansen aus ihrem Elendsdasein zu befreien. Eine Schande sei es für Straubing und ganz Ostbayern, so eine Kampagne im 200. Geburtsjahr von Charles Darwin, dass im örtlichen Zoo immer noch Schimpansen gefangengehalten und hinter Eisengittern zur Schau gestellt würden. Es sei an der Zeit, die Schimpansenanlage aufzulösen und SEBASTIAN, ALFONS und LUTZ an einen artgerechten und geschützten Ort zu verbringen, beispielsweise in die *Stiftung AAP* in Holland, die Schimpansen und andere exotische Tiere aus Laboratorien, Zirkussen und Zoos aufnimmt. Selbstredend, so die Gruppe *TierrechteAktiv e.V.*, stehe der Einsatz für die drei Straubinger Schimpansen stellvertretend für den Kampf um ein Verbot von Primatenhaltung überhaupt. Erwartungsgemäß gab es erbitterten Widerstand gegen das Ansinnen, die Straubinger Schimpansenhaltung zu beenden, vor allem seitens lokaler Politiker, Medienvertreter und Geschäftsleute, die immer schon mit dem Zoo als Werbepartner paktierten. #63/2009

Cholerischer Rüpel

Am 8. Juli 2009 berichtete der Bayerische Rundfunk (BR) in seinem Politmagazin *Kontrovers* über die Schimpansenhaltung im Provinzzoo Straubing. In zahllosen Telefonaten mit der Redaktion war es Tierrechtsaktivisten gelungen, diese für das Thema zu interessieren. Entscheidender Punkt dabei war, dass dem BR mit Dr. Signe Preuschofft eine weltweit anerkannte Primatologin angeboten werden konnte, die eigens aus Wien anreisen und sich vor Ort zu den Haltungsbedingungen der drei Schimpansen äußern wollte.

Schon vor Beginn der Dreharbeiten setzte sich Zoodirektor Wolfgang Peter lautstark in Szene. Vor allem der Tierrechtsaktivist Peter Druschba, der die Schimpansenhaltung im Straubinger Zoo seit Jahren kritisiert, wurde von ihm aufs Übelste beschimpft und beleidigt. Peter, ein massiger Mann und berüchtigt für seine cholerischen Anfälle, brüllte sich regelrecht in Rage.

Unbeteiligte Zoobesucher waren entsetzt über das rüpelhafte Benehmen und die vulgäre Wortwahl; und noch entsetzter, als sie erfuhren, dass es sich um den Direktor des Zoos handelte. Es fehlte nicht viel, so hatte es den Anschein, und Peter wäre Druschba an den

Kragen gegangen. Auch eine Vertreterin des Bundesvorstandes *Menschen für Tierrechte*, die dem Zoodirektor eine Frage zu stellen wagte, wurde in rüder Manier abgekanzelt.

Die miesen Tricks des Zoodirektors

Dem Fernsehteam des BR gegenüber hielt Peter sich wohlweislich in Zaum. Mit großer Geste führte er seine Schimpansenanlage vor, die ausweislich eigens neu angebrachter Hinweistafeln Anfang der 1990er „extra dazu errichtet wurde, missbrauchte und misshandelte Schimpansen aufzunehmen und in einer Gruppe wieder einzugliedern". Tatsächlich bot der Betonkasten noch nie Platz für mehr als vier Schimpansen, nach den Richtlinien des bundesministeriellen Säugetiergutachtens von 1996 war er selbst für die damals dort eingesperrten drei Schimpansen zu klein.

Aber Peter hatte noch weiter vorgebaut: Um einen besseren Eindruck zu erwecken, hatte er kurz vor dem Drehtermin die tristen Innenräume der Schimpansenanlage hellgrün anstreichen und zudem ein paar bunte Blümchen an die Wand malen lassen. Auch ein paar neue Spielgeräte hatte man angeschafft und die Frontscheiben geputzt. Als Gipfel der Augenwischerei hatte er den beiden Schimpansen ALFONS und LUTZ ein an den Betonkasten angrenzendes Inselareal zugängig gemacht, auf dem sie bislang noch nie zu sehen gewesen waren. Der völlig intakte Pflanzenbewuchs dieser Insel belegte augenfällig, dass dort nie Schimpansen herumtoben, dass es vielmehr darum ging, den Fernsehleuten eine tolle Freianlage vorzugaukeln, die es als solche tatsächlich gar nicht gibt. Einer der anwesenden Tierrechtler wies darauf hin, dass vor Ankunft des TV-Teams Nüsse ins Gras geworfen und die Bäume mit Erdnussbutter bestrichen worden seien, um vor laufender Kamera entsprechend agile und aufgekratzte Tiere präsentieren zu können. Primatenexpertin Signe Preuschoft ließ sich freilich nicht hinters Licht führen: „Ein derartiges Gehege", so ihr eindeutiges Urteil, „insbesondere die Innenanlagen, werden den Bedürfnissen von Menschenaffen nicht gerecht. Es unterschreitet die Anforderungen des Säugetiergutachtens. Und das Säugetiergutachten fällt Meilen hinter das der Welt-Zoo-Organisation zurück."

Um Ausreden nicht verlegen

Peter berief sich wortreich auf „Bestandsschutz": Das Gebäude sei 1992 errichtet worden, also vier Jahre vor Erlass der ersten Haltungsrichtlinien. Viel verändern könne man da nicht: „Da müsste man, glaub' ich, relativ viel kaputt machen, erst einmal, weil das ein Betongebäude ist: Jeder, der weiß, was es bedeutet, so ein Betondach runterzunehmen, der weiß auch, was damit für Kosten verbunden sind." Eine Auflösung der Schimpansenhaltung – sprich: ein Umzug von SEBASTIAN, ALFONS und LUTZ an einen geeigneteren Ort – komme überhaupt nicht in Frage. Im Übrigen, wie Amtstierarzt Franz Able eilfertig bestätigte, komme es auf die Gehegegröße gar nicht an,

ALFONS

diese habe, wie er glaube, „keinen negativen Einfluss auf das Verhalten der Tiere".

Dem renommierten Primatologen Prof. Volker Sommer, dem die Aufnahmen des BR zur Bewertung vorgespielt wurden, war deutlich anzusehen, wie sehr ihn die Bilder der Schimpansen im Straubinger Zoo berührten: „Man muss sich vorstellen, dass diese Tiere so wie wir als 'Menschentiere' eine Vorstellung von der Zukunft haben. Die erkennen die Ausweglosigkeit ihrer Situation. Die sind da für Jahrzehnte untergebracht. Und die werden da nie wieder rauskommen. Das ist das, was sich in deren Kopf vermutlich abspielt: Was wir als Menschen Verzweiflung nennen würden." Wenn nichts geschieht, so der Abspann der Sendung, werden die drei Schimpansen noch Jahre so zubringen müssen: (SEBASTIAN war zum Zeitpunkt der Sendung 34 Jahre alt, LUTZ und ALFONS jeweils 17 Jahre. Schimpansen können 60 Jahre und darüber alt werden.) #64/2009

Relatives Happy End für SEBASTIAN

Ein Jahr später hatte Schimpanse SEBASTIAN (35) dann das „Große Los" gezogen. Er durfte in das kurz zuvor umgestaltete Primatenhaus des Zoologischen Gartens Halle an der Saale umsiedeln, wo er in der Schimpansendame BANGI (36) – erstmalig in seinem Leben – eine Partnerin fand.

Obgleich es seitens des Straubinger Tiergartens immer geheißen hatte, SEBASTIAN sei „unsozial" und „hochaggressiv", könne also nur isoliert gehalten und unter keinen Umständen mit anderen Schimpansen vergesellschaftet werden, klappte die Zusammenführung mit BANGI völlig reibungslos.

Möglich wurde diese glückliche Wendung durch die über Jahre sich hinziehende und mit Nachdruck geführte Auseinandersetzung engagierter Tierrechtler mit dem Straubinger Zoo. Massiver öffentlicher Druck, nicht zuletzt durch Berichterstattung des Bayerischen Fernsehens, führte zu einer parlamentarischen Anfrage von B90/Die Grünen im Bayerischen Landtag. Obgleich die Staatsregierung nach Kräften abzuwiegeln suchte, mündete das öffentliche Aufsehen doch in weitreichenden Auflagen der Regierung von Niederbayern, insbesondere mit Blick auf die Raummaße der Schimpansenanlage, deren Nicht-Erfüllung für den Straubinger Zoo den kompletten Verlust der Haltungserlaubnis für Primaten bedeutet hätte.

Von da an ging alles sehr schnell: Plötzlich erschien SEBASTIAN doch vermittelbar, so dass er an den Zoo Halle abgetreten werden konnte. Der große Vorteil für Straubing bestand darin, dass die nur durch ein Gitter voneinander getrennten Gehege innerhalb der Schimpansenanlage zusammengelegt werden konnten, so dass den beiden verbleibenden Tieren, ALFONS und LUTZ, nunmehr eine doppelt so große Grundfläche zur Verfügung stand. Zudem hatten sie jetzt jederzeit Zugang zu einem angrenzenden Freiluftkäfig, den sie zuvor nur abwechselnd mit SEBASTIAN belegen konnten. Die Auflagen der Regierung von Niederbayern wurden – mehr oder weniger – erfüllt, ohne dass bauliche Veränderungen vorgenommen werden mussten.

Auch wenn Wildtierhaltung in Zoos grundsätzlich abzulehnen ist, eröffnete sich für SEBASTIAN ein völlig neues Leben. Seine Geschichte stellte gewissermaßen den Schnittpunkt dar zwischen herkömmlichem Tierschutz, dem es immer nur um eine Verbesserung der Haltungsbedingungen eingesperrter Tiere geht, nie aber um die Abschaffung der Unterdrückungs- und Ausbeutungsverhältnisse an sich, und tierrechtlichem Selbstverständnis, das sich eben dafür einsetzt, ohne die Linderung des Leidens einzelner Individuen dabei aus den Augen zu verlieren. SEBASTIANs Umzug nach Halle war die seinerzeit relativ beste Lösung, die für ihn denkbar war. In der niederländischen *Stichting AAP*, die das ursprüngliche Ziel seiner Umsiedelung war, hätte er es wohl auch nicht besser gehabt.

Die Auseinandersetzung mit dem Straubinger Zoo beziehungsweise den Verantwortlichen der Stadt zur Umsiedelung der beiden

LUTZ

verbleibenden Schimpansen ging jedoch weiter. Auch wenn sich die Haltungsbedingungen von ALFONS und LUTZ durch den Umzug SEBASTIANs deutlich verbessert hatten, blieb es das Ziel, auch sie aus dem nach wie vor völlig unzulänglichen Betonkasten zu befreien. Erster Folgeschritt war insofern eine Strafanzeige gegen den zuständigen Amtstierarzt wegen Verstoßes gegen seine Garantenpflicht nach §16a TierSchG: seine falsche „Diagnose" des Sozialverhaltens von SEBASTIAN hatte zu dessen jahrelanger Isolations- sprich: Qualhaltung geführt. Das Verfahren wurde jedoch nach einiger Zeit eingestellt #68/2010

▶ Die in Straubing verbleibenden Schimpansen ALFONS und LUTZ wurden weitere zehn Jahre unter den völlig ungeeigneten Bedingungen des dortigen Tiergartens zur Schau gestellt. Erst nach dem Tod von ALFONS Mitte 2020 kam Bewegung in die Sache.

Keine Schimpansen mehr im Tiergarten Straubing

Ende Februar 2021 wurde Schimpanse LUTZ (27) vom Tiergarten Straubing nach Slowenien in den Zoo von Ljubljana verschubt. Vorangegangen waren monatelange Protestaktionen verschiedener Tierschutz- und Tierrechtsorganisationen gegen die tierschutzwidrige Alleinhaltung LUTZENS in einem völlig ungeeigneten Bunkerbau.

Nach dem Tod seines langjährigen Lebensgefährten ALFONS (28) im Juni 2020 – einer angeblich unbehandelbaren Geschwulst am Unterkiefer wegen war ALFONS „eingeschläfert" worden – war LUTZ alleine zurückgeblieben und hatte zunehmende Verhaltensauffälligkeiten gezeigt. Unter anderem hatte er einen Wärter angegriffen und diesem eine schwere Bissverletzung zugefügt. Die Bereitschaft von Zoodirektor Peter, den als „Publikumsliebling" vermarkteten LUTZ abzugeben, hielt sich gleichwohl in Grenzen. Erst nach erfolgter Strafanzeige engagierter Tierrechtsaktiver gegen den Zoo und die Stadt Straubing als dessen Trägerin erfolgte der Transfer LUTZENS nach Slowenien, wo er im Zoo Ljubljana auf eine Gruppe von fünf Schimpansen traf.

Auch wenn die Abgabe LUTZENS in ein Primatenrefugium wünschenswerter gewesen wäre, ist es doch als Erfolg zu werten, dass er endlich aus dem Straubinger Betonbunker wegkam und die Chance erhielt, seine verbleibenden Lebensjahre unter seinesgleichen zuzubringen. Die seit Mitte der 1960er bestehende Haltung von Schimpansen im Straubinger Tiergarten ist damit Geschichte. #111/2021

▶ Erst im Nachgang wurde bekannt, dass der Straubinger Tiergarten noch vor der Verschubung des Schimpanse LUTZ nach Slowenien über den *Europäischen Zoodachverband* EAZA bzw. das diesem angeschlossene *Europäische Erhaltungszuchtprogramm* EEP Ersatz zur Neubelegung seines maroden Menschenaffenhauses angefordert hatte. Da man keine Schimpansen mehr für die Belegung des selbst dem EEP untauglich erscheinenden Bunkergebäudes erhielt, wurde dieses, notdürftig saniert und mit neuem Innenanstrich versehen, Ende 2021 mit zwei Gibbons (sog. „Kleine Menschenaffen") besetzt. Mit dem aus dem schwedischen *Parken Zoo* bzw. dem französischen *Parc de Cleres* bezogenen Pärchen Nördlicher Weißwangenschopfgibbons namens SPIKE (6) und NUJIANG (10) soll publikumswirksamer Nachwuchs „gezüchtet" werden.

▶ Der seit 25 Jahren als Direktor des Straubinger Tiergartens amtierende – und damit für die katastrophale Haltung der Menschenaffen (und anderer Wildtiere) verantwortliche – Diplombiologe Wolfgang Peter (65) trat Anfang 2023 in den Ruhestand.

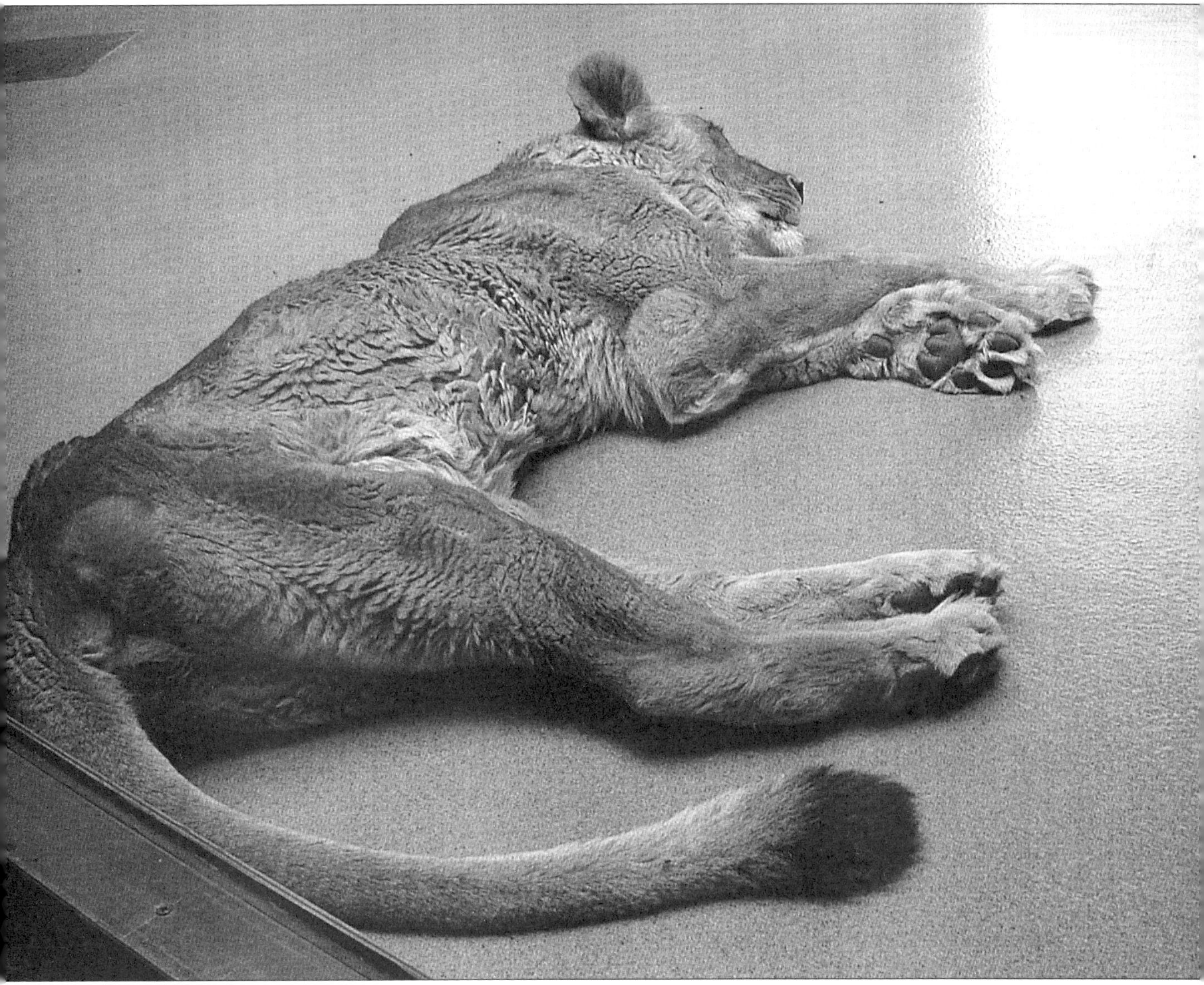

Stuttgart

Affenbunker 21

Nach endlosen Verzögerungen wurde am 14. Mai 2013 das neue „Menschenaffenhaus" im Stuttgarter Zoo „Wilhelma" eröffnet. Der damalige baden-württembergische Finanzminister Nils Schmid (SPD) – jahrelang im Vorstand des Zooförderverein tätig – sprach von einem „Meilenstein" in der Entwicklung des Tiergartens.

Obgleich die bisherige Unterbringung von Gorillas, Orang Utans und Bonobos in einem vorsintflutlichen Betonkasten aus den frühen 1970ern spätestens mit den Bestimmungen des bundesministeriellen Säugetiergutachtens von 1996 als nicht mehr tragbar gelten musste, sah man sich erst im Jahre 2003 bemüßigt, einen Neubau ins Auge zu fassen. 2007 wurde das auf 13 Millionen Euro veranschlagte Projekt in Angriff genommen, wortreich wurde ein Umzug der Tiere für Oktober 2009 angekündigt. Tatsächlich wurde erst 2010 mit dem Bau begonnen, dessen Fertigstellungstermin mittlerweile ebenso häufig korrigiert werden musste wie der Kostenplan, der, noch zu Zeiten des vormaligen CDU-Ministerpräsidenten Oettinger (2005–2010) durchgewunken, längst die 22-Millionen-Marke überschritten hat.

Das neue Menschenaffenhaus, finanziert überwiegend aus Steuermitteln, stellt unzweifelhaft eine Verbesserung für die Tiere dar, die gezwungenermaßen ihr Leben im Stuttgarter Zoo zubringen müssen. Die Gorillas erhalten ein 500qm großes Innen- sowie zu späterem Zeitpunkt ein 2000qm großes Außengehege, die Bonobos innen 250qm und außen 1200qm. Die Orang Utans sollen im alten Menschenaffenhaus verbleiben und dort durch Gehegezusammenlegungen etwas mehr Platz bekommen; die beiden letzten Schimpansen waren schon 2010 an einen Zoo in Ungarn abgeschoben worden.

Anstatt aber ein sündteueres – und selbst über erhöhte Eintrittsgelder niemals zu amortisierendes – Prestigeobjekt hinzuklotzen, hätte man im Interesse der Tiere längst eine günstigere und damit schneller zu realisierende Lösung finden können (sofern man denn glaubt, exotische Wildtiere zur Schau stellen zu müssen). Das 22-Millionen-Projekt wird die dringend notwendige Erneuerung sonstig maroder bzw. unbrauchbarer Tierhäuser im Stuttgarter Zoo auf Jahre hinaus verzögern.

Mit Blick auf das neue Innengehege der Bonobos haben die Planer komplett versagt: Zwar ist das Gehege für die gegenwärtig vorgehaltenen Tiere mit 250qm deutlich größer als der Betonbunker, in dem sie bisher zusammengepfercht waren (zwei verkachelte Abteile mit insgesamt weniger als 65qm), es entspricht aber nicht ansatzweise den novellierten Richtlinien des zuständigen Bundesministeriums: Die neuen Bestimmungen veranschlagen für 13 erwachsene Bonobos eine Mindestfläche von 380qm im Innenbereich. Auch wenn man Schlafboxen und das erhöhte Raumvolumen miteinbezieht, ist das neue Gehege viel zu klein

bemessen. Da hilft es auch nichts, dass den Bonobos künftig ein eingebauter Bildschirm zur Verfügung steht, auf dem ihnen Zeichentrick- und Naturfilme vorgeführt werden. (Der als „Bonobo-Kino“ bezeichnete Unfug wird auch noch wissenschaftlich verbrämt: Die Tiere könnten „per Knopfdruck zwischen fünf verschiedenen Filmen wählen. Dabei werden sie selbst gefilmt, um ihren Filmkonsum wissenschaftlich auszuwerten. Was wird geschaut? Wer darf entscheiden? Schauen die weiblichen Bonobos andere Filme als die männlichen? Gibt es Streit? Und wie reagieren die Tiere, wenn die 'Flimmerkiste' plötzlich aus ist?“)

Überhaupt hat man sich in der Gestaltung der Innengehege an völlig veralteten Konzepten der 1980er orientiert. Anstatt eines natürlichen Bodenbelages – der Zoo Leipzig etwa hat den Nachweis erbracht, dass so etwas auch im Innenbereich machbar ist – gibt es in Stuttgart nackten Beton soweit das Auge reicht: nichts als übereinandergestapelte Betonblöcke mit scharfen rechtwinkligen Stufenkanten, die für die Tiere ein enormes Verletzungsrisiko bedeuten. Lediglich in kleinen Inseln am Fuße der Betonstufen findet sich ein wenig Rindenmulch. Als Klettergerüste hat man Edelstahlrohre eingebaut, dazwischen sind ein paar Seile und Feuerwehrschläuche aufgehängt. Selbst die Cheftierpflegerin des Menschenaffenreviers übte deutliche Kritik: Für den Gorillanachwuchs etwa seien die Betonstufen viel zu hoch, man habe das Pflegepersonal nicht oder nicht ausreichend in die Planungen des 22-Millionen-Baus einbezogen. #79/2013

► Ende 2014 starb im neuen Menschenaffenhaus ein Bonobo-Kind an Lungenentzündung, kurze Zeit später ein zweites, ebenfalls an Pneumonie. Aber erst nachdem ein drittes Tier Symptome einer schweren Atemwegserkrankung zeigte, räumte der seit Anfang des Jahres amtierende neue Direktor der Wilhelma, Thomas Kölpin, „Probleme mit den Lüftungsklappen“ des neuen Hauses ein: Aufgrund offenbar fehlkonstruierter Belüftungssysteme sei Kaltluft auf die extrem zugluftempfindlichen Tiere herabgeströmt und habe zu den Erkrankungen geführt. Auch die in den Gehegen eingebauten Kameras, wie Kölpin zugeben musste, fielen immer wieder aus, so dass das Schließen der Schieber nicht überwacht werden könne: Tiere könnten versehentlich in die Hydraulik geraten und dabei eingeklemmt werden. Hinzu kommen weitere Mängel an dem 22-Millionen-Neubau wie aufgebrochene Böden, abgeplatzte Fliesen und überhaupt die Verwendung völlig ungeeigneter Baumaterialien. Wer die Verantwortung für das Desaster und damit die weitere Millionen verschlingenden Reparaturkosten trägt, ist bis heute unklar. Das Architekturbüro redete sich heraus, desgleichen der vormalige Zoodirektor Dieter Jauch, unter dessen Leitung das Haus geplant und gebaut wurde; selbstredend auch Primatenkuratorin Marianne Holtkötter, die als Fachberaterin fungiert hatte. Der damalige baden-württembergische Finanzminister Nils Schmidt als Bauherr wies ebenfalls jede Schuld von sich. Tatsächlich wurden die Kosten zur Behebung des unfassbaren Pfuschs am Bau (wieder einmal) auf den Steuerzahler abgewälzt.

Vorläufiges Ende der Orang Utan-Haltung

Mitte Juli 2022 wurden die drei letzten Orang Utans des Stuttgarter Wilhelma-Zoos – MONI (44), KARO (48) und BATAK (12) – nach Belgien abgeschoben. Damit findet die seit 60 Jahren praktizierte Haltung und Zurschaustellung von Orang Utans in Stuttgart ein (zumindest vorläufiges) Ende. Eine künftige Wiederaufnahme der Haltung wird ausdrücklich nicht ausgeschlossen.

Während die Orang Utans der Wilhelma bis 2013 in einem extrem beengten und rundum geschlossenen Fliesenbunker verwahrt wurden – ohne Zugang zu einem Außengehege, das es für sie nicht gab –, wurden sie seither „provisorisch" in dem 2013 für Gorillas und Bonobos neuerrichteten Menschenaffenhaus untergebracht, als Mitnutzer sozusagen des dortigen Gorillabereiches: Es wurde einfach ein Teil der Gorillaanlage für die Orang Utans abgetrennt. Nach weiteren neun Jahren (!) derart „provisorischer" Haltung und massiver Kritik von außen – die Haltung der Orang Utans auf den nackten und scharfkantigen Betonstufen des in sich (d. h. auch für die Gorillas und Bonobos) völlig untauglichen neuen Menschenaffenhauses musste als eklatanter Verstoß gegen geltendes Tierschutzrecht gewertet werden (was letztlich sogar das zuständige Veterinäramt einräumte) – sah die Leitung des Zoos sich bemüßigt, die drei Orang Utans anderweitig unterzubringen. Nicht indes, ohne dabei die über Jahre zusammengewachsene Gruppe auseinanderzureißen. MONI und KARO wurden

in den Zoo Planckendael (Mechelen) verschubt, der junge und damit „zuchtfähige" BATAK in den Zoo *Monde Sauvage* (Lüttich).

Abgesehen davon ist die Verbringung der drei Orang Utans nach Belgien durchaus zu begrüßen: So gut wie alles war und ist besser, als ihre weitere Verwahrung unter den komplett untauglichen Bedingungen in Stuttgart. #117/2022

Thale (Harz)

„Es farzt die Hexe, es stinkt der Bock…" (Goethe)

Auf einem weitläufigen Felsplateau hoch über der 18.000-Einwohnerstadt Thale am nordöstlichen Rand des Harzes findet sich ein, wie es in Reise- und Touristenführern heißt, „mythen- und sagenumwobener Ort": der sogenannte „Hexentanzplatz". Alljährlich zur Walpurgisnacht (vom 30. April auf den 1. Mai), so der Volksglaube, versammelten sich Hexen aus nah und fern, um auf dem nahegelegenen Brocken, auch Blocksberg genannt, ihrem Herrn und Meister durch einen Kuss auf den Hintern zu huldigen. Angeblich sei der Hexentanzplatz ein altsächsischer Kultort, an dem sich schon in grauer Vorzeit die sogenannten Hagedisen – weise und heilkundige Frauen – versammelt hätten. Erst die römisch-katholische Kirche habe diese Frauen zu „Hexen" und „Teufelsanbeterinnen" dämonisiert.

Johann Wolfgang von Goethe griff die rund um den Brocken irrlichternden Sagen für sein 1808 veröffentlichtes Drama *Faust 1* auf. In der berühmten Walpurgisnachtszene (Kap.24) steigt Faust mit Mephisto den Berg hinauf, an ihnen vorbei zieht ein Sturm auf Besen und Mistgabeln reitender Hexen, um unter Vorsitz des „Herrn Urian" (=Teufel) am alljährlichen Hexensabbath teilzunehmen.

Vor dem Hintergrund der ungeheueren Popularität, die Goethes *Faust* schon bald nach seinem Erscheinen gewonnen hatte, wurde der Brocken zum bevorzugten Sehnsuchtsziel naturromantisch bewegter Bildungsbürger. Heinrich Heine, Josef von Eichendorff, Theodor Fontane und viele andere pilgerten auf Goethes Spuren hierher (der selbst den Berg dreimal bestiegen hatte). 1862 wurde ein Gästehaus auf dem Brocken eingeweiht, 1899 wurde gar eine eigene Schmalspurbahn – die weltweit erste ihrer Art – bis auf den Gipfel hinauf gebaut. Der Hexen- und Walpurgisnachttourismus blühte.

Da allerdings ab 1961der Brocken zum militärischen Sperrgebiet der DDR erklärt worden war – die Stasi hatte hier ihre Abhöranlagen Richtung BRD installiert –, verlegte man den bei Goethe beschriebenen Hexentanz einfach auf das benachbarte Bergplateau bei Thale, wo es bereits seit 1903 eine (bis heute durchgängig bespielte) Freiluftbühne gab. Rund um diese Bühne wurde zu Beginn der 1970er eine für Ost-Verhältnisse erstaunliche Ausflugs- und Naherholungsinfrastruktur geschaffen, mit befestigten Wanderwegen, Gaststätten, Cafès – und einem Zoo.

Nach der „Wende" wurde das Areal touristisch weiter erschlossen: Seit 1990 führt eine Kabinenseilbahn – „Hexe Gondolina" genannt – von Thale aus zum Hexentanzplatz hinauf, es gibt eine Sommerrodelbahn, ein auf den Kopf gestelltes Hexenhaus samt jeder Menge sonstiger Kinderbespaßung, Souvenirläden, Imbissbuden und tägliche Hexenshows. Auch der Zoo wurde weiter ausgebaut.

„Harzer Tierwelt“

Heute hält der *Tierpark Hexentanzplatz* auf einer Fläche von knapp 10 Hektar etwa 350 Tiere aus 65 „heimischen“ Arten vor. Der Besucherweg führt im Karree um drei vergleichsweise großzügig angelegte Freigehege für Rot-, Dam- und Rehwild herum; in einem abgetrennten Areal des Rotwildgeheges sind zudem ein paar Wildschweine zu besichtigen. Den Freigehegen gegenüber findet sich eine Reihe heruntergekommener Drahtgitterkäfige, die ganz offenbar noch aus den Gründertagen des Zoos stammen. Unter indiskutablen Bedingungen werden hier Fasanen, Kauze, Dohlen, Falken, Bussarde und Steinadler zur Schau gestellt. (Selbst Schnee-eulen sind hier anzutreffen, die, wie die gleichermaßen gezeigten Polarfüchse, bekanntlich nicht zu den „heimischen Arten“ zählen). Auch die Gehege für Waschbären, Wildkatzen, Fischotter, Füchse und Marderhunde machen einen ausgesprochen ungepflegten Eindruck. Ab 2001 wurde der Zoo um drei relativ weitläufige Freigehege für Wölfe, Bären und Luchse erweitert; auch eine etwas „zeitgemäßere“ Voliere für die als „Hexenvögel“ verfemten Kolkraben wurde eingerichtet. Es versteht sich, dass der Zoo eng mit dem sachsen-anhaltinischen Landesjagd-

„Hexenvogel"

verband verbandelt ist, der auf dem Zoogelände Werbung für sich machen darf.

Hexengolf

Rund um einen als „Hexentränke" bezeichneten Zookiosk – ein windschiefes Gebäude mit Hexenbesen und Riesenspinne an der Tür – wurde 2016 eine sogenannte „Adventure-Hexengolfanlage" eingerichtet: ein 18-Loch-Minigolf-Parcours mit „verhexten" Hindernissen. Die Nutzung der Anlage ist im Eintrittspreis des Zoos enthalten, Schläger und Bälle werden an der „Hexentränke" ausgeliehen.

Während die grundsätzliche Frage unbeantwortet bleiben muss, was ein Minigolfanlage in einem Zoo zu suchen hat, fasst man sich bei der Ausgestaltung gerade der „Adventure-Hexengolfanlage" nur noch an den Kopf: Jede der 18 Golfbahnen wird von einer überlebensgroßen Hexen- oder Monsterskulptur „bewacht", die dem Parcours ein „hexenhaft-schauriges Ambiente" verleihen sollen. Entnommen sind die Skulpturen einem Romanzyklus der örtlich ansässigen „Mythenforscherin" und hauptberuflichen Tarotkartenlegerin Kathrin Hotowetz (*Im Schatten der Hexen*, 2011), die auch die verkrampft-„gruseligen" Verse lieferte, mit denen die Monster bestückt sind. Bei einer der Hexen heißt es etwa: „Wo ich gehe, verschwindet das Licht. einen Ausweg und Hoffnung findest du nicht. Auch wenn meine Augen schwarz und blind, ich werde dir folgen, bis ich dich find. Ich werd dich verschlingen, ins Dunkel ziehen. Der Finsternis kannst du nie mehr entfliehen." Bei einer anderen steht zu lesen: „Kannst du es schon spüren? Ich bin in dir drin. Ich löse alles auf, es hat keinen Sinn. Das Blut schießt heraus wie ein heißer Strahl, alles in dir ist eine einzige Qual. Ich trinke dein Blut ganz unumwunden, und du bist tot in wenigen Stunden!"

Welch ein (literarischer) Schwachsinn – Goethe würde sich im Grabe umdrehen, könnte er sehen, wozu er hier Pate stehe muss –, ganz abgesehen davon, dass heimische Wildtiere in den Köpfen der Zoobesucher, die während ihres Rundganges eine Runde „Hexengolf" spielen, mit blutrünstigem Hexen-, Geister- und Teufelsspuk assoziiert werden. Fataler Eindruck, vor allem für Kinder: Wildtiere sind unheimlich und machen Angst.

Der *Zoo Hexentanzplatz* gehört der *Deutschen Tierpark-Gesellschaft e.V.* an, einem Dachverband, dessen Mitglieder sich den „Hauptaufgaben zoologischer Gärten" verpflichtet sehen: mithin Bildung und Wissenschaft. #104/2019

Wittenberg

Luthers Teuffelsthiere

Es war nur schwer möglich, sich im Jahre 2017 dem allgemeinen Hype um Martin Luther zu entziehen, der vor 500 Jahren seine „reformatorischen" Thesen an das Tor der Schlosskirche zu Wittenberg angenagelt haben soll.

Ohne nun näher auf die Theologie Luthers eingehen zu wollen, die im Jubeljahr 2017 ohnehin bis zum Überdruss hin- und herinterpretiert wurde, sei ein Blick auf den Wittenberger Tierpark geworfen, der Mitte der 1920er unweit der berühmten Schlosskirche eingerichtet wurde. Die genauen Beweggründe, mitten in der historischen Altstadt eine Art Dauermenagerie zu betreiben – Tierschauen jeder Art waren in den Jahren nach dem Ersten Weltkrieg ausgesprochen unpopulär –, sind nicht überliefert; unzweifelhaft aber dürften sie, wie alles und jedes in Wittenberg, mit dem Wirken Luthers zu tun gehabt haben. Ab 1933 jedenfalls erfuhr die Tierschau wohlwollende Förderung durch die seinerzeitigen NSDAP-Bürgermeister.

Der heutige Tierpark zu Wittenberg zählt mit einer Fläche von 0,56 Hektar zu den kleinsten Zoos hierzulande. Er ist rund um eine sogenannte Kasematte angelegt, eine von den Truppen Napoleons errichtete Befestigung der ehemaligen Wehranlagen der Stadt. Innerhalb der kreisrunden Kasematte befindet sich ein Aquarium, das in fünf Schaubecken 25 heimische Fischarten wie Barsch, Zander oder Hecht zeigt; willkürlich dazugesetzt: amerikanische Flusskrebse und chinesische Wollhandkrabben. Im Außenbereich finden sich kleine Volieren mit Eulen, Rabenvögeln oder Papageien, dazu ein heruntergekommenes Gehege mit Nasenbären (aus dem diese schon mehrfach entkamen). In je eigenen Käfigen sitzen Schweinsaffen, Brazzameerkatzen, ein paar schwarz-weiße Varis sowie eine sechsköpfige Gruppe Kattas ein.

Mit Blick auf die 500-Jahr-Feier rund um Martin Luther, von dem ein hölzernes Standbild das Zoogelände überragt, wurden Aquarium, Volieren und Außengehege modernisiert (man mag sich nicht vorstellen, wie das Ganze zuvor ausgesehen hat). 2014 wurde zudem eine neue Klippschlieferanlage eingeweiht, die, so der Zoo, für Wittenberg von hoher Bedeutung sei: Als Luther die Bibel vom Hebräischen ins Deutsche übersetzte, unterlief ihm ein Fehler: er übersetzte den Begriff „sha'-fan" fälschlich mit „Kaninchen"; im Hebräischen ist damit jedoch der Klippschliefer gemeint (ein äußerlich dem Murmeltier ähnlicher Kleinsäuger). Insofern müsse es in Wittenberg (166 Regentage pro Jahr, durchschnittliche Lufttemperatur 9,1°C) dringend Klippschliefer zu sehen geben, deren natürliches Verbreitungsgebiet von Süd- über Zentral- und Westafrika bis in die Halbwüsten beidseits der Sahara und in den Nahen Osten reicht.

Ab 2014 wurde auch ein neues Affenhaus errichtet, in das die bis dahin unter beengtesten

Verhältnissen zusammengepferchten Krallenaffen des Zoos im Folgejahr umziehen konnten. Heute leben etwa vierzig Totenkopf-, Goldkopflöwen- und Lisztäffchen in dem 500.000 Euro teueren Neubau, dazu Weißgesichtsseidenaffen, Rotbauch- und Kaiserschnurrbarttamarine. Insgesamt hält der Zoo rund 300 Tiere aus 60 Arten vor. Die Besucherzahlen liegen offiziellen Angaben zufolge bei rund 45.000 pro Jahr. Pünktlich zum Beginn des Lutherjahres wurde der Tierpark mit dem werbeträchtigen Tierschutzpreis des Landes Sachsen-Anhalt ausgezeichnet.

Vnd machet sie euch vnterthan

Der Versuch heutiger Theologen, Luther im Gegensatz zu den Vertretern der römisch-katholischen Kirche (oder auch des Judentums bzw. des Islam) eine besondere Tierfreundlichkeit zuzuerkennen, ist durch nichts zu belegen. Der vielzitierte Spruch von den „Belferlein und Hündlein“, die angeblich in den Himmel kommen, da „jede Kreatur eine unsterbliche Seele hat“, wurde ihm sehr viel später erst angedichtet. In seinen Schriften findet er sich nicht. Hingegen weiß Luther, der ja „teglich“ mit Beelzebub „tzu Hare (=im Bett) ligen“ musste, diesen „verborgen in den Affen“, die schon im Mittelalter zu Teufelstieren schlechthin stilisiert worden waren: Da sie aussahen wie Menschen, aber nicht Gottes Ebenbild sein durften, mussten sie „dem Teuffel unterworffen (sein) / in die er feret / vnd sie besitzt“. Den Papst bezeichnete Luther als „Affen in Rom“, der auch dann nichts anderes sei als der Teuffel selbst, wenn man ihn in „Seide, Sammet und Scharlach“ kleide. Weiter kein Wunder, dass der Wittenberger Luther-Tierpark in erster Linie Affen vorhält.

Tatsächlich war für Luther die Bibel die einzig verbindliche Richtschnur. Das Diktum aus dem 1. Buche Moses, in dem Gott seinen Ebenbildern mit Nachdruck befiehlt, sich die Erde untertan zu machen und sie zu beherrschen, liest sich bei ihm so: „VND Gott schuff den Menschen jm zum Bilde / Vnd schuff sie ein Menlin vnd Frewlin. Vnd Gott segenet sie / vnd sprach zu jnen / Seid fruchtbar vnd mehret euch vnd füllet die Erden / vnd machet sie euch vnterthan. Vnd herrschet vber Fisch im Meer / vnd vber Vogel vnter dem Himel / vnd vber alles Thier das auff Erden kreucht.“ [1.Mose 1,27-28] Und ein paar Verse später: „Alles was sich reget vnd lebet / das sey ewre Speise [1.Mose 9,2-3]. Als rechtschaffener Christenmensch wusste Luther gut gefüllte Schlachtschüsseln wohl zu schätzen. #94/2017

Wuppertal

„Tiere erleben – Tiere verstehen"

Der Wuppertaler Zoo wurde 1881 begründet und zählt damit zu den ältesten zoologischen Einrichtungen Deutschlands. Ursprünglich nicht viel mehr als ein Schaugehege für eine Handvoll heimischer Wildtiere, das rund um eine Ausflugsgaststätte im (seinerzeit eigenständigen) Stadtteil Elberfeld angelegt worden war, war schon um 1900 der Tierbestand erheblich erweitert und mit Straußen und Kängurus angereichert worden; auch ein erstes „Affenhaus" hatte man bereits errichtet.

Über die Gründung einer privaten Kapitalgesellschaft wurde die Idee, einen großbürgerlichen Zoo nach Berliner Vorbild zu schaffen, weiterverfolgt. Bis in die 1930er hinein wurden zahlreiche Gehegebauten erstellt, mithin ein Großkatzen- und ein Elefantenhaus, ein Aquarium sowie ein neues (und bis heute existierendes) Affenhaus. 1937 wurde der Zoo auf Anordnung des seinerzeitigen NSDAP-Oberbürgermeisters in städtische Trägerschaft übernommen. (in der er sich bis heute befindet – was seine massive Subventionierung aus Steuergeldern erklärt). Während große Teile des Wuppertaler Stadtgebietes bei alliierten Bombenangriffen zerstört wurden, blieb der Zoo weitgehend unbeschädigt: Er konnte seinen Betrieb nach Kriegsende nahtlos fortsetzen.

Der bis vor wenigen Jahren kontinuierlich erweiterte Tier- und Artenbestand wird seit einiger Zeit deutlich zurückgefahren: Heute

werden auf dem 24 Hektar umfassenden Areal rund 3500 Tiere aus 350 Arten gezeigt. Der Publikumszuspruch geht seit Jahren massiv zurück, von 2016 auf 2017 sank er nach Angaben des Zoos um satte zwölf Prozent und lag bei nur noch 553.000 Besuchen. (Tatsächlich dürfte der Wuppertaler Zoo 2017 von nicht mehr als 150.000 Personen, teils mehrfach, besucht worden sein, was durch die zooübliche Ineinssetzung von *Besuchen* und *Besuchern* werbewirksam kaschiert wird.)

Unter dem Motto „Tiere erleben – Tiere verstehen" bietet eine 1984 begründete Zooschule Unterrichtsführungen und Projekttage für Schüler aller Altersgruppen und Schulformen an. Eigenen Angaben zufolge seien seit Bestehen der Einrichtung mehr als 500.000 Schüler:innen unterrichtet worden. Durch die „unmittelbare Begegnung mit den lebenden

Bonobo-Youngster AYUBU

Tieren" würden „biologische Zusammenhänge eigenständig entdeckt und veranschaulicht". Aufschlussreich ist insofern ein Blick in den „Kinderzooführer", den die Wuppertaler Zooschule für Kinder ab 8 Jahren bereithält. In diesem Zooführer werden den Kindern bestimmte Aufgaben gestellt. Im Menschenaffenhaus etwa sollen sie die Artennamen der vorzufindenden Tiere „enthexen": ROLIGALS, NOBOBOS, GARON-NATUS und MEINSCHNAPS. Die vermittelten zoologischen Informationen bewegen sich auf ähnlichem Niveau, vielfach sind sie auch schlichtweg falsch. Selbstverständlich werden Kindergeburtstage ausgerichtet, dazu „Zoosafaris", „Märchenabende" (mit Laternenumzügen, bei denen die Kinder als „Sandmännchen" den Tieren „Traumsand" bringen dürfen) oder religionspädagogisch aufgemachte „Rundgänge zu den Tieren der Bibel".

„Welt der Affen"

Der Wuppertaler Zoo rühmt sich, einen „repräsentativen Querschnitt durch die Welt der Affen" zu zeigen. In der Tat werden in einem 1927 errichteten „Affenhaus" Vertreter verschiedener Affenarten gezeigt, darunter Bartaffen, Drills, Klammeraffen und Rote Varis. Zu Zeiten waren neun (!) verschiedene Affenarten hier untergebracht gewesen, zuzüglich Schimpansen und Gorillas. Obgleich das Gebäude 1985 überholt und umgebaut wurde – u. a. wurden Außenkäfige angefügt, die es bis dahin nicht gab –, hat sich an den Innengehegen nicht viel geändert: Nach wie vor sind die Tiere in winzige Abteile eingesperrt, auf nacktem Beton und umgeben von Fliesenwänden und Panzerglas. Die dichte „Urwaldbepflanzung" des Besucherbereiches steht in nachgerade groteskem Kontrast zur sterilen Eintönigkeit der Gehegeabteile.

Das nahegelegene „Menschenaffenhaus" stammt aus dem Jahre 1978. Dem Zeitgeist der ausgehenden 70er Jahre entsprechend fällt das äußere Erscheinungsbild des Sichtbetonbunkers ineins mit seiner Funktion: Es dient als Hochsicherheitstrakt und sieht auch genauso aus. Auch im Inneren wirkt es, trotz aller Mühe, über Begrünung des Besucherbereiches „Urwaldatmosphäre" herzustellen, nicht viel anders. In vier nebeneinanderliegenden Betonzellen sind derzeit zwei Schimpansen, zwei Orang Utans, vier Gorillas und acht Bonobos untergebracht. Dadurch gehört der Zoo Wuppertal zum exklusiven Kreis jener deutschen Zoos – mit Berlin, Frankfurt und Leipzig –, in denen „alle vier Arten" (nicht-menschlicher)

Großer Menschenaffen vorgehalten werden. Den Gorillas stehen in ihrem zur Besucherseite hin mit Panzerglasscheiben versehenen Gehegeabteil knapp 120qm zur Verfügung, den Bonobos und Orang Utans je 80qm, den Schimpansen 40qm.

Gleichwohl die Gehegeflächen schon in den 1990ern weder den Mindestanforderungen des Weltzooverbandes *(WAZA)* noch denen des seinerzeit gültigen bundesministeriellen Säugetiergutachtens entsprachen, passierte jahrelang *nichts*. Auch der Umstand, dass es für die Menschenaffen kein Freigehege gab – sie saßen jahrein, jahraus und rund um die Uhr in ihren beengten Betonbunkern herum, was einen weiteren Verstoß sowohl gegen die *WAZA*-Richtlinien als auch gegen die bundesministeriellen Vorgaben bedeutete –, blieb ohne jede Konsequenz. Erst 2003 wurde ein kleines Außengehege angebaut, zunächst allerdings nur für die Orang Utans, dem 2006 ein weiteres für die Gorillas folgte. Für die Bonobos und die Schimpansen geschah *nichts*.

EPULU und KITOTO

Ein besonders tragischer „Botschafter seiner Art" ist EPULU. Der 1968 im Wuppertaler Zoo geborene und dort vom seinerzeitigen Direktor „handaufgezogene" Schimpanse war seit dem Bau des Menschenaffenhauses im Jahr 1978 in einem knapp 40qm-Bunker aus Beton und Panzerglas untergebracht. (Der Käfig im „Affenhaus", in dem er die ersten 10 Jahre seines Lebens zugebracht hatte, war noch kleiner

KITOTO

gewesen.) Da für die Wuppertaler Schimpansen nie ein Freigehege vorgesehen war, hat EPULU den Betonbunker über Jahre und Jahrzehnte hinweg auch nie verlassen. Auf engstem Raume und nacktem Betonboden fristete er ein elendes Leben, Sichtblenden, Rückzug- oder Versteckmöglichkeiten gab es nicht. Er zeigte, selbst dem Laien ersichtlich, massive Symptome von Hospitalismus.

2006 bekam EPULU die damals 23-jährige Schimpansin KITOTO dazugesetzt, die bis dahin in einem größeren Verband im Zoo von Münster gelebt hatte. Sie hatte dort Zugang zu einer relativ großen Außenanlage. Auch sie hat den Wuppertaler Betonbunker jahrelang nicht mehr verlassen. Und auch sie zeigte Symptome massiver psychischer Störung, unter anderem riss sie sich büschelweise die eigenen Haare vom Leib.

Angesichts des immer bedenklicher werdenden Gesundheitszustandes von EPULU und

EPULU

KITOTO formierte sich ab Frühsommer 2011 massiver öffentlicher Protest gegen die Haltungsbedingungen der beiden Schimpansen. Der renommierte Primatologe Volker Sommer sprach von einer „Schande für Wuppertal", und selbst grundsätzliche Zoobefürworter wie der amerikanische Veterinärmediziner Mel Richardson kritisierten die Wuppertaler Schimpansenhaltung als „Relikt aus den traurigen Anfängen zoologischer Einrichtungen des 19. Jahrhunderts". Ein ehemaliger Tierpfleger des Wuppertaler Zoos wies darauf hin, dass EPULU zur Dämpfung seiner wiederkehrenden Aggressionsanfälle regelmäßig Diazepam [=Valium] verabfolgt bekomme, das bekanntlich zu psychischer und physischer Abhängigkeit führen kann. (In der Folge musste der Zoo die regelmäßige Behandlung auch anderer Zootiere mit Psychopharmaka zugeben.)

Nachdem der Protest nicht abebbte, brachte die *Westdeutsche Zeitung* kurz vor Weihnachten 2011 einen großformatigen Artikel, der sich – erstmalig in der Geschichte des Blattes – ausgesprochen kritisch gegen den Zoo positionierte. Der Artikel wirbelte hinter den Kulissen des Zoos wie auch der Stadtverwaltung enormen Staub auf. Nachdem auch noch mehrere Radio- und TV-Sender kritisch über die Haltungsbedingungen von EPULU und KITOTO berichtet hatten, musste sich der seinerzeitige Zoodirektor Ulrich Schürer dem öffentlichen Druck beugen: Widerwillig kündigte er den Bau einer Freianlage für die Schimpansen und Bonobos an, die den Tieren *abwechselnd* zur Verfügung gestellt werden sollte. Tatsächlich wurde der Bau erst nach der Pensionierung Schürers Ende 2012 in Angriff genommen.

Fertiggestellt im Juni 2014 kam die neue Außenanlage indes fast nur den Bonobos zugute: EPULU und KITOTO weigerten sich von Anfang an, sie zu betreten. Lange Zeit konnten sie ihre Scheu vor dem für sie Unbekannten nicht überwinden und konnten nur mit viel Mühe ab und an ins Freie gelockt werden. Vielleicht widerstrebte dem mittlerweile hochbetagten EPULU (50) und der ebenfalls schon in die Jahre gekommenen KITOTO (36) auch nur der Umstand, dass sie auf dem Weg ins Außengehege – ein gravierender Fehler in der Bauplanung – am Innengehege der Bonobos vorbei mussten, was jedesmal mit Riesengeschrei und großer Aufregung einherging. Die beiden Schimpansen saßen nach wie vor die meiste Zeit und ohne jede Beschäftigung in ihrem 40qm-Innenbunker herum. Zu „kognitiver Anreicherung" stellte man ihnen nach einiger Zeit ein paar ausrangierte Fußbälle zur Verfügung gestellt, für die sich allerdings weder EPULU noch KITOTO interessierten; zudem wurde der Betonboden mit ein wenig Mulch bedeckt.

„Wappentiere"

Nicht nur die Haltung der Primaten im Wuppertaler Zoo widerspricht selbst weitestgefassten Begriffen von „Artgerechtigkeit", auch die Bedingungen, unter denen Eisbären, Seelöwen und Vertreter vieler anderer Arten gehalten werden, zählen europaweit zu den übelsten ihrer Art. Besonders hervorzuheben sind insofern die in Wuppertal gezeigten Königspinguine, die nach Angaben des Zoos „eine der größten und erfolgreichsten Zuchtgruppen in Europa" darstellen (und insofern als „Wappentiere" des Zoos sowie Namensgeber des zooeigenen Magazins *Pinguinal* geführt werden). Die Königspinguine, wie der Zoo weiter betont, werden auf einer der „größten und modernsten Pinguinanlagen in Europa" gehalten. Der Zoo bekam diese Anlage im Jahre 2008 von der ortsansässigen Staubsauger- und Haushaltsgerätefirma *Vorwerk&Co KG* anlässlich ihres 125-jährigen Firmenjubiläums geschenkt. (*Vorwerk* zählt werbewirksam seit je zu den Großförderern des Wuppertaler Zoos.) Tatsächlich besteht die Anlage aus einem rundum geschlossenen und künstlich beleuchteten Betonbunker, in dem sich, durch deckenhohes Panzerglas von einem Besuchergang abgetrennt, der „subantarktische Lebensraum" der Pinguine befindet. Dieser besteht aus einer etwa 100qm umfassenden „Landfläche" und einem gleichgroßen Becken, das eine Wassertiefe von allenfalls zweieinhalb Metern aufweist. Auf einer Infotafel steht zu lesen: „Königspinguine sind exzellente Taucher und Schwimmer. Sie tauchen in Tiefen bis zu

350m und können an die 8 Minuten unter Wasser bleiben. Die Gebiete, in denen sie nach Schwarmfischen und Tintenfischen jagen, liegen bis zu 400km von den Inseln entfernt, auf denen sie ihren Nachwuchs aufziehen." In Wuppertal stoßen sie nach zehn Metern gegen eine Betonwand.

Elefantenhaken

Ende 2018 geriet die Wuppertaler Elefantenhaltung in massive öffentliche Kritik. Von *PeTA*-Aktivisten gedrehte Videoaufnahmen zeigten, dass die in „direktem Kontakt" mit den Wärtern gehaltenen Elefanten von diesen misshandelt und für kommerzielle Sonderveranstaltungen missbraucht werden. Sie werden gezwungen, bei Hochzeitsfeiern oder für Fotoaufnahmen zu posieren; auch müssen sie Besucher auf dem Rücken tragen oder zirkusähnliche Tricks vorführen. Die Bilder zeigen, wie die Tiere mit dem sogenannten „Elefantenhaken", einem Schlagstock mit Metallspitze, wiederholt an sensiblen Stellen traktiert werden, um sie gefügig zu machen.

Zahlreiche Medien griffen die Kritik auf, einschließlich der Forderung, die Haltung der Elefanten, wie in anderen Zoos längst praktiziert, auf „geschützten Kontakt" umzustellen, der keinen direkten Kontakt zwischen Wärtern und Tieren mehr zulässt und insofern den Einsatz des „Elefantenhakens" erübrigt. Die Zooleitung wies die Vorwürfe zurück und erklärte, sowohl der Zoo selbst als auch sämtliche Mitarbeiter genössen „ein hohes Maß an Anerkennung für ihre Kompetenz im Umgang mit den Elefanten". Es bestehe ein „enges Vertrauensverhältnis zwischen den Tieren und ihren Pflegern, welches die Basis für den direkten Kontakt mit den Elefanten bildet und persönliche Begegnungen in einem definierten Rahmen ermöglicht". In anderen Worten: Man werde von der bisherigen (Qual-)Haltung der Tiere in „direktem Kontakt" nicht abrücken, auch werde es weiterhin „persönliche Begegnungen" mit zahlenden Besuchern geben. #102/2019

Untreue, Betrug, Korruption

Die nahezu uneingeschränkten Entscheidungsbefugnisse, über die Zoodirektoren in aller Regel verfügen, verbunden mit kaum kontrollierbaren Zugriffsmöglichkeiten auf die „nicht-offiziellen" Geldmittel, die den Zoos aus unterschiedlichsten Quellen zufließen – Patenschaften, Spenden, Schenkungen (bis hin zu ganzen Nachlässen und Vermächtnissen) – begünstigen in den Führungsetagen Untreue, Betrug und Korruption. Immer wieder fliegen entsprechende Fälle auf.

Ende der 1990er wurde gegen den langjährigen Direktor des Wuppertaler Zoos, Dr. Ulrich Schürer, staatsanwaltlich ermittelt: Er soll von Baufirmen „geschmiert" worden sein, um ihnen Zooaufträge zuzuschanzen. Auch gegen seinen damaligen Stellvertreter Dr. Thomas Kauffels wurde ermittelt, dem u. a. vorgeworfen wurde, er habe von Handwerkern, die im Zoo beschäftigt waren, sein Privathaus sanieren und dafür anfallende Rechnungen von

VIMOTO

der Stadtverwaltung begleichen lassen. Schürer kam unbehelligt davon, Kauffels hingegen wurde suspendiert und laut dem Bericht einer lokalen Zeitung sogar wegen Fluchtgefahr in Haft genommen. Seiner weiteren Karriere im Zoogeschäft tat dies allerdings keinen Abbruch: Er wechselte nahtlos auf den Direktorensessel des privaten Opel-Zoos in Kronsberg (nahe Frankfurt am Main), kurz darauf wurde er in das „Executive Committee" der *Europäischen Vereinigung von Zoos und Aquarien* (EAZA) berufen. Von 2007 bis 2013 amtierte er als Vizepräsident bzw. Präsident des *Verbandes der Zoologischen Gärten* (VdZ), in dessen Vorstand er bis heute sitzt. Seit 2016 firmiert er überdies als Präsident der EAZA.

Nach Angaben eines pensionierten Tierpflegers, der 30 Jahre im Wuppertaler Zoo gearbeitet hatte, davon 24 Jahre unter Schürer, stehe „Korruption im Zoo an der Tagesordnung". Obwohl er immer wieder auf Missstände aufmerksam gemacht habe, sei nichts geschehen. Wenige Jahre nach den „Schmiergeldvorwürfen" nahm die Staatsanwaltschaft erneut Ermittlungen gegen Schürer auf. Der Grund diesmal: Verdacht auf Untreue und Steuerhinterziehung. Letztlich wurde er wegen des Steuerdeliktes mit Strafvorbehalt verwarnt (was einer Geldstrafe auf Bewährung gleichkommt). Schürer blieb bis zu seiner Pensionierung Ende 2012 unbeschadet auf seinem hochdotierten Posten sitzen, gleichwohl im Zuge des Verfahrens Angestellte des Zoos sich bitter über seinen extrem autoritären und „gutsherrenhaften" Führungsstil und das insofern miserable Arbeitsklima beklagt hatten, das unter seiner Leitung herrschte.

Ins Bild passt das skandalöse Treiben zweier Wuppertaler Tierpfleger, die über Jahre hinweg Auszubildende und Praktikantinnen gedemütigt und misshandelt hatten. Unter anderem hatten sie die ihnen untergebenen jungen Frauen gefesselt und zu Sex-Fotos gezwungen. Einen männlichen Auszubildenden hatten sie mit Stromstößen aus einem elektrischen „Viehtreiber" gequält. Erst nachdem eines der Opfer Dienstaufsichtsbeschwerde erhoben hatte, wurde den Tierpflegern gekündigt; in einem anschließenden Strafverfahren wurden sie wegen Körperverletzung und Freiheitsberaubung zu 13- bzw. 17-monatigen Haftstrafen (auf Bewährung) verurteilt. Die Stadt Wuppertal untersagte den Zoobeschäftigten in der Folge jedweden Alkoholkonsum auf dem Zoogelände. An dem seinerzeitigen Zoodirektor Dr. Schürer ging das Ganze spurlos vorüber. #102/2019

Iahnwache vor dem Zoo für Bonobo BILI.

BILI übel zugerichtet

Ende Januar 2019 erlebte der Wuppertaler Zoo einen Image-Supergau: Bilder von einem blutenden und offenkundig schwer traumatisierten Bonobo machten im Netz die Runde. Der 10-jährige BILI war wenige Wochen zuvor vom Frankfurter Zoo zu „Zuchtzwecken" nach Wuppertal verschubt worden. Wissend um die Probleme, die ein solcher Transfer in aller Regel mit sich bringt, wurde BILI übergangslos in die Wuppertaler Bonobogruppe gesteckt, die ihrerseits in einem viel zu beengten Betonbunker zusammengesperrt ist. BILI wurde von den anderen Bonobos heftig attackiert, letztlich wurde ihm ein halbes Ohr abgebissen.

Es erhob sich ungeahnter Protest gegen die Verantwortlichen des Zoos. Zigtausende von Mails überfluteten die Mailboxen nicht nur des Zoos, sondern auch der Stadtverwaltung und des zuständigen Veterinäramtes. Eine Online-Petition, BILI in ein Primatenrefugium nach Südengland zu verbringen, zeitigte in kürzester Zeit mehr als 65.000 Unterschriften: Das *Wales Ape & Monkey Sanctuary* (WAMS), spezialisiert auf die Rehabilitation beschlagnahmter oder abgegebener Affen aus Zirkussen, Zoos, Pharmalaboren oder privater Haltung, hatte sich anerboten, BILI sofort aufzunehmen.

Sämtliche Medien des Landes, von *BILD* und *Kölner Express* über *Berliner Kurier*, *Rheinische Post* und *Focus* hin zu *Mittel-*, *West-* und *Süddeutscher Zeitung*, schrieben über den Fall. Selbst im Ausland wurde darüber gesprochen, Zeitungen in England, Frankreich, Italien, Tschechien, Österreich oder der Schweiz berichteten großaufgemacht über die Leiden des kleinen Affen: Eine in dieser Form noch nie dagewesene Welle des Protestes überrollte den Wuppertaler Zoo.

Irreführende Stellungnahme

In einer ersten Stellungnahme behauptete der Zoo, Bonobo BILI habe in seiner Herkunftsgruppe im Frankfurter Zoo „aus genetischen Gründen nach dem Erreichen der Geschlechtsreife leider nicht länger bleiben" können. Er sei insofern „auf Empfehlung der Spezialistengruppe der Europäischen Zoogemeinschaft und des

Europäischen Erhaltungszuchtprogrammes" Ende 2018 in den Wuppertaler Zoo verbracht worden „mit dem Ziel, ihn in die hier existierende Gruppe zu integrieren".

Die Stellungnahme des Zoos war indes grob irreführend: BILI musste nicht „aus genetischen Gründen" aus seiner Frankfurter Bezugsgruppe herausgenommen werden: Er kam, gebürtig im britischen Twycross Zoo – seine Mutter hatte ihn nicht angenommen –, im Alter von drei Monaten in den Zoo Frankfurt, wo er mit Hilfe einer Ammenmutter aufgezogen und erfolgreich in die dortige Gruppe integriert wurde, in der er die folgenden 10 Jahre anstandslos lebte. Er kam also von einer völlig fremden Blutlinie, zudem hätte man ihn problemfrei, temporär zumindest, sterilisieren können, wenn er nicht ins Frankfurter „Zuchtprogramm" gepasst hätte. Tatsächlich aber wurde BILIi aus der Frankfurter Gruppe herausgenommen, weil man in Wuppertal ein neues „Zuchtmännchen" haben wollte. Deshalb und nur deshalb wurde er dorthin verschubt, unter Inkaufnahme all der Risiken, die das für ihn bedeutete: Einen erwachsenen Bonobomann einfach in eine gemischtgeschlechtliche andere Gruppe zu stecken, ist bekanntlich mit großen Problemen behaftet, deren sich der Zoo Wuppertal ganz offenbar nicht bewusst war; oder die er billigend – und zum Nachteil BILIs – in Kauf nahm. In späteren Stellungnahmen des Zoos wurden die angeblich „genetischen Gründe" für die Herausnahme BILIs aus seiner Frankfurter Gruppe nicht mehr angeführt.

Die Proteste ebbten nicht ab. Das zuständige Veterinäramt wurde aufgefordert, im Rahmen seiner gesetzlichen Beschützergarantenstellung umgehend zu intervenieren, um Leib und Leben des Tieres zu schützen. Zudem wurden Strafanzeigen gegen den Zoo, die Stadt (als Trägerin des Zoos) und das Veterinäramt wegen Verstoßes gegen das Tierschutzgesetz erstattet. Die Zahl der Unterzeichner der Online-Petition bewegte sich auf 150.000 zu. Am 27. Januar 2019 organisierten Tierfreunde vor Ort eine eigene Mahnwache vor dem Zoo, über die in verschiedenen Radio- und TV-Sendungen ausführlich berichtet wurde.

Normale Rangordnungskämpfe?

Letztlich sah der Zoo sich zu einer Pressekonferenz gezwungen, auf der Direktor Dr. Arne Lawrenz betonte, die nicht abstreitbaren Verletzungen BILIs seien Ausdruck ganz normaler und natürlicher Rangordnungskämpfe. Es sei mit solchen Anpassungsschwierigkeiten zu rechnen gewesen, BILIs Eingewöhnung verlaufe insofern genauso wie erwartet. Im Übrigen sehe er „Anzeichen dafür, dass sich BILIs Stellung in der Gruppe verbessert". Zudem wiederholte Lawrenz, was er von Anfang an gesagt hatte: BILI bleibe unter allen Umständen in Wuppertal, er wolle ihn eher euthanasieren (=töten), als ihn in das Waliser Primatenrefugium abzugeben.

Kurz nach der Pressekonferenz wurde jener Teil des Wuppertaler Menschenaffenhauses, in dem die Bonobos untergebracht sind, für Besucher gesperrt. Niemand sollte die zwangsweise „Integration" BILIs in die Bonobogruppe mehr von außen beobachten können, so dass keine „unschönen" Bilder mehr in die Öffentlichkeit gelangen würden. Die Einrichtung einer Webcam lehnte der Zoo ab. Zugleich begannen selbsternannte Zoolobbyisten auf Facebook- und Instagram, das Engagement der sich um BILIs sorgenden Tierfreunde systematisch zu diffamieren: Da war die Rede von „Hass, Hetze, Beleidigungen und Drohungen gegen den Zoo Wuppertal" (*prozoo*) oder vom Verbreiten von „Fake-News" und „Lügen", die den Sachverhalt vorsätzlich falsch bzw. heillos übertrieben darstellten. Die Fotos des übel zugerichteten Bonobo seien von Tierrechtlern manipuliert worden, damit die Medien darauf ansprängen. Der Zoo Wuppertal habe nichts falsch gemacht und habe sich keinerlei Vorwürfe gefallen zu lassen (*zoos.media*). Auch Zoodirektor Lawrenz sprach von Bedrohungen, gar Morddrohungen, denen er ausgesetzt sei, wobei er sich als Beleg auf diesen Facebookeintrag einer erbosten Tierfreundin bezog: „Sperrt doch den asozialen Zoodirektor mit in diesen Käfig, dass die Affen an dem Richtigen ihre Wut auslassen!"

BILI

Eskalierende Übergriffe

Obgleich der Zugang zu dem Wuppertaler Bonobo-Gehege für Besucher gesperrt wurde, entstanden am 6. Februar 2019 neue und noch weitaus erschreckendere Bilder als sie zwei Wochen davor durch die Medien gegangen waren: Bonobo BILI wurde erneut von der eingesessenen Bonobo-Gruppe heftigst attackiert, dem Vernehmen nach verlor er dabei einen Finger (bzw. einen Zeh) und wurde auch im Genitalbereich schwer verletzt.

Und wieder wusste der Wuppertaler Zoo nichts anderes zu vermelden, als dass „in der vergangenen Woche zahlreiche positive Sozialkontakte zwischen BILI und anderen Gruppenmitgliedern beobachtet werden" konnten. Daneben seien jedoch auch immer wieder die „arttypischen innerartlichen Aggressionen" aufgetreten, die sich vor allem gegen BILI rich-

teten. An der Einschätzung des Zoos habe sich auch nach der neuerlichen Attacke nichts geändert: „Die Bemühungen zur Integration von BILI werden in Verbindung mit Maßnahmen, die eine Abschwächung der Aggressionen zum Ziel haben, weiter fortgesetzt." Koste es, was es wolle.

Dass BILI derart massivem Mobbing seitens der anderen Wuppertaler Bonobos ausgesetzt war, lässt sich nicht als, wie der Zoo Wuppertal – ahnungslos oder wider besseres Wissen – behauptete, „gänzlich normale und natürliche Rangordnungskämpfe oder Anpassungsschwierigkeiten" darstellen, vielmehr handelte es sich dabei um ein rein zoospezifisches Problem: Es tritt in dieser Form nur in Zoos, sprich: bei auf engstem Raum zusammengesperrten Bonobos auf, im Freiland, wo die Tiere einander ausweichen können, wurde dergleichen noch nie beobachtet. Ganz im Gegenteil verfügen Bonobos im Freiland über artspezifische Beschwichtigungs- und Konfliktlösungsmöglichkeiten (i. e. sexuelle Interaktionen), die ihnen in Gefangenschaft weitgehend verloren gehen. Deshalb kann es in Zoos zu derart eskalierenden Gewaltübergriffen kommen. BILI hätte zu seinem Schutz sofort aus der Wuppertaler Gruppe herausgenommen werden müssen. Die Wahrscheinlichkeit, dass er dort „integriert" werden könne, wurden immer geringer, hingegen stieg das Risiko, dass er in der dortigen Gruppe zu Tode komme, von Tag zu Tag immer mehr an.

Anfang Februar 2019, fand eine weitere Demo vor dem Eingang des Wuppertaler Zoos statt, zu der sich trotz strömenden Regens und eisigen Windes rund 120 Menschen eingefunden hatten, die erneut die Abgabe BILIs an das *Wales Ape & Monkey Sanctuary* forderten. Von dem Waliser Sanctuary waren eigens zwei Vertreter angereist: Sie hatten eine 1000-Kilometer-Fahrt auf sich genommen, um, auch wenn die Aussichten auf ein Einlenken des Zoos denkbar gering waren, mit diesem über einen möglichen Transfer BILIs zu sprechen.

Nur der Betreiber des Sanctuarys, Graham Garen, wurde, zusammen mit einem Vertreter des *Great Ape Project*, zu einem etwa 10-minütigen Gespräch empfangen – und dies noch nicht einmal von jemandem aus der Chefetage, sondern von einem untergeordneten Pressesprecher –, in dem den Gästen unmissverständlich klar gemacht wurde, dass man BILI unter keinen Umständen abgeben werde. Als Hauptargument wurde angeführt, Herr Garen verfüge über keine spezifische Kompetenz in der Haltung von Bonobos, zudem würde BILI in Wales isoliert gehalten werden, da dort derzeit keine weiteren Bonobos lebten. Im Übrigen wäre der Wuppertaler Zoo auch gar nicht befugt, BILI irgendwohin abzugeben, da er Eigentum des *Europäischen Erhaltungszuchtprogrammes* EEP sei und Wuppertal insofern über keine Entscheidungsbefugnis verfüge.

Gegenargumente, die auf die 20-jährige Erfahrung Garens in der Rehabilitation hunderter Affen aus dutzenden von Arten verwiesen, darunter auch kleiner und großer Menschenaffen, die aus Zirkussen, Zoos, Pharmalaboren oder aus schlechter Privathaltung beschlagnahmt, befreit oder freiwillig abgegeben worden waren, wurden vom Tisch gewischt. Desgleichen der Hinweis, dass BILI in Wales keineswegs, wie der Zoo anführte, alleine in einem Gehege sitzen und keinen Kontakt zu Artgenossen haben würde. Vielmehr könnte BILI mittelfristig mit einem oder mehreren der in Wales lebenden anderen Affen, ehemaligen Zirkus- oder Laborschimpansen etwa, vergesellschaftet werden. (Nur für Zoos, die ausschließlich in „Zuchtkategorien" denken, kommt derlei speziesübergreifende Vergesellschaftung von Primaten nicht in Frage. Da im *Wales Ape & Monkey Sanctuary* prinzipiell nicht „gezüchtet" wird, gäbe es insofern kein Problem. Zudem treten in den zehn europäischen Zoos mit Haltung von Bonobos immer wieder Probleme mit männlichen Tieren auf: Über kurz oder lang könnte in Wales eine Junggesellengruppe „unerwünschter" oder „nicht ins Zuchtprogramm" der jeweiligen Zoos passender Tiere

etabliert werden – wie es das beispielsweise für Gorillas im österreichischen Schmieding gibt).

Der Verbleib BILIs im Wuppertaler Zoo, so die Vertreter von WAMS und GAP, sei keineswegs so alternativlos, wie der Zoo es darstelle. Auch das „rechtliche" Argument angeblicher Eigentumsverhältnisse an BILI durch das EEP wurde *ad absurdum* geführt: Das EEP ist keine eigenständige Körperschaft des Rechts, vielmehr handelt es sich um einen informellen Zusammenschluss europäischer Zuchtzoos, der durch niemanden anderen autorisiert ist, als durch die beteiligten Zoos selbst. Bezeichnenderweise wurde die Presse und jede sonstige Öffentlichkeit von dem Gespräch zwischen dem Zoo und den Vertretern von WAMS und GAP ausgeschlossen.

Die Position des Zoos wurde eins zu eins an den Dachverband des deutschen Zoowesens VdZ weitergegeben, der eine deckungsgleiche Pressemitteilung dazu herausgab: Die Forderung der Tierschützer, BILI in ein Primatenrefugium nach Südengland zu verbringen, um ihn vor den Attacken der eingesessenen Wuppertaler Bonobogruppe zu schützen, lehne man „aus fachlichen Gründen" ab: Angeblich würde sich BILIs Situation in einem neuen Zuhause „nicht verbessern, sondern unter Umständen sogar verschlechtern".

Der Waliser Primatenauffangstation unterstellte VdZ-Geschäftsführer Volker Holmes „mangelnde Expertise", ungeachtet des Umstandes, dass man dort über 20-jährige Erfahrung in der Rehabilitation hunderter Affen aus schlechter Haltung verfügt. Tatsachen- und wahrheitswidrig führte der VdZ auch die BILI angeblich drohende Isolationshaltung in Wales als Argument gegen einen Umzug dorthin an. Eine nahezu wortgleiche Stellungnahme gab es auch seitens des EEP.

Die Medien berichteten weiterhin in bislang nicht gekannter Bandbreite über den Fall „BILI", gaben aber zunehmend – und in der Regel ohne ernsthafte Gegenrecherche – die Position des Wuppertaler Zoos und des Dachverbandes VdZ wieder. Zudem und insbesondere wurden die angeblichen „Morddrohungen" gegen Zoodirektor Lawrenz thematisiert, hinter denen das eigentliche Anliegen der Hilfe für BILI völlig zurücktrat. In der Tat fanden sich unter den mehr als 1000 Einträgen auf der Facebookseite des Zoos einige wenig schmeichelhafte Posts, als solche ernstzunehmende Morddrohungen hingegen konnten selbst bei mehrfacher Durchsicht nirgends gefunden werden. (Angeblich an Lawrenz gerichtete Posts wie: „Wenn du BILI einschläferst, schläfere ich dich ein!" können nicht wirklich als „Morddrohung" gewertet werden.) Gleichwohl behauptete Lawrenz fortgesetzt und in jede Kamera, er und seine Mitarbeiter würden von Tierschützern nicht nur übelst beschimpft, sondern auch mit Mord bedroht. Ungeachtet der Frage, ob Lawrenz vielleicht auch ernstzunehmendere Drohungen erhielt: Mit dem steten Verweis darauf konnte er jedenfalls vorzüglich vom eigentlichen Problem, nämlich dem Leiden BILIs, ablenken.

Hinzu kam, dass der Wuppertaler Zoo in verschiedenen Presseaussendungen mitteilte, das aggressiv gegen BILI gerichtete Verhalten der Bonobos sei „völlig normal und natürlich".

Im Übrigen gebe es durch eine mittlerweile vorgenommene „zeitweise Aufteilung der Affengruppe in kleinere Einheiten deutlich mehr ruhige Kontakte“ der Bonobogruppe zu BILI. Auch diese Behauptungen wurden ohne Gegenrecherche von zahlreichen Medien übernommen. Tatsächlich handelt es sich bei diesen sogenannten „Integrationsmaßnahmen“ um reine Augenwischerei: Man trennte einfach ein Drittel des im selben Bau befindlichen Geheges der Gorillas ab (die dadurch ein Dittel weniger Platz in ihrem ohnehin extrem beengten Innenbunker haben), in das nun BILI zusammen mit Bonobosenior MATO (56) gesperrt wurde. Eine Lösung auf Dauer war das natürlich nicht, zumal BILI Gefahr lief, jederzeit erneut angegriffen zu werden, sobald er mit der Gesamtgruppe zusammenträfe.

Auch wenn es (vorläufig) nicht gelungen ist, BILI aus der Qualhaltung des Zoos Wuppertal zu befreien, hat dieser doch – und mit ihm das gesamte Zoowesen – einen vermutlich irreparablen Imageschaden erlitten: Zoos wurden als das entlarvt, was sie immer schon waren und sind: Gefängnisse, oder genauer: Zuchthäuser, in denen empfindungs- und leidensfähige Mitlebewesen unschuldig und auf Lebenszeit eingesperrt werden, zum Vergnügen eines sensations- und gaffgierigen (zahlenden) Publikums. Auch wenn BILI selbst davon nichts hat, so hat das Engagement der vielen zehntausend Menschen, die sich für ihn eingesetzt haben, doch wenigstens das bewirkt, dass manch bisherigem Zoobesucher und Zoofan ein Licht aufgegangen sein dürfte und er bzw. sie künftig derlei Tiergefängnisse meidet. #103/2019

Schimpansen abgeschoben

Um BILI vor weiteren Attacken der Gruppe zu schützen, wurde er zunächst zusammen mit der einigermaßen verträglichen Bonobodame KICHELE (32) in einem eigenen Gehegeabteil gehalten. Eine neue Situation ergab sich, als die im Wuppertaler Menschenaffenhaus gehaltenen Schimpansen EPULU (51) und KITOTO (36) Anfang Oktober 2019 abgegeben wurden: EPULU wurde an den Heidelberger Zoo und KITOTO an den von Antwerpen verschubt. Tierrechtler:innen hatten seit Jahren gefordert, die beiden – selbstverständlich gemeinsam und vorzugsweise in ein entsprechendes Primatenrefugium – aus der Wuppertaler Zoo zu verlegen.

Keineswegs aber erfolgte die vom Zoo lange mit Vehemenz abgelehnte Abgabe der beiden alten Tiere im Interesse deren besserer Unterbringung, vielmehr ausschließlich im Bestreben, das eklatante Missmanagement und die Haltungsfehler der Wuppertaler Zooleitung zu kaschieren: Mit der jetzt plötzlich doch bejahten Abgabe der beiden Schimpansen wurde deren „Innengehege“ frei, in dem nunmehr Bonobo BILI und zwei ältere, sozialverträgliche Bonobos untergebracht werden konnten. BILIs geplante „Integration“ in die bestehende Bonobo-Großgruppe war mangels primatologischen Sachverstandes der Zooleitung auf ebenso vorhersagbare wie fatale Weise fehlgeschlagen.

Schon Anfang 2019 hatte sich das *Wales Ape & Monkey Sanctuary* anerboten, EPULU und KITOTO sofort aufzunehmen. Seinerzeit hieß es seitens des Zoos, die beiden Schimpansen seien zu alt, um sie in eine andere Einrichtung zu transferieren, sie würden allein schon die für den Transfer erforderliche Narkose nicht überleben. Jetzt ging das plötzlich doch, und man riss die beiden Schimpansensenioren sogar auseinander, die, wie der Zoo selbst zu Zeiten verlautbart hatte, seit 13 Jahren „wie ein altes Ehepaar", zusammenlebten.

Mit der Trennung der beiden Tiere voneinander – offenbar fand sich kein Zoo, der sie gemeinsam übernommen hätte – nahm man den möglichen Tod von EPULU und KITOTO billigend in Kauf. Es wäre nicht das erste Mal gewesen, dass ein aus seinen sozialen Bezügen herausgerissener Menschenaffe an plötzlichem Herzversagen stirbt. Hintergrund ist das (auch aus dem Humanbereich bekannte) sogenannte Broken-Heart-Syndrom (Tako-Tsubo-Kardiomyopathie), eine akut auftretende Herzmuskelschwäche, die durch großen emotionalen Stress ausgelöst wird. Trotz massiven Protestes primatologischer Sachverständiger wurden die beiden Schimpansen unter Narkose gesetzt und an ihre neuen Bestimmungsorte verbracht: Sie werden einander nie mehr wiedersehen. #105/2019

▶ Alle Versuche des Heidelberger Zoos, EPULU in seine neue Gruppe zu „integrieren" – er wurde mit drei weiblichen Tieren zwangszusammengeführt – verliefen höchst problematisch: EPULU musste insofern über Monate hinweg isoliert gehalten werden. Bei einem Besuch des GAP einige Monate nach seiner Umsiedelung machte er einen völlig apathischen Eindruck; zudem wies er schwere Bisswunden an Oberarm und Fuß auf. Anlässlich seines 53. Geburtstages (am 25.6.2021) teilte die Zooverwaltung auf ihrer Facebook-Seite mit, EPULU erfreue sich „bester Gesundheit" und sei mittlerweile „voll integriert".

Bonobo im Zoo totgebissen

Mitte Januar 2021 teilte der Zoo Wuppertal mit, dass vier Wochen zuvor der 31-jährige Bonobo BIROGU von seinen Artgenoss:innen totgebissen wurde, beziehungsweise aufgrund schwerster Bissverletzungen eingeschläfert werden musste. Derart heftige Aggressionsausbrüche unter Bonobos, die zu solch schweren Verletzungen führen, sind aus dem Freiland nicht bekannt. Sie sind auf die beengten und gänzlich widernatürlichen Haltungsbedingungen zurückzuführen, wie sie in Zoos vorherrschen. #110/2021

Zürich

Erneut tödlicher Tigerangriff

Anfang Juli 2020 kam im Zoo Zürich (Schweiz) eine 55-jährige Tierwärterin durch einen Tigerangriff zu Tode. Die fünfjährige Tigerin IRINA hatte die Wärterin, die sich aus unerfindlichem Grunde mit ihr im gleichen Gehege aufhielt, angefallen und tödlich verletzt. Es war dies keineswegs das erste Mal, dass Zooangestellte einem Großkatzenangriff zum Opfer fielen. Im März 2002 etwa hatte im Wiener Tiergarten Schönbrunn ein Jaguar eine 21-jährige Wärterin angefallen und getötet; im November 2006 tötete im Zoo Chemnitz ein Leopard einen der Wärter, und im Oktober 2007 war es ein Löwe, der im französischen Zoo Haute Touche einen Wärter tödlich verletzte.

Im Gegensatz zu früheren Vorfällen, bei denen Tiere, die Zoowärter:innen angegriffen und verletzt bzw. getötet hatten, umgehend selbst getötet wurden, ließ der Zoo Zürich Tigerin IRINA am Leben. Offenbar erinnerte sich der eben neuberufene Zoodirektor Severin Dreßen, bislang stellvertretender Geschäftsführer im Zoo Wuppertal, an die heftige Kritik, die 2012 über den Kölner Zoodirektor Theo Pagel hereingebrochen war. Pagel hatte nach dem tödlichen Angriff von Tigerkater ALTAI auf eine 43-jährige Wärterin das Tier sofort und höchstpersönlich erschossen. Im Jahr darauf hatte eine heftige öffentliche Debatte verhindert, dass der zehnjährige Tigerkater RASPUTIN, der im Zoo Münster einen 56-jährigen Wärter angegriffen und getötet hatte, selbst getötet wurde. Der seinerzeitige Zoodirektor Jörg Adler hatte es nicht gewagt, den bei Zoobesuchern ausgesprochen populären Tiger „zur Rechenschaft zu ziehen". RASPUTIN lebte noch weitere drei Jahre im Zoo Münster, dann wurde er einer angeblich unheilbaren Krankheit wegen „eingeschläfert". Er wurde ausgestopft und kann heute als „Killer-Tiger" im *Westfälischen Museum für Naturkunde* besichtigt werden.

In der Schweiz verlief eine vor dem Hintergrund der im Züricher Zoo getöteten Wärterin aufkommende Debatte, ob Großkatzen weiterhin in Zoos gehalten und zur Schau gestellt werden sollten, erwartungsgemäß sehr schnell im Sande. Konsequenz aus dem erneuten tödlichen Angriff einer Großkatze auf Zoopersonal: keine. #108/2020

Abgewickelt

Die Zeit für Neubegründungen von Zoos oder Großaquarien scheint endgültig vorbei: Schon seit Ende der Nullerjahre wurde im deutschsprachigen Raum kein einziger Zoo mehr neu eingerichtet, hingegen gingen dutzende teils über Jahrzehnte bestehende Einrichtungen pleite bzw. wurden veterinäramtlich geschlossen.

Amöneburg

Keine „Affen zum Anfassen"

Der im hessischen Amöneburg (nahe Marburg) vorgesehene Affenzoo mit begehbaren Gehegen und Sommerrodelbahn wird nach mehrjährigem Planungsvorlauf und längst vorliegender Genehmigung der zuständigen Behörden nun doch nicht gebaut.

Vor dem Hintergrund massiver Kritik verschiedener Tierrechtsorganisationen haben die Investoren das Projekt, das von der Kommunalpolitik nach Kräften vorangetrieben worden war, für gescheitert erklärt. Die Stadt Amöneburg teilte am 16.7.2020 „mit großem Bedauern" mit, dass die „ALMA Erlebnispark GmbH aus Marburg, die als Investor für den ehemaligen Steinbruch in Amöneburg den Bau eines Erlebnisparks mit spektakulärer Sommerrodelbahn, Familienattraktionen und Tierfreigehegen geplant hatte", ihre Planung aufgegeben habe. Letztlich sei „die Kommunalpolitik nicht stark genug gewesen, sich gegen teils diffuse Widerstände (!) zu behaupten." #109/2020

► Die ALMA GmbH, die schon seit Mitte der 1990er vergleichbare Affenparks in Straußberg (Thüringen) und Malchow (Mecklenburg-Vorpommern) betreibt, gab sich indes nicht geschlagen. Wenige Wochen nach dem endgültigen „Aus" in Amöneburg stellte das Unternehmen erste Pläne vor, eine bereits bestehende Freizeitanlage in Frielendorf, knapp 50 Kilometer nordöstlich von Amöneburg, um ein „Freigelände für Berberaffen und Lemuren" zu erweitern. Am Rande der als „Erlebniswelt Silbersee" bekannten Freizeitanlage mit Familienbadestrand, Gastwirtschaft, Bobbahn, Kletterpark, Minigolf und dergleichen mehr, sollte auf einem fünf Hektar großen Areal ein begehbares Affengehege entstehen. Auch wenn die Investoren der ALMA-GmbH mit zusätzlichen Gewerbesteuereinnahmen und Arbeitsplätzen warben, die mit dem geplanten Affenpark entstünden – die Gemeindevertretung Frielendorfs befürwortete im Dezember 2020 mit großer Mehrheit die Aufstellung eines Bebauungsplanes –, regte sich in der Bevölkerung massiver Widerstand dagegen.

Mit Ausbreitung der weltweiten Corona-Pandemie kam das Vorhaben, in Frielendorf einen Affenpark einzurichten, zu völligem Stillstand. In einer eigenen Bürgerinitiative war darauf hingewiesen worden, dass laut Weltgesundheitsorganisation (WHO) 75 Prozent aller neu auftretenden Infektionskrankheiten tierischen Ursprunges seien. Durch den direkten Kontakt zwischen Mensch und (Wild-)

Tier, wie er in dem geplanten begehbaren Gehege gegeben sei, könne eine akute Zoonosengefahr ausgehen. Hinzu komme, dass Berberaffen über eine hohe Beißkraft verfügten und Besucher(kinder) ernsthaft verletzen könnten.1

Auch nach dem offiziell erklärten Ende der Corona-Pandemie im April 2023 wurden die Planungen nicht wieder aufgenommen.

Anmerkung

1 https://weact.campact.de/petitions/kein-affen-gehege-am-silbersee-initiative-fur-einen-natur-parkkonformen-tourismus-in-frielendorf

Nauen / Havelland

Verwahrloster Zoo dauerhaft geschlossen

Am 15.1.2021 war Schluss mit lustig: Der privat betriebene Zoo Nauen (Havelland, nahe Berlin), bekannt auch als „Animal Eden Paradise“, wurde durch das zuständige Veterinäramt aufgelöst. Der Grund: unhaltbare Haltungszustände. Auch wenn das Veterinäramt seit Jahren zum Teil schwerwiegende Tierschutzmängel festgestellt und entsprechende Auflagen erteilt hatte, konnte der Betrieb, einschließlich einer sogenannten „Filmtierschule“, ungehindert weiterlaufen. Erst eine im November 2020 aus Tierrechtskreisen heraus erstattete Anzeige führte nun zur Schließung des von Insidern als „Müllhalde“ bezeichneten Zoos: Die Rede war von ungepflegten, verwahrlosten und teils schwer-

kranken Tieren, von verrosteten Käfigen und völlig verdreckten Gehegen sowie verschimmelter Tiernahrung. Durch die unhygienischen Zustände, so das Veterinäramt, habe ein hohes Gesundheitsrisiko für Mensch und Tier bestanden. Dem Betreiber des Zoos – ein gelernter Tierpfleger (!) – wurde ein lebenslanges Tierhaltungs- und Betreuungsverbot auferlegt.

Die rund 60 vorgehaltenen Tiere – Lamas, Ziegen, Pferde, Schweine, Esel, Kaninchen und andere – wurden auf verschiedene Einrichtungen verteilt. Wildtiere wie Waschbären und Meerkatzen kamen in die niedersächsische Wildtierauffangstation Sachsenhagen. #110/2021

► Zeitgleich mit der Schließung des Zoos wurde auch die diesem angeschlossene „Hundeschule und -pension“ aufgelöst, desgleichen die *Filmtierschule CinePet* (die bis dahin Tiere an verschiedene ostdeutsche Film- und Theaterproduktionen, u. a. an das renommierte *Berliner Ensemble*, vermietet hatte). Selbstredend wurde auch die „therapeutische Freizeitgestaltung für behinderte Menschen" oder der Besuch von Seniorenheimen mit dressierten Tieren eingestellt.

Laut zuständigem Veterinäramt ist das Gelände des ehemaligen Zoos auf Jahre hinaus verseucht: Im Boden befänden sich humanpathogene Keime und Parasiten, mithin Spul-, Faden- und Peitschenwürmer, die für Menschen hochgefährlich werden können.

Sasbachwalden

Aus für geplanten Schwarzwald-Zoo

Die seit Jahren geplante und als „touristisches Leuchtturmprojekt" angekündigte *Anima-Tierwelt* im Schwarzwald, ein privat betriebener Zoo/Wildpark samt Schaubauernhof und dazugehörigem Restaurant, wird nicht gebaut. Das Management des auf Investitionskosten von wenigstens 50 Mio Euro taxierten Unternehmens – mehrere Millionen wurden bereits in Planung und Vorbereitung versenkt – hat Anfang November 2019 das endgültige Aus erklärt: Man habe, trotz wohlwollender Unterstützung aus Politik und regionalem Tourismusverband – selbst ideelle Partnerschaften mit dem Nationalpark Schwarzwald oder dem WWF Deutschland wurden abgeschlossen – die notwendigen Investoren nicht gefunden. Noch nicht einmal die Idee, mithilfe eigens trainierter Tiere des geplanten Schaubauernhofes „tiergestützte Therapie" anbieten zu können (z. B. „therapeutisches Reiten" auf Eseln), stieß auf Investoreninteresse (ganz abgesehen davon, dass derartige „Therapie" ein tierethisch höchst fragwürdiges Unterfangen ohne nachgewiesenen höheren Nutzen darstellt). #108/2020

Straßburg / Frankreich

„Schlimmster Zoo im Elsass"

Anfang Mai 2023 war endgültig Schluss: Nach jahrelangem Streit zwischen der französischen Tierrechtsorganisation *269 LIFE* und den privaten Betreibern des Zoos im Straßburger Parc de l'Orangerie wurde dieser im 120. Jahr seines Bestehens auf Beschluss der Stadtverwaltung hin geschlossen. Die verbliebenen knapp 500 Tiere aus 48 Arten, darunter zahlreiche Krallenaffen, Lemuren und Makaken, wurden an andere Einrichtungen bzw. Auffangstationen in Frankreich und in der Schweiz abgegeben, das Gros der heillos veralteten Gehege- und Käfigbauten wurde umgehend abgerissen. Der Straßburger Zoo, gelegen in unmittelbarer Nachbarschaft des Europäischen Parlaments, galt als „schlimmster Zoo in ganz Elsass". Trotz kommunaler Subvention in Höhe von 400.000 Euro pro Jahr und zahlreichen zahlenden Besuchern aus dem In- und Ausland gelang es den Betreibern nicht, den Zoo modernen Anforderungen entsprechend umzugestalten.

Die Räumung des Zoos ist Teil eines Schutzprogrammes „Tiere in der Stadt", das die grüne Regierungsmehrheit im Straßburger Gemeinderat verabschiedet hat. Es umfasst eine auf fünf Säulen basierende Strategie eines neuen Umganges mit den in der Stadt lebenden Tieren. Diese Strategie betrifft den Schutz sämtlicher Tiere Straßburgs – von privat gehaltenen Haustieren, über streunende Katzen hin zu Stadttauben und jederart Wildvögeln. Vom 1. Juli an dürfen Hunde in der Tram mitgenommen werden, die bislang nur mitfahren durften, wenn sie in Taschen oder Boxen transportiert wurden. Mit Nisthilfen für Vögel sollen deren Populationen wieder wachsen, auch vegetarisches bzw. veganes Essen in den Schulkantinen gehört zu den Säulen des Straßburger Tierschutzprogramms. Die Umsetzung der neuen Leitlinien wird durch eine eigene Tierschutzbrigade bei der Stadtpolizei überwacht. #119/2023

Weißewarte-Tangerhütte

Und wieder einer weniger...

Der 1973 begründete Tierpark Weißewarte-Tangerhütte (Sachsen-Anhalt) stand der miserablen Haltungsbedingungen seiner rund 400 Tiere wegen seit Jahren in der Kritik. Ende Oktober 2022 beschloss der zuständige Gemeinderat, den völlig heruntergewirtschafteten Ex-DDR-Zoo nicht weiter aus Steuergeldern zu stützen. Am 11.11.2022 begann offiziell die Abwicklung des Zoos: Ein Teil der vorgehaltenen Tiere wurde auf umliegende Zoos (Hodenhagen und Dessau) umverteilt, die übriggebliebenen Tiere wurden für den Verkauf an Privatleute freigegeben, Zugleich wurde der Rückbau bzw. Abriss der maroden Käfiganlagen in Angriff genommen. Laut Verfügung des Landkreises Stendal als Eigentümer des 15 Hektar umfassenden Geländes muss dieses bis Ende Juni 2023 geräumt und „besenrein" an den Landkreis übergeben worden sein. Die Kosten für die Räumung hat die Stadt Tangerhütte, die formal als Betreiberin des Parks firmiert hatte, zu tragen, sie werden dem Steuerzahler auferlegt. Das vormalige Tierparkareal soll zu einem Nahrerholungsgebiet umgewandelt werden.

Es war und ist nicht das erstemal, dass „überzählige" Zootiere an Privatleute, mithin auch an (Gourmet-)Restaurants, verkauft worden wären. In DDR-Zoos war es ohnehin gang und gäbe, aus Zoos heraus Wildtierhandel zu betreiben. In einigen Ost-Zoos ist das bis heute üblich. #118/2023

Verschiedenes

Zoos in Vor- und Zwischenkriegszeiten

Mit dem Bau immer neuer und immer noch mondänerer Unterhaltungsstätten für das „bessergestellte Publikum" – opulent eingerichtete Restaurationsbetriebe, Tanzsäle, Konzert- und Theaterbühnen – gelang es den Zoos des ausgehenden 19. Jahrhunderts (Berlin, Frankfurt, Köln, Münster, Leipzig, Wuppertal u. a.), sich zum Mittelpunkt des gepflegten gesellschaftlichen Lebens zu stilisieren. Der sonntägliche Zoobesuch mit Matinée und Platzkonzert galt als Teil des bürgerlichen Pflichtprogramms, dem die vorgehaltenen Tiere allenfalls als Kulisse dienten.

Nach der Jahrhundertwende hingegen verkamen die Zoos mehr und mehr zu Stätten kleinbürgerlich-proletarischen Freizeitvergnügens, in dessen Vordergrund zirzensische Auftritte von Dompteuren, Kunstreitern oder Schlangenbändigern standen, dazu Karussellfahrten, Radrennen und Ballonaufstiege.

Mit Ausbruch des Ersten Weltkrieges nahm das Bedürfnis der Menschen nach derartigen Rummelplatzvergnügungen spürbar ab. Aufgrund der ausbleibenden Besucher gerieten viele Zoos nach kürzester Zeit an den Rand des Ruins. Hinzu kamen Versorgungsengpässe bei Fleisch und Getreide, so dass zahllose Zootiere an Mangelernährung starben; viele wurden auch geschlachtet und an andere Tiere verfüttert bzw. an Fleischhändler verkauft. Die leerstehenden Gehegehäuser wurden nicht mehr instandgehalten, die Attraktivität der Zoos sank auf den Nullpunkt.

Auch nach dem Krieg übten die mühsam wieder in Gang gesetzten Zoos nur wenig Anziehungskraft aus; ganz abgesehen davon, dass die Hyperinflation in den Anfangsjahren der Weimarer Republik den Menschen kaum die Möglichkeit gab, sich irgendwelche Freizeitvergnügungen leisten zu können. Gleichwohl versuchte man, gerade mit den Rummelplatzattraktionen der Vorkriegszeit Besucher zurückzugewinnen: Der Münchner Tierpark Hellabrunn etwa baute ab 1918 Achterbahnen, Krinolinen, Photographen, Kasperltheater und Schießbuden auf (wie auf dem Oktoberfest), was den weiteren Niedergang aber nicht aufhielt.

Auch andernorts lief es nicht besser, das Zoowesen konnte sich nur mühsam über Wasser halten. Erst ab 1933 ging es wieder aufwärts. Großzügig gefördert durch die neuen Machthaber konnten heruntergekommene Anlagen instandgesetzt bzw. durch Neubauten ersetzt werden. In zahlreichen Städten wurden mit finanzieller und propagandistischer Unterstützung der Nationalsozialisten neue Zoos eingerichtet, 1936 etwa der Zoo Osnabrück oder im Jahr darauf der Zoo Augsburg. Sämtliche Zooneugründungen der 1930er Jahre – mithin Bochum, Hamm, Duisburg, Heidelberg, Rheine, Straubing, Krefeld oder Nürnberg – wurden entweder von NS-Funktionären initiiert oder von ihnen nach Kräften unterstützt und vorangetrieben.

In der Tat eigneten sich die Tiergärten hervorragend als NS-Propagandainstrumente: Sie dienten als Stätten „darstellender Biologie", in denen zentrale ideologische Themen des NS-Staates wie Vererbungslehre oder Rassenkunde anschaulich gemacht werden konnten. Hinzu kam, dass mit der Zurschaustellung „exotischer" Tiere Propaganda gemacht werden konnte für die Wiedergewinnung der ehemaligen deutschen Kolonien. Konsequenterweise waren praktisch alle Direktoren und Verwaltungsräte deutscher Zoos spätestens seit 1937 Mitglieder der NSDAP oder gehörten sonstigen Gliederungen des NS-Staates an, viele in hochrangigen Funktionen.

Auch nach Kriegsbeginn 1939 blieben die Zoos weiterhin gut besucht: Die fortdauernde Propaganda der Nazis sorgte dafür, dass der sonntägliche Familienausflug in den Zoo zum unverzichtbaren Teil deutscher Alltagskultur wurde. In vielen Zoos gab es Sonderkonditionen für Wehrmachtsangehörige auf Heimaturlaub. Auch von Versorgungsengpässen wie im Zuge des Ersten Weltkrieges blieben die Zoos weitgehend verschont.

Mit den flächendeckenden Bombardements deutscher Großstädte ab Frühjahr 1942 änderte sich das Bild schlagartig: Viele der Zoos wurden schwer beschädigt, einige davon – Frankfurt, Münster, Dresden – wurden praktisch dem Erdboden gleichgemacht. Da auf Anweisung Görings der Zoobetrieb bis zuletzt hatte aufrechterhalten werden müssen – viele Zoos waren bis Ende 1944 geöffnet –, waren nur wenige Tiere ausgelagert worden: Zigtausende von Zootieren kamen bei den Bombenangriffen zu Tode. Zeitzeugen berichten von furchtbarsten Szenen von Tieren, die panisch brüllend und mit schwersten Verbrennungen oder sonstigen Verletzungen durch die Trümmer der bombardierten Zoos irrten. Im Berliner Zoo, der zu den tier- und artenreichsten Zoos Welt gezählt hatte, überlebten nur ein paar dutzend Tiere. Vielerorts wurden überlebende Tiere auf behördliche Anweisung hin erschossen oder fielen Plünderungen zum Opfer.

Nachkriegszeit

Schon wenige Wochen nach Kriegsende wurde in vielen Städten mit dem Wiederaufbau der Zoos begonnen. In Frankfurt am Main beispielsweise, wo das Zoogelände bei einem Bombenangriff im Frühjahr 1944 nahezu völlig zerstört worden war, ließ sich Bernhard Grzimek von den US-Behörden am 1. Mai 1945 – noch vor dem offiziellen Ende des Krieges – zum Planungsdirektor eines neu zu errichtenden Zoos berufen. (Seine vorherige Führungsposition im NS-Reichsernährungsministerium hatte ebenso verheimlicht, wie seine langjährige Mitgliedschaft in der NSDAP.) Grzimek ließ die Bombentrichter auf dem alten Zoogelände beseitigen und ein paar der zerstörten Gehegehäuser provisorisch instandsetzen, so dass er schon acht Wochen später, am 1. Juli 1945, den Zoo wiedereröffnen konnte. Er organisierte Tanzveranstaltungen, Modeschauen, Revuen und jedwede sonstige Rummelplatzattraktionen: Es gab Karussells, eine Achterbahn, zudem Auftritte fahrender Zirkus-, Jahrmarkt- und Menagerieschausteller; selbst Boxkämpfe und Wahlveranstaltungen politischer Parteien wurden auf dem Zoogelände veranstaltet. Grzimek ließ ein Kino einrichten, auch eine Veranstaltungshalle, in der Operetten, Ballettabende, Theatervorführungen und Konzerte stattfanden. Zum Wiederaufbau einer attraktiven Tiersammlung wurden Tombolen und Spendenaktionen veranstaltet, die derart hohe Überschüsse erzielten, dass ab 1953 in rascher Folge eine Vielzahl neuer Gehegehäuser errichtet werden konnte. Tiere wurden in großem Stil über die Ahlener Firma Hermann Ruhe bezogen, die seit den 1920ern ein Zwischenlager in Südfrankreich unterhielt und insofern kurz nach Kriegsende schon Ersatztiere zu liefern vermochte; zugleich ging Grzimek höchstpersönlich auf „Expeditionsreisen" nach Afrika, um Wildtiere für seinen Zoo einzufangen.

Grzimeks Engagement ist es zuzuschreiben, dass das Zoowesen aus den Trümmern des Zweiten Weltkrieges quasi unbeschadet wiedererstand. Trotz der schlechten Wirtschaftslage in den Nachkriegsjahren und keineswegs abgeschlossenen Wiederaufbaus der zerstörten Infrastruktur wurden in mehreren Städten, die bis dahin keine eigenen Zoos vorgehalten hatten (Magdeburg, Stuttgart, Dortmund, Wiesbaden usw.), Anfang der 1950er nach dem Vorbild der Frankfurter Zoos solche eingerichtet. #97/2017

Menschenzoos

Im Zuge der auch hierzulande um sich greifenden *Black-Lives-Matter*-Proteste gegen all die Rassismen und Demütigungen des Alltags, denen Menschen äußerlicher Merkmale wegen ausgesetzt sind, geraten zunehmend auch die sogenannten „Völkerschauen" in öffentliche Kritik, die bis herauf in die 1930er in vielen Zoos veranstaltet worden waren. Bis heute hat die Mehrzahl dieser Zoos – vorneweg Münster, Stuttgart, Frankfurt, Hannover, Wuppertal, Dresden oder Köln – noch nicht einmal begonnen, diesen besonders finsteren Teil der eigenen Geschichte seriös aufzuarbeiten. In den Annalen dieser Zoos kommen die „Völkerschauen" entweder gar nicht vor oder werden in einer Fußnote abgehandelt.

Ihren Anfang nahmen die in Zoos veranstalteten „Völkerschauen" bei dem Hamburger Tierhändler Carl Hagenbeck, der in seinem 1874 eröffneten „Thierpark" an eine bis ins frühe 16. Jahrhundert zurückreichende Jahrmarkt- und Volksfesttradition anknüpfte, dem zahlenden Publikum neben „exotischen" Tieren auch „exotische" Menschen zu präsentieren. Zu diesem Zweck importierte er „wilde Menschen" aus allen Teilen der Welt, bevorzugt aus Äthiopien, Somalia, dem Sudan, Birma, Ceylon und anderen als „rückständig" geltenden Ländern und Kulturen, die er, oft unter irreführenden und falschen Versprechungen, von Agenten anwerben und nach Hamburg verschiffen ließ.

Meist waren die Gruppen eine ganze Saison lang bei Hagenbeck zu besichtigen, dann wurden sie von anderen abgelöst. Letztlich fanden mehr als sechzig derartiger kulturchauvinis-

ZOOLOGISCHER GARTEN
Vom 20. Juni bis 8. Juli 1901
zu Frankfurt am Main.
Greve.
Unsere neuen
Lands-leute.
8 Männer, 17 Frauen, 1 Kind.
Dorfjungfrau.
Krieger Mataafa's und Malietoa's.
Samoanisches Dorf am Weiherufer.
Tropenlandschaft.
Die Truppe ist zu sehen täglich von 9 bis 12 und ½3 bis 8 Uhr.
Vorführungen mit wechselndem Programm finden statt um 9¼, 11, 3, 5 und 7 Uhr. — Sonntags häufiger
Eintrittsbedingungen für den Zoologischen Garten unverändert, für die Ausstellung SAMOA wird kein Extra-Eintrittsgeld erhoben.
Besondere Sitzplätze 20 Pfg.
AUSSTELLUNG SAMOA
Alles Nähere die Tageszeitungen.
Leipzig • GIESECKE & DEVRIENT • Berlin.

tischer „Völkerschauen" in Hamburg statt, mithin wurden „Kaffern" (aus dem östlichen Südafrika) [1886], „Ashanti" (aus dem heutigen Ghana) [1898] oder „Indische Zigeuner" (aus dem heutigen Kerala) [1900] vorgeführt. Auch wenn immer wieder nord- oder osteuropäische Gruppen auftraten, war doch die ganze Präsentation „wilder Menschen" darauf angelegt, die Überlegenheit des zivilisierten und christianisierten „weißen Mannes" herauszustellen. Vor allem die Schauen mit dunkelhäutigen Menschen waren offen rassistisch.

Nach ihren Auftritten in Hamburg wurden die „Völkerschauen" auf Tourneen quer durch Europa weitervermarktet, reihum traten sie in zahlreichen anderen Zoos und Kolonialausstellungen auf. Nicht wenige der „Wilden" sahen ihre Heimat nie wieder: Sie fielen Infektionskrankheiten zum Opfer, gegen die sie keine Abwehrkräfte hatten.

Rassist und NS-Ideologe Ludwig Heck

Als erster der seinerzeitigen Veranstalter von „Völkerschauen" hat sich der Berliner Zoo vor ein paar Jahren dazu durchgerungen – keineswegs allerdings aus eigenem Antrieb, vielmehr erst auf massiven Druck von außen hin –, über eine Dauerausstellung im historischen Antilopenhaus etwas Licht auf die eigene Vergangenheit zu werfen. Bis dahin war der langjährige Zoodirektor Ludwig Heck (1860–1951), unter dessen Ägide zahlreiche „Völkerschauen" nach Hagenbeckschem Vorbild stattgefunden hatten, völlig unkommentiert mit einer Bronzebüste auf dem Zoogelände geehrt worden. Überhaupt war Ludwig Heck bis in die jüngste Berliner Vergangenheit hinein mit größter Ehrerbietung behandelt worden. Nach seinem Tod hatte man gar eine Grundschule nach dem ausgewiesenen Rassisten und NS-Ideologen benannt, der über seine Tätigkeit im Zoo hinaus maßgeblich an der Entwicklung der NS-Rassenlehre und des sogenannten Sozialdarwinismus des NS-Staates beteiligt gewesen war. Die Heck-Schule wurde erst 2018 umbenannt.

Rassistische Kontinuitäten

Seit geraumer Zeit steht auch der Zoo Leipzig in massiver Kritik. Und auch hier geht es um die unverhohlen rassistischen „Völkerschauen", die Zoogründer Ernst Pinkert (1844–1909) über Jahre und Jahrzehnte hinweg in seinem Zoo veranstaltet hatte. Pinkert erfährt bis heute ungeteilte öffentliche Ehrung in Leipzig. Erst vor wenigen Jahren hatte die Ratsversammlung der Stadt beschlossen, eine öffentliche Grundschule nach ihm zu benennen. Anlässlich seines 100. Todestages war kurz davor bereits ein Straßenstück in „Ernst-Pinkert-Straße" umbenannt worden. Im Zoo selbst findet sich seit je – und völlig unkommentiert – ein Gedenk- und Ehrenmal für Pinkert.

In der Selbstdarstellung des Leipziger Zoos gibt es kaum Hinweise auf Pinkerts „Völkerschauen", insofern findet sich auch keine kritische Einordnung oder gar eine Distanzierung davon. Die fortdauernde Ehrung Pinkerts, so die Leipziger Politikwissenschaftlerin Hanne Tij-

Carl Hagenbeck's Tierpark, Stellingen-Hamburg
Aethiopien. Isa und Habr Auel, Mädchen und Frauen.

mann, „reproduziert koloniale Machtverhältnisse und ist Ausdruck rassistischer Kontinuitäten." Sie sei ein „Schlag ins Gesicht der Opfer von Rassismus". Tijmann fordert von der Stadt, sich offensiv gegen Rassismus zu positionieren, etwa mit der Umbenennung der nach Ernst Pinkert benannten Schule und Straße. Selbstredend sollte auch der Zoo selbst verpflichtet werden, das Gedenk- und Ehrenmal Pinkerts mit einer entsprechenden Aufklärungstafel zu versehen. Das Gleiche gilt für Pinkerts Nachfolger Johannes Gebbing, der den Zoo von 1909 bis 1934 leitete; auch unter seiner Ägide fanden rassistische „Völkerschauen" statt. Und auch für ihn findet sich – im Aquarium des Zoos, das er 1910 begründete – eine unkommentierte Gedenk- und Ehrentafel.

Tier- und Menschenhändler Hagenbeck

Und auch in Hamburg werden Stimmen laut, die einen kritischeren Umgang mit den von Zoobegründer Carl Hagenbeck (1844–1913) veranstalteten „Völkerschauen" fordern. Auch wenn der Zoo in einem Jubiläumsbildband von 2007 dem Thema „Hagenbecks Völkerschauen" ein eigenes Kapitel einräumt, findet sich darin nicht die Spur (selbst)kritischer Reflexion: „Wie bei der Präsentation der Tiere setzte Hagenbeck auch und gerade bei den Völkerschauen auf die Schaffung 'malerischer' Bilder. (...) Es waren bis ins Einzelne durchorganisierte Shows, die virtuos mit den Erwartungen des Publikums spielten. Man knüpfte an vorhandene Stereotype an und bot den Besuchern einen 'touristischen' Blick auf Land, Menschen und Kultur" (Hagenbeck: Ein zoologisches Paradies. Hamburg 2007, S. 71 f.). Auf der aktuellen Website des Zoos findet sich unter dem Stichwort „Völkerschauen" überhaupt nichts. Im Zoo selbst hingegen lassen sich bis heute, selbstredend gänzlich unkommentiert, zahlreiche Hinweise auf die „Völkerschauen" des Carl Hagenbeck entdecken, nicht zuletzt die Statue eines speerschwingenden „Wilden" mit Lendenschurz auf dem historischen Eingangstor oder die als Kulissen der Birma-Schau von 1913 genutzten „Tempelruinen". Das zooeigene Restaurant ist, auch hier völlig unkommentiert, mit Plakaten der seinerzeitigen „Völkerschauen" dekoriert. Und selbstredend steht ein überlebensgroßes Denkmal für den „Impresario" auf dem Zoogelände herum.

Anfang August 2020 wurde eine Online-Petition gestartet, die die „Entfernung der Carl

Hagenbeck Gedenkstatue am historischen Eingang des Hagenbeck Tierparks in Hamburg" fordert, desgleichen die „Umbenennung der 'Carl-Hagenbeck-Straße' in Stendal" (Sachsen-Anhalt).[1] Zudem die „Schaffung eines Denkmals für die Betroffenen der 'Völkerschauen' am Zoo Hagenbeck in Hamburg". Zur Begründung der Petition heißt es: „Carl Hagenbeck und seine Menschenzoos haben sehr maßgeblich zur Erschaffung und Verfestigung rassistischer Haltungen beigetragen – die noch heute bestehen. Die Verherrlichung und Glorifizierung von rassistischen historischen Figuren wie Carl Hagenbeck muss aufhören." (Andere Kritiker fordern nicht die Entfernung des Denkmals, sondern einen an prominenter Stelle anzubringenden Hinweis auf den vielfach unverhohlen rassistischen Gehalt der Hagenbeckschen „Völkerschauen".) In Berlin im Übrigen gibt es eine öffentliche Schule, die bis heute nach dem Tier- und Menschenhändler Carl Hagenbeck benannt ist und in offizieller Partnerschaft mit dem von seinen Nachfahren betriebenen Hamburger Tierpark steht.

Trachtenfolklore?

In anderen Zoos herrscht bis heute Stillschweigen zu diesem unseligen Bestandteil der eigenen Geschichte. Bezeichnend ist insofern die Haltung des Kölner Zoodirektors und Zooverbandsfunktionärs Theo Pagel – seit 2019 firmiert Pagel als Präsident des Weltzooverbandes WAZA –, der die rassistischen und menschenverachtenden „Völkerschauen" in den Zoos

quer durch Europa allenfalls für eine Art zeitgeistiger Folkloredarbietungen hält: „Uns steht es heute nicht zu", so Pagel, „diese Schauen von damals zu verdammen. Klar würden wir das heute nicht mehr so machen. Doch wir wissen auch von Teilnehmern, die das rückblickend ganz entspannt als Broterwerb sahen. Und ich frage Sie: Was ist heute der Unterschied zu einer Trachtengruppe?" #109/2020

Anmerkung

1 www.change.org/p/gegen-rassismus-ich-fordere-die-abschaffung-der-carl-hagenbeck-statue-strasse-und-ein-denkmal-f%C3%BCr-die-betroffenen-menschen

Tiere der Bibel

Unter dem Titel *Was für ein Gewimmel* brachte das *Bonifatiuswerk der deutschen Katholiken* in Zusammenarbeit mit den Zoos Dortmund, Köln und Berlin-Friedrichsfelde im Jahre 2010 ein Kinderbuch heraus, das als Handreichung dienen sollte (und soll) für biblisch inspirierte Zoobesuche.[1] In dem Buch werden die rund 130 Tierarten, die an irgendeiner Stelle in der Bibel vorkommen – mithin Kamele, Esel, Schafe, Pelikane, Eidechsen, Schlangen, Leoparden und Heuschrecken –, in Wort und Bild vorgestellt. Als Schirmherrin des Buches firmierte die seinerzeitige Sozialministerin – heute EU-Kommissionspräsidentin – Ursula von der Leyen (CDU).

Interessanterweise gibt es unter den Zoodirektoren hierzulande eine Vielzahl gläubiger Christen, die dem Schöpfungsgedanken im Zweifel näher stehen als der Evolutionslehre. Der Direktor des Dortmunder Zoos etwa, der studierte Biologe Frank Brandstätter, wartet mit der Erkenntnis auf, die biblische Schöpfungsgeschichte stimme „in ihrem groben Verlauf" mit der Evolutionstheorie überein: „sie widersprechen sich nicht, sie ergänzen sich". Das von ihm federführend herausgegebene Buch solle, so Brandstätter, Kinder an die „Schönheit der Schöpfung heranführen", in ihnen „Sinn und Geschmack an Gottes Natur ausbilden". Im Eingangskapitel wird dargestellt, wie „Gott die Menschen und Tiere erschaffen hat", im Folgekapitel, wie sehr er sie doch liebt. Groteskerweise dreht sich dieses Kapitel um die Sintflut, in der Gott bekanntlich alle Menschen und Tiere umbringt, bis auf jene zwei von jeder Art, die er in Noahs Arche überleben lässt.

Arche Noah

Unmissverständlich heißt es im 1. Buch Moses [7,21-23]: „Da ging alles Fleisch unter, das auf Erden kriecht, an Vögeln, an Vieh, an Tieren und an allem, was sich regt auf Erden, und alle Menschen. Alles, was einen lebendigen Odem hatte auf dem Trockenen, das starb. Also ward vertilgt alles, was auf dem Erdboden war, vom Menschen an bis auf das Vieh und das Gewürm und auf die Vögel unter dem Himmel; das ward alles von der Erde vertilgt. Allein Noah blieb übrig und was mit ihm in dem Kasten war."

Kein Wort des Befremdens dazu im Buch *Tiere der Bibel*, das die Vernichtung nahezu allen Lebens durch einen rachsüchtigen Gott einfach übergeht – auch die Frage, weshalb Gott in seiner Strafaktion überhaupt Tiere tötet, die sich, anders als die Menschen, in keiner Form „versündigt" hatten, bleibt unbeantwortet –, und stattdessen den Bund hervorhebt, den Gott mit den übriggebliebenen Menschen und Tieren schließt: „Als sichtbares Bundeszeichen für alle Geschöpfe setzte Gott einen Regenbogen in die Wolken" [1. Mose, 9, 12-13].

Kein Wort auch davon, dass Noah gleich nach dem Ende der Sintflut und zum Wohlgefallen Gottes einen Teil der eben geretteten Tiere tötet und auf einem Opferaltar verbrennt: „Und Noah baute dem HERRN einen Altar; und er nahm von allem reinen Vieh und von allen reinen Vögeln und opferte Brandopfer auf dem Altar / Und der HERR roch den wohlgefälligen Geruch" [1.Mose, 8,20-21]. Wie ja das gesamte Alte Testament durchzogen ist von ständigen Dank-, Sühne-, Buß- oder sonstigen Opfern, sprich: Legionen rituell getöteter Rinder, Ziegen, Schafe, Tauben usw., für einen Gott, der offenbar den Geruch verbrannter Tiere liebt: Schon vor der Geschichte um Noah sieht er gnädig auf das geopferte Lamm Abels und verschmäht die Ackerfrüchte des Kain [1. Mose, 4, 3-5]. Biblischen Berichten zufolge seien anlässlich der Einweihung des Tempels Salomons 22.000 Rinder und 120.000 Schafe geschlachtet und geopfert worden [1.Koenige, 8,63].

Anstatt die Vernichtung allen Lebens durch einen krankhaft strafwütigen Gott kritisch zu hinterfragen, preist Brandstätter ein eigens für das Buch komponiertes „Noahlied" an, in dem unbedingte Botmäßigkeit ebendiesem Gott gegenüber gefordert wird: „Noah soll die Arche bauen, Noah muss auf Gott vertrauen, Noah tut, was Gott befiehlt ...". Das Lied ist auch auf einer begleitenden CD zu hören.

„Danke, lieber Gott"

Das aufwändig gestaltete Buch dient als Grundlage für mittlerweile in vielen Zoos – Berlin, Hamburg, Köln, Osnabrück, Stuttgart, Wuppertal und andernorts – stattfindende „Bibelführungen". Entsprechend „zusatzqualifiziertes" Zoopersonal führt Kindergarten- und Schulgruppen gezielt zu den Käfigen jener Tierarten, von denen in der Bibel die Rede ist. Bei jeder Tierart werden die biblischen Referenzstellen verlesen und exegetisch erläutert, dazu werden religionspädagogisch wertvolle Lieder, Gedichte, Gebete und Meditationstexte vorgetragen.

Vor dem Großkatzenkäfig beispielsweise wird die Geschichte des Propheten Daniel erzählt [6,17-25], den man „zur Strafe in eine Löwengrube den Löwen zum Fraß vorwarf. Sein Gott aber, Jahwe, sandte einen Engel, der ihn beschützte." Auch auf das Brüllen des Löwen „als Symbol für die Auferweckung der Toten durch Christus" wird hingewiesen. Vor Aquarien hingegen wird aus dem 1. Buch Mose zitiert: „Gott schuf alle Arten von großen Seetieren und anderen Lebewesen, von denen das

Tiersegnung bei Hagenbeck

Wasser wimmelt ..." , dazu aus dem Markus-Evangelium: „Jesus nahm die fünf Brote und die zwei Fische, schaute zum Himmel und sprach: ‚Danke, lieber Gott. Du bist groß und mächtig. Du gibst allen Menschen zu essen!'" Ausführlich wird das Fisch-Symbol erörtert, das gläubige Christen gerne auf dem Kofferraumdeckel ihrer Autos spazierenfahren, zudem wird ein (ebenfalls eigens für das Buch komponiertes) „Jonalied" gesungen: „Von dem Fisch verschluckt, was kann jetzt noch Rettung sein?"

Zur Vor- und Nachbereitung des Zoobesuches gibt es verschiedene Spiel- und Quizvorschläge, dazu theoretische Handreichungen etwa über „Tierschutz in der Bibel" sowie ein Gespräch mit dem Tierfilmer Heinz Sielmann, der die mangelnde Ehrfurcht vor Gottes Schöpfung beklagt, die ursächlich sei für die „immer häufigeren Erdbeben und Überschwemmungen": Demut und eine Rückbesinnung auf christliche Werte tue not.

„Lernort des Glaubens"

In einem Geleitwort räsonniert auch der frühere Umweltminister Klaus Töpfer (CDU) über den Zusammenhang zwischen „Ökokatastrophe und einer wachsenden Distanz vieler Menschen zur Religion", Schirmherrin Ursula von der Leyen steuert die Erkenntnis bei, Tiere seien „besonders gut geeignet, um Kindern die Schöpfung ebenso nahezubringen wie die Bibel". Nicht zuletzt lassen sich Prominente wie Heino oder der Bierzeltentertainer DJ Ötzi zu ihrem jeweiligen „Lieblingstier in Gottes Schöpfung" aus. Der seinerzeitige Bundespräsident und bekennende Katholik Christian Wulff teilte mit, sein Lieblingstier in der Schöpfung sei der Tapir, da „diese Tierfamilie schon etwa 50 Millionen Jahre auf unserer Erde durch die Wälder streift". (Wulffs Begründung ist insofern nicht ohne Witz, als nach christlichem Schöpfungsglauben Gott die Erde erst vor weniger als 10.000 Jahren geschaffen hat. Dass es Tapire tatsächlich erst seit dem mittleren Miozän gibt, also seit 14 Millionen Jahren, ist da nur von nachrangiger Bedeutung.)

In einem Beitrag über den „Zoo als Lernort des Glaubens" betont der langjährige Berliner Zoodirektor und Mitherausgeber des Kinder-

buches, Bernhard Blaszkiewitz: „Mitgeschöpflichkeit zu erfahren, ist für Kinder sehr wichtig. Ob jemand von der Mannigfaltigkeit der Natur redet oder von der Mannigfaltigkeit der Schöpfung, das ist ein qualitativer Unterschied." Bezugnehmend auf sich selbst betont Blaszkiewitz: „Wer mit Naturwissenschaft umgeht und dabei nicht diesen im Hintergrund wirkenden Schöpfergott sieht, ist geistlich arm. Wer vielmehr die Natur betrachtet, wer in der Natur lebt, kann den Schöpfergott erkennen." Folgt man den Ausführungen des Heilig-Grab-Ritters Blaszkiewitz, gibt es für derlei gottoffenbarende Naturbetrachtung kaum einen geeigneteren Ort als den Zoo. #104/2019

Anmerkung

1 Brandstätter, Frank, et al.: Was für ein Gewimmel: Die Tiere der Bibel für Kinder. Lahn-Verlag/ Bonifatiuswerk, Kevelaer 2010.

Zoo des Circus Krone

Nach längerer Krankheit verstarb Anfang März 2019 Nashornbulle TSAVO im Alter von 45 Jahren. Fast sein gesamtes Leben hatte der Dreieinhalb-Tonnen-Koloss im Zirkus zugebracht: 1978 war er, vermutlich als Wildfang, von Südafrika nach Deutschland verschleppt worden, genauer: zum *Circus Barum*, bei dem er die folgenden dreißig Jahre als „Star" in der Manege auftreten musste. Nach dem Niedergang und letztgültigen Aus des *Circus Barum* im Jahre 2008 wurde er an den Münchner *Circus Krone* verhökert, wo er weitere zehn Jahre zur Bespaßung des zahlenden Publikums herhalten musste. Bis zuletzt war er Teil des *Krone*schen Tourneeprogramms: Eingepfercht in einen engen Transportwagen wurde er tausende Kilometer quer durch die Republik gekarrt. Sein „Auslauf" an den jeweiligen Gastspielorten beschränkte sich in aller Regel auf ein paar Quadratmeter Asphaltfläche, die man für ihn absperrte.

TSAVO

Auch die „Freifläche“, die ihm im Münchner Stammhaus des *Circus Krone* zur Verfügung stand – ein abgegrenztes kleines Areal im Hinterhof –, war nicht viel größer. Zweimal täglich musste er das ihm antrainierte Showprogramm abliefern, die restliche Zeit stand oder lag er auf beengtestem Raum in oder vor seinem Transportcontainer herum. Und auch dort wurde Geschäft mit ihm gemacht: Wie viele andere Zirkusse betreibt auch *Krone* eine Art „Zoo“: Die in der Manege eingesetzten Tiere – Pferde, Großkatzen, Affen, Papageien usw. – können während der vorstellungsfreien Zeit „aus der Nähe“ besichtigt werden; gegen Extraentgelt, versteht sich. Ein Besuch bei dem jeder freien Regung beraubten und vermutlich unter Dauermedikation stehenden TSAVO wurde auf der Website *Krones* so angepriesen: „Erleben Sie die Faszination tierischer Urgewalt und purer Natur zum Greifen nah.“

Am 5. März 2019 nun ist das traurige Leben des letzten „Zirkusnashorns“ zu Ende gegangen. Wie eine *Krone*-Mitarbeiterin der *Deutschen Presse-Agentur* gegenüber verlautbarte, sei TSAVO ein „ganz souveränes Tier“ gewesen, das mit 45 Jahren „seine Lebensspanne gut ausgeschöpft“ habe. Der branchenübliche Zynismus im Umgang mit dem ein Leben lang missbrauchten und ausgebeuteten Tier reicht über dessen Tod hinaus. #103/2019

Covid-19 und Zoo-Abzocke

Zoos zählen zu den meistbesuchten Freizeiteinrichtungen hierzulande. Sehr zu Recht wurden deshalb Zoos und zooähnliche Einrichtungen Mitte März 2020 für den Publikumsverkehr geschlossen. Allerdings nicht aus eigenem Antrieb: Während Zoos in Österreich bereits am 12.3. hin schlossen, warben hiesige Zoos noch Tage später mit angeblich risikolosem Besuch ihrer Einrichtungen. Die meisten Zoos hierzulande machten erst am 17.3. dicht, und dies auch erst auf behördliche Anordnung hin. Zugleich drängten sie vom ersten Tage an auf schnellstmögliche Wiedereröffnung. Und natürlich auf staatliche Hilfen.

Der *Verband der zoologischen Gärten e.V.* (VdZ), Dachverband der 56 größeren Zoos hierzulande, trat umgehend mit der Forderung nach einem staatlichen Soforthilfeprogramm in Höhe von 100 Millionen Euro auf den Plan, um die „wirtschaftlich angespannte Lage“ zu überbrücken. Andere Zooverbände sowie eine Vielzahl einzelner Zoos – in Deutschland gibt es nicht weniger als 865 Zoos und zooähnliche Einrichtungen – schlossen sich diesen Forderungen an.

Argumentiert wurde durchwegs mit der angeblichen Rolle der Zoos in „Artenschutz" und „Erhalt der Biodiversität", die durch die schließungsbedingten Einnahmeausfälle bedroht sei; überdies mit dem hohen Freizeit- und Erholungswert der Zoos, der deren Erhalt unverzichtbar mache. Um der Forderung nach staatlicher Soforthilfe Nachdruck zu verleihen, begannen einzelne Zoos, eine maximale Drohkulisse aufzuziehen: Sollten sie keine oder nicht ausreichend Hilfsgelder bekommen, würden sie zooeigene Tiere schlachten und an andere Tiere verfüttern; beziehungsweise Zootiere vorsorglich töten, um sie nicht verhungern lassen zu müssen.

Ebendiese Androhung, federführend vorgetragen durch den VdZ-Zoo Neumünster, ging indes nach hinten los. Anstatt wie geplant über derlei moralischen Erpressungsversuch den Druck auf die politischen Entscheidungsträger erhöhen zu können, die geforderten Gelder umgehend bereitzustellen, schwappte eine Welle öffentlicher Empörung über den Zoo Neumünster herein. Dessen Direktorin hatte von einer bereits erstellten „Rangliste" der zu tötenden Tiere gesprochen.

Zootiere töten?

Eiligst versuchte sich der VdZ in Schadensbegrenzung und verlautbarte, man sollte mit „so einem Szenario 'Gebt uns Geld oder wir töten unsere Tiere' weder in die Medien noch in die Politik gehen". Der VdZ distanzierte sich insofern nur von der Öffentlichmachung der Tötungspläne, nicht aber von diesen an sich; zumal Tötung und Verfütterung eigens dafür gezüchteter „Futtertiere" innerhalb des Zoowesens gang und gäbe ist. Seit Jahren schon tritt der VdZ dafür ein, neben solchen „Futtertieren" (Mäuse, Hamster, Kaninchen, Schafe, Ziegen, dazu Huftiere und bestimmte Vögel) auch andere „überzählige" Zootiere töten und verfüttern zu dürfen. Gemäß den Bestimmungen des TierSchG dürfen Zoos keine Tiere töten – mit Ausnahme besagter „Futtertiere" –, sofern sie nicht von einem nicht behandelbaren Leiden erlöst werden müssen (Euthanasie). Zoos würden sich strafbar machen, wollten sie aus anderem Grunde zooeigene Tiere töten. Der Vorstoß des Zoos Neumünster sollte insofern nicht nur eine maximale Droh- und Druckkulisse zum Abgreifen staatlicher Hilfsgelder aufbauen, sondern, gewissermaßen durch die Hintertüre, auch das im Tierschutzgesetz verankerte Tötungsverbot der Zoos aushebeln.

Nachdem nun der Vorstoß des Zoos Neumünster in der Öffentlichkeit so große – und in ihrer Dynamik von den Zoos wohl falsch eingeschätzte – Empörung ausgelöst hatte (selbst international wurde kritisch darüber berichtet), beeilten sich auch andere VdZ-Zoos (Köln, Hamburg, Berlin u. a.), auf größtmögliche Distanz dazu zu gehen. Der Münchner Tierpark Hellabrunn etwa bezeichnete derlei Pläne als „vollkommen absurd". Laut Direktorin des Zoos Neumünster gibt es gleichwohl auch in anderen Zoos entsprechende „Notfallpläne" zur Schlachtung und Verfütterung von Zootieren,

die ja auch in Einklang stünden mit der im „Normalfall" üblichen Zoopraxis, sogenannte „Futtertiere" zu schlachten und zu verfüttern.

Kaum hatte sich die Aufregung um den missglückten Vorstoß des VdZ-Zoos Neumünster etwas gelegt, startete der VdZ, zusammen mit anderen Zoodachverbänden, einen weiteren dringenden Appell an Bundesregierung und Bundesländer, „ein Soforthilfeprogramm für alle Zoos und Tierparks aufzulegen".

Riskante Wiedereröffnung

Nach sechswöchiger Zwangspause durften die meisten Zoos im Bundesgebiet Anfang Mai 2020 wieder öffnen, wenngleich unter (je nach Bundesland unterschiedlichen) Einschränkungen: Erlaubt war nur eine begrenzte Anzahl an Besuchern, die Tierhäuser mussten geschlossen bleiben, desgleichen die Streichelzoos, Kinderspielplätze, Kioske, Restaurants und Zooshops. Auch das Tragen von Mund-Nase-Masken (zumindest im Kassenbereich und auf den Toiletten) war verpflichtend angeordnet worden, zudem das Waschen und Desinfizieren der Hände nach dem Toilettengang. Im Kölner Zoos wurde das Pflegepersonal angehalten, zumindest bei den Affen Mundschutz zu tragen, damit die Tiere nicht angesteckt würden. In anderen Zoos gab und gibt es erkennbar noch nicht einmal das. Selbst elementarste Schutzmaßnahmen seitens des Personals, wie sie zum Schutz von Mensch und Tier auch in Vor-Corona-Zeiten schon dringend erforderlich gewesen wären – Mund-Nase-Masken und Latexhandschuhe, dazu Desinfektionsmatten vor den Käfigen – sind bis heute nicht verpflichtend eingeführt worden.

Unter besagten Auflagen wurde am 10. Mai 2020 auch der VdZ-Zoo Straubing (Niederbayern) wiedereröffnet. Keineswegs aber wurde der Zoo von sehnsüchtig diesen Tag herbeiwartenden Besucher:innen geflutet, wie die Zoos landauf, landab vorhergesagt hatten, ganz in Gegenteil: Laut Medienbericht seien „nicht einmal 300 Besucher" am ersten Tag der Wiedereröffnung gekommen (während der Zoo bis zu 1300 hätte einlassen dürfen). Zudem hätten, wie der Zoo selbst einräumt, „viele Besucher die Maskenpflicht an Kasse und in Toiletten nicht eingehalten". #107/2020

Zoo-Gorillas mit Corona angesteckt

Mitte Januar 2021 gab der Zoo San Diego in Südkalifornien bekannt, dass eine Gruppe Gorillas positiv auf Corona getestet worden sei. Vermutlich seien die Tiere von einem Wärter angesteckt worden. Der San Diego Zoo gilt unter Zoofreunden als der „beste Zoo der Welt".

Schon Anfang 2020 – genau genommen schon fünf Jahre früher in Zusammenhang mit einer anderen Infektion – hatte das *Great Ape Project* das Personal hiesiger Zoos aufgefordert, die Gehege und Käfige von Primaten (und anderer Wildtiere) nur noch mit Mund-Nase-Schutz, Latexhandschuhen und Schuhüberziehern zu betreten, um die stete Gefahr einer zoonotischen Infektion (Mensch-Tier und Tier-Mensch) zu minimieren. Passiert war gar nichts. Erst Ende November 2020 wurde in einigen Zoos – keineswegs verpflichtend in allen – verfügt, dass die Tierwärter:innen künftig Mund-Nase-Masken zu tragen haben.

Die Corona-Infektion der Gorillas in San Diego wirft noch einmal ein Schlaglicht auf den plötzlichen Tod des neun Monate alten Orang Utan-Babys RIMA im Zoo Leipzig im Frühjahr 2020, das ungeachtet nicht geklärter Todesursache schnellstmöglich und klammheimlich entsorgt worden war. Kurze Zeit später war auch der erst dreijährige Orang Utan MARTOK im Zoo Leipzig „plötzlich und unerwartet" verstorben. Seinerzeit war aus Zookreisen heraus noch verlautbart worden, es sei der „aktuelle wissenschaftliche Stand, dass Corona nicht auf Tiere übertragen werden kann". #110/2021

Aufruf zum „Whistleblowing“

Allein in Deutschland gibt es 865 Zoos und zooähnliche Einrichtungen sowie 141 Zirkusse, die Wildtiere im Programm führen. (Stand 2/2023) In *jeder* dieser Einrichtungen werden Tiere zu Unterhaltungszwecken ausgebeutet, in vielen sind die Bedingungen, unter denen sie gehalten und zur Schau gestellt werden, als tierquälerisch zu werten. Veterinäramtliche Kontrollen vermögen dem nicht oder nicht ausreichend entgegenzuwirken.

Gleichwohl unserer Erfahrung zufolge keineswegs alle Mitarbeiter:innen von Zoos oder Zirkussen mit den jeweils herrschenden Haltungs-, Zucht- oder Dressurbedingungen in ihren Betrieben einverstanden sind, halten viele sich mit Kritik oder Beschwerden zurück, weil sie nicht wissen, was sie tun oder wohin sie sich wenden könnten, ohne Nachteile an ihrem Arbeitsplatz befürchten zu müssen.

Zusammen mit dem *Bundesverband Menschen für Tierrechte e.V.* hat der Psychologe Colin Goldner, der sich seit Jahren mit dem Thema „Tiere in der Unterhaltungsindustrie“ befasst, nun eine Anlaufstelle geschaffen, an die Menschen, die beruflich in oder mit entsprechenden Einrichtungen zu tun haben – Tierpfleger:innen, Praktikant:innen, Hilfskräfte, Azubis, (Amts-) Tierärzte, Zulieferer, Verwaltungsangestellte etc. – sich vertraulich wenden können, um auf Missstände aufmerksam zu machen. Selbstredend können sich auch Besucher:innen von Zirkussen oder Zoos, denen irgendwelche Missstände aufgefallen sind, an diese Anlaufstelle wenden.

Wer auf diesem Wege etwas gegen beobachtete Qualhaltung oder Misshandlung von Tieren in einem Zoo oder Zirkus unternehmen will, möge zunächst bitte die folgenden Fragen beantworten. Jede Meldung wird *absolut vertraulich* behandelt, die Identität der hinweisgebenden Person bleibt auf Wunsch völlig anonym. Um für Rückfragen und zur Besprechung weiteren Vorgehens erreichbar zu sein, ist allerdings eine intakte eMail-Anschrift unverzichtbar: Kostenlose und anonyme eMail-Adressen, die insofern verwendet werden können, gibt es bei Anbietern wie gmx, web, yahoo, hotmail, etc.

Schicken Sie Ihre Meldung bitte an goldner@tierrechte.de.

1. Um welche Einrichtung handelt es sich? (Name, Adresse...)
2. Um welche Kategorie der Einrichtung handelt es sich (Zoo, Zirkus, Menagerie...)
3. Um welche(s) betroffene(n) Tier(e) handelt es sich? (Art, Rasse, Geschlecht, Größe...)
4. Wo genau wurde(n) die Beobachtung(en) gemacht? (Gehege, Käfig, Stall, Manege...)
5. In welchem Zeitraum wurde(n) die Beobachtung(en) gemacht? (Datum, Uhrzeit...)

6. Ist der Ort des Vorfalles/Missstandes öffentlich einsehbar?
7. Um welcherart Vorfall/Missstand handelt es sich? (Todesfall, Missbrauch, Tierquälerei, Vernachlässigung, Hygienemangel, Bewegungsmangel, mangelnde Verpflegung, Verletzungen, mangelnde tierärztliche Versorgung...)
8. Handelt es sich um einen einmaligen Vorfall oder um einen dauerhaften Missstand?
9. Welche(r) Tierhalter oder sonstig verantwortliche Person(en) waren/sind an dem Vorfall/Missstand beteiligt? (Name, Funktion...)
10. In welcher Rolle oder Funktion haben Sie die Beobachtung(en) gemacht? (Besucher, Tierarzt, Mitarbeiter...)
11. Was genau wurde beobachtet? (Bitte möglichst ausführliche Beschreibung)
12. Gibt es weitere Zeugen des Vorfalles/des Missstandes?
13. Wurden Fotos oder Videoaufnahmen gemacht? Wollen Sie uns ggf. gemachte Aufnahmen zur Verfügung stellen und uns die Verwendungsrechte daran für Berichterstattung, Pressemeldungen, Protestaktionen etc. einräumen? (Eine größere Anzahl an Fotos bzw. größere Datenmengen können Sie uns über den kostenlosen Service von WeTransfer.com schicken.)
14. Wurde Meldung bei einer Behörde gemacht? (Wenn ja, wann und bei welcher Behörde, bei welchem Sachbearbeiter? Gibt es ein Aktenzeichen?)
15. Haben Sie sonst jemandem von dem Vorfall/Missstand berichtet? (Presse, Radio, TV...)
16. Wären Sie damit einverstanden, in einer Meldung an die Behörden bzw. bei einer Strafanzeige als Zeugin oder Zeuge genannt zu werden? Würden Sie für eine eventuelle Zeugenaussage auch vor Gericht zur Verfügung stehen?
17. Wollen Sie uns Ihren Namen und Ihre Adresse nennen? (Personenbezogene Daten werden absolut vertraulich behandelt.)

Wir werden uns in jedem Fall bei Ihnen rückmelden.

Weiterführende Informationen

Literatur (Auswahl)

Abel, Martin-Sebastian/Wustmans, Clemens: „Für die Kinder ist es ein Spaß". In: Steinbrecher, Aline/Ulrich, Jessica (Hrsg.): Tierstudien (Tiere und Unterhaltung). Berlin 9/2016, S. 61 ff.

Acampora, Ralph (Hrsg.): Metamorphoses of the Zoo: Animal Encounter after Noah. Lanham, MD/USA, 2010

Austermühle, Stefan: „...und hinter tausend Stäben keine Welt!" Die Wahrheit über Tierhaltung im Zoo. Hamburg, 1996

Baratay, Eric/Hardouin-Fougier, Elisabeth: Zoo. Von der Menagerie zum Tierpark. Berlin, 2000

Berry, Anne: Behind Glass. Atlanta, GA/USA, 2021

Blanchard, Pascal/Bancel, Nicolas et al.: MenschenZoos: Schaufenster der Unmenschlichkeit. Hamburg, 2012

Born Free Foundation/Endcap (Hrsg.): The EU Zoo Inquiry. Horsham/UK, 2011

Goetschel, Antoine: Tiere klagen an. Frankfurt am Main, 2012

Goldner, Colin: Lebenslänglich hinter Gittern: Die Wahrheit über Gorilla, Orang Utan & Co in deutschen Zoos. Aschaffenburg, 2014

Goldner, Colin: Eingesperrte Tiere angaffen? Nein danke! Norderstedt 2015

Goldner, Colin: Der Zoo – Kein Platz für Tiere. Aschaffenburg 2016

Goldner, Colin: Das sogenannte „Vier-Säulen-Konzept": Wie heutige Zoos ihre Existenz rechtfertigen. In: Mayr, Petra (Hrsg.): TIERethik (Zoo). Münster, 2/2014, S. 56 ff.

Goldner, Colin: Nazi-Zoos: Die deutschen Tiergärten zwischen 1933 und 1945. In: Ulrich, Jessica (Hrsg.): Tierstudien (Zoo). Berlin, 7/2015, S. 54 ff.

Goldner, Colin: Zoo. In: Ferrari, Arianna/Petrus, Klaus (Hrsg.): Lexikon der Mensch-Tier-Beziehungen. Bielefeld, 2015

Goschler, Erich/Orso, Francesca: Der Zoowahnsinn von A-Z. Salzburg, 2006

Hachmeister, Philina: Gefängnis oder Arche? Berlin, 2014

Hancocks, David: A Different Nature: The Paradoxical World of Zoos and their Uncertain Future. Berkely, CA/USA, 2001

Jamieson, Dale: Against Zoos. in: Singer, Peter (Hrsg.): In Defense of Animals: The Second Wave. Oxford/UK, 2006, S. 135 ff.

Jensen, Derrick/Tweedy-Holmes, Karen: Thought to Exist in the Wild: Awakening from the Nightmare of Zoos. Santa Cruz, CA/USA, 2007

Ladwig, Bernd: Zooethik und Tierrechte. In: Aus Politik und Zeitgeschichte (APuZ): Der Zoo. Bonn, 9/2021, S. 25 ff.

Luoma, Jon: A Crowded Ark. Boston, MA/USA, 1987

McArthur, Jo-Anne: Captive. New York, 2016

McKenna, Virginia/Travers, Bill/Wray, Jonathan (Hrsg.): Gefangen im Zoo: Tiere hinter Gittern. Frankfurt am Main, 2000

May, Christine Katharina: Blicke ins Territorium: Die inszenierten Tierräume der Zooarchitekten. In: Aus Politik und Zeitgeschichte (APuZ): Der Zoo. Bonn, 9/2021, S. 18 ff.

Marino, Lori/Lilienfeld, Scott/Malamud, Randi: Do Zoos and Aquariums Promote Attitude Change in Visitors? In: Society and Animals, Leiden/NE, 18/2020, S. 126 ff.

Panthera Projektgruppe (Hrsg.): Der Zoo: Fotografien von Tieren in Gefangenschaft. Göttingen, 1994

Rocher, Mieke: Zoopolis: Eine politische Geschichte zoologischer Gärten. In: Aus Politik und Zeitgeschichte (APuZ): Der Zoo. Bonn, 9/2021, S. 4 ff.

Rothfels, Nigel: Savages and Beasts: The Birth of the Modern Zoo. Baltimore, ML/USA, 2008

Sanna, Emilio: Verrückt hinter Gittern: Von den Leiden der Zootiere. Reinbek, 1992

Schalk, Eva-Maria: Lebenslänglich: Eingesperrt und zur Schau gestellt. Salzburg, 2001

Schmidauer, Elisabeth: Als die Tiere den Zoo verließen. Esslingen, 1998

Schneider, Eberhard/Oelke, Hans/Groß, Herbert: Die Illusion der Arche Noah: Gefahren für die Arterhaltung durch Gefangenschaftszucht. Wiesbaden, 1989

Seidman, Mike: Zoos and the Psychology of Extinction. In: Wild Earth 1992/93, S. 64 ff.

Sommer, Volker: Artenschutz durch Zoos: Ein Etikettenschwindel. In: Aus Politik und Zeitgeschichte (APuZ): Der Zoo. Bonn, 9/2021, S. 35 ff.

Steinkrüger, Jan Erik: Kultur im Zoo: Von Menschenzoos und Völkerschauen. in: Ulrich, Jessica/Weltzin, Friedrich (Hrsg.): Tierstudien (Zoo). Berlin, 1/2015, S. 45 ff.

Zodrow, Laura/Goldner, Colin: Zirkus und Zoo: Tiere in der Unterhaltungsindustrie. Aschaffenburg, 2017

Online-Quellen

Bochow, André: „Zoos sind kommerzielle Einrichtungen der Unterhaltungsindustrie". (Interview mit Colin Goldner). in: Südwestpresse vom 26.12.2019. www.swp.de/politik/interview-interview-_kommerzielle-einrichtungen_-41970071.html

Görzel, Christian/Wagner, Susanne: Kritik an Zoos. In: SWR/WDR planetwissen vom 19.7.2019. www.planet-wissen.de/natur/tier_und_mensch/zoos/pwiekritikanzoos100.html

Goldner, Colin: Schließt die Zoos. in: EMMA von Juli/August 2016. www.emma.de/artikel/schliesst-die-zoos-332837

Kainz, Julia: Artgerecht oder altmodisch: Wie zeitgemäß sind Zoos? In: National Geographic vom 19.4.2022. www.nationalgeographic.de/tiere/2022/04/artgerecht-oder-altmodisch-wie-zeitgemaess-sind-zoos

Ledermann, Christina: Zoos sind und bleiben Gefängnisse (Interview mit Colin Goldner). In: Tierrechte vom 4.7.2018. www.tierrechte.de/2018/07/04/interview-zoos-sind-und-bleiben-gefaengnisse/

Marris, Emma: Modern Zoos Are Not Worth the Moral Cost. In: New York Times vom 11.6.2021. www.nytimes.com/2021/06/11/opinion/zoos-animal-cruelty.html

McKey, Robin: Is it time to shut down the zoos? In: The Guardian vom 2.2.2020. www.theguardian.com/world/2020/feb/02/zoos-time-shut-down-conservation-education-wild-animals

Menne, Katharina/Willmann, Urs: Lebenslänglich ausgestellt (Interview mit Colin Goldner). In: Die Zeit vom 8.1.2020. www.zeit.de/2020/03/menschenaffen-krefeld-zoo-tierschutz-aktivismus-colin-goldner?

Pauli, Mark: Eine Arche hinter Gittern? Über Sinn, Unsinn und Zukunft von Zoos. In: Deutschlandfunk vom 3.9.2019. www.deutschlandfunkkultur.de/ueber-sinn-unsinn-und-zukunft-von-zoos-eine-arche-hinter-100.html

People for the Ethical Treatment of Animals: Zoos: Gefängnisse für Tiere. In: PeTA vom 3.4.2023. www.peta.de/themen/zoo/

Riechelmann, Cord: Zoologische Gärten schaden der Artenvielfalt. In: Welt Wissenschaft vom 14.1.2008. www.welt.de/wissenschaft/article1551953/Zoologische-Gaerten-schaden-der-Artenvielfalt.html

Sezgin, Hilal: Weg mit den Zoos! In: Die Zeit vom 12.2.2014. www.zeit.de/gesellschaft/2014-02/zoo-ethik

Sommer, Volker: Hinter 1000 Stäben – Tiere im Zoo: Ist der Zoo noch zeitgemäß? In: SWR2 Wissen vom 7.4.2019. www.swr.de/swr2/wissen/ist-der-zoo-noch-zeitgemaess-100.html

Vegane Gesellschaft Österreich: Tiergefängnis Zoo – Artgerecht ist nur die Freiheit. In: VGÖ vom 15.11.2016. www.vegan.at/inhalt/tiergefangnis-zoo-artgerecht-ist-nur-die-freiheit

(abgerufen jeweils am 10.5.2023)

Ortsregister

Namensregister

J

K

L

M

N

O

P

R

S

T

U

V

W

Sachregister

A

B

C

D

E

F

G

H

J

M

N

P

Q

S

Colin Goldner

Lebenslänglich hinter Gittern

Die Wahrheit über Gorilla, Orang Utan & Co
in deutschen Zoos

491 Seiten, Abbildungen, kartoniert, Euro 24.-
ISBN 978-3-86569-112-5

In einer ganzen Reihe von deutschen Zoos werden Große Menschenaffen zur Schau gestellt. Dort, so wird behauptet, könnten wir Menschen unsere nächsten Verwandten – Schimpansen, Bonobos, Gorillas und Orang Utans – beobachten und verstehen lernen. Doch die Realität sieht anders aus. Colin Goldner hat während seiner mehrmonatigen Recherchen in den einzelnen Zoos teils katastrophale Haltungsbedingungen angetroffen, wie er mit einer Vielzahl an Fotos belegt.

Colin Goldner / Krystyna & Manuel Valverde

Lotte Siebengescheit geht in den Zoo

und findet's gar nicht toll

52 Seiten, gebunden, Euro 18.-
ISBN 978-3-86569-297-9

Als Oma zu Besuch kommt, lädt sie Lotte ein, mit ihr in den Zoo zu gehen. Um des lieben Friedens willen geht Lotte mit, obwohl sie Zoos nicht toll findet. Dann nutzt die siebengescheite Enkelin die Gelegenheit, ihre Oma über artgerechte Tierhaltung aufzuklären...

Ein außergewöhnliches Bilderbuch für groß und klein, das sich kritisch mit dem Zoo als einem Ort, an dem Tiere für Unterhaltungszwecke ausgestellt werden, auseinandersetzt. Die Bilder zeigen Szenen, für die von dem Künstlerpaar eigens mit viel Liebe zum Detail zahlreiche Figuren angefertigt wurden.